Elemente der Mathematik

EdM

Qualifikationsphas
Grund- und Leistungskurs
Lösungen Teil 2

Herausgegeben von

Heinz Griesel, Andreas Gundlach, Helmut Postel, Friedrich Suhr

Schroedel

Elemente der Mathematik

EdM

LÖSUNGEN TEIL 2
Qualifikationsphase
Grund- und Leistungskurs

Herausgegeben von
Prof. Dr. Heinz Griesel, Dr. Andreas Gundlach, Prof. Helmut Postel, Friedrich Suhr,

Bearbeitet von
Gabriele Dybowski, Dr. Andreas Gundlach, Dr. Arnold Hermans, Anke Horn, Reinhard Kind, Dr. Reinhard Köhler, Jakob Langenohl, Wolfgang Mathea, Hanns Jürgen Morath, Prof. Dr. Lothar Profke, Sandra Schmitz, Heinz Klaus Strick, Friedrich Suhr, Dr. Jürgen Vaupel

Druck A [2] / Jahr 2012
Alle Drucke der Serie A sind im Unterricht parallel verwendbar.

Redaktion: Dr. Petra Brinkmeier
Herstellung: Reinhard Hörner
Grafiken: Michael Wojczak
Umschlaggestaltung: sens design, Roland Sens
Satz: Christina Gundlach
Druck und Bindung: westermann druck GmbH, Braunschweig

ISBN 978-3-507-**87904**-1

Inhaltsverzeichnis

5 VEKTOREN

Lernfeld: Wo ist was im Raum?

210

1. *Didaktische Hinweise*
Bei dieser Aufgabe geht es in den ersten beiden Punkten primär um die Orientierung im dreidimensionalen Koordinatensystem anhand der beiden Darstellungen. Es geht nicht um möglichst genaue Koordinaten, dafür ist der Grundriss im Buch auch zu klein. Entscheidend ist also der Weg, wie man die fehlenden Koordinaten mithilfe der Darstellungen bestimmen kann.
Im dritten Punkt geht es bereits um einen Abstand im Raum. Die Bestimmung des Abstandes von A und B ist schwierig, da eine Formel nicht bekannt ist. Hier sollen die Schülerinnen und Schüler Lösungswege vorschlagen und diskutieren. Hilfreich ist dabei die Vorstellung, dass die Arbeitsplatte eine durchgehende, unbegrenzte Fläche (Ebene) bildet. Auf dieser Fläche liegen die Punkte A und der Schnittpunkt S einer Parallelen zur x_3-Achse durch B. Das Dreieck ASB hat einen rechten Winkel in S, außerdem gilt: $|\overline{AS}| = |\overline{A'B'}|$ und $|\overline{SB}| = 45$ cm.

- C liegt 210 cm hoch und B liegt 80 cm tiefer, also in einer Höhe von 130 cm. Die Arbeitsplatte ist 85 cm hoch (siehe x_3-Koordinate von P). Abstand der Arbeitsplatte vom Hängeschrank: 130 cm – 85 cm = 45 cm

- A hat dieselben x_2- und x_3-Koordinaten wie P. Die x_1-Koordinate von P kann man durch Messen im Grundriss näherungsweise ermitteln. (Hinweis: Der Grundriss ist recht klein. Durch Messen und Vergleichen der angegebenen Maße erhält man hier nur ungefähr den Faktor $\frac{285}{3{,}2} \approx 89$ oder auch $\frac{425}{4{,}78} \approx 89$. Multipliziert man also den im Grundriss gemessenen Wert in Zentimeter mit dem Faktor 89, so erhält man nur ungefähr den realen Wert in Zentimetern.)
Insgesamt erhält man so $A(\approx 94 \mid 60 \mid 85)$.
Die x_3-Koordinate von B haben wir schon oben bestimmt. Die beiden anderen Koordinaten kann man wieder näherungsweise durch Messen im Grundriss ermitteln: $B(\approx 31 \mid 134 \mid 130)$.
Die x_1-Koordinate von C ist gleich der x_2-Koordinate von P (gleiche Schranktiefe; kann durch Nachmessen im Grundriss bestätigt werden).
Die x_2-Koordinate von C erhält man näherungsweise durch Messen im Grundriss, die x_3-Koordinate ist bekannt.
Somit ergibt sich $C(60 \mid \approx 223 \mid 210)$.

210 **1.** Fortsetzung

- Abstand $|\overline{A'B'}|$ im Grundriss ≈ 98 cm. Man kann $|\overline{A'B'}|$ auch als Länge der Hypothenuse in einem rechtwinkligen Dreieck $O'A'B'$ mithilfe des Satzes des Pythagoras berechnen.

  Dabei ist $|\overline{O'A'}| = 94 \text{ cm} - 31 \text{ cm} = 63 \text{ cm}$ und

  $|\overline{O'B'}| = 134 \text{ cm} - 60 \text{ cm} = 74 \text{ cm}$, also

  $|\overline{A'B'}| = \sqrt{(63 \text{ cm})^2 + (74 \text{ cm})^2} \approx 97 \text{ cm}.$

  Höhenunterschied: 45 cm

  $|\overline{AB}| = \sqrt{(98 \text{ cm})^2 + (45 \text{ cm})^2} \approx 108 \text{ cm}$

2.
- A(4 | 0 | 0); B(4 | 4 | 0); C(0 | 4 | 0); D(0 | 0 | 0); S(2 | 2 | 6)
- A'(2 | 2 | 3); C'(–2 | 6 | 3); D'(–2 | 2 | 3); S'(0 | 4 | 9)

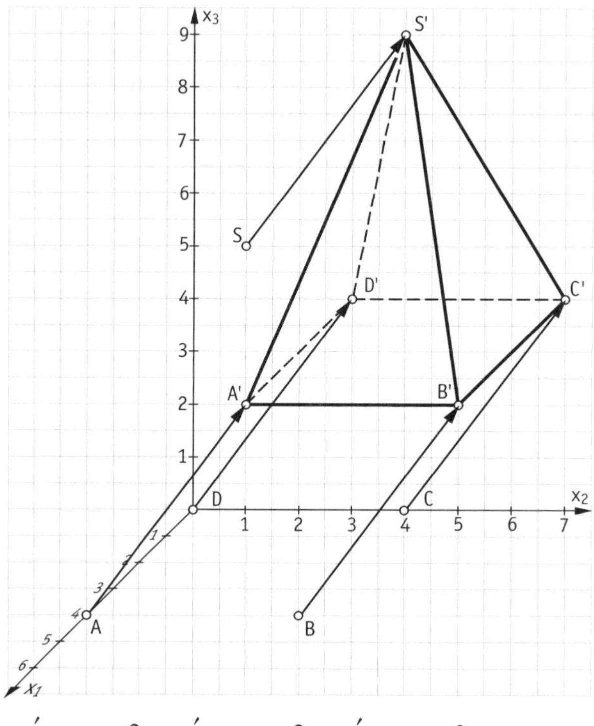

- $x_1' = x_1 - 2;\ x_2' = x_2 + 2;\ x_3' = x_3 + 3$

211

3. *Hinweis:*
Über die richtige Deutung der Schilder kann man sich im Internet informieren. Bei der Suche nach Schildern für Gasschieber oder Versorgungsschilder stößt man z. B. auf die folgende Seite:
www.code-knacker.de/versorgungsschilder.htm
Dort werden die Bedeutungen der einzelnen Felder gut erläutert. Die Zahl 150 im oberen Teil auf beiden Schildern zeigt, dass die Gasleitung einen Durchmesser von 150 mm hat.

- Schild oben: Direkt senkrecht unter dem Schild, vom Erdboden aus, liegt der Gasschieber 3,7 m vor dem Schild und 0,8 m rechts daneben.
  Schild unten: Direkt senkrecht unter dem Schild, vom Erdboden aus, liegt der Wassertopf 3,9 m vor dem Schild und 4,5 m links daneben.
- Eine Lageskizze ist bei der Berechnung mithilfe des Satzes von Pythagoras hilfreich.
  Für den gesuchten Abstand d ergibt sich damit:
  $d = \sqrt{(0,2\ \text{m})^2 + (5,3\ \text{m})^2}$
  $\approx 5,304\ \text{m}$
  Der Abstand ist etwas größer als 5,3 m.

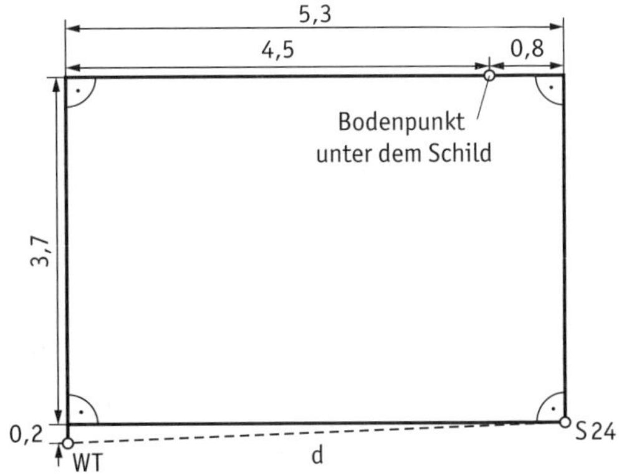

- Man kann die Skizze ergänzen:

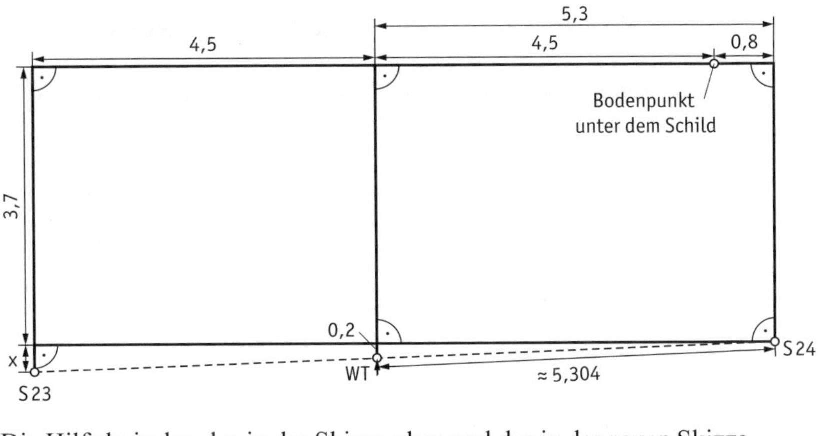

Die Hilfsdreiecke, das in der Skizze oben und das in der neuen Skizze, sind zueinander ähnlich. Das neue Hilfsdreieck mit der Kantenlänge 5,3 m + 4,5 m = 9,8 m entsteht aus dem ersten Dreieck durch zentrische Streckung. Es gilt also: $\frac{x}{0,2} = \frac{9,8}{5,3}$; also $x \approx 0,3698\ \text{m} \approx 0,4\ \text{m}$.

211 **3.** Fortsetzung

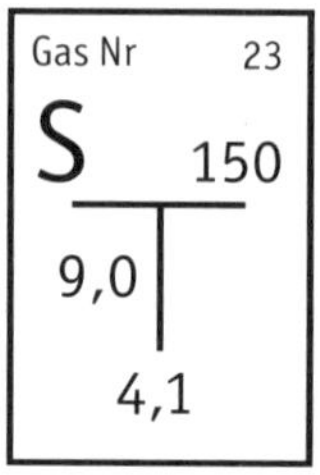

4. • A(0 | 0); B(2 | 1); C(−2 | 4)
A(0 | 0); B'(−4 | −2); C'(1,5 | −3)
A(0 | 0); B''(1 | 3); C''(−4,5 | 1,5)

• Z. B. über Pythagoras: Seitenlängenquadrate betrachten

$\overline{AB}^2 + \overline{AC}^2 = 5 + 20;\ \overline{BC}^2 = 16 + 9 = 25$

$\overline{AB}'^2 + \overline{AC}'^2 = 20 + 11,25;\ \overline{B'C'}^2 = 30,25 + 1$

$\overline{AB}''^2 + \overline{AC}''^2 = 10 + 22,5;\ \overline{B''C''}^2 = 30,25 + 2,25$

• B(2 | 1); C(−2 | 4) Beziehung: $2 \cdot (-2) + 1 \cdot 4 = 0$
B′(−4 | −2); C′(1,5 | −3) Beziehung: $(-4) \cdot 1,5 + (-2) \cdot (-3) = 0$
B″(1 | 3); C″(−4,5 | 1,5) Beziehung: $1 \cdot (-4,5) + 3 \cdot 1,5 = 0$

Die Summe der Produkte aus den beiden x-Koordinaten und den beiden y-Koordinaten ist gleich null.

5.1 Punkte und Vektoren im Raum

5.1.1 Punkte im räumlichen Koordinatensystem

212 **Einstieg**

Hinweis: Als Koordinatenursprung sollte man eine untere Ecke des Klassenraumes wählen. Zwei Schüler/innen sollten dann möglichst mit einem Maßband die Koordinaten bestimmen. Bei den Messungen ist darauf zu achten, dass das Maßband orthogonal zu den beiden Achsen am Boden bzw. bei der Höhe orthogonal zum Fußboden gehalten wird. Die Schüler/innen sollten bei den Messungen ihr Vorgehen beschreiben. Bei der Gelegenheit können die Begriffe Ursprung, Koordinaten-Achsen und Koordinaten-Ebene eingeführt werden.

216 **3. a)** P′(2 | 3 | 0)

b) x_1x_3-Ebene: (2 | 0 | 4) x_2x_3-Ebene: (0 | 3 | 4)

c) Spiegelung an x_1x_2-Ebene: (2 | 3 | −4)
Spiegelung an x_1x_3-Ebene: (2 | −3 | 4)
Spiegelung an x_2x_3-Ebene: (−2 | 3 | 4)

216

4.

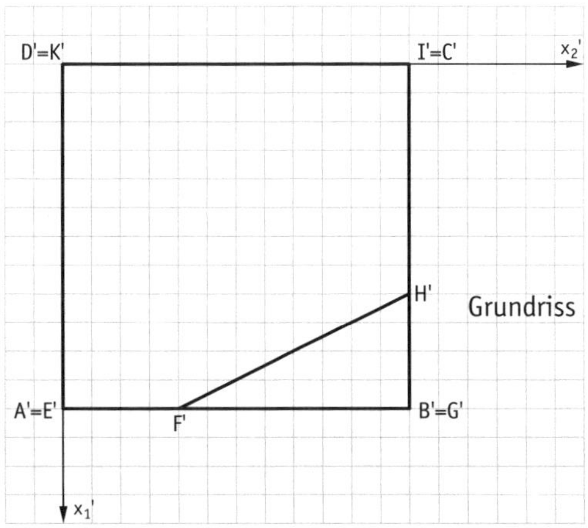

A(6 | 0 | 0); B(6 | 6 | 0); C(0 | 6 | 0); D(0 | 0 | 0); E′(6 | 0 | 0);
F′(6 | 2 | 0); G′(6 | 6 | 0); H′(4 | 6 | 0); I′(0 | 6 | 0); K′(0 | 0 | 0)
E(6 | 0 | 6); F(6 | 2 | 6); G(6 | 6 | 2); H(4 | 6 | 6); I(0 | 6 | 6);
K(0 | 0 | 6)

5. a)

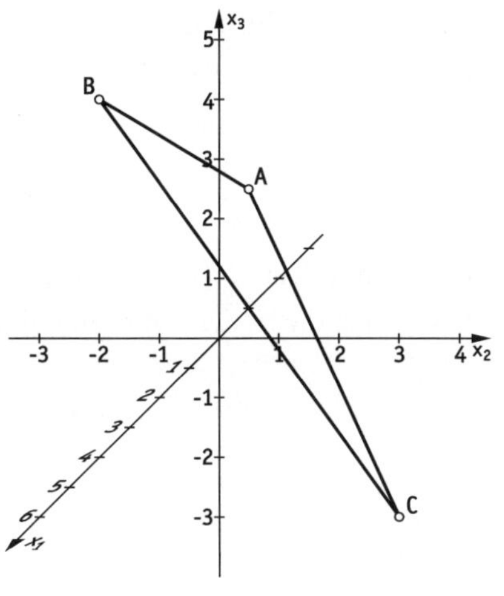

216 **5. b)**

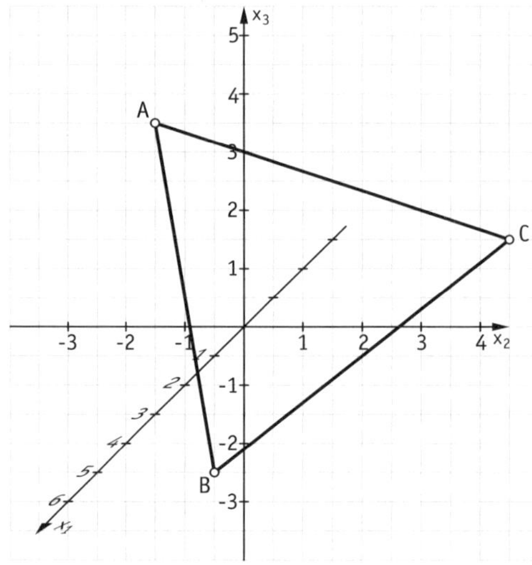

6. Lina hat das perspektivische Zeichnen der x_1-Achse beim Abtrag der x_2- und x_3-Koordinaten missachtet und dementsprechend zu lang gezeichnet.

7. a) x_1-Koordinate: Null: x_2x_3-Ebene,
[x_2-Koordinate: Null: x_1x_3-Ebene,
x_3-Koordinate: Null: x_1x_2-Ebene].

b) Auf der x_3-Achse.

c) Auf einer Ebene parallel zur x_1x_2-Ebene mit der x_3-Koordinate 3.

d) Auf einer Geraden parallel zur x_3-Achse durch den Punkt P(2 | 3 | 0).

e) Auf der Raumdiagonalen durch den Ursprung und z. B. den Punkt P(1 | 1 | 1).

8. a) *Beispiel*

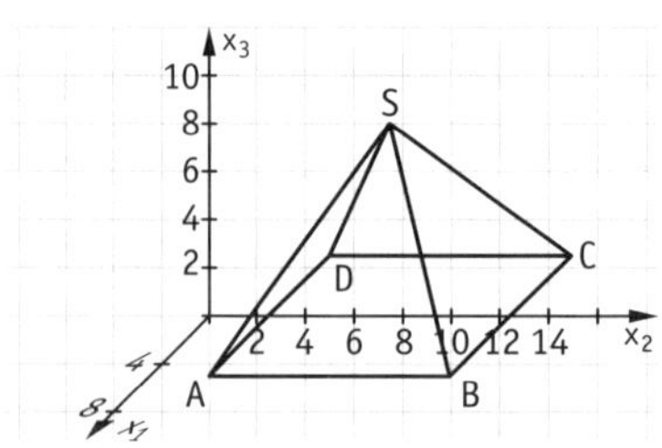

Eckpunkte:
A(5 | 2,5 | 0); B(5 | 12,5 | 0); C(−5 | 2,5 | 0); D(−5 | 12,5 | 0); S(0 | 7,5 | 8)

b) B(−5 | 0 | −4); C(−5 | −10 | −4); D(5 | −10 | −4)

216

9. Man zeichnet den Punkt P in ein Schrägbild des Koordinatensystems ein. Dann denkt man sich eine andere Höhe, z. B. 2, und passt an diese neue Höhe die anderen beiden Koordinaten an.
Allgemein ergibt sich so, dass jeder Punkt mit $(3 + 2x \mid 4 + x \mid 1 + x)$ und einer beliebigen reellen Zahl x das gleiche Bild wie P im Schrägbild hat.
Beispiele: $(5 \mid 5 \mid 2)$; $(7 \mid 6 \mid 3)$; $(1 \mid 3 \mid 0)$

217

10. a) Schrägbild siehe Schülerbuch; Wahl der Achsen wie auf S. 214
$A(4 \mid 0 \mid 0)$; $B(4 \mid 4 \mid 0)$; $C(0 \mid 4 \mid 0)$; $D(0 \mid 0 \mid 0)$; $E(4 \mid 0 \mid 6)$; $F(4 \mid 4 \mid 6)$; $G(0 \mid 4 \mid 6)$; $H(0 \mid 0 \mid 6)$; $S(2 \mid 2 \mid 9)$

b) $A(2 \mid -2 \mid 0)$; $B(2 \mid 2 \mid 0)$; $C(-2 \mid 2 \mid 0)$; $D(-2 \mid -2 \mid 0)$; $E(2 \mid -2 \mid 6)$; $F(2 \mid 2 \mid 6)$; $G(-2 \mid 2 \mid 6)$; $H(-2 \mid -2 \mid 6)$; $S(0 \mid 0 \mid 9)$

c) Die x_3-Koordinaten sind gleich. Jeweils die x_1- und x_2-Koordinate ist bei a) um 2 Einheiten größer als bei b).
Dies entspricht gerade der Verschiebung von D zu M.

11. a)

$A = (17 \mid -15 \mid 0)$	$B = (17 \mid -15 \mid 8)$	$C = (17 \mid 0 \mid 8)$
$D = (0 \mid 0 \mid 8)$	$E = (0 \mid 22 \mid 8)$	$F = (-12 \mid 22 \mid 8)$
$G = (-12 \mid 22 \mid 0)$	$H = (0 \mid 22 \mid 0)$	$I = (0 \mid 0 \mid 0)$
$J = (17 \mid 0 \mid 0)$		

b) x_1-x_2-Ebene: A, G, H, I, J
x_2-x_3-Ebene: D, E, H, I
x_1-x_3-Ebene: C, D, I, J

c)

$A = (-17 \mid 37 \mid 0)$	$B = (-17 \mid 37 \mid 8)$	$C = (-17 \mid 22 \mid 8)$
$D = (0 \mid 22 \mid 8)$	$E = (0 \mid 0 \mid 8)$	$F = (12 \mid 0 \mid 8)$
$G = (12 \mid 0 \mid 0)$	$H = (0 \mid 0 \mid 0)$	$I = (0 \mid 22 \mid 0)$
$J = (-17 \mid 22 \mid 0)$		

x_1-x_2-Ebene: A, G, H, I, J
x_2-x_3-Ebene: D, E, H, I
x_1-x_3-Ebene: E, F, G, H

12. Aus der Darstellung eines 3-dimensionalen Koordinatensystems auf einer 2-dimensionalen Zeichenfläche kann man nicht eindeutig die Koordinaten von Punkten ablesen, z. B. könnten die Punkte auch durch:
$P(-2 \mid 2 \mid 1)$ und $Q(1 \mid -2 \mid -1)$ beschrieben werden.
Erst durch weitere Informationen bzw. Lagebeziehungen kann Eindeutigkeit erreicht werden.

13. (1) $(-3 \mid -3{,}5 \mid -2)$ (2) $(-2 \mid -3 \mid -1{,}5)$ (3) $(0 \mid -2 \mid -0{,}5)$
Da jeweils eine Koordinate gegeben ist, ist eine Ebene festgelegt und aus der 2D-Darstellung sind die anderen Werte eindeutig ablesbar.

217

14. **a)** P′(–4 | 0 | 0); Q′(0 | 3 | 0); R′(3 | –2 | –4); S′(–8 | 5 | 3)
b) P″(–4 | 0 | 0); Q″(0 | –3 | 0); R″(3 | 2 | 4); S″(–8 | –5 | –3)
c) P‴(4 | 0 | 0); Q‴(0 | 3 | 0); R‴(–3 | –2 | 4); S‴(8 | 5 | –3)
d) P⁗(4 | 0 | 0); Q⁗(0 | –3 | 0); R⁗(–3 | 2 | –4); S⁗(8 | –5 | 3)

5.1.2 Vektoren

218

Einstieg
Richtung x_1-Achse: 5 Einheiten
Richtung x_2-Achse: 7 Einheiten
Richtung x_3-Achse: 1,5 Einheiten
Die Verschiebung auf G angewandt, ergibt G′(–12 | 30,5 | 4).

220

2. Man kann jeden Vektor im Raum durch einen Quader mit den Seitenlängen aus den Verschiebungskoordinaten darstellen.
Der Quader hat rechte Winkel, sodass die Länge des Vektors durch zweimalige Anwendung des Satzes des Pythagoras ausrechenbar ist:

$d^2 = 5^2 + 7^2 = 74$

$|\vec{v}|^2 = d^2 + (1,5)^2 = 76,25$

$|\overline{AA'}| = |\vec{v}| = \sqrt{76,25} \approx 8,7$

221

3. **a)** Z. B.

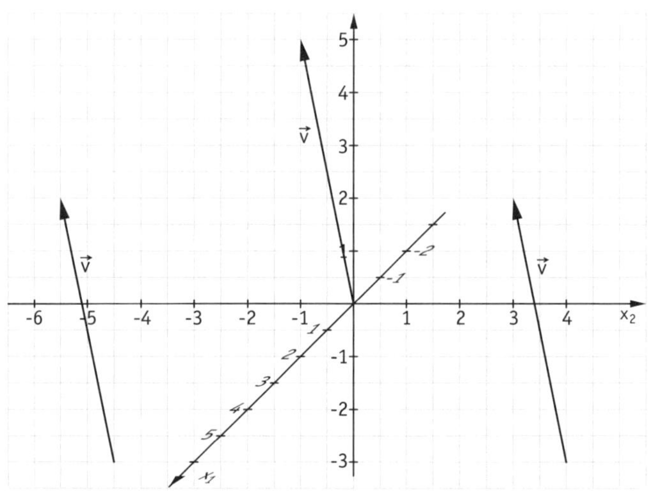

b) A′(–1 | 2 | 5)
c) B(–4 | 20 | –26)
d) Q um $\vec{v}$ verschoben gibt Q′(8 | 11 | 4) ≠ P(8 | 11 | –4)
P ist kein Bildpunkt von Q unter $\vec{v}$.

221

4. **a)** Q(9 | −6 | 24) **b)** P(−3 | 13 | 18) **c)** Q(−4 | −1 | −8) **d)** P(q + 3 | q − 7 | 3q + 3)

5. **a)** $\overrightarrow{DC}$; $\overrightarrow{AB}$ und $\overrightarrow{EF}$ bzw. $\overrightarrow{HF}$ und $\overrightarrow{DB}$

b) $\overrightarrow{DA} = \begin{pmatrix} 4 \\ 0 \\ 0 \end{pmatrix}$ $\overrightarrow{DC} = \begin{pmatrix} 0 \\ 6 \\ 0 \end{pmatrix}$ $\overrightarrow{AB} = \begin{pmatrix} 0 \\ 6 \\ 0 \end{pmatrix}$ $\overrightarrow{BC} = \begin{pmatrix} -4 \\ 0 \\ 0 \end{pmatrix}$

$\overrightarrow{CG} = \begin{pmatrix} 0 \\ 0 \\ 4 \end{pmatrix}$ $\overrightarrow{HF} = \begin{pmatrix} 4 \\ 6 \\ 0 \end{pmatrix}$ $\overrightarrow{DB} = \begin{pmatrix} 4 \\ 6 \\ 0 \end{pmatrix}$ $\overrightarrow{EF} = \begin{pmatrix} 0 \\ 6 \\ 0 \end{pmatrix}$

c) $|\overrightarrow{DE}| = \sqrt{|\overrightarrow{DA}|^2 + |\overrightarrow{AE}|^2} = \sqrt{4^2 + 4^2} = \sqrt{32} \approx 5{,}66$

$|\overrightarrow{DB}| = \sqrt{|\overrightarrow{DA}|^2 + |\overrightarrow{AB}|^2} = \sqrt{4^2 + 6^2} = \sqrt{52} \approx 7{,}71$

$|\overrightarrow{DF}| = \sqrt{|\overrightarrow{DB}|^2 + |\overrightarrow{BF}|^2} = \sqrt{\sqrt{57}^2 + 4^2} = \sqrt{68} \approx 8{,}24$

6. **a)** $\vec{v} = \begin{pmatrix} 7 \\ -6 \\ -4 \end{pmatrix}$; $|\vec{v}| = \sqrt{101} \approx 10{,}05$ **c)** $\vec{v} = \begin{pmatrix} 19 \\ -9 \\ 11 \end{pmatrix}$; $|\vec{v}| = \sqrt{563} \approx 23{,}73$

b) $\vec{v} = \begin{pmatrix} 3 \\ -4 \\ 3 \end{pmatrix}$; $|\vec{v}| = \sqrt{34} \approx 5{,}83$ **d)** $\vec{v} = \begin{pmatrix} 8 \\ -8 \\ 8 \end{pmatrix}$; $|\vec{v}| = \sqrt{192} \approx 13{,}86$

7. **a)** $b_3 = 7$ oder $b_3 = 3$ **b)** $a_2 = 0$ oder $a_2 = 6$ **c)** $b_1 = 6 + \sqrt{6}$; $b_1 = 6 - \sqrt{6}$ **d)** $b_2 = 23$ oder $b_2 = 19$

222

8. **a)** Es gibt 5 verschiedene Vektoren.
$\overrightarrow{AB} = \overrightarrow{DE}$; $\overrightarrow{AC}$; $\overrightarrow{BC} = \overrightarrow{EF}$; $\overrightarrow{AD} = \overrightarrow{CF} = \overrightarrow{BE}$; $\overrightarrow{FD}$

b) $\overrightarrow{AC} = \overrightarrow{JL}$ [$\overrightarrow{AB} = \overrightarrow{LI}$, $\overrightarrow{BC} = \overrightarrow{ED} = \overrightarrow{GH} = \overrightarrow{JI}$, $\overrightarrow{IJ} = \overrightarrow{HG} = \overrightarrow{DE} = \overrightarrow{CB}$, $\overrightarrow{CG} = \overrightarrow{DJ}$]

9. **a)** beliebig viele
b) Man könnte für A und C beliebige Koordinaten wählen, die folgende Bedingung erfüllen:

$$\overrightarrow{AB} = \begin{pmatrix} 2 - a_1 \\ 4 - a_2 \\ 0 - a_3 \end{pmatrix} \stackrel{!}{=} \overrightarrow{OC} = \begin{pmatrix} c_1 - 0 \\ c_2 - 0 \\ c_3 - 0 \end{pmatrix} = \begin{pmatrix} c_1 \\ c_2 \\ c_3 \end{pmatrix}$$

222 **10.** Wenn PQRS ein Parallelogramm wäre, so müssten die Vektoren $\overrightarrow{PQ}$ und $\overrightarrow{SR}$ gleich sein.

Es gilt aber: $\overrightarrow{PQ} = \begin{pmatrix} 2 \\ -4 \\ 2 \end{pmatrix}$ und $\overrightarrow{SR} = \begin{pmatrix} 2 \\ -4 \\ 0 \end{pmatrix}$.

PQRS ist also kein Parallelogramm.

11. a) in Richtung x_1: −4 Einheiten
in Richtung x_2: 14 Einheiten
in Richtung x_3: −12 Einheiten

$\left.\begin{array}{l} \\ \\ \\ \end{array}\right\} \begin{pmatrix} -4 \\ 14 \\ -12 \end{pmatrix}$

b) $H'(74 \mid 42 \mid 91)$

c) $\sqrt{356} \approx 18{,}87$

5.1.3 Addition und Subtraktion von Vektoren

224 **Einstieg**

$A(a_1 \mid a_2 \mid a_3)$, $A'(a_1 - 3 \mid a_2 + 4 \mid a_3 + 2)$, $A''(a_1 - 1 \mid a_2 + 1 \mid a_3 + 3)$

$B(b_1 \mid b_2 \mid b_3)$, $B'(b_1 - 3 \mid b_2 + 4 \mid b_3 + 2)$, $B''(b_1 - 1 \mid b_2 + 1 \mid b_3 + 3)$

$C(c_1 \mid c_2 \mid c_3)$, $C'(c_1 - 3 \mid c_2 + 4 \mid c_3 + 2)$, $C''(c_1 - 1 \mid c_2 + 1 \mid c_3 + 3)$

226 **2.** (1) $\vec{a} + \vec{b} = \begin{pmatrix} a_1 \\ a_2 \\ a_3 \end{pmatrix} + \begin{pmatrix} b_1 \\ b_2 \\ b_3 \end{pmatrix} = \begin{pmatrix} a_1 + b_1 \\ a_2 + b_2 \\ a_3 + b_3 \end{pmatrix} = \begin{pmatrix} b_1 \\ b_2 \\ b_3 \end{pmatrix} + \begin{pmatrix} a_1 \\ a_2 \\ a_3 \end{pmatrix} = \vec{b} + \vec{a}$

(2) $\left(\vec{a} + \vec{b}\right) + \vec{c} = \left(\begin{pmatrix} a_1 \\ a_2 \\ a_3 \end{pmatrix} + \begin{pmatrix} b_1 \\ b_2 \\ b_3 \end{pmatrix}\right) + \begin{pmatrix} c_1 \\ c_2 \\ c_3 \end{pmatrix} = \begin{pmatrix} a_1 + b_1 \\ a_2 + b_2 \\ a_3 + b_3 \end{pmatrix} + \begin{pmatrix} c_1 \\ c_2 \\ c_3 \end{pmatrix}$

$= \begin{pmatrix} a_1 + b_1 + c_1 \\ a_2 + b_2 + c_2 \\ a_3 + b_3 + c_3 \end{pmatrix} = \begin{pmatrix} a_1 \\ a_2 \\ a_3 \end{pmatrix} + \begin{pmatrix} b_1 + c_1 \\ b_2 + c_2 \\ b_3 + c_3 \end{pmatrix} = \begin{pmatrix} a_1 \\ a_2 \\ a_3 \end{pmatrix} + \left(\begin{pmatrix} b_1 \\ b_2 \\ b_3 \end{pmatrix} + \begin{pmatrix} c_1 \\ c_2 \\ c_3 \end{pmatrix}\right)$

$= \vec{a} + \left(\vec{b} + \vec{c}\right)$

(3) $\vec{a} - \left(\vec{b} + \vec{c}\right) = \begin{pmatrix} a_1 \\ a_2 \\ a_3 \end{pmatrix} - \left(\begin{pmatrix} b_1 \\ b_2 \\ b_3 \end{pmatrix} + \begin{pmatrix} c_1 \\ c_2 \\ c_3 \end{pmatrix}\right) = \begin{pmatrix} a_1 \\ a_2 \\ a_3 \end{pmatrix} - \begin{pmatrix} b_1 + c_1 \\ b_2 + c_2 \\ b_3 + c_3 \end{pmatrix}$

$= \begin{pmatrix} a_1 - b_1 - c_1 \\ a_2 - b_2 - c_2 \\ a_3 - b_3 - c_3 \end{pmatrix} = \begin{pmatrix} a_1 - b_1 \\ a_2 - b_2 \\ a_3 - b_3 \end{pmatrix} - \begin{pmatrix} c_1 \\ c_2 \\ c_3 \end{pmatrix} = \left(\begin{pmatrix} a_1 \\ a_2 \\ a_3 \end{pmatrix} - \begin{pmatrix} b_1 \\ b_2 \\ b_3 \end{pmatrix}\right) - \begin{pmatrix} c_1 \\ c_2 \\ c_3 \end{pmatrix}$

$= \left(\vec{a} - \vec{b}\right) - \vec{c}$

226

2. (4) $\vec{a} + \vec{0} = \begin{pmatrix} a_1 \\ a_2 \\ a_3 \end{pmatrix} + \begin{pmatrix} 0 \\ 0 \\ 0 \end{pmatrix} = \begin{pmatrix} a_1 + 0 \\ a_2 + 0 \\ a_3 + 0 \end{pmatrix} = \begin{pmatrix} a_1 \\ a_2 \\ a_3 \end{pmatrix} = \vec{a}$

227

3. a) C(0 | 2 | 7); D(3 | −1 | 2)

b) Seiten als Vektoren darstellbar:

$\overrightarrow{AB} = \begin{pmatrix} -5 \\ 4 \\ 5 \end{pmatrix} \qquad |\overrightarrow{AB}| = \sqrt{66} \approx 8{,}12$

$\overrightarrow{BC} = \begin{pmatrix} 2 \\ -3 \\ 4 \end{pmatrix} \qquad |\overrightarrow{BC}| = \sqrt{29} \approx 5{,}38$

$\overrightarrow{CD} = \begin{pmatrix} 3 \\ -3 \\ -5 \end{pmatrix} \qquad |\overrightarrow{CD}| = \sqrt{43} \approx 6{,}56$

$\overrightarrow{DA} = \begin{pmatrix} 0 \\ 2 \\ -4 \end{pmatrix} \qquad |\overrightarrow{DA}| = \sqrt{20} \approx 4{,}47$

Das Viereck ABCD ist kein Parallelogramm!

Gründe: 1) $\overrightarrow{AB} \neq \overrightarrow{DC}$ und $|\overrightarrow{AB}| \neq |\overrightarrow{DC}|$

2) $\overrightarrow{BC} \neq \overrightarrow{AD}$ und $|\overrightarrow{BC}| \neq |\overrightarrow{AD}|$

4. a) A(5 | −6 | 0); B(5 | 6 | 0); C(−5 | 6 | 0); D(−5 | −6 | 0); E(5 | −6 | 4); F(5 | 6 | 4); G(−5 | 6 | 4); H(−5 | −6 | 4); M(0 | −4 | 9); N(0 | 4 | 9)

b) $\overrightarrow{AE} = \begin{pmatrix} 0 \\ 0 \\ 4 \end{pmatrix}$; $\overrightarrow{FN} = \begin{pmatrix} -5 \\ -2 \\ 5 \end{pmatrix}$; $\overrightarrow{MH} = \begin{pmatrix} -5 \\ -2 \\ -5 \end{pmatrix}$; $\overrightarrow{FM} = \begin{pmatrix} -5 \\ -10 \\ 5 \end{pmatrix}$; $\overrightarrow{AN} = \begin{pmatrix} -5 \\ 10 \\ 9 \end{pmatrix}$

5. a) $\begin{pmatrix} 2 \\ 3 \\ 5 \end{pmatrix} + \begin{pmatrix} 1 \\ 4 \\ -4 \end{pmatrix} = \begin{pmatrix} 3 \\ 7 \\ 1 \end{pmatrix}$

b) $\begin{pmatrix} 6 \\ 9 \\ 3 \end{pmatrix} + \begin{pmatrix} -9 \\ -5 \\ 4 \end{pmatrix} = \begin{pmatrix} -3 \\ 4 \\ 7 \end{pmatrix}$

c) $\begin{pmatrix} 8 \\ -5 \\ 3 \end{pmatrix} + \begin{pmatrix} -6 \\ -1 \\ -3 \end{pmatrix} = \begin{pmatrix} 2 \\ -6 \\ 0 \end{pmatrix}$

d) $\begin{pmatrix} -3 \\ 2 \\ -4 \end{pmatrix} + \begin{pmatrix} -1 \\ -4 \\ 6 \end{pmatrix} + \begin{pmatrix} 2 \\ 5 \\ -3 \end{pmatrix} = \begin{pmatrix} -2 \\ 3 \\ -1 \end{pmatrix}$

e) $\begin{pmatrix} 1 \\ 2 \\ 4 \end{pmatrix} - \begin{pmatrix} 3 \\ -1 \\ -1 \end{pmatrix} = \begin{pmatrix} -2 \\ 3 \\ 5 \end{pmatrix}$

f) $\begin{pmatrix} -3 \\ 2 \\ 1 \end{pmatrix} - \begin{pmatrix} 6 \\ -8 \\ -9 \end{pmatrix} = \begin{pmatrix} -9 \\ 10 \\ 10 \end{pmatrix}$

g) $\begin{pmatrix} -2 \\ 3 \end{pmatrix} - \begin{pmatrix} 5 \\ -2 \end{pmatrix} = \begin{pmatrix} -7 \\ 5 \end{pmatrix}$

h) $\begin{pmatrix} -3 \\ 5 \\ -2 \end{pmatrix} - \begin{pmatrix} -7 \\ -1 \\ 3 \end{pmatrix} - \begin{pmatrix} 3 \\ -2 \\ -4 \end{pmatrix} = \begin{pmatrix} 1 \\ 8 \\ -1 \end{pmatrix}$

227

5. **i)** $\begin{pmatrix}-3\\7\end{pmatrix}-\begin{pmatrix}-1\\4\end{pmatrix}+\begin{pmatrix}8\\-2\end{pmatrix}=\begin{pmatrix}6\\1\end{pmatrix}$

6. A(0 | –5 | 0); B(0 | 0 | 0); C(–4 | 0 | 0); D(–4 | –5 | 0); E(0 | –5 | 3); F(0 | 0 | 3); G(–4 | 0 | 3); H(–4 | –5 | 3)

$\overrightarrow{EG}=\begin{pmatrix}-4\\5\\0\end{pmatrix};\quad \overrightarrow{CA}=\begin{pmatrix}4\\-5\\0\end{pmatrix};\quad \overrightarrow{HB}=\begin{pmatrix}4\\5\\-3\end{pmatrix}$

7. **a)** $\vec{a}+\vec{b}=\overrightarrow{AC}=\overrightarrow{EG}$

b) $\vec{a}-\vec{b}=\overrightarrow{DB}=\overrightarrow{HF}$

c) $\vec{b}-\vec{a}=\overrightarrow{BD}=\overrightarrow{FH}$

d) $\vec{a}-\vec{c}=\overrightarrow{EB}=\overrightarrow{HC}$

e) $\vec{b}+\vec{c}=\overrightarrow{AH}=\overrightarrow{BG}$

f) $\vec{b}-\vec{c}=\overrightarrow{ED}=\overrightarrow{FC}$

g) $\vec{a}+\vec{b}+\vec{c}=\overrightarrow{AG}$

h) $\vec{a}-(\vec{b}+\vec{c})=\overrightarrow{HG}+\overrightarrow{GB}=\overrightarrow{HB}$

8. **a)**

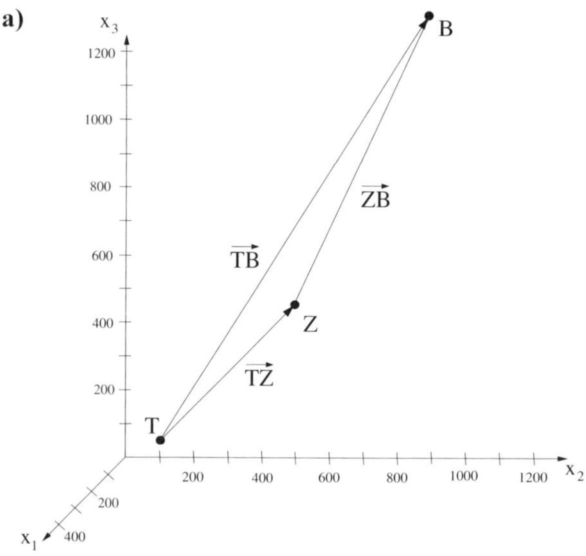

$\overrightarrow{TB}=\begin{pmatrix}1725\\1649\\2116\end{pmatrix}$

b) $\overrightarrow{Z_{neu}B}=\begin{pmatrix}1237\\1115\\1471\end{pmatrix}$

228

9. $\vec{a}+\vec{b}=\overrightarrow{AC},\ \vec{a}-\vec{b}=\overrightarrow{DB},\ \vec{b}-\vec{a}=\overrightarrow{BD}$

228

10. $\overrightarrow{AC} = -\vec{u}$, $\overrightarrow{AD} = -\vec{u} + \vec{s}$, $\overrightarrow{AE} = \vec{r} + \vec{t}$, $\overrightarrow{BA} = -\vec{r}$, $\overrightarrow{BC} = -\vec{r} - \vec{u}$,
$\overrightarrow{BD} = -\vec{r} - \vec{u} + \vec{s}$, $\overrightarrow{CB} = \vec{u} + \vec{r}$, $\overrightarrow{CE} = \vec{u} + \vec{r} + \vec{t}$, $\overrightarrow{DA} = -\vec{s} + \vec{u}$,
$\overrightarrow{DB} = -\vec{s} + \vec{u} + \vec{r}$, $\overrightarrow{DE} = -\vec{s} + \vec{u} + \vec{r} + \vec{t}$

11. Die Überlegung ist falsch. Nach der Dreiecksregel kann man nur einen inneren gemeinsamen Punkt streichen.

12. Gesucht ist b, sodass $|\overrightarrow{AB}| = |\overrightarrow{AC}|$

$$|\overrightarrow{AC}| = \left|\begin{pmatrix} -1 \\ -4 \\ -2 \end{pmatrix}\right| = \sqrt{21}$$

$$|\overrightarrow{AB}| = \left|\begin{pmatrix} -4 \\ b-7 \\ -1 \end{pmatrix}\right| = \sqrt{17 + (b-7)^2}$$

$$|\overrightarrow{AC}| = |\overrightarrow{AB}| \Leftrightarrow \sqrt{21} = \sqrt{17 + (b-7)^2} \Leftrightarrow b = 5 \text{ oder } b = 9$$

13. a) $\overrightarrow{AB} = \begin{pmatrix} 4 \\ -6 \\ -4 \end{pmatrix}$; $\overrightarrow{DC} = \begin{pmatrix} 4 \\ -6 \\ -4 \end{pmatrix}$

Die Seiten $\overline{AB}$ und $\overline{CD}$ sind parallel und gleich lang.
ABCD ist ein Parallelogramm.

b) $\overrightarrow{AB} = \begin{pmatrix} -4 \\ 5 \\ 2 \end{pmatrix}$; $\overrightarrow{CD} = \begin{pmatrix} -12 \\ 11 \\ 6 \end{pmatrix}$ $\Rightarrow \overline{AB} \nparallel \overline{CD}$;

$\overrightarrow{AC} = \begin{pmatrix} 4 \\ -3 \\ -2 \end{pmatrix}$; $\overrightarrow{BD} = \begin{pmatrix} -4 \\ 3 \\ 2 \end{pmatrix}$

Die Seiten $\overline{AC}$ und $\overline{BD}$ sind parallel und gleich lang.
ACBD ist ein Parallelogramm.

c) Man erkennt durch Zeichnen, dass die Punkte ein Viereck bilden.

Außerdem gilt: $\overrightarrow{AB} = \overrightarrow{DC} = \begin{pmatrix} 3 \\ -1 \end{pmatrix}$ und $\overrightarrow{AD} = \overrightarrow{BC} = \begin{pmatrix} 2 \\ 2 \end{pmatrix}$

Das Viereck ist ein Parallelogramm, denn die gegenüberliegenden Seiten sind jeweils parallel zueinander.

228

14.

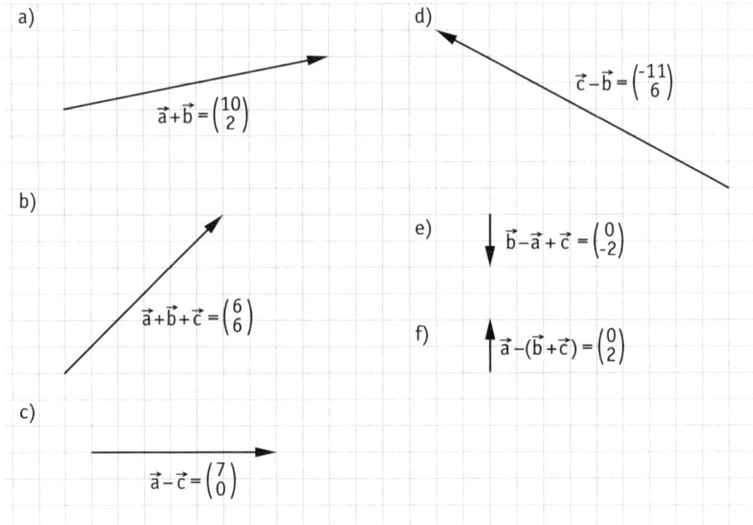

15. **a)** D (−2 | 3 | 2)

b) Kein Parallelogramm möglich, da $\overrightarrow{AB}=\overrightarrow{BC}$.

c) Kein Parallelogramm möglich, da $\overrightarrow{AC}=\overrightarrow{CB}$.

d) Kein Parallelogramm möglich, da $\overrightarrow{BC}=\overrightarrow{CA}$.

16. **a)** $\overrightarrow{PR}=\overrightarrow{PQ}+\overrightarrow{QR}=\overrightarrow{RS}+\overrightarrow{QR}=\overrightarrow{QR}+\overrightarrow{RS}=\overrightarrow{QS}$

b) Gilt $\overrightarrow{PQ}=\overrightarrow{RS}$, dann ist das Viereck PQSR ein Parallelogramm.

17. **a)** $\overrightarrow{AB}=\begin{pmatrix}-2\\6\\3\end{pmatrix}$; $\overrightarrow{CD}=\begin{pmatrix}2\\-6\\-3\end{pmatrix}$

$\overline{AB}$ ist parallel zu $\overline{CD}$ und gleich lang.
ABCD bildet ein Parallelogramm.
Seitenlängen:

$|\overrightarrow{AB}|=|\overrightarrow{CD}|=\sqrt{49}=7$

$|\overrightarrow{BC}|=\left|\begin{pmatrix}-6\\-3\\2\end{pmatrix}\right|=\sqrt{49}=7=|\overrightarrow{AD}|$

Alle Seiten sind 7 Einheiten lang.

228

17. b) Z. B.: Über den Satz des Pythagoras: Wenn $|\overrightarrow{AB}|^2 + |\overrightarrow{BC}|^2 = |\overrightarrow{AC}|^2$ gilt, dann steht die Seite $\overline{AB}$ senkrecht auf $\overline{BC}$ und demnach sind alle Winkel im Parallelogramm rechte Winkel.

Hier: $|\overrightarrow{AC}| = \left|\begin{pmatrix} -8 \\ 3 \\ 5 \end{pmatrix}\right| = \sqrt{98}$ $\qquad |\overrightarrow{AC}|^2 = 98$

$|\overrightarrow{AB}|^2 + |\overrightarrow{BC}|^2 = 98$ $\qquad$ Es ist ein Rechteck.

5.1.4 Vervielfachen von Vektoren

231

1. a) $\begin{pmatrix} -2 \\ 10 \\ 14 \end{pmatrix}$ **b)** $\begin{pmatrix} 3 \\ -6 \\ 4{,}5 \end{pmatrix}$ **c)** $\begin{pmatrix} -2 \\ 0 \\ -2{,}5 \end{pmatrix}$ **d)** $\begin{pmatrix} -6 \\ -3 \\ 15 \end{pmatrix}$ **e)** $\begin{pmatrix} 5 \\ -7{,}5 \\ 6{,}25 \end{pmatrix}$

2. (1) Wegen der ersten Koordinate müsste der Faktor (–1) sein. Dies passt nicht zur dritten Koordinate.

(2) Wegen der ersten Koordinate müsste der Faktor $\frac{1}{2}$ sein. Dies passt weder zur zweiten noch zur dritten Koordinate.

(3) Wegen der ersten Koordinate müsste der Faktor $\frac{1}{2}$ sein. Dies passt nicht zur dritten Koordinate.

(4) Da $\vec{a}$ und $\vec{b}$ die gleiche x_3-Koordinate haben, aber unterschiedliche x_1- und x_2-Koordinaten, kann $\vec{b}$ kein Vielfaches von $\vec{a}$ sein.

3. Mehrere Lösungen immer möglich; einfache Beispiele:

a) $\vec{a} = \frac{1}{6} \cdot \begin{pmatrix} 4 \\ -6 \\ 3 \end{pmatrix}$

b) $\vec{a} = \frac{1}{12} \cdot \begin{pmatrix} -48 \\ -9 \\ 4 \end{pmatrix}$

c) $\vec{a} = 6 \cdot \begin{pmatrix} 3 \\ 2 \\ 4 \end{pmatrix}$ Hier wäre die Aufgabenstellung ebenfalls eine Lösung.

d) $\vec{a} = \frac{1}{6} \cdot \begin{pmatrix} -3 \\ 120 \\ 4 \end{pmatrix}$

232 **4.** (1) $\frac{1}{2}\vec{a}+\frac{1}{2}\vec{b}$ (2) $-\vec{a}+\vec{b}$ (3) $\vec{a}+\frac{1}{2}\vec{b}$ (4) $\frac{1}{2}\vec{b}$

5. $\overrightarrow{AB}=\begin{pmatrix}-6\\4\\2\end{pmatrix}$; $\overrightarrow{AC}=\begin{pmatrix}4\\-6\\-2\end{pmatrix}$; $\overrightarrow{BC}=\begin{pmatrix}10\\-10\\-4\end{pmatrix}$

$\overrightarrow{M_aM_b}=\frac{1}{2}\left(\overrightarrow{AC}-\overrightarrow{BC}\right)=\begin{pmatrix}-3\\2\\1\end{pmatrix}$

$\overrightarrow{M_aM_c}=\frac{1}{2}\left(-\overrightarrow{BC}-\overrightarrow{AB}\right)=\begin{pmatrix}-2\\3\\1\end{pmatrix}$

$\overrightarrow{M_bM_c}=\frac{1}{2}\left(-\overrightarrow{AC}+\overrightarrow{AB}\right)=\begin{pmatrix}-5\\5\\2\end{pmatrix}$

Die Dreiecke ABC und $M_aM_bM_c$ sind gleichschenklig und zudem ähnlich.

6.

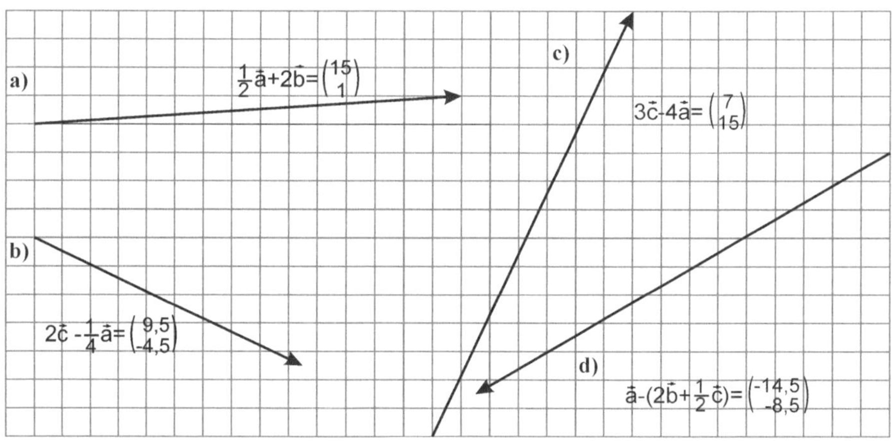

7. M(2 | 3 | 5) ist nicht der Mittelpunkt von $\overline{AB}$, sondern die Hälfte des Vektors $\overrightarrow{AB}$. Der Mittelpunkt ist $\vec{m}=\overrightarrow{OA}+\frac{1}{2}\overrightarrow{AB}=\begin{pmatrix}2\\8\\-4\end{pmatrix}+\begin{pmatrix}2\\-3\\5\end{pmatrix}=\begin{pmatrix}4\\5\\1\end{pmatrix}$

$\Rightarrow$ M(4 | 5 | 1).

8. $\overrightarrow{AM_1}=\vec{a}+\frac{1}{2}\vec{b}+\frac{1}{2}\vec{c}$ $\overrightarrow{M_1M_2}=\frac{1}{2}\vec{b}-\frac{1}{2}\vec{a}$

$\overrightarrow{HM_3}=-\frac{1}{2}\vec{c}-\frac{1}{2}\vec{b}$ $\overrightarrow{M_2A}=-\frac{1}{2}\vec{c}-\frac{1}{2}\vec{a}-\vec{b}$

232

9. $\overrightarrow{MS} = -\frac{1}{2}(\vec{a} + \vec{b}) + \vec{c}$ $\quad\overrightarrow{CS} = -(\vec{a} + \vec{b}) + \vec{c}$ $\quad\overrightarrow{SB} = \vec{a} - \vec{c}$

10. **a)** $\vec{b} = \begin{pmatrix} \frac{2}{3} \\ -\frac{1}{3} \\ \frac{2}{3} \end{pmatrix}$ **c)** $\vec{b} = \frac{1}{\sqrt{106}}\begin{pmatrix} 9 \\ 0 \\ 5 \end{pmatrix}$ **e)** $\vec{b} = \frac{1}{3\sqrt{5}}\begin{pmatrix} -4 \\ 2 \\ 5 \end{pmatrix}$

b) $\vec{b} = \frac{1}{5\sqrt{2}}\begin{pmatrix} 5 \\ 3 \\ -4 \end{pmatrix}$ **d)** $\vec{b} = \frac{1}{\sqrt{2}}\begin{pmatrix} 1 \\ 0 \\ 1 \end{pmatrix}$ **f)** $\vec{b} = \frac{1}{\sqrt{2}}\begin{pmatrix} 0 \\ 1 \\ 1 \end{pmatrix}$

11. $\overrightarrow{PQ} = \frac{1}{2}\vec{b} + \frac{1}{2}\vec{a} - \vec{c} = \frac{1}{2}(\vec{a} + \vec{b}) - \vec{c}$

12. **a)** Nach 1 Stunde: $\begin{pmatrix} -1 \\ 2 \\ 0{,}5 \end{pmatrix}$

Nach 2 Stunden: $2 \cdot \begin{pmatrix} -1 \\ 2 \\ 0{,}5 \end{pmatrix} = \begin{pmatrix} -2 \\ 4 \\ 1 \end{pmatrix}$

2 m tief, 4 m nördlich, 1 m westlich.

Nach 3 Stunden: $3 \cdot \begin{pmatrix} -1 \\ 2 \\ 0{,}5 \end{pmatrix} = \begin{pmatrix} -3 \\ 6 \\ 1{,}5 \end{pmatrix}$

3 m tief, 6 m nördlich, 1,5 m westlich.

Nach 5 Stunden: $5 \cdot \begin{pmatrix} -1 \\ 2 \\ 0{,}5 \end{pmatrix} = \begin{pmatrix} -5 \\ 10 \\ 2{,}5 \end{pmatrix}$

5 m tief, 10 m nördlich, 2,5 m westlich.

b)

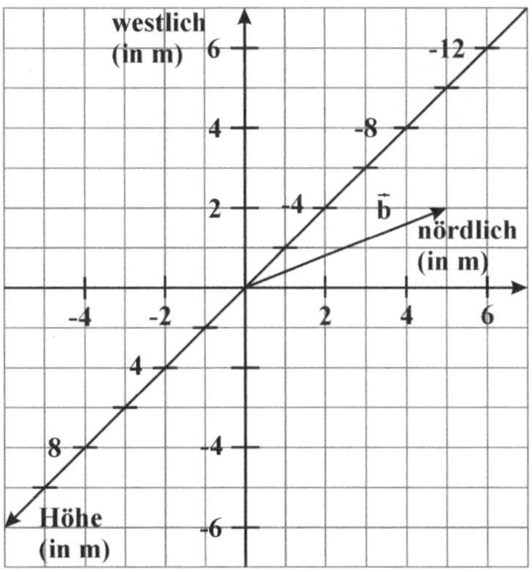

Blickpunkt: Bewegung auf dem Wasser

233 **1. a)**

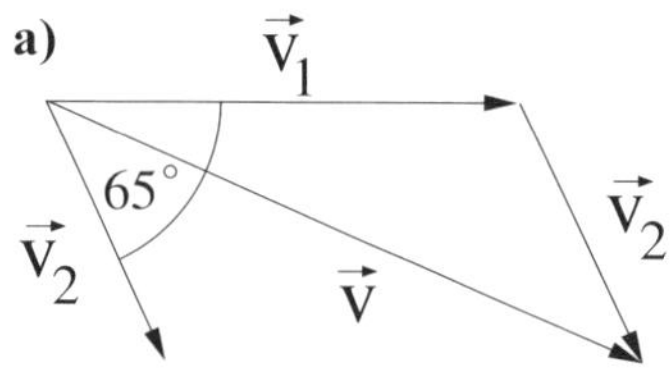

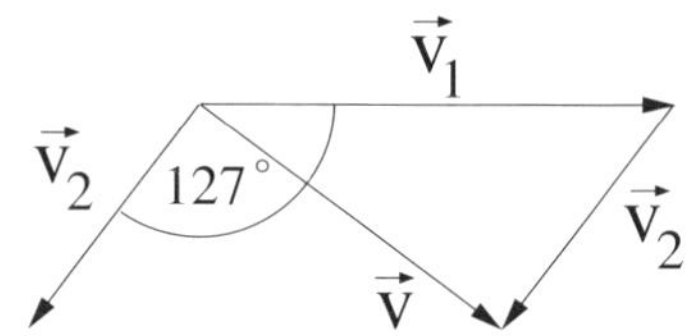

$\alpha = 65°$: $|\vec{v}| \approx 6{,}9\ \frac{m}{s}$ $\alpha = 127°$: $|\vec{v}| = 4\ \frac{m}{s}$

Kontrollrechnung mit Kosinussatz:

$|\vec{v}|^2 = |\overrightarrow{v_1}|^2 + |\overrightarrow{v_2}|^2 - 2|\overrightarrow{v_1}||\overrightarrow{v_2}|\cos(180° - \alpha)$

$\Rightarrow \alpha = 65° \Rightarrow |\vec{v}| = 6{,}83\ \frac{m}{s}$

$\alpha = 127° \Rightarrow |\vec{v}| = 3{,}9932\ \frac{m}{s}$

b) $\vec{v} = \overrightarrow{v_1} + \overrightarrow{v_2} = \begin{pmatrix} 2 \\ 4 \end{pmatrix}$

$|\vec{v}| = \sqrt{20}\ \frac{m}{s} \approx 4{,}47\ \frac{m}{s}$

2. Nach Kosinussatz: 35 405,8 N

234 **3. a)** Sei α der Winkel, den die Vektoren $\vec{F}_{Schlepper}$ und $\vec{v}$, also die Kraft des Schleppers und Bewegungsrichtung, bilden.
Dann gilt für die wirksame Kraft entlang $\vec{v}$:

$|\vec{F}_{wirksam}| = |\vec{F}_{Schlepper}| \cdot \cos\alpha$

Im Bild ist $\alpha = 45° \Rightarrow |\vec{F}_{wirksam}| \approx$ 24 748,7 N

b)

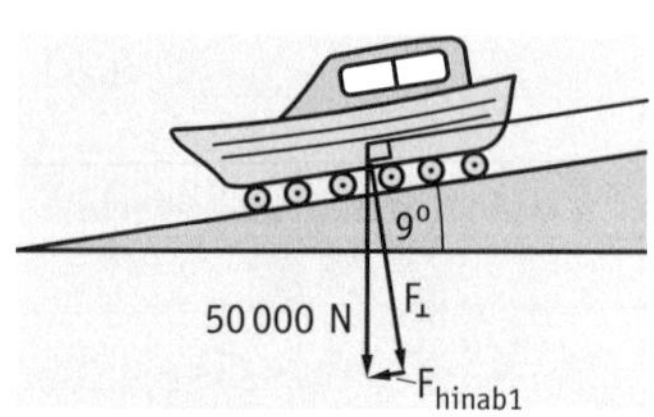

zeichnerisch:
$F_\perp \approx$ 49 218,8 N
$F_{hinab} \approx$ 8 593,8 N
rechnerisch:
$F_\perp = 50\,000\ N \cdot \cos(9°) \approx 49\,384{,}4\ N$
$F_{hinab} = 50\,000\ N \cdot \sin(9°) \approx 7\,821{,}7\ N$

234

3. b) Fortsetzung
allgemein:

$F_{\perp} = 50\,000\text{ N} \cdot \cos(\alpha)$

$F_{hinab} = 50\,000\text{ N} \cdot \sin(\alpha)$

Extremfälle für $\alpha = 0 \Rightarrow \begin{cases} F_{hinab} = 0\text{ N} \\ F_{\perp} = 50\,000\text{ N} \end{cases}$

$\alpha = 90° \Rightarrow \begin{cases} F_{hinab} = 50\,000\text{ N} \\ F_{\perp} = 0\text{ N} \end{cases}$

Bis $\alpha = 45°$ gilt $F_{\perp} > F_{hinab}$, danach $F_{\perp} < F_{hinab}$.

4.

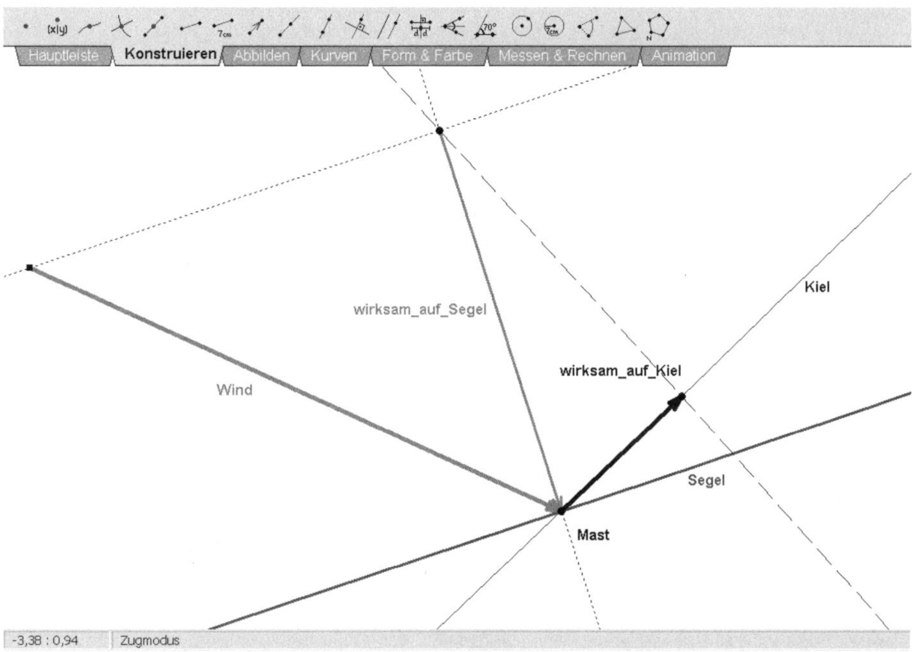

5.2 Skalarprodukt – Orthogonalität

5.2.1 Orthogonalität von Vektoren

235 **Einstieg**

- $\vec{a} = \overrightarrow{CB} = \begin{pmatrix} 0 \\ 0 \\ 8 \end{pmatrix}$, $|\vec{a}| = 8$

  $\vec{b} = \overrightarrow{CA} = \begin{pmatrix} 0 \\ 3 \\ 0 \end{pmatrix}$, $|\vec{b}| = 3$

  $\vec{c} = \overrightarrow{AB} = \begin{pmatrix} 0 \\ -3 \\ 8 \end{pmatrix}$, $|\vec{c}| = \sqrt{0^2 + (-3)^2 + 8^2}$

  Es gilt: $|\vec{a}|^2 + |\vec{b}|^2 = |\vec{c}|^2$
  Nach dem Satz des Pythagoras ist das Dreieck ABC rechtwinklig mit einem rechten Winkel im Punkt C.

- Kriterium: $|\vec{a}|^2 + |\vec{b}|^2 = |\vec{b} - \vec{a}|^2$

  $a_1^2 + a_2^2 + a_3^2 + b_1^2 + b_2^2 + b_3^2$

  $= (b_1 - a_1)^2 + (b_2 - a_2)^2 + (b_3 - a_3)^2$

  Ausmultiplizieren und Zusammenfassen ergibt

  $0 = -2b_1a_1 - 2b_2a_2 - 2b_3a_3$ und somit $a_1b_1 + a_2b_2 + a_3b_3 = 0$

238 **2.** $\vec{u} * \vec{u} = u_1 \cdot u_1 + u_2 \cdot u_2 + u_3 \cdot u_3 = u_1^2 + u_2^2 + u_3^2$

Nach Seite 221 (Schülerband) Satz 1 ist $|\vec{u}| = \sqrt{u_1^2 + u_2^2 + u_3^2}$.

Einsetzen der ersten Gleichung liefert $\vec{u} = \sqrt{\vec{u} * \vec{u}}$.

3. (1) $\vec{u} * \vec{v} = 0$ und $\vec{v} * \vec{u} = 0$

(2) $3 \cdot (\vec{u} * \vec{v}) = 0$;

$(3 \cdot \vec{u}) * \vec{v} = 0$;

$\vec{u} * (3 \cdot \vec{v}) = 0$

(3) $\vec{u} * (\vec{v} + \vec{w}) = -1$;

$\vec{u} * \vec{v} + \vec{u} * \vec{w} = -1$

Die Ausdrücke in (1) bis (3) sind jeweils gleich.
Die Eigenschaften sind:
(1) kommutativ
(2) assoziativ bzgl. Multiplikation mit Skalar
(3) distributiv bzgl. Vektoraddition

238

3. (4) und (5) lassen sich nicht berechnen, da das Skalarprodukt nur aus 2 Vektoren gebildet werden kann; aber $(\vec{u} * \vec{v})$ bzw. $(\vec{v} * \vec{u})$ ist jeweils eine reelle Zahl.

(6) $\vec{u} * \vec{o} = 0$

4. (1) Die Funktion „dotP" berechnet direkt das Skalarprodukt zweier Vektoren, die als Listen ({ ...}) oder Vektoren angegeben sind.
Ergebnis: –7,26

(2) Die Vektoren werden als Listen gespeichert.
Die Multiplikation arbeitet elementweise und danach werden die Ergebnisse aufsummiert.
Ergebnis: –5125,2906

(3) Wie in (2), jedoch ohne das vorherige Speichern der einzelnen Vektoren als Listen.
Ergebnis: –262,4536

5. Martin wählt allgemein einen Vektor $\vec{v} = \begin{pmatrix} v_1 \\ v_2 \\ v_3 \end{pmatrix}$ und bildet das Skalarprodukt mit dem Vektor $\vec{u}$. Er setzt das Skalarprodukt gleich null und wählt v_3, abhängig von v_1 und v_2, so, dass die Gleichung erfüllt wird.

$$\begin{pmatrix} 1 \\ 0 \\ 2 \end{pmatrix} * \begin{pmatrix} v_1 \\ v_2 \\ -\frac{1}{2}v_1 \end{pmatrix} = 0; \quad \begin{pmatrix} -2 \\ 1 \\ 2 \end{pmatrix} * \begin{pmatrix} v_1 \\ v_2 \\ v_1 - \frac{1}{2}v_2 \end{pmatrix} = 0; \quad \begin{pmatrix} -1 \\ 3 \\ 3 \end{pmatrix} * \begin{pmatrix} v_1 \\ v_2 \\ \frac{1}{3}v_1 - v_2 \end{pmatrix} = 0;$$

$$\begin{pmatrix} 10 \\ -0,5 \\ 7 \end{pmatrix} * \begin{pmatrix} v_1 \\ v_2 \\ \left(-\frac{1}{7}\right)(10v_1 - 0,5v_2) \end{pmatrix} = 0$$

239

6. **a)** $\vec{u} * \vec{v} = 0 + 0 + 0 = 0 \quad \Rightarrow$ orthogonal
b) $\vec{u} * \vec{v} = 2 + 1 - 3 = 0 \quad \Rightarrow$ orthogonal
c) $\vec{u} * \vec{v} = 2 - 4 + 15 = 13 \quad \Rightarrow$ nicht orthogonal
d) $\vec{u} * \vec{v} = 6 + 0 - 6 = 0 \quad \Rightarrow$ orthogonal

7. **a)** Es wurden lediglich die Komponenten multipliziert, aber die Ergebnisse nicht addiert. Das Skalarprodukt ergibt eine Zahl.
b) Hier wurde falsch addiert.

239

8. $\overrightarrow{AC} = \begin{pmatrix} 4 \\ 2 \\ -6 \end{pmatrix}$; $\overrightarrow{BD} = \begin{pmatrix} 3 \\ 3 \\ 3 \end{pmatrix}$

$\overrightarrow{AC} * \overrightarrow{BD} = 12 + 6 - 18 = 0$

Die Diagonalen sind orthogonal zueinander.
Das Viereck ist ein Drachenviereck.

9. **a)** $t = 3$ **b)** $t = 1$ oder $t = \frac{1}{2}$ **c)** $t = 0$ oder $t = 6$

10. Beispiele: $\begin{pmatrix} 0 \\ 3 \\ 2 \end{pmatrix}$; $\begin{pmatrix} 2 \\ 4 \\ 0 \end{pmatrix}$; $\begin{pmatrix} -3 \\ 0 \\ 4 \end{pmatrix}$

Es gibt unendlich viele, da es zum einen bereits unendlich viele Vielfache von einem Vektor gibt. Zum anderen kann man stets 2 orthogonale Vektoren addieren und das Ergebnis ist erneut orthogonal zu $\vec{v}$.

11. **a)** (1) z. B. $\begin{pmatrix} 0 \\ 1 \\ 2 \end{pmatrix}$; $\begin{pmatrix} 2 \\ -1 \\ 0 \end{pmatrix}$; $\begin{pmatrix} -1 \\ 0 \\ 1 \end{pmatrix}$; $\begin{pmatrix} 3 \\ 1 \\ 5 \end{pmatrix}$

(2) z. B. $\begin{pmatrix} 0 \\ 1 \\ 0 \end{pmatrix}$; $\begin{pmatrix} -4 \\ 0 \\ 3 \end{pmatrix}$; $\begin{pmatrix} 4 \\ 2 \\ -3 \end{pmatrix}$; $\begin{pmatrix} -8 \\ 7 \\ 6 \end{pmatrix}$

(3) z. B. $\begin{pmatrix} 1 \\ 0 \\ 0 \end{pmatrix}$; $\begin{pmatrix} 0 \\ 0 \\ 1 \end{pmatrix}$; $\begin{pmatrix} 2 \\ 0 \\ 0 \end{pmatrix}$; $\begin{pmatrix} 3 \\ 0 \\ 4 \end{pmatrix}$

(4) z. B. $\begin{pmatrix} -1 \\ 1 \\ 0 \end{pmatrix}$; $\begin{pmatrix} 0 \\ -1 \\ 1 \end{pmatrix}$; $\begin{pmatrix} 1 \\ 1 \\ -2 \end{pmatrix}$; $\begin{pmatrix} -2 \\ 1 \\ 1 \end{pmatrix}$

b) Im Raum und in der Ebene sind alle Vielfachen eines Vektors, der orthogonal zum gegebenen ist, ebenfalls orthogonal.
Im Raum steht zudem jeder Vektor, der in einer bestimmten orthogonalen Ebene liegt, orthogonal zu dem gegebenen Vektor.

12. $\vec{a} = \overrightarrow{CB} = \begin{pmatrix} 4 \\ 3 \\ 1 - c_3 \end{pmatrix}$ $\vec{b} = \overrightarrow{CA} = \begin{pmatrix} 8 \\ 0 \\ -c_3 \end{pmatrix}$ $\vec{c} = \overrightarrow{AB} = \begin{pmatrix} -4 \\ 3 \\ 1 \end{pmatrix}$

Rechter Winkel bei C $\Rightarrow \vec{a} * \vec{b} = 0 \Leftrightarrow {c_3}^2 - c_3 + 32 = 0$; keine Lösung

Rechter Winkel bei B $\Rightarrow \vec{a} * \vec{c} = 0 \Leftrightarrow c_3 = -6$

Rechter Winkel bei A $\Rightarrow \vec{b} * \vec{c} = 0 \Leftrightarrow c_3 = -32$

239

13. a) (1) $\vec{a} = \overrightarrow{CB} = \begin{pmatrix} 0 \\ -2 \\ 2 \end{pmatrix}$; $\vec{b} = \overrightarrow{CA} = \begin{pmatrix} 2 \\ 0 \\ -2 \end{pmatrix}$; $\vec{c} = \overrightarrow{AB} = \begin{pmatrix} -2 \\ 2 \\ 0 \end{pmatrix}$

$|\vec{a}| = |\vec{b}| = |\vec{c}| = \sqrt{8} \Rightarrow$ gleichseitig

(2) $\vec{a} = \overrightarrow{CB} = \begin{pmatrix} -5 \\ 1 \\ -3 \end{pmatrix}$; $\vec{b} = \overrightarrow{CA} = \begin{pmatrix} -1 \\ 4 \\ -6 \end{pmatrix}$; $\vec{c} = \overrightarrow{AB} = \begin{pmatrix} -4 \\ -3 \\ 3 \end{pmatrix}$

alle Skalarprodukte ungleich 0 und

$|\vec{a}| = \sqrt{35}$; $|\vec{b}| = \sqrt{53}$; $|\vec{c}| = \sqrt{34}$; keine Besonderheiten

(3) $\vec{a} = \overrightarrow{CB} = \begin{pmatrix} 0 \\ -3 \\ 0 \end{pmatrix}$; $\vec{b} = \overrightarrow{CA} = \begin{pmatrix} 0 \\ 0 \\ 3 \end{pmatrix}$; $\vec{c} = \overrightarrow{AB} = \begin{pmatrix} 0 \\ -3 \\ -3 \end{pmatrix}$

$\vec{a} * \vec{b} = 0 \Rightarrow$ rechter Winkel bei C;

$|\vec{a}| = |\vec{b}| = 3$; $|\vec{c}| = 3\sqrt{2} \Rightarrow$ gleichschenklig

b) (1) Eines der Skalarprodukte $\overrightarrow{AB} * \overrightarrow{BC}$; $\overrightarrow{AB} * \overrightarrow{CA}$ oder $\overrightarrow{BC} * \overrightarrow{CA}$ muss null ergeben, dann ist das Dreieck rechtwinklig.

(2) Das Dreieck ist gleichschenklig, falls von $|\overrightarrow{AB}| = |\overrightarrow{BC}|$ oder $|\overrightarrow{AB}| = |\overrightarrow{CA}|$ oder $|\overrightarrow{BC}| = |\overrightarrow{CA}|$ genau eine Gleichung erfüllt ist.

(3) Das Dreieck ist gleichseitig, falls $|\overrightarrow{AB}| = |\overrightarrow{BC}| = |\overrightarrow{CA}|$ gilt.

14. $\overrightarrow{AB} = \begin{pmatrix} 4 \\ -3 \\ -1,5 \end{pmatrix}$ $\quad \overrightarrow{AC} = \begin{pmatrix} 4 \\ 3 \\ -1,5 \end{pmatrix}$

$\overrightarrow{AB} * \overrightarrow{AC} = 16 - 9 + 2,25 = 9,25 \neq 0$

Die Vektoren sind nicht orthogonal zueinander, es wird kein rechter Winkel eingeschlossen.

240

15. a) Gesucht $\vec{x}$ mit $\vec{x} * \vec{v} = 0$ und $\vec{x} * \vec{u} = 0$

$\Rightarrow$ LGS $\left| \begin{aligned} x_2 + x_3 &= 0 \\ x_1 + x_2 - x_3 &= 0 \end{aligned} \right|$

Lösungsmenge $L = \{(2t \mid -t \mid t) \mid t \in \mathbb{R}\}$

$\Rightarrow$ alle Vektoren $\vec{x} = \begin{pmatrix} 2t \\ -t \\ t \end{pmatrix}$; $t \in \mathbb{R}$ sind Lösungen.

240

15. **b)** Es gibt unendlich viele Lösungen, die alle in einer Ebene liegen.
Verfahren: Wähle 2 Komponenten von $\vec{u}$ beliebig und bestimme die 3., sodass $\vec{u} * \vec{v} = 0$.

Beispiel $\vec{u} = \begin{pmatrix} 1 \\ 2 \\ 0 \end{pmatrix}$

Berechne $\vec{w}$ analog zu a)
Beispiel: $w_1 + 2w_2 = 0$ und $2w_1 - w_2 + 2w_3 = 0$
Wähle $w_1 = 2$, dann ist $w_2 = -1$; $w_3 = -2{,}5$

$$\vec{w} = \begin{pmatrix} 2 \\ -1 \\ -2{,}5 \end{pmatrix}$$

16. Vektor Balken 1: $\vec{a} = \begin{pmatrix} 0{,}2 \\ 6 \\ -5 \end{pmatrix} - \begin{pmatrix} 0 \\ 0 \\ -2 \end{pmatrix} = \begin{pmatrix} 0{,}2 \\ 6 \\ -3 \end{pmatrix}$

Vektor Balken 2: $\vec{b} = \begin{pmatrix} -0{,}1 \\ -3 \\ -6 \end{pmatrix} - \begin{pmatrix} 0 \\ 0 \\ -2 \end{pmatrix} = \begin{pmatrix} -0{,}1 \\ -3 \\ -4 \end{pmatrix}$

$\vec{a} * \vec{b} = -0{,}02 - 18 + 12 = -6{,}02 \neq 0$
Die Balken sind nicht orthogonal.

17. Darstellungen der Vektoren

$$\overrightarrow{v_1} = \begin{pmatrix} 0 \\ -3 \\ -4 \end{pmatrix}; \overrightarrow{v_2} = \begin{pmatrix} -4 \\ 0 \\ 3 \end{pmatrix}; \overrightarrow{v_3} = \begin{pmatrix} 3 \\ 0 \\ 4 \end{pmatrix}; \overrightarrow{v_4} = \begin{pmatrix} 0 \\ -3 \\ 0 \end{pmatrix}$$

$\overrightarrow{v_1} * \overrightarrow{v_2} = -12$	nicht orthogonal
$\overrightarrow{v_1} * \overrightarrow{v_3} = -16$	nicht orthogonal
$\overrightarrow{v_1} * \overrightarrow{v_4} = 9$	nicht orthogonal
$\overrightarrow{v_2} * \overrightarrow{v_3} = 0$	orthogonal
$\overrightarrow{v_2} * \overrightarrow{v_4} = 0$	orthogonal
$\overrightarrow{v_3} * \overrightarrow{v_4} = 0$	orthogonal

18. Bei der Verwendung des $*$ als Skalarproduktzeichen hat Jenny Recht. (Bei der auch üblichen Verwendung eines „normalen“ Malpunktes für das Skalarprodukt wäre Tims Aussage korrekt und Jennys Argumentation falsch.)

240

19. $\overrightarrow{CB} = \begin{pmatrix} -1{,}85 \\ 1{,}4 \\ -0{,}19 \end{pmatrix}$; $\overrightarrow{CA} = \begin{pmatrix} -1{,}3 \\ -1{,}75 \\ -0{,}32 \end{pmatrix}$; $\overrightarrow{AB} = \begin{pmatrix} -0{,}55 \\ 3{,}15 \\ 0{,}13 \end{pmatrix}$

$\overrightarrow{AB} * \overrightarrow{CB} = 5{,}4028 \qquad \overrightarrow{CB} * \overrightarrow{CA} = 0{,}0158 \qquad \overrightarrow{CA} * \overrightarrow{AB} = -4{,}84$

Bei Punkt C liegt „annähernd" ein rechter Winkel vor.

20. Wähle D so, dass alle 4 Skalarprodukte null sind.

$\overrightarrow{AB} = \begin{pmatrix} 0 \\ 5 \\ 0 \end{pmatrix}$; $\overrightarrow{CB} = \begin{pmatrix} -3 \\ 0 \\ -4 \end{pmatrix}$; $\overrightarrow{CA} = \begin{pmatrix} -3 \\ -5 \\ -4 \end{pmatrix}$

Rechter Winkel bei B, da $\overrightarrow{AB} \cdot \overrightarrow{CB} = 0$.

Sei $D(d_1 \mid d_2 \mid d_3) \Rightarrow \overrightarrow{AD} = \begin{pmatrix} d_1 - 1 \\ d_2 - 1 \\ d_3 - 2 \end{pmatrix}$; $\overrightarrow{CD} = \begin{pmatrix} 4 - d_1 \\ 6 - d_2 \\ 6 - d_3 \end{pmatrix}$

$\overrightarrow{AD} * \overrightarrow{CD} = 0$; $\overrightarrow{AD} * \overrightarrow{AB} = 0$ und $\overrightarrow{CD} * \overrightarrow{CB} = 0$.

Bestimmung der Koordinaten über Parallelverschiebung von A entlang $\overrightarrow{BC}$

$D = \begin{pmatrix} 1 \\ 1 \\ 2 \end{pmatrix} + \begin{pmatrix} 3 \\ 0 \\ 4 \end{pmatrix} = \begin{pmatrix} 4 \\ 1 \\ 6 \end{pmatrix}$

Alle Seitenlängen sind wegen $|\overrightarrow{AB}| = |\overrightarrow{CB}| = |\overrightarrow{AD}| = |\overrightarrow{CD}| = 5$ gleich lang.
Also ist ABCD ein Quadrat.

21. $\vec{v} * \vec{u} = 0 \Rightarrow 2a - b = 0 \Rightarrow L = \left\{\left(\frac{t}{2} \middle| t\right) \mid t \in \mathbb{R}\right\}$

$\Rightarrow a = \frac{t}{2}$, $b = t$ mit $t \in \mathbb{R}$.

Beispiele: a = 1; b = 2 oder a = 2; b = 4 oder a = 0; b = 0

22. $\vec{u} * \vec{v} = 0$

(1) $a \cdot u_1 + b \cdot u_2 + 0 \cdot u_3 = 0$; $u_2 = -\frac{a}{b} u_1$

$\vec{u} = \begin{pmatrix} u_1 \\ -\frac{a}{b} u_1 \\ u_3 \end{pmatrix}$ mit $u_1, u_3 \in \mathbb{R}$

(2) $a \cdot u_1 + b \cdot u_2 + u_3 = 0$; $u_3 = -a \cdot u_1 - b \cdot u_2$

$\vec{u} = \begin{pmatrix} u_1 \\ u_2 \\ -a \cdot u_1 - b \cdot u_2 \end{pmatrix}$ mit $u_1, u_2 \in \mathbb{R}$

240 **22.** (3) $a \cdot u_1 + 2 \cdot u_2 + c \cdot u_3 = 0;\ u_2 = -\frac{a}{2}u_1 - \frac{c}{2}u_3$

$$\vec{u} = \begin{pmatrix} u_1 \\ -\frac{a}{2}u_1 - \frac{b}{2}u_3 \\ u_3 \end{pmatrix} \text{ mit } u_1, u_3 \in \mathbb{R}$$

5.2.2 Winkel zwischen zwei Vektoren

241 **Einstieg**

- Die lange Rechteckseite hat die Länge $|\vec{a}|$. Die kurze hat die Länge $|\vec{b}| \cdot \cos(\alpha)$. Somit gilt für den Flächeninhalt A die angegebene Formel.
- Es gilt: $|\overrightarrow{AB}| = |\overrightarrow{AC}| = |\overrightarrow{BC}| = \sqrt{32}$; alle Seiten sind gleich lang.
  $A = \sqrt{32} \cdot \sqrt{32} \cdot \cos(60°) = 16;\ \overrightarrow{AB} * \overrightarrow{AC} = 16$
  Hier gilt: $\overrightarrow{AB} * \overrightarrow{AC} = |\overrightarrow{AB}| \cdot |\overrightarrow{AC}| \cdot \cos(\alpha)$
- Es gilt auch hier $\overrightarrow{CA} * \overrightarrow{CB} = |\overrightarrow{CA}| \cdot |\overrightarrow{CB}| \cdot \cos(\gamma)$
  Allgemein kann man vermuten, dass für zwei Vektoren $\vec{a}$ und $\vec{b}$ mit dem eingeschlossenen Winkel α gilt: $\vec{a} * \vec{b} = |\vec{a}| \cdot |\vec{b}| \cdot \cos(\alpha)$
- Weitere Beispiele bestätigen diese Vermutung. Zum Beweis siehe Information (3) auf Seite 242 im Schülerband.

243 **2.** $\alpha = \cos^{-1}\left(\frac{\vec{u} * \vec{v}}{|\vec{u}| \cdot |\vec{v}|}\right)$

a) $\alpha = 82{,}388°$ **b)** $\alpha = 107{,}024°$ **c)** $\alpha = 149{,}163°$

3. a) $|\vec{u}| = 3$ und $|\vec{v}| = 3$
$\Rightarrow$ Alle Seiten des Vierecks sind gleich lang $\Rightarrow$ Raute.

b) A(1 | 1 | 2)

$$\overrightarrow{OB} = \overrightarrow{OA} + \vec{u} = \begin{pmatrix} 3 \\ 0 \\ 4 \end{pmatrix} \Rightarrow B(3 \mid 0 \mid 4)$$

$$\overrightarrow{OC} = \overrightarrow{OA} + \vec{v} = \begin{pmatrix} 2 \\ 3 \\ 0 \end{pmatrix} \Rightarrow C(2 \mid 3 \mid 0)$$

$$\overrightarrow{OD} = \overrightarrow{OA} + \vec{u} + \vec{v} = \begin{pmatrix} 4 \\ 2 \\ 2 \end{pmatrix} \Rightarrow D(4 \mid 2 \mid 2)$$

$$\cos\varphi = \frac{\overrightarrow{AD} * \overrightarrow{BC}}{|\overrightarrow{AD}| \cdot |\overrightarrow{BC}|} = \frac{\begin{pmatrix} 3 \\ 1 \\ 0 \end{pmatrix} * \begin{pmatrix} -1 \\ 3 \\ -4 \end{pmatrix}}{\sqrt{10} \cdot \sqrt{26}} = 0 \quad \Rightarrow \varphi = 90°$$

243

4. Der Winkel berechnet sich aus $\cos\alpha = \frac{\vec{u} * \vec{v}}{|\vec{u}| \cdot |\vec{v}|}$.

Das Vorzeichen von cos x hängt nur vom Skalarprodukt ab.
Da $\cos\alpha > 0$ für $0° \leq \alpha < 90°$ und $\cos\alpha < 0$ für $90° < \alpha \leq 180°$ ist, ist die Aussage korrekt.

5. a) $\overrightarrow{AB} = \begin{pmatrix} -3 \\ 4 \\ 0 \end{pmatrix}$; $\overrightarrow{AC} = \begin{pmatrix} -3 \\ 0 \\ 5 \end{pmatrix}$; $\overrightarrow{BC} = \begin{pmatrix} 0 \\ -4 \\ 5 \end{pmatrix}$

Längen: $|\overrightarrow{AB}| = \sqrt{25} = 5$; $|\overrightarrow{AC}| = \sqrt{34} \approx 5{,}831$; $|\overrightarrow{BC}| = \sqrt{41} = 6{,}403$

Winkel bei A: $\alpha = 72{,}02°$
Winkel bei B: $\beta = 60{,}02°$
Winkel bei C: $\gamma = 47{,}96°$

b) $\overrightarrow{AB} = \begin{pmatrix} 1 \\ -2 \\ 4 \end{pmatrix}$; $\overrightarrow{AC} = \begin{pmatrix} 3 \\ 4 \\ 9 \end{pmatrix}$; $\overrightarrow{BC} = \begin{pmatrix} 2 \\ 6 \\ 5 \end{pmatrix}$

Längen:
$|\overrightarrow{AB}| = \sqrt{21} \approx 4{,}583$; $|\overrightarrow{AC}| = \sqrt{106} \approx 10{,}296$; $|\overrightarrow{BC}| = \sqrt{65} \approx 8{,}062$

Winkel bei A: $\alpha = 48{,}925°$;
Winkel bei B: $\beta = 105{,}704°$
Winkel bei C: $\gamma = 25{,}371°$

c) $\overrightarrow{AB} = \begin{pmatrix} 1 \\ 1 \\ 0 \end{pmatrix}$; $\overrightarrow{AC} = \begin{pmatrix} -3 \\ 3 \\ -2 \end{pmatrix}$; $\overrightarrow{BC} = \begin{pmatrix} -4 \\ 2 \\ -2 \end{pmatrix}$

Längen:
$|\overrightarrow{AB}| = \sqrt{2} \approx 1{,}414$; $|\overrightarrow{AC}| = \sqrt{22} \approx 4{,}690$; $|\overrightarrow{BC}| = \sqrt{24} \approx 4{,}90$

Winkel bei A: $\alpha = 90°$
Winkel bei B: $\beta = 73{,}22°$
Winkel bei C: $\gamma = 16{,}78°$

243

6. $\cos\varphi_1 = \frac{\begin{pmatrix}1\\0\\0\end{pmatrix} * \vec{v}}{1 \cdot |\vec{v}|}$; $\cos\varphi_2 = \frac{\begin{pmatrix}0\\1\\0\end{pmatrix} * \vec{v}}{1 \cdot |\vec{v}|}$; $\cos\varphi_3 = \frac{\begin{pmatrix}0\\0\\1\end{pmatrix} * \vec{v}}{1 \cdot |\vec{v}|}$

a) $\vec{v} = \begin{pmatrix}2\\1\\4\end{pmatrix}$: $\varphi_1 = 64{,}12°$; $\varphi_2 = 77{,}40°$; $\varphi_3 = 29{,}21°$

$\vec{v} = \begin{pmatrix}-2\\3\\5\end{pmatrix}$: $\varphi_1 = 71{,}07°$; $\varphi_2 = 60{,}88°$; $\varphi_3 = 35{,}80°$

$\vec{v} = \begin{pmatrix}-2\\1\\-4\end{pmatrix}$: $\varphi_1 = 64{,}12°$; $\varphi_2 = 77{,}40°$; $\varphi_3 = 29{,}21°$

$\vec{v} = \begin{pmatrix}-2\\-3\\-5\end{pmatrix}$: $\varphi_1 = 71{,}07°$; $\varphi_2 = 60{,}88°$; $\varphi_3 = 35{,}80°$

$\vec{v} = \begin{pmatrix}v_1\\v_2\\v_3\end{pmatrix}$: $\varphi_1 = \arccos\frac{v_1}{\sqrt{v_1^2+v_2^2+v_3^2}}$; $\varphi_2 = \arccos\frac{v_2}{\sqrt{v_1^2+v_2^2+v_3^2}}$;

$\varphi_3 = \arccos\frac{v_3}{\sqrt{v_1^2+v_2^2+v_3^2}}$;

b) Mit $\vec{v} = \begin{pmatrix}v_1\\v_2\\v_3\end{pmatrix}$ ist $\cos^2(\varphi_1) = \left(\frac{v_1}{\sqrt{v_1^2+v_2^2+v_3^2}}\right)^2 = \frac{v_1^2}{v_1^2+v_2^2+v_3^2}$ und

ebenso $\cos^2(\varphi_2) = \frac{v_2^2}{v_1^2+v_2^2+v_3^2}$ und $\cos^2(\varphi_3) = \frac{v_3^2}{v_1^2+v_2^2+v_3^2}$.

Aufsummieren ergibt:

$$\cos^2(\varphi_1) + \cos^2(\varphi_2) + \cos^2(\varphi_3) = \frac{v_1^2+v_2^2+v_3^2}{v_1^2+v_2^2+v_3^2} = 1$$

244

7. Koordinatenursprung z. B. links unten hinten, Achsen x_1 nach vorn, x_2 nach rechts, x_3 nach oben.

Dann: P(12 | 2 | 12); Q(12 | 12 | 4); R(10 | 12 | 12)

$\overrightarrow{PQ} = \begin{pmatrix}0\\10\\-8\end{pmatrix}$; $\overrightarrow{PR} = \begin{pmatrix}-2\\10\\0\end{pmatrix}$; $\overrightarrow{QR} = \begin{pmatrix}-2\\0\\8\end{pmatrix}$

Innenwinkel:

Bei P: $\alpha = 40{,}03°$; bei Q: $\beta = 52{,}70°$; bei R: $\gamma = 87{,}27°$

244

8. Ein Würfel hat 4 Raumdiagonalen, z. B. dargestellt durch

$\vec{a} = \begin{pmatrix} 4 \\ 4 \\ 4 \end{pmatrix}$; $\vec{b} = \begin{pmatrix} 4 \\ -4 \\ 4 \end{pmatrix}$; $\vec{c} = \begin{pmatrix} -4 \\ -4 \\ 4 \end{pmatrix}$; $\vec{d} = \begin{pmatrix} -4 \\ 4 \\ 4 \end{pmatrix}$.

Da der Würfel symmetrisch ist, reicht es einen Schnittwinkel zu berechnen, z. B. $\alpha = \cos^{-1}\left(\frac{\vec{a} * \vec{b}}{|\vec{a}| \cdot |\vec{b}|}\right) = 70{,}53°$.

Wir betrachten einen Würfel ABCDEFGH. Man konstruiert die Flächen, in denen beide Diagonalen liegen. Zum Beispiel für die beiden Diagonalen AG und BH konstruiert man die Fläche ABGH.
Die Flächen sind Rechtecke, eine Seitenlänge ist so lang wie eine Würfelkante und die andere Seite ist so lang wie die Diagonale einer Seitenfläche. Diese Seite kann als Hypotenuse eines rechtwinkligen gleichschenkligen Dreiecks konstruiert werden, bei dem die Katheten dieselbe Längen haben wie die Würfelkanten.

9. Berechne den Winkel zwischen den Vektoren $\vec{u} = \overrightarrow{AB}$ und $\vec{v} = \overrightarrow{AC}$

mit $\vec{u} = \begin{pmatrix} 8 \\ -8 \\ -4 \end{pmatrix}$; $\vec{v} = \begin{pmatrix} 2 \\ 10 \\ 11 \end{pmatrix}$.

$|\vec{u}| = \sqrt{\vec{u} * \vec{u}} = \sqrt{144} = 12$; $|\vec{v}| = \sqrt{\vec{v} * \vec{v}} = \sqrt{225} = 15$

$\vec{u} * \vec{v} = -108$

Winkel berechnen: $\cos\varphi = \frac{-108}{12 \cdot 15} = -0{,}6 \Rightarrow \varphi = 126{,}9°$

10. $\vec{u}$ und $\vec{v}$ parallel $\Rightarrow \vec{u} = r \cdot \vec{v}$; $r \in \mathbb{R} \setminus \{0\}$

Satz: $\cos\alpha = \frac{r\,\vec{u} * \vec{u}}{|\vec{u}| \cdot |r\vec{u}|} = \frac{r\,|\vec{u}|^2}{|r| \cdot |\vec{u}|^2} = \frac{r}{|r|}$

Für $r > 0$ ist $\cos\alpha = 1 \Rightarrow \alpha = 0°$.
Für $r < 0$ ist $\cos\alpha = -1 \Rightarrow \alpha = 180°$.
$\Rightarrow$ Satz liefert korrekte Ergebnisse.

11. Kraft in Wegrichtung $\overrightarrow{F_s} = \vec{F} \cdot \cos\alpha$

$\left|\overrightarrow{F_s}\right| = 120\text{ N} \cdot \cos 35° = 98{,}3\text{ N}$

physikalische Arbeit: $W = \vec{F} * \vec{s} = \left|\overrightarrow{F_s}\right| \cdot |\vec{s}|$

$W = 98{,}3\text{ N} \cdot 300\text{ m} = 29\,489{,}5\text{ Nm}$

12. a) $\vec{a} * \vec{b} = 0$ wegen $\cos(90°) = 0$

$3 + 4b_2 + 1 = 0,\ b_2 = -1$

244

12. b) $\cos(45°) = \frac{1}{2}\sqrt{2}$

$\vec{a} * \vec{b} = |\vec{a}| \cdot |\vec{b}| \cdot \frac{1}{2} \cdot \sqrt{2}$

$1 - 2b_3 = 3 \cdot \sqrt{1 + {b_3}^2} \cdot \frac{1}{2}\sqrt{2}$

$2 - 4b_3 = 3 \cdot \sqrt{1 + {b_3}^2} \cdot \sqrt{2}$

$(2 - 4b_3)^2 = 18 \cdot (1 + {b_3}^2)$

${b_3}^2 + 8b_3 + 7 = 0,\ b_3 = -1$ oder $b_3 = -7$

13. a) $\overrightarrow{AB} = \overrightarrow{DC} = \begin{pmatrix} 7 \\ -4 \\ -4 \end{pmatrix},\quad \overrightarrow{BC} = \overrightarrow{AD} = \begin{pmatrix} 1 \\ 8 \\ 7 \end{pmatrix}$

b) $|\overrightarrow{AB}| = |\overrightarrow{DC}| = \sqrt{7^2 + (-4)^2 + (-4)^2} = 9$

$|\overrightarrow{BC}| = |\overrightarrow{AD}| = \sqrt{1^2 + 8^2 + 7^2} = \sqrt{114} \approx 10{,}68$

$\cos(\alpha) = \frac{\overrightarrow{AB} * \overrightarrow{AD}}{|\overrightarrow{AB}| \cdot |\overrightarrow{AD}|} = \frac{-53}{9 \cdot \sqrt{114}} \approx -0{,}55154$

$\alpha \approx 123°$

Somit gilt $\alpha = \gamma \approx 123°$ und $\beta = \delta \approx 57°$

14. Es gilt:

$|\overrightarrow{AC}|^2 = h^2 + |\overrightarrow{AS}|^2$

und $|\overrightarrow{AS}| = |\overrightarrow{AC}| \cdot \cos(\alpha)$

Daraus ergibt sich:

$|\overrightarrow{AC}|^2 = h^2 + |\overrightarrow{AC}|^2 \cdot (\cos(\alpha))^2$ und

somit $h^2 = |\overrightarrow{AC}|^2 - |\overrightarrow{AC}|^2 \cdot (\cos(\alpha))^2$

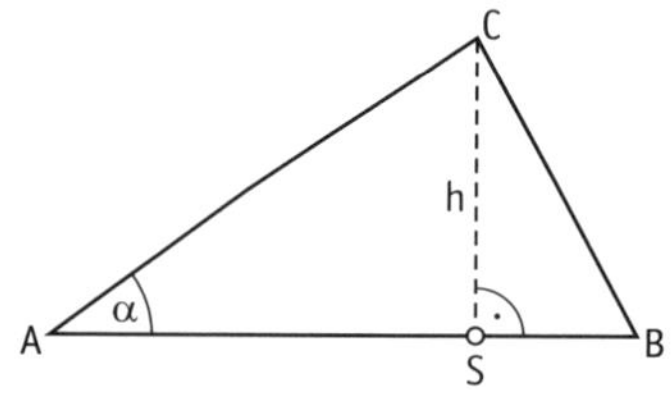

6 ANALYTISCHE GEOMETRIE

Lernfeld: Geraden und Ebenen im Raum

248

1. • Durch die weitere Raumdimension ist es möglich, dass Geraden „aneinander vorbeilaufen". D. h. sie schneiden sich nicht, obwohl sie nicht parallel sind. Dies ist in der Ebene nicht möglich. Solche Geraden nennt man *windschief zueinander*.
   • In der Aufgabe 2 wurde bereits ein räumliches Koordinatensystem und die Beschreibung einer Verschiebung im Raum erarbeitet.
   Mit diesen Ideen könnte man z. B. den Punkt B als Bildpunkt einer Verschiebung des Punktes A deuten: $A(3 \mid 5 \mid 3) \to B(3-2 \mid 5+2 \mid 3-2)$.
   Alle Punkte X_{AB} der Strecke $\overline{AB}$ kann man beschreiben durch
   $X_{AB}(3-k \mid 5+k \mid 3-k)$ mit $k \in [0;\, 2]$ für $k \in \mathbb{R}$ wird die Gerade durch die Punkte A und B beschrieben.
   • Für die Gerade durch C und D ergibt sich entsprechend
   $X_{CD}(1 \mid 4+t \mid 1+t)$ mit $t \in \mathbb{R}$.
   Rechnerisch kann man nachweisen, dass die beiden Geraden keine gemeinsamen Punkte haben. Wenn es einen gemeinsamen Punkt geben würde, so müsste seine erste Koordinate 1 sein, da die erste Koordinate aller Punkte auf der Geraden CD 1 ist.
   Nur für $k = 2$ ist die erste Koordinate eines Punktes der Geraden AB 1; man erhält dann den Punkt $B(1 \mid 7 \mid 1)$ als möglichen Schnittpunkt.
   $B(1 \mid 7 \mid 1)$ liegt jedoch nicht auf der Geraden CD, da es keinen Wert für t gibt, sodass $4 + t = 7$ und $1 + t = 1$ erfüllt sind.

2. **a)** Beispiele: alle Angaben in m
   Die vier Eckpunkte: $(0 \mid 1 \mid 6)$; $(2{,}2 \mid 1 \mid 5)$; $(0 \mid -3 \mid 6)$; $(2{,}2 \mid -3 \mid 5)$;
   ein weiterer einfacher Punkt: $(0 \mid 0 \mid 6)$.
   b) Beispiele:

$$g_1\colon\ \vec{x} = \begin{pmatrix} 0 \\ 0 \\ 6 \end{pmatrix} + s\begin{pmatrix} 0 \\ 1 \\ 0 \end{pmatrix};\ s \in \mathbb{R}$$

$$g_2\colon\ \vec{x} = \begin{pmatrix} 2{,}2 \\ 1 \\ 5 \end{pmatrix} + s\begin{pmatrix} 0 \\ 1 \\ 0 \end{pmatrix};\ s \in \mathbb{R}$$

$$g_3\colon\ \vec{x} = \begin{pmatrix} 1{,}1 \\ 1 \\ 5{,}5 \end{pmatrix} + s\begin{pmatrix} 0 \\ 1 \\ 0 \end{pmatrix};\ s \in \mathbb{R}$$

248 **2. c)** Beispiel: Die Diagonalen:

$$h_1:\ \vec{x} = \begin{pmatrix} 0 \\ 1 \\ 6 \end{pmatrix} + s\begin{pmatrix} 2,2 \\ -4 \\ -1 \end{pmatrix};\ s \in \mathbb{R}$$

$$h_2:\ \vec{x} = \begin{pmatrix} 0 \\ -3 \\ 6 \end{pmatrix} + t\begin{pmatrix} 2,2 \\ 4 \\ -1 \end{pmatrix};\ t \in \mathbb{R}$$

S(1,1 | −1 | 5,5)

249 **3.**
- 4 Punkte
- 2 Geraden, die senkrecht aufeinander stehen
- 2 Geraden, die echt parallel sind
- 2 Geraden
- 1 Gerade und 1 Punkt
- 3 Punkte

4. a) Der Winkel α ist der kleinste Winkel zwischen Gerade und Ebene. Dieser ergibt sich, wenn er in einer orthogonalen Ebene zu der Dachfläche gemessen wird.

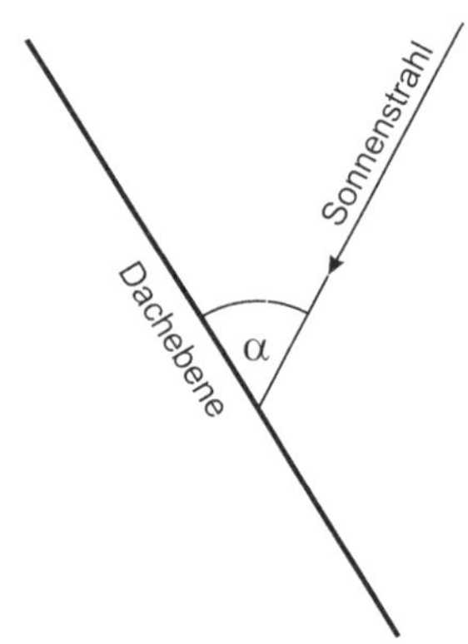

b) Reflexionsgesetz:
Einfallwinkel β = Reflexionswinkel β
Da Einfallwinkel = Reflexionswinkel gilt, kann man aus den Positionen des Senders, des Empfängers und des Spiegels mithilfe der Trigonometrie die Winkel bestimmen.

In der Abbildung ist $\tan\beta = \frac{a}{h}$

bzw. $\alpha = 90° - \beta - \tan^{-1}\left(\frac{a}{h}\right)$

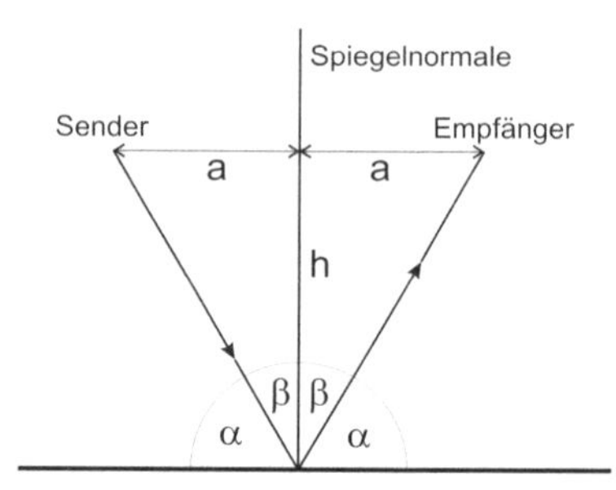

5. a) $\alpha = 40{,}857°$ **b)** $\alpha = 50{,}732°$

6.1 Geraden im Raum

6.1.1 Parameterdarstellungen von Geraden

250 **Einstieg**

P_t sei der Punkt nach t Minuten.

- $P_1(5234 + 1 \cdot 74 \mid 805 + 1 \cdot 65 \mid -34 + 1 \cdot (-4))$
  $P_1(5308 \mid 870 \mid -38)$
  $P_2(5456 \mid 1000 \mid -46)$
  $P_5(5604 \mid 1130 \mid -54)$
- $\overrightarrow{OP_t} = \begin{pmatrix} 5234 \\ 805 \\ -34 \end{pmatrix} + t \cdot \begin{pmatrix} 74 \\ 65 \\ -4 \end{pmatrix}$
- $\overrightarrow{OQ} = \begin{pmatrix} 6196 \\ 1650 \\ -86 \end{pmatrix} = \begin{pmatrix} 5234 \\ 805 \\ -34 \end{pmatrix} + t \cdot \begin{pmatrix} 74 \\ 65 \\ -4 \end{pmatrix}$ für t = 13 Minuten.

253 **2.** **a)** Z. B.: $g\colon \overrightarrow{OX} = \begin{pmatrix} 3 \\ 1 \\ -2 \end{pmatrix} + t \begin{pmatrix} -5 \\ 3 \\ -5 \end{pmatrix};\ t \in \mathbb{R}$, $g\colon \overrightarrow{OX} = \begin{pmatrix} -2 \\ 4 \\ -7 \end{pmatrix} + t \begin{pmatrix} 5 \\ -3 \\ 5 \end{pmatrix};\ t \in \mathbb{R}$

b) Weitere Darstellungen erhält man entweder durch das Ändern des Stützvektors zu einem Ortsvektor eines anderen Punktes auf der Geraden oder durch Vervielfachen des Richtungsvektors oder beides gleichzeitig:

Beispiel: $g\colon \overrightarrow{OX} = \begin{pmatrix} 8 \\ -2 \\ 3 \end{pmatrix} + t \begin{pmatrix} 10 \\ -6 \\ 10 \end{pmatrix};\ t \in \mathbb{R}$

$g\colon \vec{x} = \begin{pmatrix} 3 \\ 1 \\ -2 \end{pmatrix} + t \begin{pmatrix} 5 \\ -3 \\ 5 \end{pmatrix};\ t \in \mathbb{R}$

$g\colon \vec{x} = \begin{pmatrix} -2 \\ 4 \\ -7 \end{pmatrix} + t \begin{pmatrix} -2{,}5 \\ 1{,}5 \\ -2{,}5 \end{pmatrix};\ t \in \mathbb{R}$

$g\colon \vec{x} = \begin{pmatrix} -7 \\ 7 \\ -12 \end{pmatrix} + t \begin{pmatrix} -20 \\ 12 \\ -20 \end{pmatrix};\ t \in \mathbb{R}$

253

3. Zunächst wird der Punkt A aus dem Stützvektor $\overrightarrow{OA} = \begin{pmatrix} 4 \\ 3 \\ 3 \end{pmatrix}$ eingezeichnet.

Von Punkt A ausgehend wird der Richtungsvektor $\begin{pmatrix} -2 \\ 1 \\ -3 \end{pmatrix}$ eingezeichnet

und dieser in beide Richtungen zu einer Geraden verlängert.

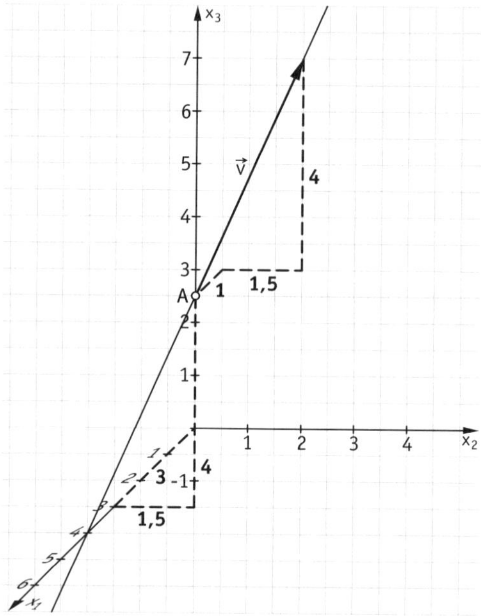

4. a) Man wählt den Parameter in der Parameterdarstellung der Geraden so, dass die dritte Koordinate den Wert null annimmt.

b) (1) S_{12} (3 | 4 | 0); S_{13} (1 | 0 | 2); S_{23} (0 | −2 | 3)
Zeichnung: siehe Aufgabenstellung.
Die Gerade verläuft vor der x_3-Achse, bis sie den Spurpunkt S_{23} erreicht.

253 4. **b)** (2) $S_{12}\,(-6 \mid 2 \mid 0)$; $S_{13}\,(-2 \mid 0 \mid 6)$; $S_{23}\,(0 \mid -1 \mid 9)$

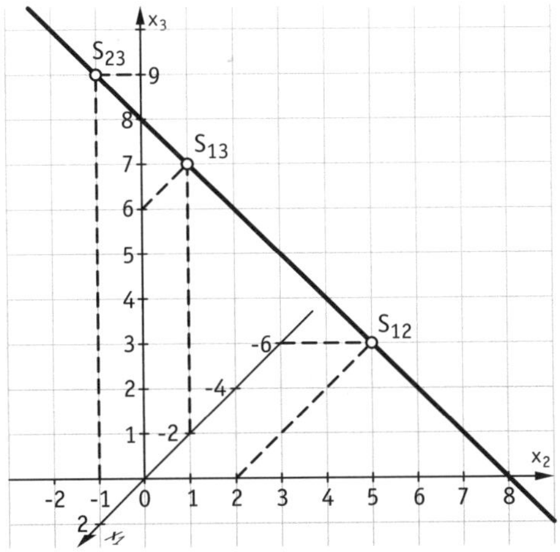

Die Gerade verläuft hinter der x_3-Achse im Großteil der Zeichnung, erst bei S_{23} kommt sie nach vorne.

254 5. Es gibt unendlich viele Lösungen. Beispiele:

$$g\colon \vec{x} = \begin{pmatrix} 0 \\ 0 \\ 0 \end{pmatrix} + s \begin{pmatrix} 3 \\ -2 \\ 4 \end{pmatrix} = s \begin{pmatrix} 3 \\ -2 \\ 4 \end{pmatrix};\ s \in \mathbb{R}$$

$$g\colon \vec{x} = \begin{pmatrix} 3 \\ -2 \\ 4 \end{pmatrix} + r \begin{pmatrix} 3 \\ -2 \\ 4 \end{pmatrix};\ r \in \mathbb{R}$$

$$g\colon \vec{x} = \begin{pmatrix} -3 \\ 2 \\ -4 \end{pmatrix} + t \begin{pmatrix} 6 \\ -4 \\ 8 \end{pmatrix};\ t \in \mathbb{R}$$

6. **a)** Z. B.: $g\colon \vec{x} = \begin{pmatrix} -2 \\ 5 \\ 3 \end{pmatrix} + t \begin{pmatrix} 4 \\ -8 \\ -2 \end{pmatrix};\ t \in \mathbb{R}$

oder $g\colon \vec{x} = \begin{pmatrix} 2 \\ -3 \\ 1 \end{pmatrix} + s \begin{pmatrix} -4 \\ 8 \\ 2 \end{pmatrix};\ s \in \mathbb{R}$

P liegt auf g (im Beispiel: $t = -3$, $s = 4$)

254

6. b) Z. B.: g: $\vec{x} = \begin{pmatrix} 5 \\ -3 \\ -1 \end{pmatrix} + t\begin{pmatrix} -3 \\ 2 \\ 3 \end{pmatrix}$; $t \in \mathbb{R}$

oder g: $\vec{x} = \begin{pmatrix} 2 \\ -1 \\ 2 \end{pmatrix} + s\begin{pmatrix} -6 \\ 4 \\ 6 \end{pmatrix}$; $s \in \mathbb{R}$

P liegt nicht auf g.

7. a) $S_{12}(2 \mid 5 \mid 0)$, $S_{13}(12 \mid 0 \mid -15)$, $S_{23}(0 \mid 6 \mid 3)$

b) $S_{12}(10 \mid 2 \mid 0)$, $S_{13}(10 \mid 0 \mid 3)$, S_{23} gibt es nicht, die Gerade verläuft parallel zur x_2x_3-Ebene.

c) $S_{12}(3 \mid -2 \mid 0)$, S_{13} gibt es nicht, die Gerade verläuft parallel zur x_1x_3-Ebene; $S_{23}(0 \mid -2 \mid -3)$.

8. a) (1) g: $\vec{x} = \begin{pmatrix} 4 \\ 2 \\ 3 \end{pmatrix} + r\begin{pmatrix} -2 \\ 3 \\ -4 \end{pmatrix}$; $r \in \mathbb{R}$

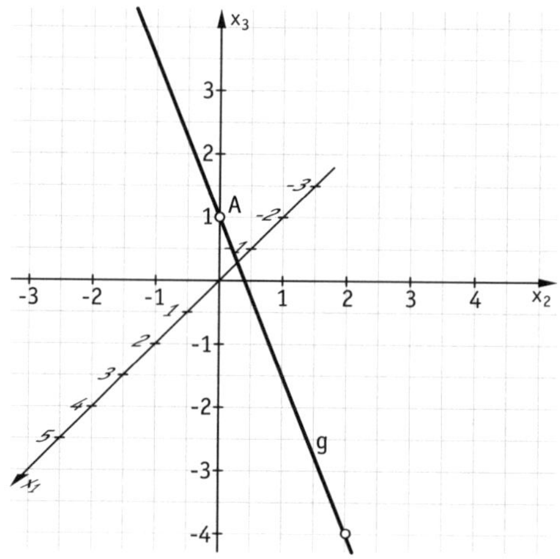

254

(2) g: $\vec{x} = \begin{pmatrix} 2 \\ 1 \\ -2 \end{pmatrix} + r\begin{pmatrix} -4 \\ 2 \\ 4 \end{pmatrix}$; $r \in \mathbb{R}$

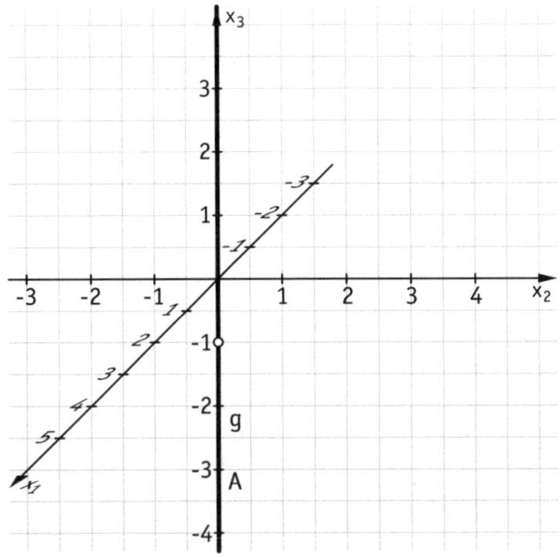

(3) g: $\vec{x} = \begin{pmatrix} -3 \\ -3 \\ 1 \end{pmatrix} + r\begin{pmatrix} 3 \\ 2 \\ -1 \end{pmatrix}$; $r \in \mathbb{R}$

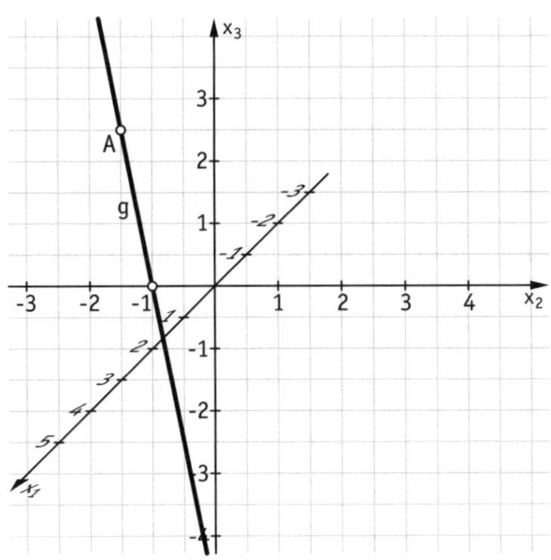

b) (1) $\left(2{,}5 \mid \frac{17}{4} \mid 0\right)$ (2) $(0 \mid 1 \mid 0)$ (3) $(0 \mid -1 \mid 0)$

Dies sind jeweils die Schnittpunkte der Geraden g mit der x_1x_2-Ebene .

254

9. a) Ursprungsgerade in x_1x_2-Ebene z. B.: g: $\vec{x} = \begin{pmatrix} 1 \\ 1 \\ 0 \end{pmatrix} + t \begin{pmatrix} 1 \\ 1 \\ 0 \end{pmatrix}$; $t \in \mathbb{R}$

9. b) x_2-Achse z. B.: $\vec{x} = \begin{pmatrix} 0 \\ 1 \\ 0 \end{pmatrix} + t \begin{pmatrix} 0 \\ 1 \\ 0 \end{pmatrix}$; $t \in \mathbb{R}$

c) Ursprungsgerade in x_2x_3-Ebene z. B.: g: $\vec{x} = \begin{pmatrix} 0 \\ 1 \\ -1 \end{pmatrix} + t \begin{pmatrix} 0 \\ 1 \\ -1 \end{pmatrix}$; $t \in \mathbb{R}$

d) Gerade verläuft in x_2x_3-Ebene z. B.: g: $\vec{x} = \begin{pmatrix} 2 \\ 0 \\ 3 \end{pmatrix} + t \begin{pmatrix} 1 \\ 0 \\ 1 \end{pmatrix}$; $t \in \mathbb{R}$

10. a) Alle Punkte der Strecke $\overline{AB}$ mit $A(-4 \mid -6 \mid 3)$ und $B(1 \mid 9 \mid 3)$ inklusive der Punkte A und B.

b) Alle inneren Punkte der Strecke $\overline{CD}$ mit $C(4 \mid 0 \mid -4)$ und $D(20 \mid -8 \mid 0)$ (d. h. exklusive der Punkte C und D).

11. a) (1) $(0 \mid 11 \mid -1)$ (2) $(8 \mid 3 \mid -5)$ **b)** (1) $(0 \mid 15 \mid 0)$ (2) $(-18 \mid 3 \mid 12)$

12. a) A liegt auf g für $k = -2$.
B liegt nicht auf g.
C liegt auf g für $k = 5$.

b) A liegt auf g für $t = -3$.
B liegt nicht auf g.
C liegt nicht auf g.

13. a) $\overrightarrow{PQ} = \begin{pmatrix} -2 \\ -4 \\ 4 \end{pmatrix}$, $\overrightarrow{PR} = \begin{pmatrix} 3 \\ 6 \\ -6 \end{pmatrix}$

Da $\overrightarrow{PR} = -\frac{3}{2} \cdot \overrightarrow{PQ}$ liegen P, Q, R auf einer Geraden und da der Vorfaktor negativ ist, liegt P zwischen Q und R.

b) $\overrightarrow{PQ} = \begin{pmatrix} 24 \\ -32 \\ 16 \end{pmatrix}$, $\overrightarrow{PR} = \begin{pmatrix} 15 \\ -20 \\ 10 \end{pmatrix}$, $\overrightarrow{PR} = \frac{5}{8}\overrightarrow{PQ}$

P, Q, R liegen auf einer Geraden. Da $\frac{5}{8} < 1$ liegt Q näher an P als R. Q liegt in der Mitte.

14. Beim Stützvektor kommt es auf die Länge an. Nur beim Richtungsvektor ist die Länge irrelevant. Zu einem bekannten Stützvektor dürfen Vielfache eines Richtungsvektors addiert werden. Kristins alternative Darstellung der Geraden ist daher falsch.

255

15. a) Geraden, die parallel zur x_1x_3-Ebene verlaufen, haben mit ihr keinen Spurpunkt.

Beispiel: g: $\vec{x} = \begin{pmatrix} -2 \\ 5 \\ 1 \end{pmatrix} + t \cdot \begin{pmatrix} 1 \\ 0 \\ 3 \end{pmatrix}$

Die zweite Koordinate der Geradenpunkte hat immer den gleichen, von null verschiedenen Wert (im Beispiel ist es 5).

b) Schneidet eine Gerade eine Koordinatenachse, so fallen dort zwei Spurpunkte zusammen. Wenn eine Gerade durch den Koordinatenursprung verläuft, fallen sogar alle drei Spurpunkte im Koordinatenursprung zusammen. Beispiele:

$\vec{x} = \begin{pmatrix} 0 \\ 1 \\ 0 \end{pmatrix} + t \cdot \begin{pmatrix} 1 \\ 0 \\ 1 \end{pmatrix}$: Diese Gerade schneidet die x_2-Achse bei $x_2 = 1$.

$\vec{x} = t \begin{pmatrix} 1 \\ 1 \\ 1 \end{pmatrix}$: Dies ist eine Ursprungsgerade.

c) g: $\vec{x} = \begin{pmatrix} a_1 \\ a_2 \\ a_3 \end{pmatrix} + t \cdot \begin{pmatrix} v_1 \\ v_2 \\ 0 \end{pmatrix}$ ist parallel zur x_1x_2-Ebene.

Wenn g orthogonal zur x_2x_3-Ebene sein soll, muss für den Richtungsvektor $\vec{v}$ folgendes gelten: $\vec{v} = \begin{pmatrix} v_1 \\ 0 \\ 0 \end{pmatrix}$.

So lautet g: $\vec{x} = \vec{a} + t \cdot \begin{pmatrix} v_1 \\ 0 \\ 0 \end{pmatrix}$

16. a) S_{12} gibt es nicht, die Gerade verläuft parallel zur x_1x_2-Ebene.
$S_{13}(10 \mid 0 \mid 3)$, $S_{23}(0 \mid 4 \mid 3)$

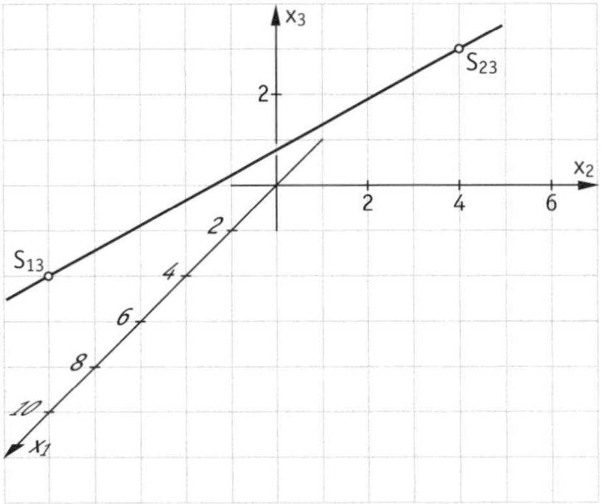

255

16. b) Ein Spurpunkt:
Zwei Koordinaten des Richtungsvektors sind null. Die Gerade verläuft parallel zu einer Koordinatenachse.

Beispiel: g: $\vec{x} = \begin{pmatrix} 1 \\ 1 \\ 1 \end{pmatrix} + t \cdot \begin{pmatrix} 0 \\ 1 \\ 0 \end{pmatrix}$ mit $S_{13}(1 \mid 0 \mid 1)$

Zwei Spurpunkte:
Eine Koordinate des Richtungsvektors ist null. Die Gerade verläuft parallel zu einer Ebenen, gebildet aus zwei Koordinatenachsen, der Richtungsvektor darf aber nicht parallel zu den jeweiligen Koordinatenachsen sein.

Beispiel: g: $\vec{x} = \begin{pmatrix} 2 \\ 4 \\ 6 \end{pmatrix} + t \cdot \begin{pmatrix} 1 \\ -2 \\ 0 \end{pmatrix}$ mit $S_{13}(4 \mid 0 \mid 6)$ und $S_{23}(0 \mid 8 \mid 6)$

c) Ist eine Koordinate des Richtungsvektors gleich null, so gibt es höchstens zwei Spurpunkte.
Sind zwei Koordinaten des Richtungsvektors gleich null, so gibt es einen Spurpunkt.
Sonderfälle liegen vor, wenn die Gerade durch den Koordinatenursprung geht und wenn die Gerade in einer Koordinatenebene liegt.

17. a) $P(-4634 \mid 2035 \mid -500)$

b) $\overrightarrow{PW} = \begin{pmatrix} 69 \\ 80 \\ -8 \end{pmatrix}$

Entfernung Tauchboot zum Wrack ist die Länge des Vektors $\overrightarrow{PW}$:
$\left|\overrightarrow{PW}\right| = \sqrt{11\,225} \approx 105{,}95 > 100$
Die Crew sieht das Wrack nicht.

18. Es gibt unendlich viele äquivalente Lösungen. Als Beispiel wird der Ursprung des Koordinatensystems immer in die untere, hintere, linke Ecke des Körpers gelegt und das Standard-Rechtssystem verwendet. Alle Einheiten sind cm.

a) g: $\vec{x} = \begin{pmatrix} 4 \\ 0 \\ 0 \end{pmatrix} + k \cdot \begin{pmatrix} -4 \\ 6 \\ 3 \end{pmatrix};\ k \in \mathbb{R}$ h: $\vec{x} = \begin{pmatrix} 2 \\ 0 \\ 3 \end{pmatrix} + r \cdot \begin{pmatrix} 0 \\ 6 \\ -3 \end{pmatrix};\ r \in \mathbb{R}$

i: $\vec{x} = \begin{pmatrix} 0 \\ 3 \\ 3 \end{pmatrix} + t \cdot \begin{pmatrix} 2 \\ 3 \\ -3 \end{pmatrix};\ t \in \mathbb{R}$ k: $\vec{x} = \begin{pmatrix} 0 \\ 3 \\ 3 \end{pmatrix} + s \cdot \begin{pmatrix} 4 \\ 3 \\ -3 \end{pmatrix};\ s \in \mathbb{R}$

255

18. b) g: $\vec{x} = \begin{pmatrix} 4 \\ 6 \\ 0 \end{pmatrix} + k \cdot \begin{pmatrix} -4 \\ -3 \\ 3 \end{pmatrix}$; $k \in \mathbb{R}$ h: $\vec{x} = \begin{pmatrix} 0 \\ 3 \\ 3 \end{pmatrix} + r \cdot \begin{pmatrix} 2 \\ 3 \\ -3 \end{pmatrix}$; $r \in \mathbb{R}$

i: $\vec{x} = \begin{pmatrix} 2 \\ 6 \\ 0 \end{pmatrix} + t \cdot \begin{pmatrix} -2 \\ -6 \\ 3 \end{pmatrix}$; $t \in \mathbb{R}$ k: $\vec{x} = \begin{pmatrix} 2 \\ 0 \\ 0 \end{pmatrix} + s \cdot \begin{pmatrix} -2 \\ 6 \\ 3 \end{pmatrix}$; $s \in \mathbb{R}$

c) g: $\vec{x} = \begin{pmatrix} 0 \\ 0 \\ 0 \end{pmatrix} + t \cdot \begin{pmatrix} 3 \\ 3 \\ 2,5 \end{pmatrix}$; $t \in \mathbb{R}$ i: $\vec{x} = \begin{pmatrix} 4 \\ 0 \\ 0 \end{pmatrix} + s \cdot \begin{pmatrix} -2 \\ 4 \\ 0 \end{pmatrix}$; $s \in \mathbb{R}$

k: $\vec{x} = \begin{pmatrix} 2 \\ 4 \\ 0 \end{pmatrix} + r \cdot \begin{pmatrix} 2 \\ 2 \\ 5 \end{pmatrix}$; $r \in \mathbb{R}$

256

19. a) $\overrightarrow{OP_t} = \begin{pmatrix} 3+2t \\ 5t \\ -2-4t \end{pmatrix} = \begin{pmatrix} 3 \\ 0 \\ -2 \end{pmatrix} + t \begin{pmatrix} 2 \\ 5 \\ -4 \end{pmatrix}$; $t \in \mathbb{R}$

Dies ist die Parameterdarstellung einer Geraden.
Alle Punkte P_t liegen auf dieser Geraden.

b) $\overrightarrow{A_1A_2} = \begin{pmatrix} 2 \\ -2 \\ 3 \end{pmatrix}$, $\overrightarrow{A_1A_3} = \begin{pmatrix} 4 \\ -4 \\ 8 \end{pmatrix}$

$\Rightarrow \overrightarrow{A_1A_2}$ ist kein Vielfaches von $\overrightarrow{A_1A_3}$, somit liegen A_1, A_2, A_3 nicht auf einer Geraden. Daher liegen nicht alle A_t auf einer Geraden.

20. Die Abbildung ist nicht eindeutig. Mögliche Aussagen:
- g_1 (blau) parallel zur z-Achse, d. h. orthogonal zur xy-Ebene. [wahr]
- g_2 (rot) parallel zur y-Achse, d. h. orthogonal zur xz-Ebene. [falsch]
- Die Geraden schneiden sich. [falsch]
- g_1 schneidet die y-Achse. [falsch]
- g_2 schneidet die z-Achse. [falsch]

21. $\overrightarrow{OX} = \begin{pmatrix} 1 \\ 0 \\ 3 \end{pmatrix} + t \cdot \begin{pmatrix} 2 \\ -1 \\ 4 \end{pmatrix}$

256

22. **a)** $\left|\overrightarrow{k_0k_1}\right| = \left|\begin{pmatrix} -2080 \\ 720 \\ -320 \end{pmatrix}\right| = \sqrt{4\,947\,200} \approx 2224{,}23\ \text{m}$

Die Zeit zwischen k_0 und k_1 beträgt 32 s.

Geschwindigkeit: $v = \frac{\left|\overrightarrow{k_0k_1}\right|}{32\ \text{s}} = 69{,}51\ \frac{\text{m}}{\text{s}}$.

b) Flugbahn als Gerade:

g: $\vec{x} = \overrightarrow{OK_0} + r \cdot \overrightarrow{K_0K_1};\ r \in \mathbb{R}$

Für r = 3,1875 wird $x_3 = 0$ (Landung).

Dies erfolgt im Punkt (1415 | 40 | 0).

Eine Kurskorrektur ist notwendig.

Neue Gerade der Flugbewegung:

h: $\vec{x} = \overrightarrow{OK_1} + t \cdot \overrightarrow{K_1L};\ t \in \mathbb{R}$, d. h. der neue Kurs ab K_1 ist

$$\overrightarrow{K_1L} = \begin{pmatrix} -4465 \\ 1585 \\ -700 \end{pmatrix}.$$

6.1.2 Lagebeziehungen zwischen Geraden

257

Einstieg

	Lagebeziehung	Rechnung
1. Fall	Zwei Geraden schneiden sich in einem gemeinsamen Punkt. In der Abbildung schneiden sich g_1 und g_2 im Punkt B.	Parameterdarstellungen gleich setzen. Lineares Gleichungssystem mit 3 Gleichungen und zwei Unbekannten (Parameter der beiden Geraden) aufstellen und lösen. Es gibt genau eine Lösung.
2. Fall	Die beiden Geraden sind parallel zueinander. In der Abbildung gilt: $g_1 \parallel g_3$	Das Gleichungssystem wie im Fall 1 hat keine Lösungen. Die Richtungsvektoren sind Vielfache voneinander.
3. Fall	Die beiden Geraden schneiden sich nicht und sind auch nicht parallel zueinander.	Das Gleichungssystem wie im Fall 1 hat keine Lösungen. Die Richtungsvektoren sind keine Vielfachen voneinander.

Wenn das Gleichungssystem wie im Fall 1 beliebig viele Lösungen hat, dann handelt es sich um ein und dieselbe Gerade.

260

2. Man kann den Schnittwinkel als Winkel zwischen den Richtungsvektoren der beiden Geraden bestimmen. Siehe dazu Schülerband S. 241 f.

$$\cos(\rho) = \frac{\begin{pmatrix}-2\\2\\1\end{pmatrix} * \begin{pmatrix}2\\10\\11\end{pmatrix}}{\left|\begin{pmatrix}-2\\2\\1\end{pmatrix}\right| \cdot \left|\begin{pmatrix}2\\10\\11\end{pmatrix}\right|} = \frac{-4+20+11}{\sqrt{(-2)^2+2^2+1^2} \cdot \sqrt{2^2+10^2+11^2}} = \frac{27}{3 \cdot 15} = 0{,}6$$

$\rho \approx 53°$

3. **a)** g und h schneiden sich im Punkt S(–5 | 1 | 4).
b) g und h sind zueinander parallel.
c) g und h sind identisch.
d) g und h schneiden sich im Punkt S(3 | –4 | 5)
e) g und h sind windschief.
f) g und h schneiden sich im Punkt S(3 | –2 | 4)

4. $g \not\parallel h$, die Richtungsvektoren sind nicht kollinear zueinander.

$$\begin{pmatrix}2\\0\\3\end{pmatrix} + r\begin{pmatrix}-1\\2\\2\end{pmatrix} = \begin{pmatrix}4\\4\\0\end{pmatrix} + s\begin{pmatrix}3\\2\\-5\end{pmatrix}$$

$$\left|\begin{array}{l} -r - 3s = 6 \\ 2r - 2s = 4 \\ 2r + 5s = 0 \end{array}\right|$$; 3. Gleichung von 2. Gleichung subtrahieren ergibt:

$$\left|\begin{array}{r} -r - 3s = 6 \\ 2r - 2s = 4 \\ -7s = 4 \end{array}\right|; \left|\begin{array}{l} r = -3s - 6 \\ r = s + 2 \\ s = -\frac{4}{7} \end{array}\right|; \left|\begin{array}{l} r = -\frac{30}{7} \\ r = \frac{10}{7} \\ s = -\frac{4}{7} \end{array}\right|$$

Es entsteht ein Widerspruch; g und h sind zueinander windschief.

$g \not\parallel k$, die Richtungsvektoren sind nicht kollinear zueinander.

$$\begin{pmatrix}2\\0\\3\end{pmatrix} + r\begin{pmatrix}-1\\2\\2\end{pmatrix} = \begin{pmatrix}2{,}5\\4\\0\end{pmatrix} + t\begin{pmatrix}-3\\-2\\5\end{pmatrix}$$

$$\left|\begin{array}{l} -r + 3t = 0{,}5 \\ 2r + 2t = 4 \\ 2r - 5t = -3 \end{array}\right|$$; 3. Gleichung von 2. Gleichung subtrahieren ergibt:

$$\left|\begin{array}{r} -r + 3t = 0{,}5 \\ 2r + 2t = 4 \\ 7t = 7 \end{array}\right|; \left|\begin{array}{l} r = 3t - 0{,}5 \\ r = -t + 2 \\ t = 1 \end{array}\right|; \left|\begin{array}{l} r = 2{,}5 \\ r = 1 \\ t = 1 \end{array}\right|$$; Widerspruch

Die Geraden g und k sind zueinander windschief.

260

4. Fortsetzung

h ∥ k, die Richtungsvektoren sind kollinear zueinander.

Punktprobe für (2,5 | 4 | 0) bei h:

$$\left|\begin{array}{r} 2{,}5 = 2 - r \\ 4 = 0 + 2r \\ 0 = 3 + 2r \end{array}\right|; \quad \left|\begin{array}{l} r = -\frac{1}{2} \\ r = 2 \\ r = -\frac{3}{2} \end{array}\right|$$

; h und k sind zueinander parallel, aber verschieden.

5. a) P liegt nicht auf g. Wir wählen P als Aufpunkt der Geraden h und verwenden denselben Richtungsvektor.

Eine mögliche Lösung: h: $\vec{x} = \begin{pmatrix} 15 \\ 26 \\ 31 \end{pmatrix} + t \cdot \begin{pmatrix} -2 \\ -3 \\ 5 \end{pmatrix}$

b) P liegt nicht auf g. Wir wählen P als Aufpunkt der Geraden h und verwenden denselben Richtungsvektor.

Eine mögliche Lösung: h: $\vec{x} = \begin{pmatrix} 8 \\ 16 \\ 5 \end{pmatrix} + t \cdot \begin{pmatrix} 1 \\ -4 \\ 0 \end{pmatrix}$

6. a) $\vec{x} = \begin{pmatrix} 0 \\ 0 \\ 0 \end{pmatrix} + t \cdot \begin{pmatrix} 4 \\ 2 \\ 3 \end{pmatrix}$ **b)** $\vec{x} = \begin{pmatrix} 1 \\ 1 \\ 1 \end{pmatrix} + t \cdot \begin{pmatrix} 4 \\ 2 \\ 1 \end{pmatrix}$ **c)** $\vec{x} = \begin{pmatrix} 1 \\ 1 \\ 0 \end{pmatrix} + t \cdot \begin{pmatrix} 4 \\ 2 \\ 3 \end{pmatrix}$

261

7. g $\not\parallel$ h: Richtungsvektoren nicht kollinear zueinander.

$$\left|\begin{array}{r} -p + 2t = 2 + 2s \\ 1 - 8t = 6 - 2s \\ -2 - 4t = 4p - 4s \end{array}\right|; \quad \left|\begin{array}{l} 2t - 2s = p + 2 \\ -8t + 2s = 5 \\ -4t + 4s = 4p + 2 \end{array}\right|$$

1. und 2. Gleichung addieren:

$$\left|\begin{array}{r} -6t = p + 7 \\ -8t + 2s = 5 \\ -4t + 4s = 4p + 2 \end{array}\right|$$

Das Doppelte der 2. Gleichung von der 3. Gleichung subtrahieren:

$$\left|\begin{array}{r} -6t = p + 7 \\ -8t + 2s = 5 \\ 12t = 4p - 8 \end{array}\right|$$

Das Doppelte der 1. Gleichung zur 3. Gleichung addieren:

$$\left|\begin{array}{r} -6t = p + 7 \\ -8t + 2s = 5 \\ 0 = 6p + 6 \end{array}\right|; \quad \left|\begin{array}{r} -6t = p + 7 \\ -8t + 2s = 5 \\ p = -1 \end{array}\right|; \quad \left|\begin{array}{l} t = -\frac{1}{6}p - \frac{7}{6} \\ s = 4t + 2{,}5 \\ p = -1 \end{array}\right|; \quad \left|\begin{array}{l} t = -1 \\ s = -1{,}5 \\ p = -1 \end{array}\right|$$

Für p = –1 schneiden sich die Geraden g und h im Punkt S(–1 | 9 | 2).

261

8. **a)** Die Geraden a und b liegen windschief zueinander und bilden kein Dreieck.

b) A(−8 | −12 | 10); B(6 | 9 | 24); C(−4 | −4 | −2)

$|\overline{AB}| = \sqrt{833} \approx 28{,}86$; $|\overline{AC}| = \sqrt{244} \approx 14{,}97$; $|\overline{BC}| = \sqrt{945} \approx 30{,}74$

9. **a)** Skalarprodukt der Richtungsvektoren:

$$\begin{pmatrix} -1 \\ 3 \\ 5 \end{pmatrix} * \begin{pmatrix} 7 \\ -1 \\ 2 \end{pmatrix} = 0 \Rightarrow \text{Geraden orthogonal}$$

Gleichsetzen der Parameterdarstellungen liefert für r = −1 bzw. s = 1 den Schnittpunkt S(2 | 1 | 1).

b) Skalarprodukt der Richtungsvektoren:

$$\begin{pmatrix} 4 \\ 2 \\ -1 \end{pmatrix} * \begin{pmatrix} 5 \\ -7 \\ 5 \end{pmatrix} = 1 \Rightarrow \text{nicht orthogonal}$$

Gleichsetzen der Parameterdarstellungen ergibt keine Lösung für r, s
⇒ kein Schnittpunkt

c) Skalarprodukt der Richtungsvektoren:

$$\begin{pmatrix} 1 \\ -1 \\ 2 \end{pmatrix} * \begin{pmatrix} 2 \\ 2 \\ 0 \end{pmatrix} = 0 \Rightarrow \text{Geraden orthogonal}$$

Gleichsetzen der Parameterdarstellungen ergibt keine Lösung für r, s
⇒ kein Schnittpunkt

10. In der Aufgabenstellung benutzen beide Parameterdarstellungen den Parameter k. Fabian hat nicht beachtet, dass er einen der beiden Parameter umbenennen muss, wenn er den Schwerpunkt bestimmen möchte.

$$\begin{array}{l} (1) \\ (2) \\ (3) \end{array} \left| \begin{array}{l} -2 + 3k = 7 + s \\ 6 - 2k = 4 - 2s \\ -3 + 2k = -4 + 3s \end{array} \right|$$

Aus (2) folgt k = 1 + s
eingesetzt in (1): s = 3
eingesetzt in (3): s = 3
Die Graphen g und h schneiden sich im Punkt S(10 | −2 | 5).

261

11. a) Z. B. h_{AB}: $\vec{x} = \begin{pmatrix} 3 \\ 1 \\ 4 \end{pmatrix} + s \begin{pmatrix} -5 \\ 3 \\ -3 \end{pmatrix}$; $s \in \mathbb{R}$

g und h_{AB} liegen windschief zueinander.

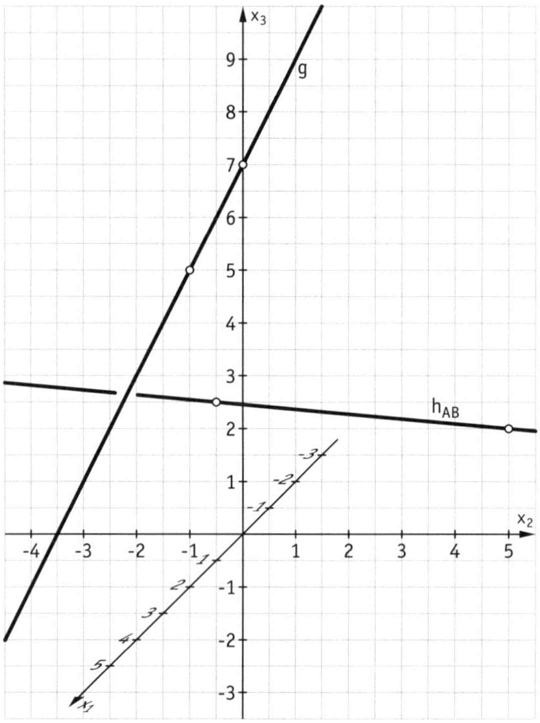

b) Da $\overrightarrow{AB} = \begin{pmatrix} -5 \\ 3 \\ -3 \end{pmatrix} = \overrightarrow{DC}$ und $\overrightarrow{AD} = \begin{pmatrix} 0 \\ -3 \\ 2 \end{pmatrix} = \overrightarrow{BC}$ liegt ein Parallelogramm vor.
Schnittpunkt der Diagonalen: (0,5 | 1 | 3,5).

12. a) D(−1 | −1 | 2)

b) Z. B. g_{M_1C}: $\vec{x} = \begin{pmatrix} 1 \\ -5 \\ 8 \end{pmatrix} + s \begin{pmatrix} -3 \\ -4 \\ 7 \end{pmatrix}$; $s \in \mathbb{R}$

Z. B. h_{M_2D}: $\vec{x} = \begin{pmatrix} -1 \\ -1 \\ 2 \end{pmatrix} + r \begin{pmatrix} -4 \\ 3 \\ -4 \end{pmatrix}$; $r \in \mathbb{R}$

Schnittpunkt (2,2 | −3,4 | 5,2)

261 **12. b)** Fortsetzung

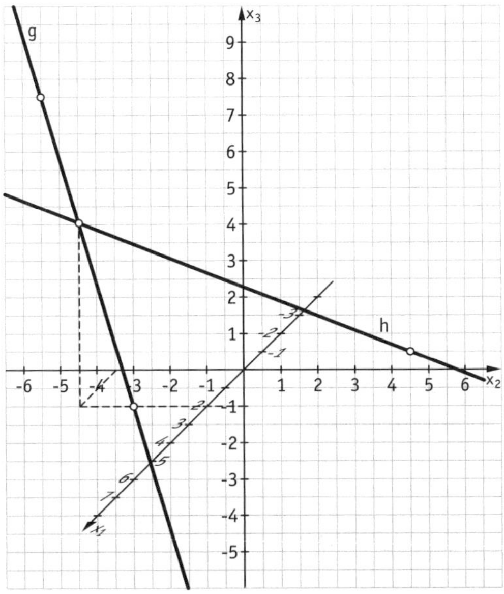

13. a) C(5 | 5 | 0); F(6 | 5 | 1); G(6 | 6 | 0); H(4 | 6 | 1)

b) Die Diagonalen AG und EC schneiden sich im Punkt (4,5 | 5 | 1).

262 **14. a)** G(2 | 4 | 5); H(2 | 2 | 5) Zeichnung siehe Schülerband.

b) Gerade AQ liegt zur Geraden BH windschief.
Gerade AQ schneidet Gerade EP im Punkt (3,75 | 3 | 3,75).
Gerade BH schneidet Gerade EP im Punkt (3,6 | 3,6 | 3).

c) S(3 | 3 | 7,5)

15. Das Flugzeug überfliegt das Windrad mit einer Flughöhe von 384 m, d. h. der vertikale Abstand vom höchsten Punkt des Windrades beträgt 214 m.

16. $h\colon \vec{x} = \begin{pmatrix} 8 \\ 4 \\ 0 \end{pmatrix} + t \begin{pmatrix} -2 \\ -2 \\ 8 \end{pmatrix};\ t \in \mathbb{R}$

Da die Richtungsvektoren Vielfache voneinander sind: $\begin{pmatrix} -2 \\ -2 \\ 8 \end{pmatrix} = -2 \begin{pmatrix} 1 \\ 1 \\ -4 \end{pmatrix}$,

sind die Geraden parallel. Für $t = -\frac{1}{2}$ ergibt sich aus h der Punkt A.

17. a) $b = -\frac{2}{3},\ c = \frac{4}{3}$ **b)** $b = -\frac{3}{7},\ c = \frac{9}{7}$

262

18. h: $\vec{x} = \begin{pmatrix} 1 \\ 5 \\ -10 \end{pmatrix} + t \begin{pmatrix} 0 \\ 2 \\ -4 \end{pmatrix}$; $t \in \mathbb{R}$

Die Geraden g und h sind parallel, aber nicht identisch.

19. a) Sei S der Schnittpunkt der Geraden g und h. Da S auf g liegt, gilt:
S(3 + 2k | −1 + k | 5 − k)

Damit ergibt sich: $\overrightarrow{PS} = \begin{pmatrix} 2k-1 \\ k+2 \\ -k-12 \end{pmatrix}$.

Da sich g und h orthogonal schneiden, muss weiterhin gelten:

$$\begin{pmatrix} 2k-1 \\ k+2 \\ -k-12 \end{pmatrix} * \begin{pmatrix} 2 \\ 1 \\ -1 \end{pmatrix} = 0, \text{ also } \begin{aligned} 4k - 2 + k + 2 + k + 12 &= 0 \\ 6k + 12 &= 0 \\ k &= -2 \end{aligned}$$

Damit erhalten wir S(−1 | −3 | 7)

und h: $\vec{x} = \overrightarrow{OP} + t \cdot \overrightarrow{PS} = \begin{pmatrix} 4 \\ -3 \\ 17 \end{pmatrix} + t \cdot \begin{pmatrix} -5 \\ 0 \\ -10 \end{pmatrix}$

b) Sei S der Schnittpunkt der Geraden g und h. Da S auf g liegt, gilt:
S(−5 + 3k | 2 − 2k | 4 + 4k)

Damit ergibt sich: $\overrightarrow{PS} = \begin{pmatrix} 3k-21 \\ -2k-23 \\ 4k-32 \end{pmatrix}$.

Da sich g und h orthogonal schneiden, muss weiterhin gelten:

$$\begin{pmatrix} 3k-21 \\ -2k-23 \\ 4k-32 \end{pmatrix} * \begin{pmatrix} 3 \\ -2 \\ 4 \end{pmatrix} = 0, \text{ also } \begin{aligned} 9k - 63 + 4k + 46 + 16k - 128 &= 0 \\ 29k - 145 &= 0 \\ k &= 5 \end{aligned}$$

Damit erhalten wir S(10 | −8 | 24)

und h: $\vec{x} = \overrightarrow{OP} + t \cdot \overrightarrow{PS} = \begin{pmatrix} 16 \\ 25 \\ 36 \end{pmatrix} + t \cdot \begin{pmatrix} -6 \\ -33 \\ -12 \end{pmatrix}$

20. -

263

21. a) Nein, es kann zu keiner Kollision kommen.

b) Geschwindigkeiten

1. Flugzeug 763,89 $\frac{\text{km}}{\text{h}}$ 2. Flugzeug 402,51 $\frac{\text{km}}{\text{h}}$

263

22. Ein Stollen verläuft entlang einer Geraden s

$$\vec{x} = \begin{pmatrix} 120 \\ 315 \\ -80 \end{pmatrix} + \lambda \begin{pmatrix} -25 \\ -36 \\ -12 \end{pmatrix}$$

Der Stollen trifft das Wasser im Punkt P.

$$z = -90 \Rightarrow \quad -90 = -80 + \lambda \cdot (-12)$$

$$\lambda = \frac{10}{12} = \frac{5}{6}$$

$$x = 120 - \frac{25 \cdot 5}{6} = \frac{595}{6}; \quad y = 315 - \frac{36 \cdot 5}{6} = 285$$

$$P\begin{pmatrix} \frac{595}{6} \\ 285 \\ -90 \end{pmatrix}$$

Die Bohrungen für den Stollen auf der Erdoberfläche befinden sich zwischen den Punkten $\begin{pmatrix} 120 \\ 315 \\ 0 \end{pmatrix}$ und $\begin{pmatrix} \frac{595}{6} \\ 235 \\ 0 \end{pmatrix}$.

Der Bereich auf der Erdoberfläche ist

$$\vec{x} = \begin{pmatrix} 120 \\ 315 \\ 0 \end{pmatrix} + \mu \begin{pmatrix} -25 \\ -36 \\ 0 \end{pmatrix} \quad \text{für } 0 \le \mu \le \frac{5}{6}.$$

6.1.3 Abstände zwischen Punkten und Geraden

264

Einstieg

- $A(3 + k \mid -2 + 4k \mid 2 + k)$, $\overrightarrow{PA} = \begin{pmatrix} k - 7 \\ 4k - 10 \\ k - 7 \end{pmatrix}$

$$|\overrightarrow{PA}| = \sqrt{(k-7)^2 + (4k-10)^2 + (k-7)^2} = \sqrt{18k^2 - 108k + 198}$$

$$= 3 \cdot \sqrt{2k^2 - 12k + 22} = 3 \cdot \sqrt{2} \cdot \sqrt{k^2 - 6k + 11}$$

$$|\overrightarrow{PA}| = 18, \text{ also } 3 \cdot \sqrt{2} \cdot \sqrt{k^2 - 6k + 11} = 18$$

$$9 \cdot 2 \cdot (k^2 - 6k + 11) = 18 \cdot 18$$

$$k^2 - 6k + 11 = 18$$

$$k^2 - 6k - 7 = 0$$

Lösung: $k = 7$ oder $k = -1$
Damit erhält man die gesuchten Punkte A und B:
$A(10 \mid 26 \mid 9)$, $B(2 \mid -6 \mid 1)$
Beide liegen auf g und haben von P den Abstand 18.

264

- $|\overrightarrow{PA}| = 3 \cdot \sqrt{2} \cdot \sqrt{k^2 - 6k + 11}$ wird minimal für k = 3, man erhält dann $|\overrightarrow{PA}| = 6$ als minimalen Abstand. Dies ist der Abstand der Geraden g vom Punkt P.

265

2. X ist zunächst ein beliebiger Punkt auf der Geraden g. Benutzt man die Formel für den Abstand der zwei Punkte P und X voneinander, so enthält diese noch den Parameter t. Der Parameter t wird nun so bestimmt, dass $|\overrightarrow{XP}| = d(t)$ minimal wird:

$$d(t) = \sqrt{(-2 + 2t + 5)^2 + (3 - t - 20)^2 + (1 + 2t + 1)^2}$$
$$= \sqrt{(2t + 3)^2 + (-t - 17)^2 + (2t + 2)^2}$$
$$= \sqrt{9t^2 + 54t + 302}$$

Überlegung:
d(t) wird minimal, wenn der Wert unter der Wurzel minimal wird. D. h. es genügt, das Minimum der Funktion f mit $f(t) = 9t^2 + 54t + 302$ zu bestimmen.

$f'(t) = 18t + 54 = 0 \Rightarrow t = -3$

Damit ergibt sich: $d(-3) = \sqrt{9 \cdot (-3)^2 + 54 \cdot (-3) + 302} = \sqrt{221} \approx 14{,}87$ als Abstand des Punktes P von der Geraden g.

3. **a)** Abst(g; h) $= \sqrt{\frac{2949}{29}} \approx 10{,}08$

b) Für parallele Geraden wählt man einen beliebigen Punkt P der ersten Geraden und berechnet den Abstand zwischen P und der zweiten Geraden.

4. **a)** Abst(P; g) = 3

b) Abst(P; g) ≈ 2,928

c) g: $\vec{x} = \begin{pmatrix} 1 \\ 1 \\ 0 \end{pmatrix} + t \begin{pmatrix} 0 \\ 2 \\ 2 \end{pmatrix}$; Abst(P; g) = 3

d) g: $\vec{x} = \begin{pmatrix} 6 \\ 2 \\ 1 \end{pmatrix} + t \begin{pmatrix} -4 \\ -1 \\ 10 \end{pmatrix}$; Abst(P; g) ≈ 0,346

5. **a)** $\begin{pmatrix} 2 \\ -1 \\ 2 \end{pmatrix} = \frac{1}{2} \begin{pmatrix} 4 \\ -2 \\ 4 \end{pmatrix}$ ⇒ Richtungsvektoren kollinear ⇒ parallele Geraden

Abst(g; h) $= \frac{5}{3}\sqrt{26} \approx 8{,}498$

265 **5. b)** $\begin{pmatrix} 3 \\ -3 \\ 4 \end{pmatrix} = -\frac{1}{2}\begin{pmatrix} -6 \\ 6 \\ -8 \end{pmatrix} \Rightarrow$ parallele Geraden

Abst(g; h) $\approx 10{,}326$

6. a) Abst(A; g) $= 2\sqrt{5}$

b) Ebene orthogonal zu g, die A enthält:

E: $2x_1 + x_2 - x_3 - 2 = 0$

Schnittpunkt mit g: F(2 | 1 | 3)

$\overrightarrow{FA} = \begin{pmatrix} 2 \\ -4 \\ 0 \end{pmatrix} \Rightarrow \overrightarrow{FA'} = -\overrightarrow{FA} = \begin{pmatrix} -2 \\ 4 \\ 0 \end{pmatrix} \Rightarrow$ A'(0 | 5 | 3)

266 **7. a)** Wenn $P \in g$ gelten soll, müssen die Gleichungen für die x_1- und die x_3-Koordinate für das gleiche t erfüllt sein:

für x_1: $8 = 4 + t \quad \Rightarrow t = 4$

für x_3: $5 = -1 + t \Rightarrow t = 6$

Aus diesem Widerspruch folgt, dass $P \notin g$ ist.

b) Schnittpunkt F einer Orthogonalen zu g

$F\left(\frac{1}{3}(20 - p) \middle| \frac{1}{3}(2p - 7) \middle| \frac{1}{3}(5 - p)\right)$

Abst(P; g) $= \left|\overrightarrow{FP}\right| = \sqrt{\frac{1}{3}\left(p^2 + 14p + 55\right)} = 5$

$\Rightarrow p = -7 + \sqrt{69} \approx 1{,}31$ oder $p = -7 - \sqrt{69} \approx -15{,}31$

8. a) $a_1 = 5$, denn $\begin{pmatrix} 5 \\ -10 \\ 15 \end{pmatrix} = -5\begin{pmatrix} -1 \\ 2 \\ -3 \end{pmatrix}$

Abst$\left(g;\ h_5\right) = \sqrt{\frac{5}{14}}$

b) $\begin{pmatrix} 5 \\ -2a \\ 3a \end{pmatrix} * \begin{pmatrix} -1 \\ 2 \\ -3 \end{pmatrix} = -5 - 13a = 0 \Rightarrow a_2 = -\frac{5}{13}$

Lösen der Vektorgleichung $h_{a_2} = g$ nach t, r liefert Widerspruch

$\Rightarrow$ windschief

266

9. a) Wenn C auf g liegt, so müsste es einen Wert für den Parameter k in der Parameterdarstellung geben, sodass gilt:

$$\overrightarrow{OC} = \begin{pmatrix} 6 \\ 2 \\ 8 \end{pmatrix} = \begin{pmatrix} 13 \\ 1 \\ -8 \end{pmatrix} + k \cdot \begin{pmatrix} 2 \\ 1 \\ -2 \end{pmatrix}$$

Dies führt auf das folgende lineare Gleichungssystem:

$$\begin{vmatrix} 6 = 13 + 2k \\ 2 = 1 + k \\ 8 = -8 - 2k \end{vmatrix}$$

Umformen ergibt $\begin{vmatrix} k = -\frac{7}{2} \\ k = 1 \\ k = -8 \end{vmatrix}$

Es gibt also keinen Wert für k, der alle drei Gleichungen des Gleichungssystems erfüllt. C liegt also nicht auf g.

b) Wir bestimmen zunächst den Punkt F auf g, der von C den geringsten Abstand hat. Es gilt: F(13 + 2k | 1 + k | −8 − 2k)

$$\overrightarrow{CF} = \begin{pmatrix} 7 + 2k \\ -1 + k \\ -16 - 2k \end{pmatrix}.$$

Weiter gilt: $\overrightarrow{CF} * \begin{pmatrix} 2 \\ 1 \\ -2 \end{pmatrix} = 0,$

$$\begin{aligned} 14 + 4k - 1 + k + 32 + 4k &= 0 \\ 9k + 45 &= 0 \\ k &= 5 \end{aligned}$$

Damit ergibt sich: F(23 | 6 | −18)

Im gleichschenkligen Dreieck ABC ist F der Fußpunkt der Höhe von C auf die Basis $\overline{AB}$. Die Punkte A und B haben somit den gleichen Abstand von F und sie liegen auf g. Wir wählen deshalb F als Stützvektor für die Parameterdarstellung von g:

$$g: \vec{x} = \begin{pmatrix} 23 \\ 6 \\ -18 \end{pmatrix} + k \cdot \begin{pmatrix} 2 \\ 1 \\ -2 \end{pmatrix}$$

Damit ergibt sich

$$\overrightarrow{OA_k} = \begin{pmatrix} 23 \\ 6 \\ -18 \end{pmatrix} + k \cdot \begin{pmatrix} 2 \\ 1 \\ -2 \end{pmatrix} \text{ und } \overrightarrow{OB_k} = \begin{pmatrix} 23 \\ 6 \\ -18 \end{pmatrix} - k \cdot \begin{pmatrix} 2 \\ 1 \\ -2 \end{pmatrix} \text{ mit } k \in \mathbb{R}$$

und k > 0.

Alle Punkte A_k und B_k bilden eine Basis für ein gleichschenkliges Dreieck A_kB_kC.

266

9. c) Korrektur an 1. Auflage: Es muss heißen 94 FE (statt 54 FE).

Die Basis $\overline{A_kB_k}$ kann durch den Vektor $\overrightarrow{A_kB_k}$ beschrieben werden.

$$\overrightarrow{A_kB_k} = \begin{pmatrix} -4k \\ -2k \\ 4k \end{pmatrix} \text{ mit } k \in \mathbb{R} \text{ und } k > 0.$$

$$\overrightarrow{A_kB_k} = \sqrt{16k^2 + 4k^2 + 16k^2} = 6k$$

Die Höhe des Dreiecks A_kB_kC ergibt sich aus

$$|\overrightarrow{CF}| = \left|\begin{pmatrix} 23-6 \\ 6-2 \\ -18-8 \end{pmatrix}\right| = \left|\begin{pmatrix} 17 \\ 4 \\ -26 \end{pmatrix}\right| = \sqrt{17^2 + 4^2 + (-26)^2} \approx 31{,}32$$

Es gilt: $A_{A_kB_kC} = \frac{1}{2} \cdot 31{,}32 \cdot 6k \approx 94k.$

Also: $k = 1$ und $A_1(25 \mid 7 \mid -20)$ und $B_1(22 \mid 5 \mid -16)$

(Lösung für 1. Auflage: 54 FE:

$A_{A_kB_kC} = 54 = 94k$ für $k \approx 0{,}5745$ und damit

$A_k(24{,}15 \mid 6{,}57 \mid -19{,}15)$ und $B_k(21{,}85 \mid 5{,}43 \mid -16{,}85)$.)

10. Ist P der Schnittpunkt einer Orthogonalen von B mit der Geraden so gilt:

$$\overrightarrow{OP} = \begin{pmatrix} 2 \\ 0 \\ 0 \end{pmatrix} + t \cdot \begin{pmatrix} 3 \\ 2 \\ 1 \end{pmatrix}.$$

Es gilt weiter: $\left[\begin{pmatrix} 2 \\ 0 \\ 0 \end{pmatrix} + t \begin{pmatrix} 3 \\ 2 \\ 1 \end{pmatrix}\right] - \begin{pmatrix} 10 \\ 7{,}5 \\ 0{,}3 \end{pmatrix} = \overrightarrow{BP}$ $\qquad$ $\overrightarrow{BP} = \begin{pmatrix} -8 \\ -7{,}5 \\ -0{,}3 \end{pmatrix} + t \cdot \begin{pmatrix} 3 \\ 2 \\ 1 \end{pmatrix}$

$$\overrightarrow{BP} \cdot \begin{pmatrix} 3 \\ 2 \\ 1 \end{pmatrix} = 0 \;\Leftrightarrow\; -39{,}3 + 14t = 0 \;\Rightarrow\; t = \tfrac{393}{140} \approx 2{,}807$$

$$\overrightarrow{BP} = \begin{pmatrix} 0{,}4214 \\ -1{,}8857 \\ 2{,}507 \end{pmatrix}, \qquad |\overrightarrow{BP}| \approx 3{,}165 \text{ km}$$

266

11. (1) • Bedingungen für Q:

$$-\ \overrightarrow{OQ} = \begin{pmatrix} 0 \\ 10 \\ 1 \end{pmatrix} + t \begin{pmatrix} 5 \\ 8 \\ -1 \end{pmatrix}, \text{ Q liegt auf der Geraden}$$

$$-\ \overrightarrow{PQ} \cdot \begin{pmatrix} 5 \\ 8 \\ -1 \end{pmatrix} = 0, \ \overrightarrow{PQ} \text{ senkrecht zur Geraden}$$

• $\overrightarrow{PQ} = \overrightarrow{OQ} - \overrightarrow{OP} = \begin{pmatrix} -41 \\ 4 \\ 7 \end{pmatrix} + t \cdot \begin{pmatrix} 5 \\ 8 \\ -1 \end{pmatrix}$

• $\overrightarrow{PQ} = \begin{pmatrix} 5 \\ 8 \\ -1 \end{pmatrix} = -180 + 90t \Rightarrow t = 2\,;\ Q\,(10 \mid 26 \mid -1)$

(2) $-\ \overrightarrow{PQ} = \begin{pmatrix} 31 \\ -20 \\ -5 \end{pmatrix}$

(3) $\left|\overrightarrow{PQ}\right| = \sqrt{1386} \approx 37$

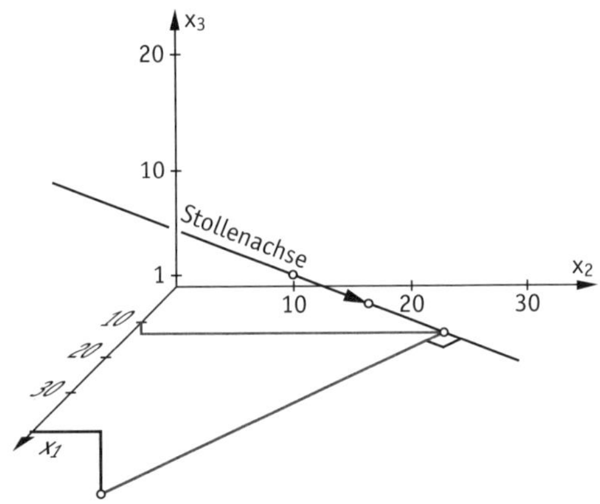

12. a) *1. Fall*

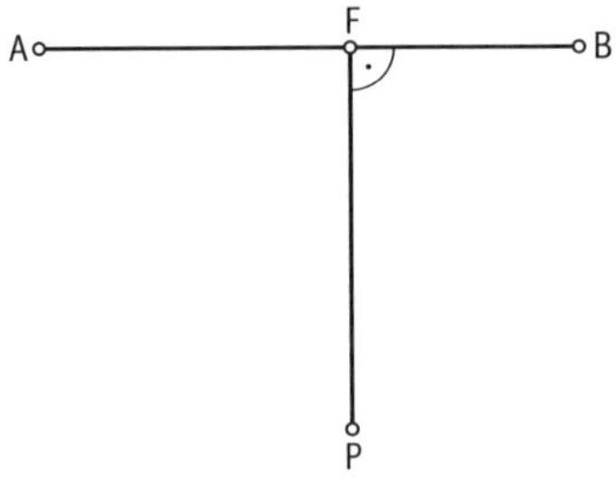

Die kürzeste Verbindung führt zu einem Punkt F auf der Strecke $\overline{AB}$, wobei $\overline{AB} \perp \overline{FP}$.

2. Fall

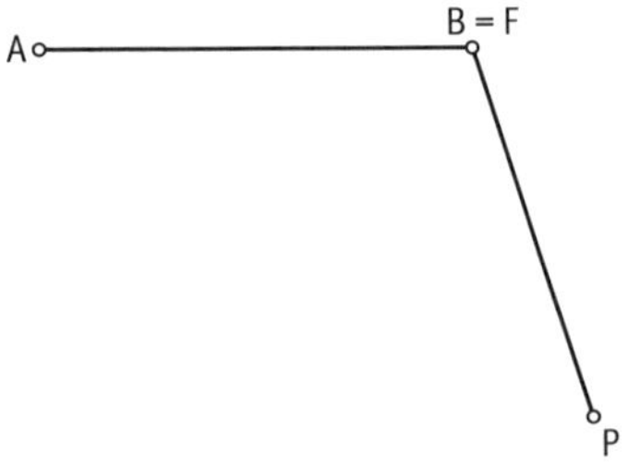

Die kürzeste Verbindung führt zum Punkt A oder B.

266 Der Abstand eines Punktes P von einer Strecke $\overline{AB}$ ist die Länge der kürzesten Strecke $\overline{PF}$, wobei der Punkt F ein Punkt auf der Strecke $\overline{AB}$ ist.

b) Für den Ortsvektor $\overrightarrow{OF}$ eines Punktes F auf der Strecke $\overline{AB}$ gilt:

$$\overrightarrow{OF} = \begin{pmatrix} 1 \\ 5 \\ -4 \end{pmatrix} + t \cdot \begin{pmatrix} 6 \\ -3 \\ 6 \end{pmatrix} \text{ mit } 0 \le t \le 1$$

$$|\overline{PF}| = \left| \begin{pmatrix} -7 \\ -4 \\ -4 \end{pmatrix} + t \cdot \begin{pmatrix} 6 \\ -3 \\ 6 \end{pmatrix} \right| = \sqrt{(-7+6t)^2 + (-4-3t)^2 + (-4+6t)^2}$$

$$= \sqrt{81t^2 - 108t + 81}$$

Beachte: $0 \le t \le 1$

Für $t = \frac{2}{3}$ ist $|\overline{PF}| = \sqrt{45} \approx 6{,}71$ minimal.

$$|\overline{QF}| = \left| \begin{pmatrix} -8 \\ 9 \\ -10 \end{pmatrix} + t \cdot \begin{pmatrix} 6 \\ -3 \\ 6 \end{pmatrix} \right| = \sqrt{(-8+6t)^2 + (9-3t)^2 + (-10+6t)^2}$$

$$= \sqrt{81t^2 - 270t + 245}$$

Beachte: $0 \le t \le 1$

Für t = 1 ist $|\overline{QF}| = \sqrt{56} \approx 7{,}48$ minimal.

c) Korrektur an 1. Auflage: In der Aufgabenstellung muss ergänzt werden: „... P, der mit dem Kreis in einer Ebene liegt, ...“
Wie im Zweidimensionalen bestimmt man in diesem Fall den Abstand eines Punktes von einem Kreis, indem man vom Abstand von M und P den Radius des Kreises abzieht.

$d = |\overrightarrow{MP}| - r = \sqrt{80} - 4 \approx 4{,}9$

Blickpunkt: Licht und Schatten

268 **1.** Eckpunkte des Daches:
A(5,0 | –2,4 | 2,4); B(5,0 | 0 | 2,4); C(0 | –2,4 | 2,4); D(0 | 0 | 2,4)

Schattenpunkte durch $\vec{v}$: z. B. $\overrightarrow{OA'} = \overrightarrow{OA} + \frac{6}{5}\vec{v}$

A′(7,4 | 1,2 | 0); B′(7,4 | 3,6 | 0); C′(2,4 | 1,2 | 0); D′(2,4 | 3,6 | 0)

Schattenpunkte durch $\vec{u}$:

A″(5,8 | –0,8 | 0); B″(5,8 | 1,6 | 0); C″(0,8 | –0,8 | 0); D″(0,8 | 1,6 | 0)

Grundstücksgrenze:

$$g\colon \vec{x} = r \cdot \begin{pmatrix} 1 \\ 0 \\ 0 \end{pmatrix};\ r \in \mathbb{R}$$

268

1. Fortsetzung

- Bei $\vec{v}$ liegt der Schatten ganz im Nachbargarten
  $A = 2{,}4\text{ m} \cdot 5\text{ m} = 12\text{ m}^2$.
- Bei $\vec{u}$ liegt der Schatten auf beiden Grundstücken. Er ist begrenzt durch B'', D'', $E(5{,}8 \mid 0 \mid 0)$; $F(0{,}8 \mid 0 \mid 0)$.
  $A = 1{,}6\text{ m} \cdot 5\text{ m} = 8\text{ m}^2$

2. a) Koordinaten der Spitze: E (3 | 3 | 5)

Lichtstrahl durch E: $g\colon \vec{x} = \begin{pmatrix} 3 \\ 3 \\ 5 \end{pmatrix} + \lambda \cdot \begin{pmatrix} 2 \\ 3 \\ -2 \end{pmatrix}$

In der x_1-x_2-Ebene gilt $x_3 = 0$

$\rightarrow \lambda = 2{,}5 \rightarrow$ E'(8 | 10,5 | 0).

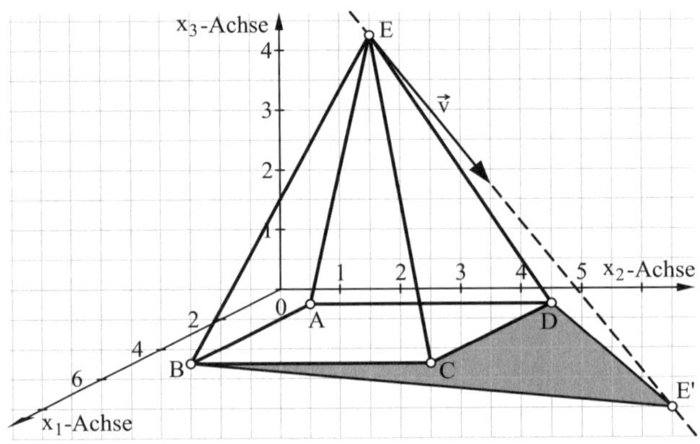

b) Schatten an der Wand (x_1-x_3-Ebene)

Berechnung von E' in der x_1-x_2-Ebene:

$g\colon \vec{x} = \begin{pmatrix} 3 \\ 3 \\ 5 \end{pmatrix} + \lambda \begin{pmatrix} 0{,}5 \\ -2 \\ -1 \end{pmatrix}, \; x_3 = 0 \rightarrow \lambda = 5$

E' (5,5 | −7 | 0)

E' liegt „hinter" der x_1-x_3-Ebene. Die „Knickstelle" des Schattens erhält man durch Schnitt der Geraden E'B mit der x_1-Achse.

$\begin{pmatrix} 5 \\ 1 \\ 0 \end{pmatrix} + \lambda \cdot \begin{pmatrix} -0{,}5 \\ 8 \\ 0 \end{pmatrix} = r \cdot \begin{pmatrix} 1 \\ 0 \\ 0 \end{pmatrix} \rightarrow x_1 = 5{,}0625$

Schattenpunkt am Boden: (5,5 | −7 | 0)
Schattenpunkt an der Wand: (3,75 | 0 | 3,5)
Knickstellen: (1,5625 | 0 | 0); (5,0625 | 0 | 0)

268 **2. b)** Fortsetzung

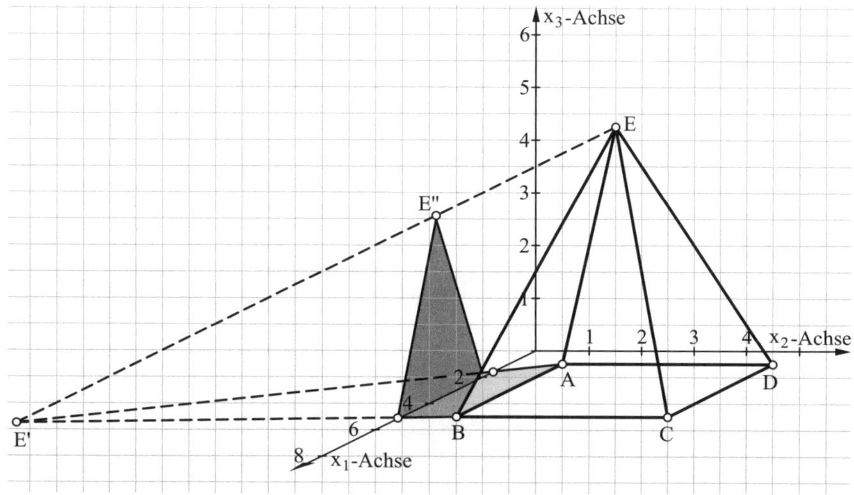

c) Schattenpunkt am Boden: (6 | 4 | 0)

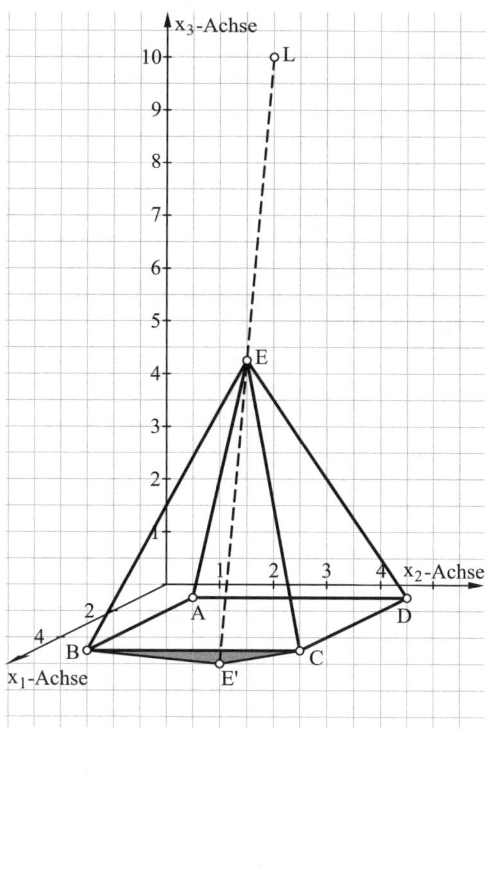

268 **3. a)** A (6 | 4 | 0); B (6 | 6 | 0); C (4 | 6 | 0); D (4 | 4 | 0); E (6 | 4 | 3); F (6 | 6 | 3); G (4 | 6 | 3); H (4 | 4 | 3); S (5 | 5 | 6)

b)

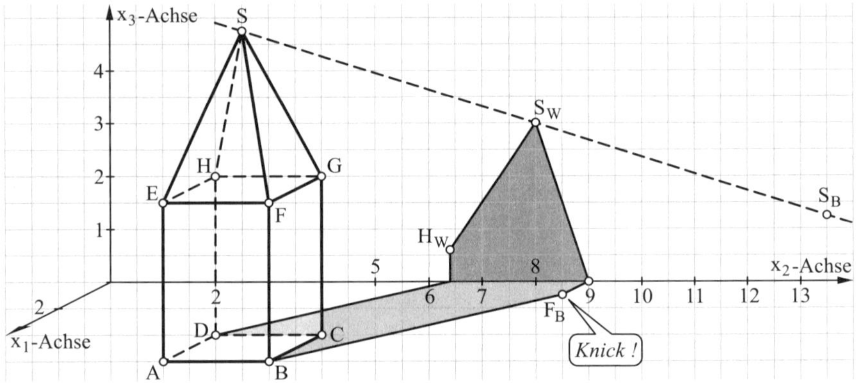

S: Schattenpunkt am Boden: (−5 | 11 | 0)
Schattenpunkt an der x_2-x_3-Ebene: (0 | 8 | 3)

E: Schattenpunkt am Boden: (1 | 7 | 0)
Schattenpunkt an der Wand (0 | 7,6 | −0,6)
(er wirft also keinen „direkten" Schatten)

F: Schattenpunkt am Boden: (1 | 9 | 0)
„Schattenpunkt" an der Wand (0 | 9,6 | −0,6)
(existiert aber eigentlich nicht)

G: Schattenpunkt am Boden: (−1 | 9 | 0)
Schattenpunkt an der Wand: (0 | 8,4 | 0,6)

H: Schattenpunkt am Boden: (−1 | 7 | 0)
Schattenpunkt an der Wand: (0 | 6,4 | 0,6)

Knickstellen: (0 | 7 | 0) und (0 | 9 | 0)

Der Schatten wird also durch die Punkte (1 | 7 | 0); (0 | 7 | 0); (0 | 6,4 | 0,6); (0 | 8 | 3); (0 | 8,4 | 0,6); (0 | 9 | 0) und (1 | 9 | 0) beschrieben.

268 3. c)

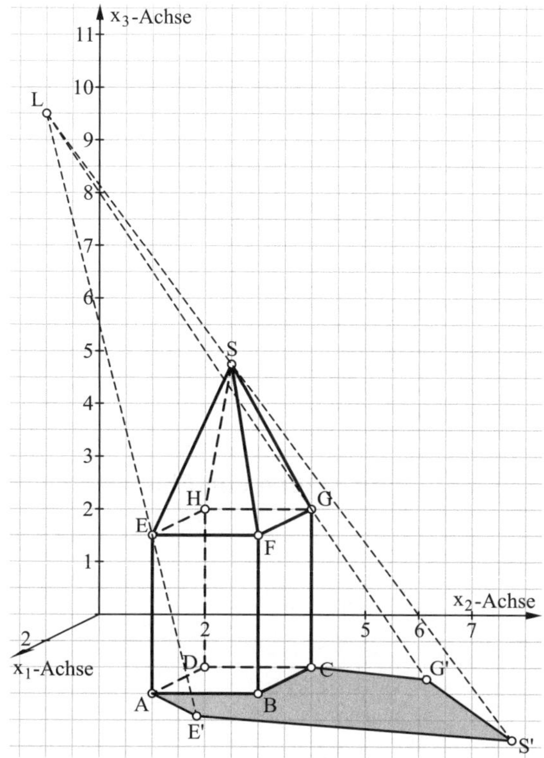

Schattenpunkte:
E′(7,7 | 5,7 | 0); F′(7,7 | 8,6 | 0); G′(4,9 | 8,6 | 0);
H′(4,9 | 5,7 | 0); S′(9,5 | 12,5 | 0)

4.

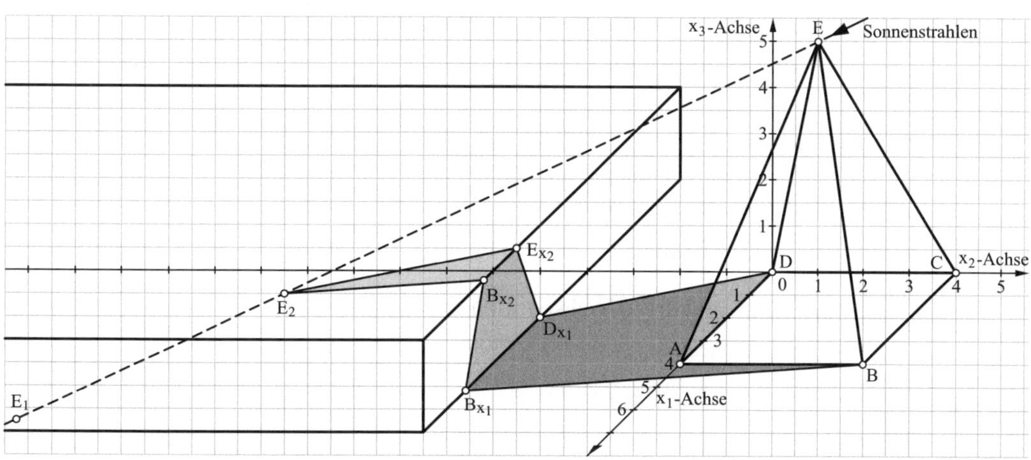

268

4. Fortsetzung

Schattenpunkte

E_1 in x_1-x_2-Ebene:	$E_1\,(6{,}5 \mid -13 \mid 0)$
E_2 auf der Stufe:	$E_2\,(5 \mid -8 \mid 2)$
B_{x_1} in x_1-x_2-Ebene:	$B_{x_1}\,(5{,}18 \mid -4 \mid 0)$
B_{x_2} auf der Stufe:	$B_{x_2}\,(4{,}4 \mid -4 \mid 2)$
D_{x_1} in x_1-x_2-Ebene:	$D_{x_1}\,(2 \mid -4 \mid 0)$
D_{x_2} auf der Stufe:	$D_{x_2}\,(3 \mid -4 \mid 2)$

6.2 Ebenen im Raum

6.2.1 Parameterdarstellungen von Ebenen

269

Einstieg

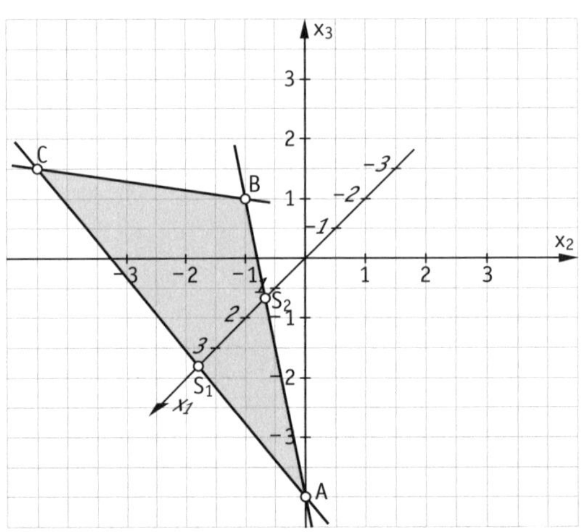

Hinweis:

A liegt nicht auf der x_3-Achse;

B liegt in der x_2x_3-Ebene;

$\overline{AC}$ schneidet die x_1-Achse im Punkt $S_1\left(\frac{18}{5} \mid 0 \mid 0\right)$;

$\overline{AB}$ schneidet die x_1-Achse im Punkt $S_2\left(\frac{4}{3} \mid 0 \mid 0\right)$

269

- $\overrightarrow{OP_1} = \begin{pmatrix} 4 \\ 2 \\ -2 \end{pmatrix} + 2 \cdot \begin{pmatrix} -4 \\ -3 \\ 3 \end{pmatrix} + \frac{1}{2} \cdot \begin{pmatrix} -1 \\ -5 \\ 5 \end{pmatrix} = \begin{pmatrix} -4,5 \\ -6,5 \\ 6,5 \end{pmatrix}$; also $P_1(-4,5 \mid -6,5 \mid 6,5)$

  $\overrightarrow{OP_2} = \begin{pmatrix} 4 \\ 2 \\ -2 \end{pmatrix} + 3 \cdot \begin{pmatrix} -4 \\ -3 \\ 3 \end{pmatrix} - 2 \cdot \begin{pmatrix} -1 \\ -5 \\ 5 \end{pmatrix} = \begin{pmatrix} -6 \\ 3 \\ -3 \end{pmatrix}$; also $P_2(-6 \mid 3 \mid -3)$

  Man gelangt wie folgt zum Punkt P_1:
  Von A aus bewegt man sich auf der Geraden AB entlang in Richtung B um die zweifache Länge von $\overrightarrow{AB}$ zum Punkt P_1^*. Von P_1^* bewegt man sich in Richtung des Vektors $\overrightarrow{AC}$ um dessen halbe Länge.

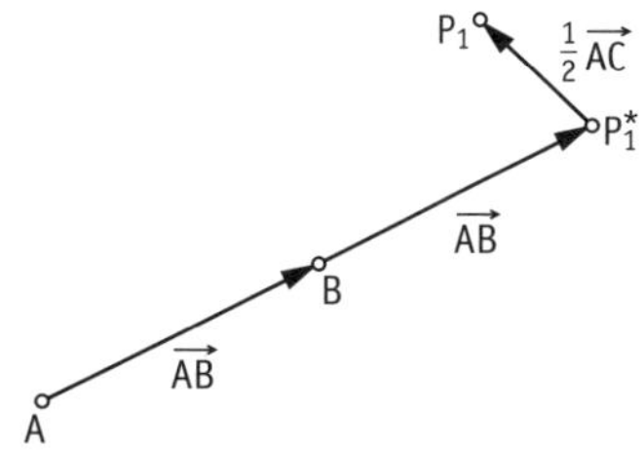

  Man gelangt wie folgt zum Punkt P_2:
  Von A aus bewegt man sich auf der Geraden AB entlang in Richtung B um die dreifache Länge von $\overrightarrow{AB}$ zum Punkt P_2^*. Von P_2^* bewegt man sich in Richtung des Gegenvektors von $\overrightarrow{AC}$ um dessen zweifache Länge.

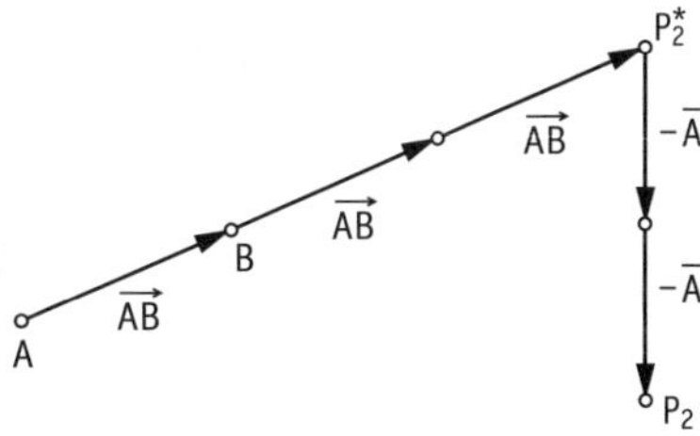

- Jeder Punkt P im Inneren des Dreiecks ABC liegt auf einer Parallelen zu $\overline{AC}$ durch die Punkte C* und B* (siehe Skizze).
  Im Dreieck ABC gelangt man von B über A nach C durch folgende Vektoraddition: $\overrightarrow{OC} = \overrightarrow{OB} + \overrightarrow{BA} + \overrightarrow{AC}$.
  Im ähnlichen Dreieck BA*C* gelangt man von B über A* nach C* durch folgende Vektoraddition:

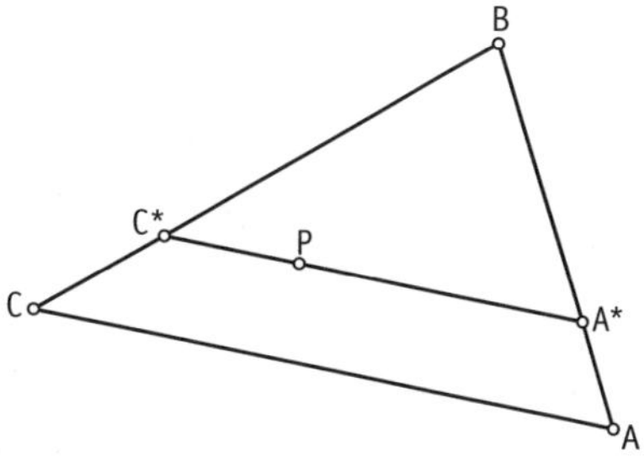

  $\overrightarrow{OC^*} = \overrightarrow{OB} + k \cdot \overrightarrow{BA} + k \cdot \overrightarrow{AC}$ mit $k < 1$ und $k > 0$. Dabei ist k der Streckfaktor mit $k = \frac{|\overrightarrow{BA^*}|}{|\overrightarrow{BA}|}$.
  Zu P gelangt man wie folgt:
  $\overrightarrow{OP} = \overrightarrow{OB} + k \cdot \overrightarrow{BA} + k \cdot r \cdot \overrightarrow{AC}$ mit $r < 1$ und $r > 0$.
  Oder $\overrightarrow{OP} = \overrightarrow{OB} + k \cdot \overrightarrow{BA} + t \cdot \overrightarrow{AC}$ mit $t < k < 1$ und $t, k > 0$

269

- Fortsetzung
Beispiel:

$$\overrightarrow{OP} = \begin{pmatrix} 0 \\ -1 \\ 1 \end{pmatrix} + k \cdot \begin{pmatrix} 4 \\ 3 \\ -3 \end{pmatrix} + t \cdot \begin{pmatrix} -1 \\ -5 \\ 5 \end{pmatrix} \text{ mit } k = \frac{1}{10} \text{ und } t = \frac{1}{100}$$

$$\overrightarrow{OP} = \begin{pmatrix} 0 \\ -1 \\ 1 \end{pmatrix} + \begin{pmatrix} 0{,}4 \\ 0{,}3 \\ -0{,}3 \end{pmatrix} + \begin{pmatrix} -0{,}01 \\ -0{,}05 \\ 0{,}05 \end{pmatrix} = \begin{pmatrix} 0{,}39 \\ -0{,}75 \\ 0{,}75 \end{pmatrix}$$

- Durch $\overrightarrow{OX^*} = \overrightarrow{OP} + r \cdot \vec{u}$ mit $r \in \mathbb{R}$ wird eine Gerade im Raum beschrieben. Diese Gerade geht durch den Punkt P. Setzt man für r einen Wert ein, so erhält man einen Punkt X* auf dieser Geraden. Addiert man noch ein Vielfaches $s \cdot \vec{v}$ dazu, so gelangt man vom Punkt X* zum Punkt X.
Durch $\overrightarrow{OX} = \overrightarrow{OP} + r \cdot \vec{u} + s \cdot \vec{v}$ werden also Punkte beschrieben, die alle in einer unbegrenzten, geraden Fläche („Ebene") liegen; ähnlich wie im vorherigen Beispiel, aber hier sind die Punkte X nicht auf z. B. eine Dreiecksfläche beschränkt.

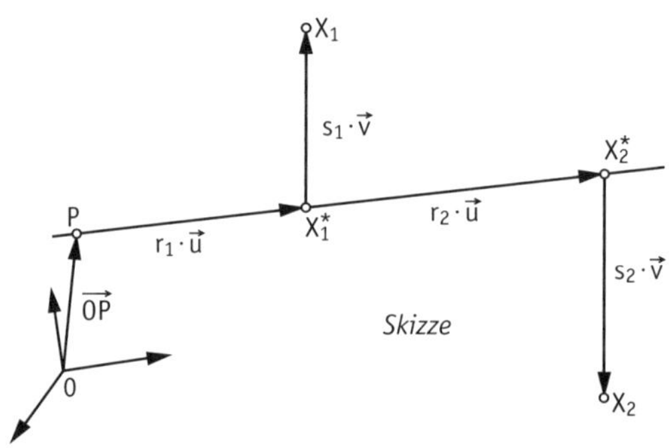

271

2. Maren: Stützvektor: $\overrightarrow{OA}$; Richtungsvektoren: $\overrightarrow{AB}$ und $\overrightarrow{AC}$
Janik: Stützvektor: $\overrightarrow{OB}$; Richtungsvektoren: $-\frac{1}{2}\overrightarrow{AB}$ und $\overrightarrow{BC}$

weitere Beispiele

$$E\colon \vec{x} = \begin{pmatrix} 7 \\ 0 \\ -7 \end{pmatrix} + s \begin{pmatrix} -5 \\ 3 \\ 5 \end{pmatrix} + t \begin{pmatrix} 2 \\ -1 \\ -4 \end{pmatrix}$$

$$E\colon \vec{x} = \begin{pmatrix} 2 \\ 3 \\ -2 \end{pmatrix} + s \begin{pmatrix} -9 \\ 5 \\ 13 \end{pmatrix} + t \begin{pmatrix} -8 \\ 4 \\ 16 \end{pmatrix}$$

271

3. (1) Eine Ebene kann festgelegt werden durch eine Gerade g und einen Punkt P, der nicht auf g liegt.
Z. B.: E: $\vec{x} = \overrightarrow{OA} + t \cdot \overrightarrow{AP} + r \cdot \vec{v}$

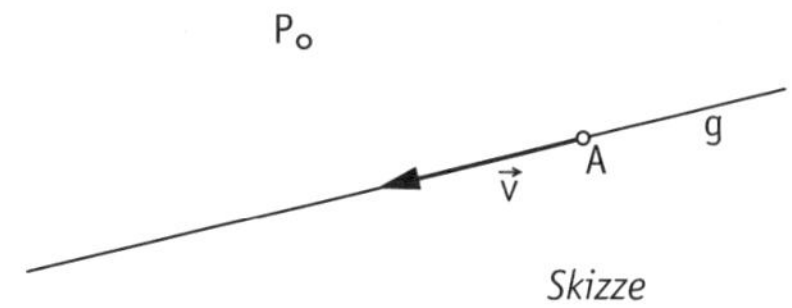

(2) Eine Ebene kann festgelegt werden durch zwei Geraden g und h, die sich in einem Punkt S schneiden.
Z. B.: E: $\vec{x} = \overrightarrow{OS} + t \cdot \vec{v} + r \cdot \vec{u}$

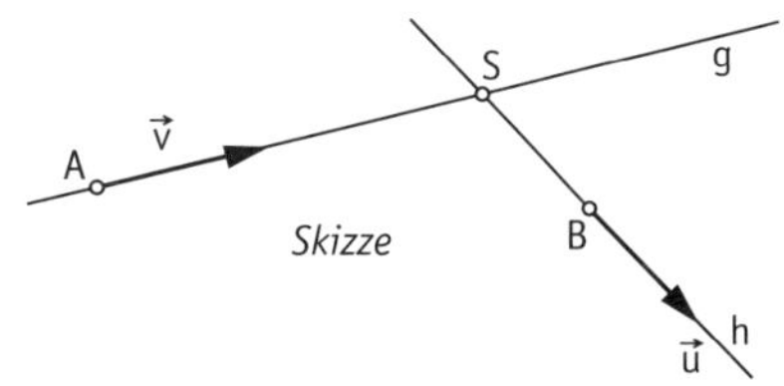

(3) Eine Ebene kann festgelegt werden durch zwei parallele Geraden g und h.
Z. B.: E: $\vec{x} = \overrightarrow{OA} + t \cdot \vec{v} + r \cdot \overrightarrow{AB}$

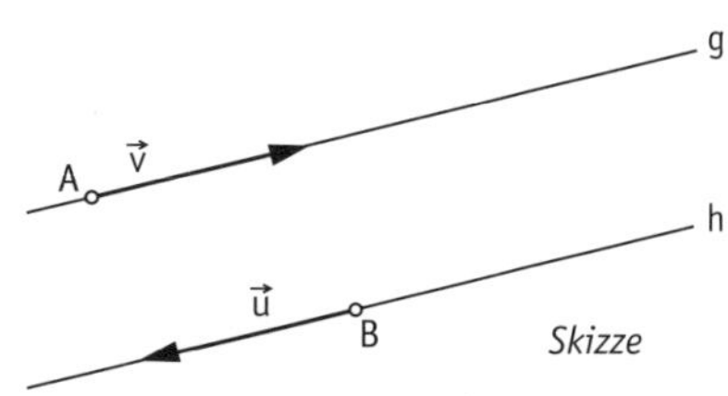

272

4. **a)** Z. B: E: $\vec{x} = \begin{pmatrix} 3 \\ -5 \\ 10 \end{pmatrix} + s \begin{pmatrix} -1 \\ 6 \\ 2 \end{pmatrix} + t \begin{pmatrix} 3 \\ -0{,}5 \\ 12 \end{pmatrix}$; s, t $\in \mathbb{R}$

b) Für obiges Beispiel:

(1) $\begin{pmatrix} 10 \\ 5{,}5 \\ 50 \end{pmatrix}$ (2) $\begin{pmatrix} 43 \\ -35 \\ 146 \end{pmatrix}$ (3) $\begin{pmatrix} -4{,}8 \\ -0{,}2 \\ 17{,}6 \end{pmatrix}$ (4) $\begin{pmatrix} 1{,}675 \\ -3{,}6125 \\ 5{,}9 \end{pmatrix}$

5. Beispiele:

a) E: $\vec{x} = \overrightarrow{OP} + \lambda\overrightarrow{PQ} + \mu\overrightarrow{PR} = \begin{pmatrix} 0 \\ 1 \\ 2 \end{pmatrix} + \lambda \cdot \begin{pmatrix} 2 \\ -1 \\ 2 \end{pmatrix} + \mu \cdot \begin{pmatrix} 4 \\ 7 \\ -2 \end{pmatrix}$; $\lambda, \mu \in \mathbb{R}$

b) E: $\vec{x} = \begin{pmatrix} 1 \\ 1 \\ 1 \end{pmatrix} + \lambda \cdot \begin{pmatrix} 1 \\ 1 \\ 2 \end{pmatrix} + \mu \cdot \begin{pmatrix} 9 \\ 3 \\ 5 \end{pmatrix}$; $\lambda, \mu \in \mathbb{R}$

272

5. c) $E: \vec{x} = \begin{pmatrix} 1 \\ -2 \\ 3 \end{pmatrix} + s \cdot \begin{pmatrix} 2 \\ 6 \\ -5 \end{pmatrix} + t \cdot \begin{pmatrix} 2 \\ 6 \\ 2 \end{pmatrix}$; $s, t \in \mathbb{R}$

d) $E: \vec{x} = \begin{pmatrix} 0 \\ 7 \\ 2 \end{pmatrix} + s \cdot \begin{pmatrix} -10 \\ -7 \\ -8 \end{pmatrix} + t \cdot \begin{pmatrix} -4 \\ -11 \\ -2 \end{pmatrix}$; $s, t \in \mathbb{R}$

6. Zunächst Probe, dass P nicht auf g liegt (Punktprobe).

a) $E: \vec{x} = \begin{pmatrix} 4 \\ 0 \\ 2 \end{pmatrix} + s \cdot \begin{pmatrix} 3 \\ -1 \\ -3 \end{pmatrix} + t \cdot \begin{pmatrix} 1-4 \\ 4-0 \\ -1-2 \end{pmatrix} = \begin{pmatrix} 4 \\ 0 \\ 2 \end{pmatrix} + s \cdot \begin{pmatrix} 3 \\ -1 \\ -3 \end{pmatrix} + t \cdot \begin{pmatrix} -3 \\ 4 \\ -3 \end{pmatrix}$; $s, t \in \mathbb{R}$

b) $E: \vec{x} = \begin{pmatrix} 1 \\ 0 \\ 0 \end{pmatrix} + s \cdot \begin{pmatrix} 5 \\ 2 \\ -3 \end{pmatrix} + t \cdot \begin{pmatrix} 1 \\ 4 \\ -3 \end{pmatrix}$; $s, t \in \mathbb{R}$

c) $E: \vec{x} = \begin{pmatrix} -200 \\ 150 \\ 30 \end{pmatrix} + t \cdot \begin{pmatrix} 10 \\ -10 \\ 5 \end{pmatrix} + s \cdot \begin{pmatrix} 200 \\ -150 \\ -30 \end{pmatrix}$; $s, t \in \mathbb{R}$

7. Gleichsetzen ergibt das Gleichungssystem

$$\left| \begin{array}{r} -s - 2t = 1 \\ 2s - t = -2 \\ s + t = -1 \end{array} \right|,$$

welches die eindeutige Lösung $s = -1$; $t = 0$ besitzt.
Schnittpunkt: $S(-2 \mid 0 \mid -2)$

$E: \vec{x} = \begin{pmatrix} -2 \\ 0 \\ -2 \end{pmatrix} + s \cdot \begin{pmatrix} -1 \\ 2 \\ 1 \end{pmatrix} + t \cdot \begin{pmatrix} 2 \\ 1 \\ -1 \end{pmatrix}$; $s, t \in \mathbb{R}$

8. a) $E: \vec{x} = \begin{pmatrix} 5 \\ 0 \\ 2 \end{pmatrix} + s \cdot \begin{pmatrix} 3 \\ -1 \\ 4 \end{pmatrix} + t \cdot \begin{pmatrix} 0-5 \\ -1-0 \\ -1-2 \end{pmatrix} = \begin{pmatrix} 5 \\ 0 \\ 2 \end{pmatrix} + s \cdot \begin{pmatrix} 3 \\ -1 \\ 4 \end{pmatrix} + t \cdot \begin{pmatrix} -5 \\ -1 \\ -3 \end{pmatrix}$; $s, t \in \mathbb{R}$

b) Die Richtungsvektoren sind parallel zueinander:

$(-3) \cdot \begin{pmatrix} 1 \\ 1 \\ -2 \end{pmatrix} = \begin{pmatrix} -3 \\ -3 \\ 6 \end{pmatrix}$, daher $E: \vec{x} = \begin{pmatrix} 2 \\ 1 \\ 3 \end{pmatrix} + s \cdot \begin{pmatrix} 1 \\ 1 \\ -2 \end{pmatrix} + t \cdot \begin{pmatrix} 1 \\ -5 \\ -2 \end{pmatrix}$; $s, t \in \mathbb{R}$

272

9. Aufgrund der selbstständigen Wahl des Koordinatensystems gibt es unendlich viele Lösungsmöglichkeiten.
Beispiel: Wahl des Ursprungs in dem Mittelpunkt der Grundfläche.
Koordinatensystem: Standard-Rechtssystem

Grundfläche: $E_G: \vec{x} = \begin{pmatrix} 0 \\ 0 \\ 0 \end{pmatrix} + s \begin{pmatrix} 1 \\ 0 \\ 0 \end{pmatrix} + t \begin{pmatrix} 0 \\ 1 \\ 0 \end{pmatrix};\ s, t \in \mathbb{R}$

Seitenflächen: $E_{S_1}: \vec{x} = \begin{pmatrix} 0 \\ 0 \\ 12 \end{pmatrix} + s \begin{pmatrix} 1 \\ 0 \\ 0 \end{pmatrix} + t \begin{pmatrix} 0 \\ 2{,}5 \\ 12 \end{pmatrix};\ s, t \in \mathbb{R}$

$E_{S_2}: \vec{x} = \begin{pmatrix} 0 \\ 0 \\ 12 \end{pmatrix} + s \begin{pmatrix} 0 \\ 1 \\ 0 \end{pmatrix} + t \begin{pmatrix} 2{,}5 \\ 0 \\ 12 \end{pmatrix};\ s, t \in \mathbb{R}$

$E_{S_3}: \vec{x} = \begin{pmatrix} 0 \\ 0 \\ 12 \end{pmatrix} + s \begin{pmatrix} -1 \\ 0 \\ 0 \end{pmatrix} + t \begin{pmatrix} 0 \\ -2{,}5 \\ 12 \end{pmatrix};\ s, t \in \mathbb{R}$

Seitenfläche $E_{S_4}: \vec{x} = \begin{pmatrix} 0 \\ 0 \\ 12 \end{pmatrix} + s \begin{pmatrix} 0 \\ -1 \\ 0 \end{pmatrix} + t \begin{pmatrix} -2{,}5 \\ 0 \\ 12 \end{pmatrix};\ s, t \in \mathbb{R}$

10. Zum Beispiel:
P_1: $s = 0,\ t = 0$: $P_1(-2\,|\,0\,|\,1)$;
P_2: $s = 1,\ t = 2$: $P_2(-3\,|\,5\,|\,2)$;
P_3: $s = -1,\ t = 1$: $P_3(-4\,|\,1\,|\,0)$

$E: \vec{x} = \begin{pmatrix} -2 \\ 0 \\ 1 \end{pmatrix} + s \cdot \begin{pmatrix} -1 \\ 5 \\ 1 \end{pmatrix} + t \cdot \begin{pmatrix} -2 \\ 1 \\ -1 \end{pmatrix};\ s, t \in \mathbb{R}$

273

11. Sie hat nicht überprüft, ob die 3 Punkte auf einer Geraden liegen. Da A, B, C auf einer Geraden liegen, sind die Richtungsvektoren $\begin{pmatrix} 3 \\ 3 \\ -2 \end{pmatrix}$ und $\begin{pmatrix} 9 \\ 9 \\ -6 \end{pmatrix}$ linear abhängig und es wird keine Ebene, sondern eine Gerade beschrieben.

12. Keiner der Punkte liegt auf der Ebene.

13. **a)** $E: \vec{x} = \begin{pmatrix} 6 \\ 5 \\ 0 \end{pmatrix} + \lambda \cdot \begin{pmatrix} 0 \\ -5 \\ 2 \end{pmatrix} + \mu \cdot \begin{pmatrix} -6 \\ -4 \\ 3 \end{pmatrix}$ **b)** $E: \vec{x} = \begin{pmatrix} 0 \\ 3 \\ 3 \end{pmatrix} + \lambda \cdot \begin{pmatrix} 6 \\ -1 \\ -1 \end{pmatrix} + \mu \cdot \begin{pmatrix} 1 \\ 3 \\ -2 \end{pmatrix}$

273

14. Dadurch, dass Timo die Konstanten in die 1. Spalte der Matrix geschrieben hat, lautet das lineare Gleichungssystem nach Einsatz des GTR:

$$\left| \begin{array}{l} 1 = 0{,}5t \\ 0 = s + 0{,}5t \\ 0 = 0 \end{array} \right| .$$

Man kann also nicht direkt die Werte von s, t ablesen, sondern muss noch rechnen: t = 2 und s = −1

15. **a)** $s = 0,\ t = 1$

b) $s = 2,\ t = -1$

c) P liegt nicht in E

d) $s = -1,\ t = -\frac{1}{4}$

16. Geprüft wird, ob P_4 in der Ebene E liegt, die von P_1, P_2, P_3 bestimmt ist.

a) $$\begin{pmatrix} 3 \\ 2 \\ 1 \end{pmatrix} = \begin{pmatrix} 7 \\ 2 \\ -1 \end{pmatrix} + s \cdot \begin{pmatrix} -8 \\ 0 \\ 4 \end{pmatrix} + t \cdot \begin{pmatrix} -7 \\ -4 \\ 3 \end{pmatrix} \Leftrightarrow \left| \begin{array}{c} s = \frac{1}{2} \\ t = 0 \\ s = \frac{1}{2} \end{array} \right|, \text{ d. h. } P_4 \in E$$

b) $$\begin{pmatrix} -2 \\ -1 \\ 5 \end{pmatrix} = \begin{pmatrix} 2 \\ 1 \\ 3 \end{pmatrix} + s \cdot \begin{pmatrix} -4 \\ 1 \\ -2 \end{pmatrix} + t \cdot \begin{pmatrix} -2 \\ -1 \\ 1 \end{pmatrix} \Leftrightarrow \left| \begin{array}{c} s = 0 \\ t = 2 \\ s = 0 \end{array} \right|, \text{ d. h. } P_4 \in E$$

c) $$\begin{pmatrix} 7 \\ 0 \\ -1 \end{pmatrix} = \begin{pmatrix} 5 \\ -1 \\ 5 \end{pmatrix} + s \cdot \begin{pmatrix} -4 \\ 2 \\ -6 \end{pmatrix} + t \cdot \begin{pmatrix} -2 \\ 3 \\ -10 \end{pmatrix} \Leftrightarrow \left| \begin{array}{r} s = -1 \\ t = 1 \\ -1 = 1 \end{array} \right|, \text{ d. h. } P_4 \notin E$$

17. **a)** Wenn die Geraden sich schneiden, zueinander parallel sind oder sogar identisch sind, liegen sie in einer Ebene.

b) $g:\ \vec{x} = \overrightarrow{OP_1} + s\overrightarrow{P_1P_2},\quad h:\ \vec{x} = \overrightarrow{OP_3} + t\overrightarrow{P_3P_4}$

für 3a) $$\vec{x} = \begin{pmatrix} 7 \\ 2 \\ -1 \end{pmatrix} + s \cdot \begin{pmatrix} -8 \\ 0 \\ 4 \end{pmatrix} \text{ bzw. } \vec{x} = \begin{pmatrix} 0 \\ -2 \\ 2 \end{pmatrix} + t \cdot \begin{pmatrix} 3 \\ 4 \\ -1 \end{pmatrix}$$

$$\begin{pmatrix} 7 \\ 2 \\ -1 \end{pmatrix} + s \cdot \begin{pmatrix} -8 \\ 0 \\ 4 \end{pmatrix} = \begin{pmatrix} 0 \\ -2 \\ 2 \end{pmatrix} + t \cdot \begin{pmatrix} 3 \\ 4 \\ -1 \end{pmatrix} \Leftrightarrow \left| \begin{array}{c} t = 1 \\ s = \frac{1}{2} \\ +1 = +1 \end{array} \right|$$

Die beiden Geraden schneiden sich in S (3 | 2 | 1).

für 3b) $$\begin{pmatrix} 2 \\ 1 \\ 3 \end{pmatrix} + s \cdot \begin{pmatrix} -4 \\ 1 \\ -2 \end{pmatrix} = \begin{pmatrix} 0 \\ 0 \\ 4 \end{pmatrix} + t \cdot \begin{pmatrix} -2 \\ -1 \\ 1 \end{pmatrix} \Leftrightarrow \left| \begin{array}{l} s = 0 \\ t = -1 \\ 3 = 3 \end{array} \right|$$

Die beiden Geraden schneiden sich in S (2 | 1 | 3).

273

17. b) Fortsetzung

für 3c) $\begin{pmatrix}5\\-1\\5\end{pmatrix}+s\cdot\begin{pmatrix}-4\\2\\-6\end{pmatrix}=\begin{pmatrix}3\\2\\-5\end{pmatrix}+t\cdot\begin{pmatrix}4\\-2\\4\end{pmatrix}\Leftrightarrow 0=4$

d. h. die beiden Geraden sind windschief.

274

18. a) Überprüfe, ob P, Q und R **nicht** auf einer Geraden liegen.

(1) $\overrightarrow{PQ}=\overrightarrow{QR}$ (d. h. die Punkte liegen auf einer Geraden)

(2) $\overrightarrow{PR}=2\cdot\overrightarrow{PQ}$ (d. h. die Punkte liegen auf einer Geraden)

b) Überprüfe, ob P **nicht** auf g liegt.

(1) Ja, denn P liegt nicht auf g.

(2) Für s = 10 ergibt sich $\vec{x}=\overrightarrow{OP}$. P liegt auf g.

c) Überprüfe, ob die Geraden **nicht** windschief zueinander oder identisch sind.

(1) $\begin{pmatrix}2\\1\\4\end{pmatrix}+s\cdot\begin{pmatrix}3\\0\\1\end{pmatrix}=\begin{pmatrix}1\\2\\3\end{pmatrix}+t\cdot\begin{pmatrix}-1\\2\\1\end{pmatrix}\Leftrightarrow\left|\begin{aligned}3s+t&=-1\\-2t&=+1\\s-t&=-1\end{aligned}\right|\Leftrightarrow\left|\begin{aligned}s&=-\tfrac{1}{6}\\t&=-0{,}5\\s&=-0{,}5\end{aligned}\right|$

Die Geraden sind windschief zueinander.

(2) $\begin{pmatrix}1\\1\\0\end{pmatrix}+s\cdot\begin{pmatrix}-1\\1\\2\end{pmatrix}=\begin{pmatrix}2\\1\\1\end{pmatrix}+t\cdot\begin{pmatrix}0\\1\\1\end{pmatrix}\Leftrightarrow\left|\begin{aligned}-s&=1\\s-t&=0\\2s-t&=1\end{aligned}\right|\Leftrightarrow\left|\begin{aligned}s&=-1\\t&=-1\\t&=-3\end{aligned}\right|$

Die Geraden sind windschief zueinander.

(3) $\begin{pmatrix}5\\0\\2\end{pmatrix}+s\cdot\begin{pmatrix}3\\-1\\4\end{pmatrix}=\begin{pmatrix}-1\\2\\-6\end{pmatrix}+t\cdot\begin{pmatrix}6\\-2\\8\end{pmatrix}\Leftrightarrow\left|\begin{aligned}3s-6t&=-6\\-s+2t&=2\\4s-8t&=-8\end{aligned}\right|\Leftrightarrow$ t beliebig und $s=2t-2$

Die beiden Geraden sind identisch.

(4) Da $\begin{pmatrix}2\\-1\\3\end{pmatrix}\cdot 2=\begin{pmatrix}4\\-2\\0\end{pmatrix}$ und $\begin{pmatrix}2\\3\\1\end{pmatrix}\notin g_1$

sind die Geraden parallel und nicht identisch.

19. a) Die 3 Stützvektoren sind identisch

$\Rightarrow$ Ebene und Geraden haben gemeinsamen Punkt.

Jeweils der Richtungsvektor der Geraden ist auch ein Richtungsvektor der Ebene.

274

19. b) Beispielhaftes Vorgehen:

- F enthält $g_1 \Rightarrow$ F: $\vec{x} = \begin{pmatrix} 3 \\ 1 \\ 2 \end{pmatrix} + s \begin{pmatrix} 1 \\ -1 \\ 2 \end{pmatrix} + t \cdot \vec{u}$

- Mit P nicht in E ist z. B. $\vec{u} = \begin{pmatrix} 3 \\ 1 \\ 2 \end{pmatrix} - \overrightarrow{OP}$.

  Beispiel: $P(1 \mid 1 \mid 1) \Rightarrow \vec{u} = \begin{pmatrix} 2 \\ 0 \\ 1 \end{pmatrix}$

  $\Rightarrow$ z. B. F: $\vec{x} = \begin{pmatrix} 3 \\ 1 \\ 2 \end{pmatrix} + s \begin{pmatrix} 1 \\ -1 \\ 2 \end{pmatrix} + t \begin{pmatrix} 2 \\ 0 \\ 1 \end{pmatrix}$

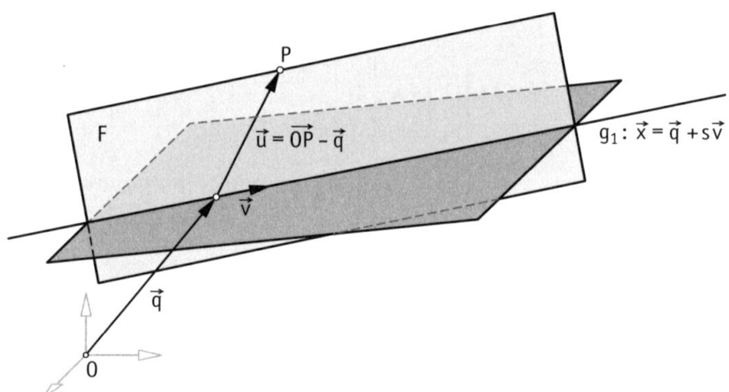

c) Beispielhaftes Vorgehen:

- G parallel zu E $\Rightarrow$ G: $\vec{x} = \vec{a} + s \begin{pmatrix} 1 \\ -1 \\ 2 \end{pmatrix} + t \begin{pmatrix} 2 \\ 1 \\ 4 \end{pmatrix}$

- G enthält P $\Rightarrow \vec{a} = \overrightarrow{OP}$

Beispiel mit $P(1 \mid 1 \mid 1)$: G: $\vec{x} = \begin{pmatrix} 1 \\ 1 \\ 1 \end{pmatrix} + s \begin{pmatrix} 1 \\ -1 \\ 2 \end{pmatrix} + t \begin{pmatrix} 2 \\ 1 \\ 4 \end{pmatrix}$

20. a) $\vec{x} = s \cdot \begin{pmatrix} 1 \\ 0 \\ 0 \end{pmatrix} + t \cdot \begin{pmatrix} 0 \\ 1 \\ 0 \end{pmatrix}$

b) $\vec{x} = s \cdot \begin{pmatrix} 0 \\ 1 \\ 0 \end{pmatrix} + t \cdot \begin{pmatrix} 0 \\ 0 \\ 1 \end{pmatrix}$

c) $\vec{x} = \begin{pmatrix} 3 \\ 1 \\ -2 \end{pmatrix} + s \cdot \begin{pmatrix} 1 \\ 0 \\ 0 \end{pmatrix} + t \cdot \begin{pmatrix} 0 \\ 0 \\ 1 \end{pmatrix}$

d) $\vec{x} = \begin{pmatrix} 0 \\ 0 \\ 2 \end{pmatrix} + s \cdot \begin{pmatrix} 1 \\ 0 \\ 0 \end{pmatrix} + t \cdot \begin{pmatrix} 0 \\ 1 \\ 0 \end{pmatrix}$

274

20. **e)** $\vec{x} = \begin{pmatrix} 3 \\ 0 \\ 0 \end{pmatrix} + s \cdot \begin{pmatrix} -3 \\ 1 \\ 0 \end{pmatrix} + t \cdot \begin{pmatrix} -3 \\ 0 \\ -1 \end{pmatrix}$ **f)** $\vec{x} = \begin{pmatrix} 0 \\ 0 \\ 4 \end{pmatrix} + s \cdot \begin{pmatrix} 3 \\ 0 \\ -4 \end{pmatrix} + t \cdot \begin{pmatrix} 0 \\ -2 \\ -4 \end{pmatrix}$

g) $\vec{x} = s \cdot \begin{pmatrix} 1 \\ 2 \\ 0 \end{pmatrix} + t \cdot \begin{pmatrix} 0 \\ 0 \\ 1 \end{pmatrix}$

21. **a)** $E: \vec{x} = \begin{pmatrix} 4 \\ 4 \\ 2 \end{pmatrix} + \lambda \cdot \begin{pmatrix} 0 \\ -2 \\ 2 \end{pmatrix} + \mu \cdot \begin{pmatrix} -4 \\ 0 \\ 2 \end{pmatrix}$

b) Es muss gelten: $\lambda, \mu \geq 0$ und $\lambda + \mu \leq 1$.

6.2.2 Lagebeziehungen zwischen Gerade und Ebene

275

Einstieg

- Die möglichen Fälle sind im Schülerband auf der Seite 277 dargestellt. Diese drei Möglichkeiten sollten die Schülerinnen und Schüler sich hier klar machen.

- Man kann die beiden Parameterdarstellungen gleich setzen. Dies führt auf ein lineares Gleichungssystem mit drei Gleichungen und drei Unbekannten.
  - Hat das Gleichungssystem keine Lösung, so verläuft die Gerade parallel zur Ebene.
  - Hat das Gleichungssystem genau eine Lösung, so schneidet die Gerade die Ebene in einem Punkt.
  - Hat das Gleichungssystem unendlich viele Lösungen, so liegt die Gerade in der Ebene.

276

2. **a)** Siehe hierzu die Lösung zum Einstieg von Seite 275 und Schülerband Seite 277.

b) Wir prüfen, ob die Gerade g und die Ebene E gemeinsame Punkte haben. Wenn die Gerade und die Ebene gemeinsame Punkte haben, so gibt es Werte r, s und t, die die Vektorgleichung

$\begin{pmatrix} 1 \\ -1 \\ 4 \end{pmatrix} + t \cdot \begin{pmatrix} 2 \\ 1 \\ -6 \end{pmatrix} = \begin{pmatrix} 1 \\ 2 \\ 1 \end{pmatrix} + r \cdot \begin{pmatrix} 1 \\ 2 \\ -4 \end{pmatrix} + s \cdot \begin{pmatrix} 0 \\ -3 \\ 2 \end{pmatrix}$ erfüllen, andernfalls nicht.

Durch Umformen ergibt sich

$$r \cdot \begin{pmatrix} 1 \\ 2 \\ -4 \end{pmatrix} + s \cdot \begin{pmatrix} 0 \\ -3 \\ 2 \end{pmatrix} - t \cdot \begin{pmatrix} 2 \\ 1 \\ -6 \end{pmatrix} = \begin{pmatrix} 1 \\ -1 \\ 4 \end{pmatrix} - \begin{pmatrix} 1 \\ 2 \\ 1 \end{pmatrix} = \begin{pmatrix} 0 \\ -3 \\ 3 \end{pmatrix}.$$

276

2. b) Fortsetzung

Umgeschrieben erhält man ein Gleichungssystem für r, s und t

$$\left|\begin{aligned} r - 2t &= 0 \\ 2r - 3s - t &= -3 \\ -4r + 2s + 6t &= 3 \end{aligned}\right| \qquad \left|\begin{aligned} r - 2t &= 0 \\ s - t &= 0 \\ 0 &= 1 \end{aligned}\right|$$

Das Gleichungssystem besitzt keine Lösung, da die letzte Zeile eine falsche Aussage ist. Die Gerade und die Ebene haben also keinen Punkt gemeinsam. Die Gerade und die Ebene sind parallel zueinander.

c) (1) Gleichsetzen führt auf Gleichungssystem:

$$\left|\begin{aligned} r - t &= 1 \\ 2r - 3s + 4t &= -1 \\ -4r + 2s &= -2 \end{aligned}\right| \Rightarrow \left|\begin{aligned} r + t &= 1 \\ 6t - 3s &= -3 \\ 0 &= 0 \end{aligned}\right|$$

Das Gleichungssystem hat einen freien Parameter und somit unendlich viele Lösungen $\Rightarrow$ g liegt in E.

(2) Richtungsvektor von g liegt in E (Linearkombination der Richtungsvektoren von E): $\begin{pmatrix} 1 \\ -4 \\ 0 \end{pmatrix} = \begin{pmatrix} 1 \\ 2 \\ -4 \end{pmatrix} + 2\begin{pmatrix} 0 \\ -3 \\ 2 \end{pmatrix}$.

Punkt A(2 | 1 | −1) des Stützvektors $\overrightarrow{OA}$ von g liegt in E für r = 1; s = 1.

d) Beispiele:

$$g_1: \vec{x} = \begin{pmatrix} 1 \\ 2 \\ 1 \end{pmatrix} + t\begin{pmatrix} 1 \\ 2 \\ -4 \end{pmatrix} \text{ mit } t \in \mathbb{R}$$

$$g_2: \vec{x} = \begin{pmatrix} 1 \\ 2 \\ 1 \end{pmatrix} + t\begin{pmatrix} 0 \\ -3 \\ 2 \end{pmatrix} \text{ mit } t \in \mathbb{R}$$

$$g_3: \vec{x} = \begin{pmatrix} 2 \\ 4 \\ -3 \end{pmatrix} + t\begin{pmatrix} 1 \\ -1 \\ -2 \end{pmatrix} \text{ mit } t \in \mathbb{R}$$

276

3. a) P ist sowohl Aufpunkt der Ebene als auch Aufpunkt der Geraden; für $r = s = t = 0$ erhält man $\overrightarrow{OP}$ aus den beiden Parameterdarstellungen. Wenn g parallel zu E ist oder ganz in E liegt, kann der Richtungsvektor von g als Linearkombination der beiden Richtungsvektoren der Ebene E dargestellt werden.

Also: $r \cdot \begin{pmatrix} 1 \\ 2 \\ -4 \end{pmatrix} + s \begin{pmatrix} 0 \\ -3 \\ 2 \end{pmatrix} = \begin{pmatrix} 2 \\ 13 \\ -14 \end{pmatrix}$

Dies führt zu $\left| \begin{array}{rl} r &= 2 \\ 2r - 3s &= 13 \\ -4r + 2s &= -14 \end{array} \right|$ mit der Lösung $r = 2$ und $s = -3$.

Die Gerade g liegt also in E.

b) Wenn der Richtungsvektor der Geraden eine Linearkombination der beiden Richtungsvektoren der Ebene ist, so ist g parallel zur Ebene E. Dabei ist nicht ausgeschlossen, dass g in E liegt.
Ist der Richtungsvektor der Geraden keine Linearkombination der beiden Richtungsvektoren der Ebene, so schneidet die Gerade g die Ebene E in genau einem Punkt.

278

4. a) (1) $S(-3 \mid 8 \mid 1)$ (3) keine Lösung, $g \parallel E$
(2) keine Lösung, $g \parallel E$ (4) g liegt in E

b) g und E haben den gleichen Stützvektor.
Richtungsvektor von g ist auch Richtungsvektor von E.

5. a) Z. B.: g: $\vec{x} = \begin{pmatrix} -1 \\ 2 \\ 3 \end{pmatrix} + t \cdot \begin{pmatrix} 12 \\ 13 \\ 2 \end{pmatrix}$; $t \in \mathbb{R}$

b) Z. B.: g: $\vec{x} = \begin{pmatrix} -1 \\ 2 \\ 3 \end{pmatrix} + t \cdot \begin{pmatrix} 3 \\ -2 \\ 1 \end{pmatrix}$; $t \in \mathbb{R}$

oder g: $\vec{x} = \begin{pmatrix} -1 \\ 2 \\ 3 \end{pmatrix} + t \cdot \begin{pmatrix} 2 \\ -2 \\ 5 \end{pmatrix}$; $t \in \mathbb{R}$

c) Z. B.: g: $\vec{x} = \begin{pmatrix} 3 \\ -2 \\ 5 \end{pmatrix} + t \cdot \begin{pmatrix} 2 \\ -2 \\ 5 \end{pmatrix}$; $t \in \mathbb{R}$

oder g: $\vec{x} = \begin{pmatrix} 3 \\ -2 \\ 5 \end{pmatrix} + t \cdot \begin{pmatrix} 3 \\ -2 \\ 1 \end{pmatrix}$; $t \in \mathbb{R}$

278

6. a) $\vec{w} = \vec{v} - 2\vec{u}$

b) Beim Vektor $r \cdot \vec{u} + s \cdot \vec{v}$ mit $r, s \in \mathbb{R}$ hat die dritte Koordinate immer den Wert null. Die dritte Koordinate von $\vec{w}$ ist aber ungleich null. $\vec{w}$ kann also nicht als Linearkombination von $\vec{u}$ und $\vec{v}$ dargestellt werden.

c) $r \cdot \begin{pmatrix} -4 \\ 5 \\ 12 \end{pmatrix} + s \cdot \begin{pmatrix} 1 \\ -2 \\ 6 \end{pmatrix} = \begin{pmatrix} 2 \\ -3 \\ 0 \end{pmatrix}$ führt auf $\left| \begin{array}{r} -4r + s = 2 \\ 5r - 2s = -3 \\ 12r + 6s = 0 \end{array} \right|$ mit der Lösung

$r = -\frac{1}{3}$ und $s = \frac{2}{3}$. Es gilt also: $\vec{w} = \left(-\frac{1}{3}\right) \cdot \vec{u} + \frac{2}{3}\vec{v}$

d) $r \cdot \begin{pmatrix} -1 \\ 3 \\ 4 \end{pmatrix} + s \cdot \begin{pmatrix} 0 \\ 7 \\ 5 \end{pmatrix} = \begin{pmatrix} 7 \\ -14 \\ 33 \end{pmatrix}$ führt auf $\left| \begin{array}{r} -r = 7 \\ 3r + 7s = -14 \\ 4r + 5s = 33 \end{array} \right|$.

Das Gleichungssystem hat keine Lösung.
$\vec{w}$ kann also nicht als Linearkombination von $\vec{u}$ und $\vec{v}$ dargestellt werden.

7. a) $k \cdot \begin{pmatrix} 3 \\ 1 \\ -2 \end{pmatrix} = \begin{pmatrix} 6 \\ 2 \\ 4 \end{pmatrix}$ führt auf $\left| \begin{array}{l} k = 2 \\ k = 2 \\ k = -2 \end{array} \right|$, also sind beide Vektoren voneinander linear unabhängig.

b) $k \cdot \begin{pmatrix} 2 \\ -2 \\ -4 \end{pmatrix} = \begin{pmatrix} -5 \\ 5 \\ 10 \end{pmatrix}$ führt auf $\left| \begin{array}{l} k = -\frac{5}{2} \\ k = -\frac{5}{2} \\ k = -\frac{5}{2} \end{array} \right|$

Beide Vektoren sind voneinander linear abhängig.

c) $k \cdot \begin{pmatrix} 1 \\ 4 \\ 0 \end{pmatrix} = \begin{pmatrix} 3 \\ 6 \\ 4 \end{pmatrix}$ führt auf $\left| \begin{array}{r} k = 3 \\ k = \frac{3}{2} \\ k \cdot 0 = 4 \end{array} \right|$ und somit auf einen Widerspruch.

Beide Vektoren sind voneinander linear unabhängig.

d) $r \cdot \begin{pmatrix} 3 \\ -1 \\ -4 \end{pmatrix} + s \cdot \begin{pmatrix} 1 \\ 2 \\ 0 \end{pmatrix} = \begin{pmatrix} -4 \\ 2 \\ 2 \end{pmatrix}$ führt auf $\left| \begin{array}{r} 3r + s = -4 \\ -r + 2s = 2 \\ -4r = 2 \end{array} \right|$.

Das Gleichungssystem hat keine Lösung.
Die drei Vektoren sind voneinander linear unabhängig.

e) $r \cdot \begin{pmatrix} 1 \\ -1 \\ -2 \end{pmatrix} + s \cdot \begin{pmatrix} 0 \\ 2 \\ 1 \end{pmatrix} = \begin{pmatrix} 3 \\ -13 \\ -11 \end{pmatrix}$ führt auf $\left| \begin{array}{r} r = 3 \\ -r + 2s = -13 \\ -2r + s = -11 \end{array} \right|$ mit der Lösung

$r = 3, s = -5$.
Die drei Vektoren sind voneinander linear abhängig.

278

7. f) $r \cdot \begin{pmatrix} 4 \\ 2 \\ 1 \end{pmatrix} + s \cdot \begin{pmatrix} 1 \\ 1 \\ x \end{pmatrix} = \begin{pmatrix} 16 \\ 10 \\ 4x+3 \end{pmatrix}$ ergibt sich für r = 3 und s = 4.

Die drei Vektoren sind voneinander linear abhängig.

8. (1) Gerade und Ebene sind parallel, sie haben keinen Schnittpunkt.
(2) Gerade liegt in der Ebene.
(3) Gerade und Ebene schneiden sich in einem Punkt.

9. a) $\begin{pmatrix} 0 \\ 5 \\ 9 \end{pmatrix} = 3 \cdot \begin{pmatrix} 2 \\ -1 \\ 1 \end{pmatrix} + 2 \cdot \begin{pmatrix} -3 \\ 4 \\ 3 \end{pmatrix}$

Der Richtungsvektor der Geraden ist eine Linearkombination aus den beiden Richtungsvektoren der Ebene.

b) Um noch zu prüfen, ob g in E liegt, muss man nur prüfen, ob ein beliebiger Punkt von g in E liegt.
A(5 | −3 | 4) ist Aufpunkt von g.

$\begin{pmatrix} 5 \\ -3 \\ 4 \end{pmatrix} = \begin{pmatrix} 3 \\ 5 \\ -1 \end{pmatrix} + r \cdot \begin{pmatrix} 2 \\ -1 \\ 1 \end{pmatrix} + s \cdot \begin{pmatrix} -3 \\ 4 \\ 3 \end{pmatrix}$ führt auf $\left| \begin{array}{r} 2 = 2r - 3s \\ -8 = -r + 4s \\ 5 = r + 3s \end{array} \right|$.

Das Gleichungssystem hat keine Lösung. g liegt also nicht in E.

10. Ebene $P_1P_2P_3$: $\overrightarrow{OX} = \overrightarrow{OP_1} + \lambda\overrightarrow{P_1P_2} + \mu\overrightarrow{P_1P_3}$

Gerade AB: $\overrightarrow{OX} = \overrightarrow{OA} + \varphi \cdot \overrightarrow{AB}$

$\lambda\overrightarrow{P_1P_2} + \mu\overrightarrow{P_1P_3} - \varphi\overrightarrow{AB} = \overrightarrow{OA} - \overrightarrow{OP_1}$

Für einen Schnittpunkt müssen wir Parameter λ, μ und φ finden.

$\lambda \begin{pmatrix} -7 \\ 5 \\ -3 \end{pmatrix} + \mu \begin{pmatrix} 14 \\ -10 \\ -2 \end{pmatrix} - \varphi \begin{pmatrix} -3 \\ 3 \\ 15 \end{pmatrix} = \begin{pmatrix} 2 \\ -2 \\ -14 \end{pmatrix}$

$\lambda = 1$, $\varphi = \frac{2}{3}$ und $\mu = \frac{1}{2}$.

S(−1 | 3 | 1)

279

11. Ebene, in der das Parallelogramm liegt:

E: $\vec{x} = \begin{pmatrix} 1 \\ 2 \\ 0 \end{pmatrix} + r \begin{pmatrix} 2 \\ 3 \\ 0 \end{pmatrix} + s \begin{pmatrix} 0 \\ 2 \\ 6 \end{pmatrix}$

Schnittpunkt von g mit E: $\left(-\frac{31}{9} \mid -\frac{59}{36} \mid \frac{109}{12}\right)$

für Parameterwerte $s = \frac{109}{72} > 1$ und $r = -\frac{20}{9} < 0$.

Alle Punkte des Parallelogramms werden beschrieben für Parameterwerte $0 \le s \le 1$ und $0 \le r \le 1$.

Die Gerade trifft nicht das Parallelogramm.

279

12. Das Tauchboot taucht auf im Punkt (13 | 0 | 0).

13. Für a = −1 sind die 3 Richtungsvektoren linear abhängig und somit Ebene und Gerade parallel. Der Stützvektor der Geraden liegt nicht in der Ebene.

14. **a)** Z. B.: E: $\vec{x} = \begin{pmatrix}0\\2\\0\end{pmatrix} + r \cdot \begin{pmatrix}0\\0\\1\end{pmatrix} + s \begin{pmatrix}1\\0\\0\end{pmatrix}$

b) Z. B.: E: $\vec{x} = \begin{pmatrix}1\\0\\0\end{pmatrix} + r \cdot \begin{pmatrix}0\\1\\0\end{pmatrix} + s \begin{pmatrix}0\\0\\1\end{pmatrix}$

15. Beispiel:

$E_1:\ \vec{x} = \begin{pmatrix}3\\1\\-2\end{pmatrix} + s \begin{pmatrix}-1\\1\\2\end{pmatrix} + t \begin{pmatrix}1\\0\\0\end{pmatrix}$

$E_2:\ \vec{x} = \begin{pmatrix}1\\1\\3\end{pmatrix} + s \begin{pmatrix}1\\0\\0\end{pmatrix} + t \begin{pmatrix}-1\\1\\2\end{pmatrix}$

$E_3:\ \vec{x} = \begin{pmatrix}1\\1\\3\end{pmatrix} + s \begin{pmatrix}-1\\1\\2\end{pmatrix} + t \begin{pmatrix}2\\0\\-5\end{pmatrix}$

16. $E_1: \vec{x} = \begin{pmatrix}0\\4\\7\end{pmatrix} + \lambda \cdot \begin{pmatrix}0\\4\\-3\end{pmatrix} + \mu \cdot \begin{pmatrix}-9\\0\\0\end{pmatrix}$ $E_2: \vec{x} = \begin{pmatrix}-3\\11\\4\end{pmatrix} + \lambda \cdot \begin{pmatrix}-3\\0\\2\end{pmatrix} + \mu \cdot \begin{pmatrix}0\\-3\\0\end{pmatrix}$

$E_1: \begin{pmatrix}0\\3\\4\end{pmatrix} * \vec{x} = 40$ $E_2: \begin{pmatrix}2\\0\\3\end{pmatrix} * \vec{x} = 6$

Ermitteln Durchstoßpunkt S:

$E_1: 3x_2 + 4x_3 = 40$

Einsetzen von $x_1 = -2;\ x_2 = 6 \Rightarrow x_3 = 5{,}5$

S = (−2 | 6 | 5,5)

17. **a)** B(4 | 4 | 0); C(−4 | 4 | 0); D(−4 | −4 | 0); E(0 | 0 | 16); P(2 | −2 | 8)
b) S(−0,857 | −0,857 | 12,571)

279 **17. c)** Man benötigt lediglich Richtungsvektoren

$$\overrightarrow{BE} = \begin{pmatrix} -4 \\ -4 \\ 16 \end{pmatrix}; \quad \overrightarrow{QR} = \begin{pmatrix} 4 \\ 2 \\ -8 \end{pmatrix}$$

$$\cos\varphi = \frac{\left|\overrightarrow{BE} * \overrightarrow{QR}\right|}{\left|\overrightarrow{BE}\right| \cdot \left|\overrightarrow{QR}\right|} = \frac{|-152|}{24\sqrt{42}} \Rightarrow \varphi \approx 12{,}24°$$

6.2.3 Lagebeziehungen zwischen zwei Ebenen

280 **Einstieg**

- Die Punkte von g liegen sowohl in E_1 als auch in E_2.

  Wir setzen gleich:

  $$\begin{pmatrix} 3 \\ -6 \\ 1 \end{pmatrix} + r \cdot \begin{pmatrix} -4 \\ 5 \\ 3 \end{pmatrix} + s \cdot \begin{pmatrix} 2 \\ -1 \\ -1 \end{pmatrix} = \begin{pmatrix} -13 \\ 2 \\ 3 \end{pmatrix} + k \cdot \begin{pmatrix} -4 \\ 1 \\ 1 \end{pmatrix} + t \cdot \begin{pmatrix} -5 \\ 0 \\ 1 \end{pmatrix}$$

  Dies führt auf

  $$\left| \begin{array}{l} -4r + 2s + 4k + 5t = -16 \\ 5r - s - k = 8 \\ 3r - s - k - t = 2 \end{array} \right| \text{ mit der Lösung } \begin{pmatrix} r \\ s \\ k \\ t \end{pmatrix} = \begin{pmatrix} 3 - \frac{1}{2}t \\ 16 - \frac{3}{2}t \\ -9 - t \\ t \end{pmatrix} \text{ mit } t \in \mathbb{R}$$

  Setzen wir nun $k = -9 - t$ in die Gleichung für E_2 ein, so ergibt sich

  $$\vec{x} = \begin{pmatrix} -13 \\ 2 \\ 3 \end{pmatrix} + (-9 - t) \cdot \begin{pmatrix} -4 \\ -1 \\ -1 \end{pmatrix} + t \cdot \begin{pmatrix} -5 \\ 0 \\ 1 \end{pmatrix}$$

  $$\vec{x} = \begin{pmatrix} -13 \\ 2 \\ 3 \end{pmatrix} + \begin{pmatrix} 36 \\ 9 \\ 9 \end{pmatrix} + t \cdot \begin{pmatrix} 4 \\ 1 \\ 1 \end{pmatrix} + t \cdot \begin{pmatrix} -5 \\ 0 \\ 1 \end{pmatrix}$$

  $\vec{x} = \begin{pmatrix} 23 \\ 11 \\ 12 \end{pmatrix} + t \cdot \begin{pmatrix} -1 \\ 1 \\ 2 \end{pmatrix}$, also eine Parameterdarstellung der gemeinsamen Gerade g.

- Siehe hierzu die Lösung auf Seite 280 im Schülerband und die Information auf Seite 281 im Schülerband.

281

2. Aus $\begin{pmatrix} 2 \\ -1 \\ 1 \end{pmatrix} + r \cdot \begin{pmatrix} 1 \\ 2 \\ -3 \end{pmatrix} + s \cdot \begin{pmatrix} -4 \\ 0 \\ 2 \end{pmatrix} = \begin{pmatrix} 1 \\ 2 \\ 1 \end{pmatrix} + k \cdot \begin{pmatrix} -2 \\ 4 \\ -4 \end{pmatrix} + t \cdot \begin{pmatrix} 1 \\ 6 \\ -8 \end{pmatrix}$

ergibt sich $\left| \begin{array}{l} r - 4s + 2k - t = -1 \\ 2r - 4k - 6t = 3 \\ -3r + 2s + 4k + 8t = 0 \end{array} \right|$

Dieses Gleichungssystem hat keine Lösungen.
Die beiden Ebenen sind zueinander parallel.

3. Setzt man r = 1 und s = 1 in die Parameterdarstellung von E_1 ein, so ergibt sich $\vec{x} = \begin{pmatrix} 0 \\ 8 \\ 4 \end{pmatrix}$. Das ist ein Aufpunkt in der Parameterdarstellung von E_2.

Außerdem gilt:

$\begin{pmatrix} 6 \\ -6 \\ -1 \end{pmatrix} = 2 \cdot \begin{pmatrix} 4 \\ 6 \\ 5 \end{pmatrix} - \begin{pmatrix} 2 \\ 18 \\ 11 \end{pmatrix}$ und $\begin{pmatrix} -8 \\ 18 \\ 7 \end{pmatrix} = (-3) \cdot \begin{pmatrix} 4 \\ 6 \\ 5 \end{pmatrix} + 2 \cdot \begin{pmatrix} 2 \\ 18 \\ 11 \end{pmatrix}$

D. h. die Richtungsvektoren von E_1 sind beide Linearkombinationen der Richtungsvektoren von E_2.
Somit handelt es sich um ein und dieselbe Ebene.

Man kann aber auch den üblichen Ansatz wählen:

Aus $\begin{pmatrix} 2 \\ -4 \\ -2 \end{pmatrix} + r \cdot \begin{pmatrix} 6 \\ -6 \\ -1 \end{pmatrix} + s \cdot \begin{pmatrix} -8 \\ 18 \\ 7 \end{pmatrix} = \begin{pmatrix} 0 \\ 8 \\ 4 \end{pmatrix} + k \cdot \begin{pmatrix} 4 \\ 6 \\ 5 \end{pmatrix} + t \cdot \begin{pmatrix} 2 \\ 18 \\ 11 \end{pmatrix}$ ergibt sich

$\left| \begin{array}{r} 6r - 8s - 4k - 2t = -2 \\ -6r + 18s - 6k - 18t = 12 \\ -r + 7s - 5k - 11t = 6 \end{array} \right|$ mit der Lösung $r = 1 + 2k + 3t$, $s = 1 + k + 2t$

und $k, t \in \mathbb{R}$. D. h. in jedem Wert für k und t findet man einen zugehörigen Wert für r und s. Jeder Punkt von E_1 ist auch ein Punkt von E_2.

4. Wenn jeder Richtungsvektor der einen Ebene als Linearkombination aus den beiden Richtungsvektoren der anderen Ebene dargestellt werden kann, so sind die beiden Ebenen zueinander parallel. Dabei ist nicht ausgeschlossen, dass es sich um ein und dieselbe Ebene handelt.

282

5. a) $\begin{pmatrix}2\\0\\3\end{pmatrix} + k \cdot \begin{pmatrix}0\\2\\-3\end{pmatrix} + t \cdot \begin{pmatrix}-2\\3\\-3\end{pmatrix} = \begin{pmatrix}0\\0\\9\end{pmatrix} + r \cdot \begin{pmatrix}4\\0\\3\end{pmatrix} + s \cdot \begin{pmatrix}0\\2\\-3\end{pmatrix}$

führt zu dem Gleichungssystem

$$\left| \begin{aligned} 0k - 2t - 4r + 0s &= -2 \\ 2k + 3t - 0r - 2s &= 0 \\ (-3)k - 3t - 3r + 3s &= 6 \end{aligned} \right| = \left| \begin{aligned} k - s &= -\tfrac{15}{4} \\ t &= \tfrac{5}{2} \\ r &= -\tfrac{3}{4} \end{aligned} \right|$$

mit der Lösung $k = s + \frac{15}{4}$, $t = \frac{5}{2}$, $r = -\frac{3}{4}$, $s \in \mathbb{R}$.

Einsetzen in die Parameterdarstellung von E (oder F) liefert die Schnittgerade

$$g\colon \vec{x} = \begin{pmatrix}-3\\0\\\frac{27}{4}\end{pmatrix} + s \cdot \begin{pmatrix}0\\2\\-3\end{pmatrix}$$

b) $\begin{pmatrix}8\\0\\3\end{pmatrix} + k \cdot \begin{pmatrix}-2\\3\\-3\end{pmatrix} + t \cdot \begin{pmatrix}8\\-2\\-3\end{pmatrix} = \begin{pmatrix}0\\0\\9\end{pmatrix} + r \cdot \begin{pmatrix}4\\0\\3\end{pmatrix} + s \cdot \begin{pmatrix}0\\2\\-3\end{pmatrix}$

Parameter umbenennen!

führt zu dem Gleichungssystem

$$\left| \begin{aligned} (-2)k + 8t - 4r - 0s &= -8 \\ 3k - 2t - 0r - 2s &= 0 \\ (-3)k - 3t - 3r + 3s &= 6 \end{aligned} \right| = \left| \begin{aligned} k - \tfrac{4}{5}s &= -\tfrac{4}{5} \\ t - \tfrac{1}{5}s &= -\tfrac{6}{5} \\ r &= 0 \end{aligned} \right|$$

mit der Lösung $k = \frac{4}{5}s - \frac{4}{5}$, $t = \frac{1}{5}s - \frac{6}{5}$, $r = 0$, $s \in \mathbb{R}$.

Einsetzen in die Parameterdarstellung von E (oder F) liefert die Schnittgerade

$$g\colon \vec{x} = \begin{pmatrix}0\\0\\9\end{pmatrix} + s \cdot \begin{pmatrix}0\\2\\-3\end{pmatrix}$$

282

5. c) $k \cdot \begin{pmatrix} 4 \\ 4 \\ 0 \end{pmatrix} + t \cdot \begin{pmatrix} 0 \\ 4 \\ 3 \end{pmatrix} = \begin{pmatrix} 0 \\ 0 \\ 9 \end{pmatrix} + r \cdot \begin{pmatrix} 4 \\ 0 \\ 3 \end{pmatrix} + s \cdot \begin{pmatrix} 0 \\ 2 \\ -3 \end{pmatrix}$

führt auf das Gleichungssystem

$$\left| \begin{matrix} 4k + 0t - 4r - 0s = 0 \\ 4k + 4t - 0r - 2s = 0 \\ 0k + 3t - 3r + 3s = 9 \end{matrix} \right| = \left| \begin{matrix} k - \frac{3}{4}s = -\frac{3}{2} \\ t + \frac{1}{4}s = \frac{3}{2} \\ r - \frac{3}{4}s = -\frac{3}{2} \end{matrix} \right|$$

mit der Lösung $k = \frac{3}{4}s - \frac{3}{2}$, $t = -\frac{1}{4}s + \frac{3}{2}$, $r = \frac{3}{4}s - \frac{3}{2}$, $s \in \mathbb{R}$.

Einsetzen in die Parameterdarstellung von F (oder E) liefert die Schnittgerade

$$g\colon \vec{x} = \begin{pmatrix} -6 \\ 0 \\ \frac{9}{2} \end{pmatrix} + s \cdot \begin{pmatrix} 3 \\ 2 \\ -\frac{3}{4} \end{pmatrix} \text{ oder } \vec{x} = \begin{pmatrix} 12 \\ 12 \\ 0 \end{pmatrix} + s \cdot \begin{pmatrix} 12 \\ 8 \\ -3 \end{pmatrix}$$

d) $\begin{pmatrix} 1 \\ 0 \\ -3 \end{pmatrix} + k \cdot \begin{pmatrix} 1 \\ 1 \\ 4 \end{pmatrix} + t \cdot \begin{pmatrix} 1 \\ 1 \\ 0 \end{pmatrix} = \begin{pmatrix} 0 \\ 0 \\ 9 \end{pmatrix} + r \cdot \begin{pmatrix} 4 \\ 0 \\ 3 \end{pmatrix} + s \cdot \begin{pmatrix} 0 \\ 2 \\ -3 \end{pmatrix}$

führt auf das Gleichungssystem

$$\left| \begin{matrix} 1k + 1t - 4r - 0s = -1 \\ 1k + 1t - 0r - 2s = 0 \\ 4k + 0t - 3r + 3s = 12 \end{matrix} \right| = \left| \begin{matrix} k + \frac{3}{8}s = \frac{51}{16} \\ t - \frac{19}{8}s = -\frac{51}{16} \\ r - \frac{1}{2}s = \frac{1}{4} \end{matrix} \right|$$

mit der Lösung $k = -\frac{3}{8}s + \frac{51}{16}$, $t = \frac{19}{8}s - \frac{51}{16}$, $r = \frac{1}{2}s + \frac{1}{4}$, $s \in \mathbb{R}$.

Einsetzen in die Parameterdarstellung von E (oder F) liefert die Schnittgerade

$$g\colon \vec{x} = \begin{pmatrix} 1 \\ 0 \\ \frac{39}{4} \end{pmatrix} + s \cdot \begin{pmatrix} 2 \\ 2 \\ -\frac{3}{2} \end{pmatrix} \text{ oder } \vec{x} = \begin{pmatrix} 14 \\ 13 \\ 0 \end{pmatrix} + s \cdot \begin{pmatrix} 4 \\ 4 \\ -3 \end{pmatrix}$$

6. a) Die Ebenen schneiden sich in g: $\vec{x} = \begin{pmatrix} 4 \\ 2 \\ 5 \end{pmatrix} + s \begin{pmatrix} 0 \\ 1 \\ 1 \end{pmatrix}$; $s \in \mathbb{R}$.

b) Die Ebenen sind identisch.

c) Die Ebenen schneiden sich in g: $\vec{x} = \begin{pmatrix} -9{,}6 \\ -2{,}4 \\ 0 \end{pmatrix} + s \begin{pmatrix} -5 \\ -2 \\ -1 \end{pmatrix}$; $s \in \mathbb{R}$.

d) Die Ebenen schneiden sich in g: $\vec{x} = \begin{pmatrix} 0{,}5 \\ 1{,}5 \\ 1{,}5 \end{pmatrix} + s \begin{pmatrix} 2 \\ 1 \\ 0 \end{pmatrix}$; $s \in \mathbb{R}$.

282

6. **e)** Die Ebenen schneiden sich in g: $\vec{x} = \begin{pmatrix} 2 \\ 6 \\ 9 \end{pmatrix} + s\begin{pmatrix} 9 \\ -7 \\ 10 \end{pmatrix}$; $s \in \mathbb{R}$.

7. Z. B.: E_1: $\vec{x} = \begin{pmatrix} 3 \\ 2 \\ -1 \end{pmatrix} + t\begin{pmatrix} 1 \\ -2 \\ 2 \end{pmatrix} + s\begin{pmatrix} 2 \\ -2 \\ 2 \end{pmatrix}$; $s, t \in \mathbb{R}$

Z. B.: E_2: $\vec{x} = \begin{pmatrix} 3 \\ 2 \\ -1 \end{pmatrix} + t\begin{pmatrix} 1 \\ -2 \\ 2 \end{pmatrix} + r\begin{pmatrix} -6 \\ 0 \\ -3 \end{pmatrix}$; $t, r \in \mathbb{R}$

8. **a)** Die Ebenen E_1 und E_2 sind parallel.

b) E_3: $\vec{x} = \begin{pmatrix} 2 \\ 1 \\ 6 \end{pmatrix} + r \cdot \begin{pmatrix} -1 \\ 4 \\ 0 \end{pmatrix} + t \cdot \begin{pmatrix} 2 \\ 1 \\ 3 \end{pmatrix}$; $r, t \in \mathbb{R}$

c) Z. B.: E: $\vec{x} = \begin{pmatrix} 0 \\ 0 \\ 0 \end{pmatrix} + r \cdot \begin{pmatrix} -1 \\ 4 \\ 0 \end{pmatrix} + t \cdot \begin{pmatrix} 2 \\ 1 \\ 3 \end{pmatrix}$

E: $\vec{x} = \begin{pmatrix} 1 \\ 0 \\ 0 \end{pmatrix} + r \cdot \begin{pmatrix} -2 \\ 8 \\ 0 \end{pmatrix} + t \cdot \begin{pmatrix} 2 \\ 1 \\ 3 \end{pmatrix}$

E: $\vec{x} = \begin{pmatrix} 6 \\ 3 \\ 6 \end{pmatrix} + r \cdot \begin{pmatrix} -2 \\ 8 \\ 0 \end{pmatrix} + t \cdot \begin{pmatrix} 1 \\ 5 \\ 3 \end{pmatrix}$

9. E ist parallel zur x_1x_2-Ebene, wie man an den Richtungsvektoren $\begin{pmatrix} 1 \\ -3 \\ 0 \end{pmatrix}$ und $\begin{pmatrix} -2 \\ 1 \\ 0 \end{pmatrix}$ direkt sieht.

10. Z. B.: E: $\vec{x} = \begin{pmatrix} 4 \\ 1 \\ 4 \end{pmatrix} + r \cdot \begin{pmatrix} 0 \\ 3 \\ -3 \end{pmatrix} + t \cdot \begin{pmatrix} -2 \\ 3 \\ 0 \end{pmatrix}$

E_1 schneidet E in einer Geraden.

E_2 ist zu E echt parallel.

E_3 schneidet E in einer Geraden.

282 **11.** Beispiele

(1) • $E_1: \vec{x} = \begin{pmatrix}1\\0\\0\end{pmatrix} + r\begin{pmatrix}1\\0\\0\end{pmatrix} + s\begin{pmatrix}1\\1\\0\end{pmatrix}$ $\quad E_2: \vec{x} = \begin{pmatrix}2\\0\\0\end{pmatrix} + r\begin{pmatrix}1\\0\\0\end{pmatrix} + s\begin{pmatrix}0\\1\\1\end{pmatrix}$

• $E_1: \vec{x} = \begin{pmatrix}2\\1\\0\end{pmatrix} + r\begin{pmatrix}2\\1\\0\end{pmatrix} + s\begin{pmatrix}0\\1\\0\end{pmatrix}$ $\quad E_2: \vec{x} = \begin{pmatrix}0\\0\\0\end{pmatrix} + r\begin{pmatrix}1\\0\\0\end{pmatrix} + s\begin{pmatrix}0\\0\\1\end{pmatrix}$

• $E_1: \vec{x} = \begin{pmatrix}2\\1\\1\end{pmatrix} + r\begin{pmatrix}5\\0\\0\end{pmatrix} + s\begin{pmatrix}2\\2\\2\end{pmatrix}$ $\quad E_2: \vec{x} = \begin{pmatrix}-3\\0\\0\end{pmatrix} + r\begin{pmatrix}3\\4\\3\end{pmatrix} + s\begin{pmatrix}4\\4\\3\end{pmatrix}$

(2) • $E_1: \vec{x} = \begin{pmatrix}0\\1\\0\end{pmatrix} + r\begin{pmatrix}0\\1\\0\end{pmatrix} + s\begin{pmatrix}1\\0\\0\end{pmatrix}$ $\quad E_2: \vec{x} = \begin{pmatrix}0\\1\\0\end{pmatrix} + r\begin{pmatrix}0\\1\\0\end{pmatrix} + s\begin{pmatrix}0\\0\\1\end{pmatrix}$

• $E_1: \vec{x} = \begin{pmatrix}8\\1\\0\end{pmatrix} + r\begin{pmatrix}2\\1\\0\end{pmatrix} + s\begin{pmatrix}-2\\0\\0\end{pmatrix}$ $\quad E_2: \vec{x} = \begin{pmatrix}0\\3\\0\end{pmatrix} + r\begin{pmatrix}0\\1\\3\end{pmatrix} + s\begin{pmatrix}0\\0\\-6\end{pmatrix}$

• $E_1: \vec{x} = \begin{pmatrix}0\\2\\0\end{pmatrix} + r\begin{pmatrix}1\\2\\3\end{pmatrix} + s\begin{pmatrix}-1\\0\\-3\end{pmatrix}$ $\quad E_2: \vec{x} = \begin{pmatrix}3\\2\\5\end{pmatrix} + r\begin{pmatrix}3\\1\\5\end{pmatrix} + s\begin{pmatrix}-6\\4\\-10\end{pmatrix}$

(3) • $E_1: \vec{x} = \begin{pmatrix}0\\0\\1\end{pmatrix} + r\begin{pmatrix}0\\0\\1\end{pmatrix} + s\begin{pmatrix}1\\0\\0\end{pmatrix}$ $\quad E_2: \vec{x} = \begin{pmatrix}0\\0\\1\end{pmatrix} + r\begin{pmatrix}0\\0\\1\end{pmatrix} + s\begin{pmatrix}0\\1\\0\end{pmatrix}$

• $E_1: \vec{x} = \begin{pmatrix}0\\0\\3\end{pmatrix} + r\begin{pmatrix}2\\7\\4\end{pmatrix} + s\begin{pmatrix}-2\\-7\\0\end{pmatrix}$ $\quad E_2: \vec{x} = \begin{pmatrix}6\\6\\7\end{pmatrix} + r\begin{pmatrix}3\\3\\4\end{pmatrix} + s\begin{pmatrix}1\\1\\1\end{pmatrix}$

• $E_1: \vec{x} = \begin{pmatrix}0\\0\\2\end{pmatrix} + r\begin{pmatrix}6\\7\\8\end{pmatrix} + s\begin{pmatrix}12\\14\\14\end{pmatrix}$ $\quad E_2: \vec{x} = \begin{pmatrix}1\\1\\2\end{pmatrix} + r\begin{pmatrix}1\\1\\1\end{pmatrix} + s\begin{pmatrix}0\\0\\1\end{pmatrix}$

(4) • $E_1: \vec{x} = \begin{pmatrix}0\\0\\0\end{pmatrix} + r\begin{pmatrix}1\\1\\1\end{pmatrix} + s\begin{pmatrix}1\\0\\0\end{pmatrix}$ $\quad E_2: \vec{x} = \begin{pmatrix}0\\1\\0\end{pmatrix} + r\begin{pmatrix}1\\1\\1\end{pmatrix} + s\begin{pmatrix}0\\1\\0\end{pmatrix}$

• $E_1: \vec{x} = \begin{pmatrix}1\\3\\5\end{pmatrix} + r\begin{pmatrix}1\\2\\3\end{pmatrix} + s\begin{pmatrix}0\\1\\2\end{pmatrix}$ $\quad E_2: \vec{x} = \begin{pmatrix}5\\4\\4\end{pmatrix} + r\begin{pmatrix}3\\3\\3\end{pmatrix} + s\begin{pmatrix}1\\0\\0\end{pmatrix}$

• $E_1: \vec{x} = \begin{pmatrix}1\\1\\1\end{pmatrix} + r\begin{pmatrix}6\\1\\4\end{pmatrix} + s\begin{pmatrix}7\\2\\5\end{pmatrix}$ $\quad E_2: \vec{x} = \begin{pmatrix}5\\9\\-1\end{pmatrix} + r\begin{pmatrix}3\\5\\0\end{pmatrix} + s\begin{pmatrix}-2\\-4\\1\end{pmatrix}$

6.2.4 Normalenvektor und Koordinatengleichung einer Ebene

283

Einstieg

- $\begin{pmatrix}2\\2\\1\end{pmatrix} + t \cdot \begin{pmatrix}0\\0\\1\end{pmatrix} = \begin{pmatrix}1\\1\\1\end{pmatrix} + r \cdot \begin{pmatrix}1\\0\\0\end{pmatrix} + s \cdot \begin{pmatrix}0\\1\\0\end{pmatrix}$ führt auf $\left|\begin{matrix}1 = r\\1 = s\\0 = -t\end{matrix}\right|$.

  Setzt man t = 0 in die Parameterdarstellung von g ein, so erhält man den Ortsvektor des Schnittpunktes L(2 | 2 | 1).

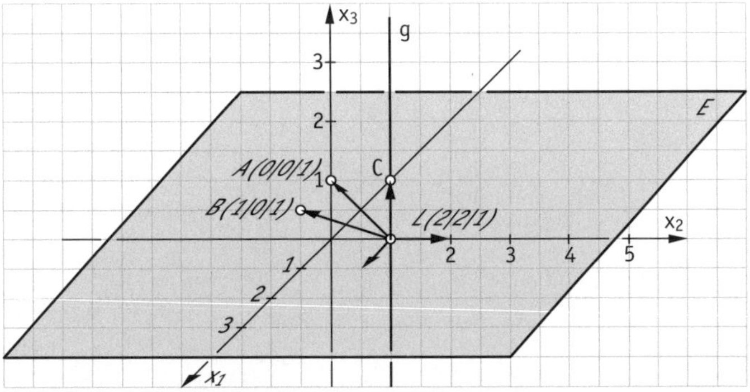

  Die Ebene verläuft parallel zur x_1x_2-Ebene und schneidet die x_3-Achse im Punkt A(0 | 0 | 1). Der Richtungsvektor von g ist orthogonal zu den Richtungsvektoren der Ebene.

- $\overrightarrow{LC} = \begin{pmatrix}0\\0\\1\end{pmatrix}$; $\overrightarrow{LB} = \begin{pmatrix}-1\\-2\\0\end{pmatrix}$; $\overrightarrow{LA} = \begin{pmatrix}-2\\-2\\0\end{pmatrix}$

  Die Punkte A und B liegen in E. Der Punkt C liegt nicht in E, er liegt auf g.

  Der Vektor $\overrightarrow{LC}$ ist orthogonal zu allen Richtungsvektoren der Ebene.

  Es gilt: $\overrightarrow{LC} \perp \overrightarrow{LB}$ und $\overrightarrow{LC} \perp \overrightarrow{LA}$.

  Für jeden Punkt X der Ebene gilt: $\overrightarrow{LX} \perp \overrightarrow{LC}$

285 **2.** **a)**

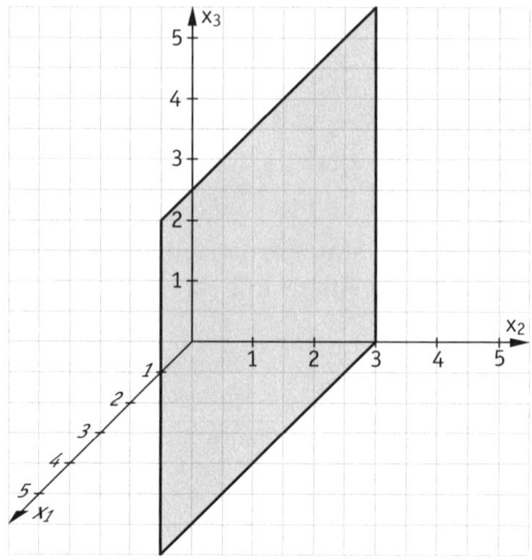

E_1 ist parallel zur x_1- und x_3-Achse.

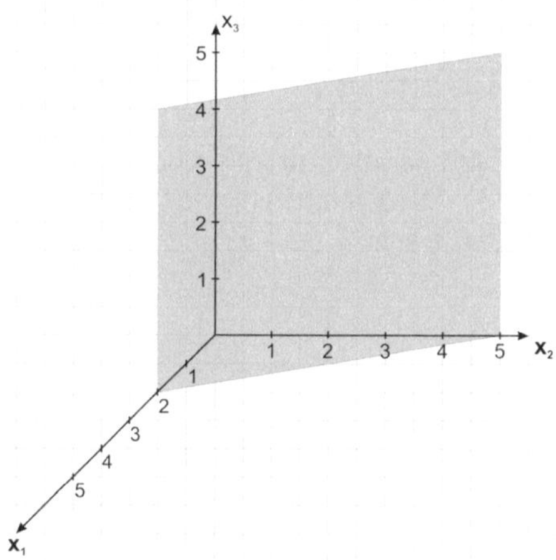

E_2 ist parallel zur x_3-Achse.

b) d = 0; a, b, c beliebig: Ebene beinhaltet Ursprung
$a = 0; b \neq 0; c \neq 0$: Ebene parallel zur x_1-Achse
$a = 0; b = 0; c \neq 0$: Ebene parallel zur x_1x_2-Ebene
$a = 0; b \neq 0; c = 0$: Ebene parallel zur x_1x_3-Ebene
$a \neq 0; b = 0; c \neq 0$: Ebene parallel zur x_2-Achse
$a \neq 0; b = 0; c = 0$: Ebene parallel zur x_2x_3-Ebene
$a \neq 0; b \neq 0; c = 0$: Ebene parallel zur x_3-Achse

285

3. Spurpunkte: (2 | 0 | 0); (0 | 3 | 0); (0 | 0 | 4)

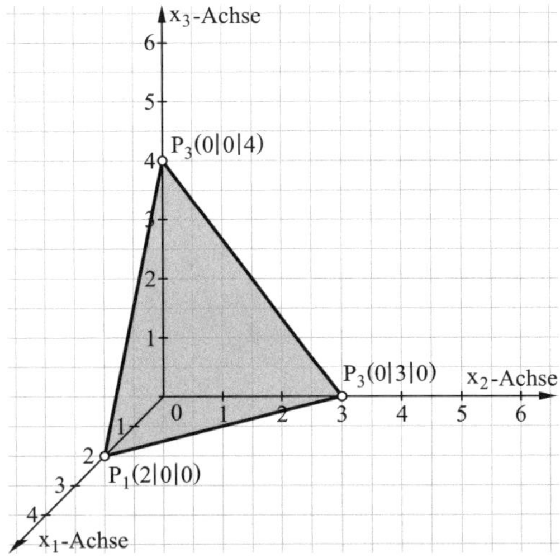

4. a) E: $\begin{pmatrix}2\\1\\2\end{pmatrix} * \left[\begin{pmatrix}x_1\\x_2\\x_3\end{pmatrix} - \begin{pmatrix}2\\3\\2\end{pmatrix}\right] = 0 \Leftrightarrow 2x_1 + x_2 + 2x_3 = 11$

b) E: $\begin{pmatrix}4\\0\\-3\end{pmatrix} * \left[\begin{pmatrix}x_1\\x_2\\x_3\end{pmatrix} - \begin{pmatrix}6\\-2\\3\end{pmatrix}\right] = 0 \Leftrightarrow 4x_1 - 3x_2 = 15$

c) E: $\begin{pmatrix}0\\0\\1\end{pmatrix} * \left[\begin{pmatrix}x_1\\x_2\\x_3\end{pmatrix} - \begin{pmatrix}2\\-3\\5\end{pmatrix}\right] = 0 \Leftrightarrow x_3 = 5$

5. a) $P \notin E$; $Q \notin E$; $R \in E$ **b)** $P \notin E$; $Q \in E$; $R \notin E$

286

6. a) (1) $S_1(4 \mid 0 \mid 0)$; $S_2(0 \mid 3 \mid 0)$; $S_3(0 \mid 0 \mid 6)$

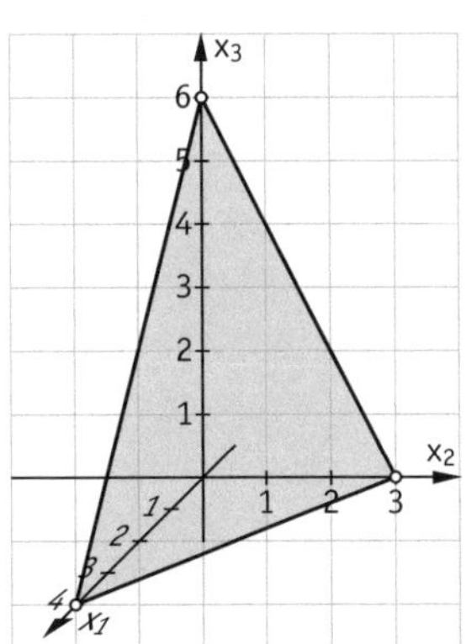

286 **6. a)** (2) $S_1(-15 \mid 0 \mid 0)$; $S_2(0 \mid 5 \mid 0)$; $S_3(0 \mid 0 \mid -3)$

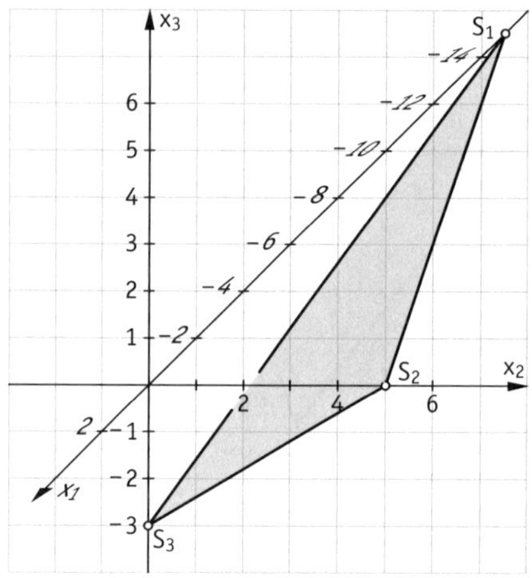

(3) $S_1(4 \mid 0 \mid 0)$; $S_2(0 \mid 2 \mid 0)$; $S_3(0 \mid 0 \mid -3)$

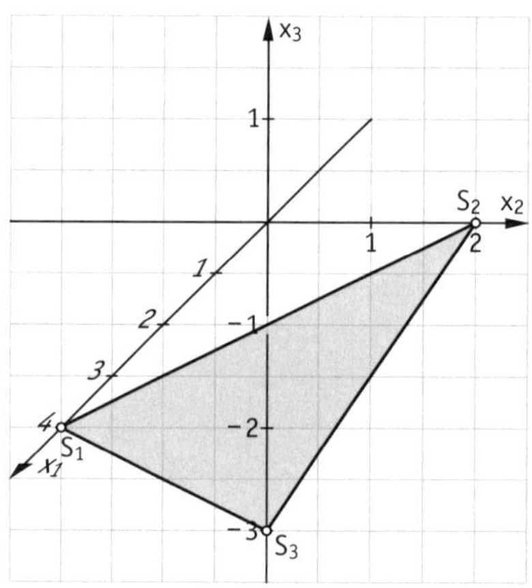

(4) $S_1(1 \mid 0 \mid 0)$; $S_2(0 \mid 4 \mid 0)$; $S_3(0 \mid 0 \mid -2)$

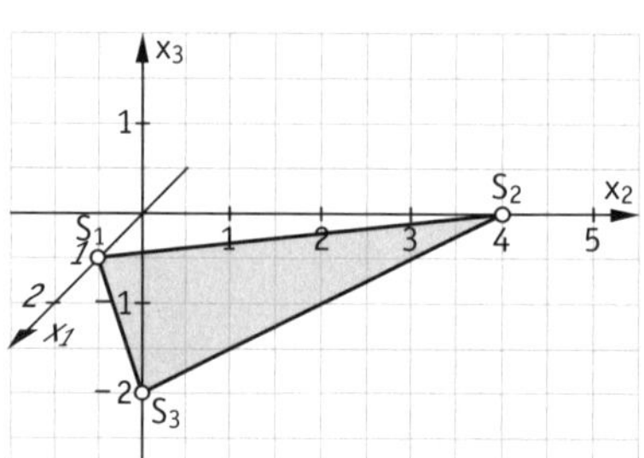

286

6. a) (5) $S_1(0 \mid 0 \mid 0)$; $S_2(0 \mid 0 \mid 0)$; $S_3(0 \mid 0 \mid 0)$

Mithilfe der Spurpunkte kann man die Ebene also nicht zeichnen. Um sich dennoch zeichnerisch einen Eindruck von der Lage der Ebene zu verschaffen, kann man zwei weitere Punkte bestimmen, die z. B. in der x_1x_2-Ebene und der x_2x_3-Ebene liegen: z. B. $P(4 \mid 2 \mid 0)$ und $Q(0 \mid 2 \mid 4)$.

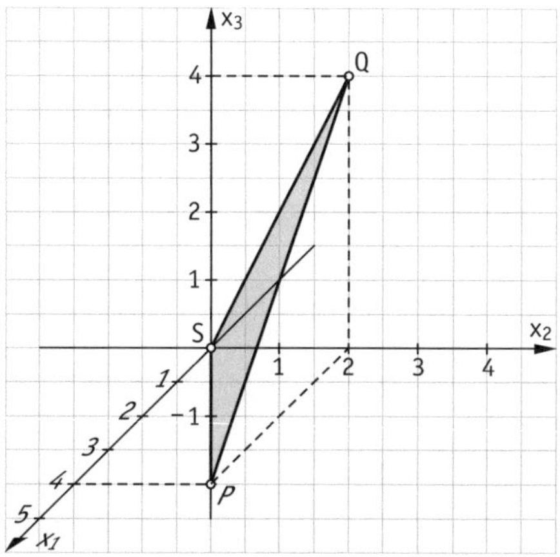

(6) $S_1(4 \mid 0 \mid 0)$; $S_2(0 \mid 2 \mid 0)$; S_3 existiert nicht

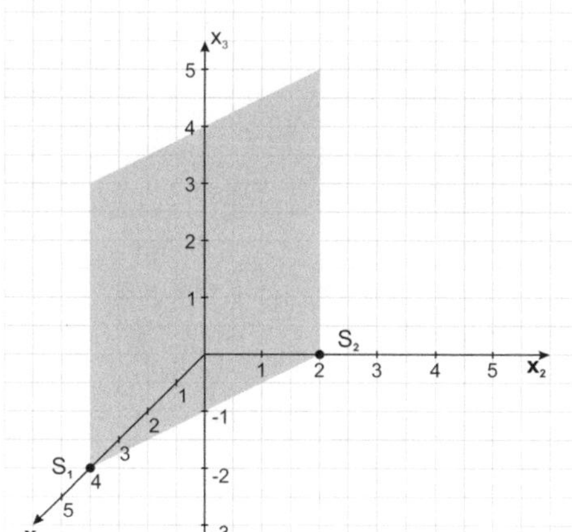

b) Setze 2 Koordinaten null und löse die entstehende Gleichung für die 3. Koordinate.

286

6. c) In Teilaufgabe 6. a) (5) fallen alle 3 Spurpunkte im Koordinatenursprung zusammen. Es gilt: $S_1 = S_2 = S_3 = O(0 \mid 0 \mid 0)$

Bei E: $x_1 + x_2 = 0 \Leftrightarrow \begin{pmatrix} 1 \\ 1 \\ 0 \end{pmatrix} \cdot \vec{x} = 0$ fallen 2 Spurpunkte in O zusammen.

Die Ebene steht senkrecht zur x_1x_2-Ebene. Es gilt $S_1 = S_2 = O(0 \mid 0 \mid 0)$
Eine Ebene hat mindestens einen Spurpunkt.
E: $x_1 = 1$ verläuft parallel zur x_2x_3-Ebene und hat nur einen Spurpunkt: $S_1(1 \mid 0 \mid 0)$

7. a) E: $\frac{x_1}{2} + \frac{x_2}{3} + \frac{x_3}{4} = 1 \Leftrightarrow$ E: $6x_1 + 4x_2 + 3x_3 = 12$

b) E: $x_1 + \frac{x_2}{3} - \frac{x_3}{4} = 1 \Leftrightarrow$ E: $12x_1 + 4x_2 - 3x_3 = 12$

c) E: $-\frac{x_1}{2} + \frac{x_2}{5} + \frac{x_3}{2} = 1 \Leftrightarrow$ E: $-5x_1 + 2x_2 + 5x_3 = 10$

8. a) parallel zur x_3-Achse

z. B. E: $\vec{x} = \begin{pmatrix} 3 \\ 0 \\ 0 \end{pmatrix} + r \begin{pmatrix} -3 \\ 2 \\ 0 \end{pmatrix} + s \begin{pmatrix} 0 \\ 0 \\ 1 \end{pmatrix}$; $r, s \in \mathbb{R}$

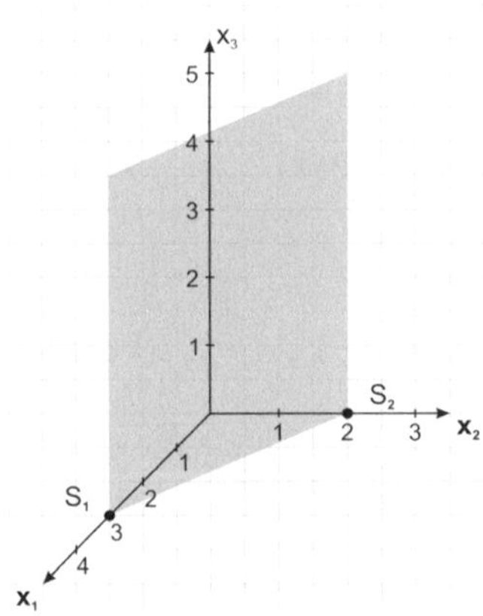

286 **8. b)** parallel zur x_1-Achse

$$\text{z. B. E: } \vec{x} = \begin{pmatrix} 0 \\ 4 \\ 0 \end{pmatrix} + r\begin{pmatrix} 0 \\ -2 \\ 1 \end{pmatrix} + s\begin{pmatrix} 1 \\ 0 \\ 0 \end{pmatrix};\ r, s \in \mathbb{R}$$

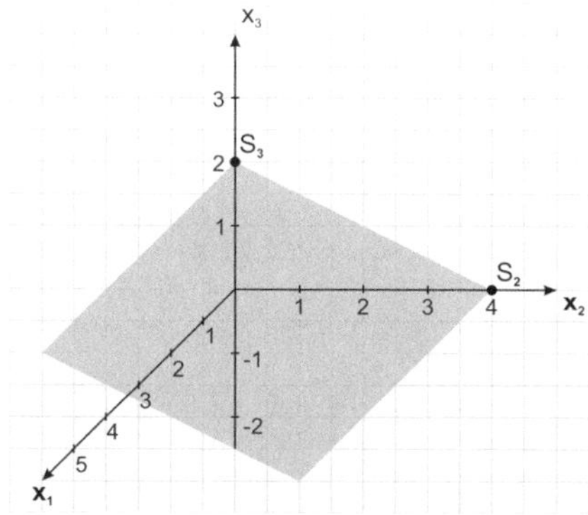

c) E beinhaltet die x_3-Achse

$$\text{z. B. E: } \vec{x} = r\begin{pmatrix} 1 \\ 1 \\ 0 \end{pmatrix} + s\begin{pmatrix} 0 \\ 0 \\ 1 \end{pmatrix};\ r, s \in \mathbb{R}$$

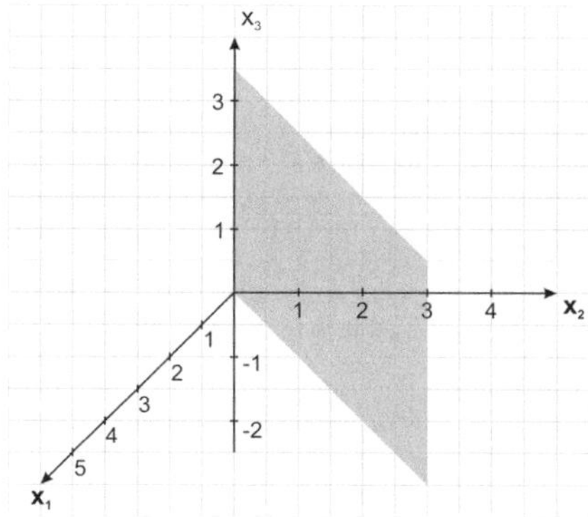

286

8. d) parallel zur x_2-x_3-Ebene

$$\text{z. B. E: } \vec{x} = \begin{pmatrix} 2 \\ 0 \\ 0 \end{pmatrix} + r \begin{pmatrix} 0 \\ 1 \\ 0 \end{pmatrix} + s \begin{pmatrix} 0 \\ 0 \\ 1 \end{pmatrix}; \quad r, s \in \mathbb{R}$$

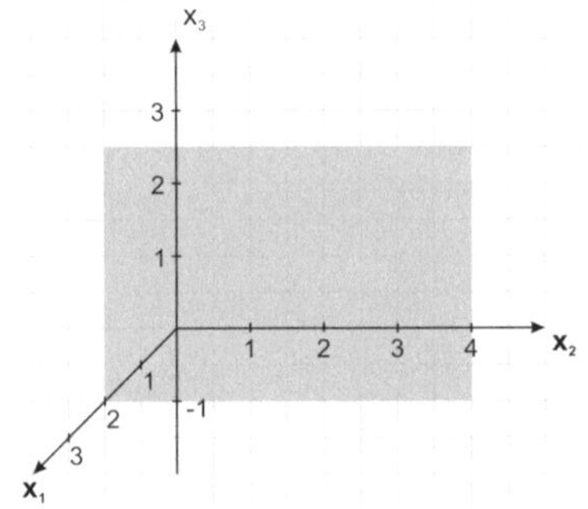

e) E ist die x_1-x_3-Ebene

$$\text{z. B. E: } \vec{x} = r \begin{pmatrix} 1 \\ 0 \\ 0 \end{pmatrix} + s \begin{pmatrix} 0 \\ 0 \\ 1 \end{pmatrix}; \quad r, s \in \mathbb{R}$$

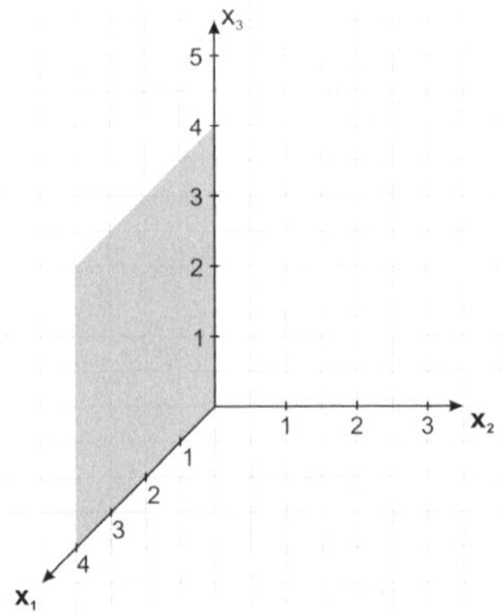

286

8. **f)** parallel zur x_1-x_2-Ebene

z. B. E: $\vec{x} = \begin{pmatrix} 0 \\ 0 \\ -2 \end{pmatrix} + r\begin{pmatrix} 1 \\ 0 \\ 0 \end{pmatrix} + s\begin{pmatrix} 0 \\ 1 \\ 0 \end{pmatrix}$; $r, s \in \mathbb{R}$

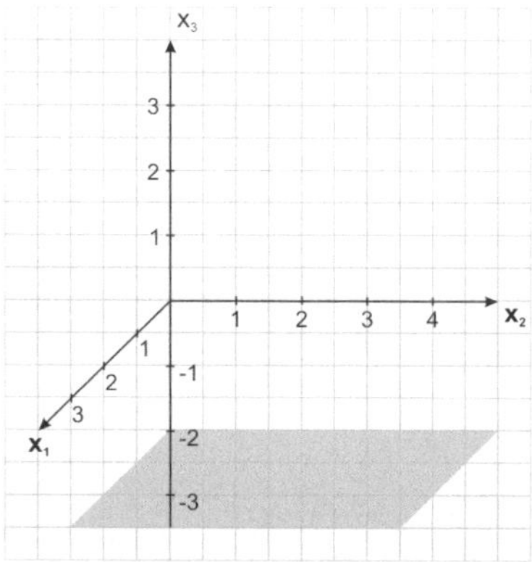

9. Koordinatenebenen: x_1-x_2-Ebene: $x_3 = 0$

x_1-x_3-Ebene: $x_2 = 0$

x_2-x_3-Ebene: $x_1 = 0$

Genau 2 Vorfaktoren von den Variablen müssen null ergeben.

$t^2 - 1 = 0 \Rightarrow t = 1$ oder $t = -1$

$-2t - 2 = 0 \Rightarrow t = -1$

$t^2 + t = 0 \Rightarrow t = 0$ oder $t = -1$

Es gibt keinen Parameterwert für t, sodass 2 Vorfaktoren gleichzeitig verschwinden. E_t ist nie parallel zu einer Koordinatenebene.

10. **a)** E: $\vec{x} = \begin{pmatrix} 2 \\ 0 \\ 0 \end{pmatrix} + s\begin{pmatrix} -1 \\ 1 \\ 0 \end{pmatrix} + t\begin{pmatrix} 1 \\ 0 \\ 1 \end{pmatrix}$

c) E: $\vec{x} = \begin{pmatrix} 5 \\ 0 \\ 0 \end{pmatrix} + s\begin{pmatrix} -3 \\ 1 \\ 0 \end{pmatrix} + t\begin{pmatrix} 1 \\ 0 \\ 1 \end{pmatrix}$

b) E: $\vec{x} = \begin{pmatrix} -\frac{1}{2} \\ 0 \\ 0 \end{pmatrix} + s\begin{pmatrix} \frac{1}{2} \\ 1 \\ 0 \end{pmatrix} + t\begin{pmatrix} -\frac{1}{2} \\ 0 \\ 1 \end{pmatrix}$

d) E: $\vec{x} = \begin{pmatrix} 1 \\ 0 \\ 0 \end{pmatrix} + s\begin{pmatrix} \frac{2}{3} \\ 1 \\ 0 \end{pmatrix} + t\begin{pmatrix} \frac{1}{3} \\ 0 \\ 1 \end{pmatrix}$

11. **a)** E_1: $2x_1 - 3x_2 + x_3 = 0$ E_2: $2x_1 - 3x_2 + x_3 = 1$

b) E_1: $4x_1 - 2x_2 + x_3 = 0$ E_2: $4x_1 - 2x_2 + x_3 = 1$

c) E_1: $x_1 - x_3 = 1$ E_2: $x_1 - x_3 = 2$

d) E_1: $x_2 + 2x_3 = 0$ E_2: $x_2 + 2x_3 = 1$

12. Koordinatengleichung: E: $x_1 = p_1$

286

13. a) $6t + 12t + 16 - 6t = 0 \Leftrightarrow t = -\frac{4}{3}$

b) Normalenvektor von E_t: $\overrightarrow{n_t} = \begin{pmatrix} 3t \\ 4t \\ 3 \end{pmatrix}$ muss ein Vielfaches des

Richtungsvektors der Geraden sein: $\begin{pmatrix} 3t \\ 4t \\ 3 \end{pmatrix} = r \cdot \begin{pmatrix} 3 \\ 4 \\ 1 \end{pmatrix} \Rightarrow t = 3;\ r = 3$

6.2.5 Parameterdarstellung und Koordinatengleichung einer Ebene

287

Einstieg

- $\vec{x} = \overrightarrow{OA} + r \cdot \overrightarrow{AB} + t \cdot \overrightarrow{AC}$

  $\vec{x} = \begin{pmatrix} 8 \\ 0 \\ 10 \end{pmatrix} + r \cdot \begin{pmatrix} 4,5 \\ 6 \\ -4 \end{pmatrix} + t \cdot \begin{pmatrix} -8 \\ 6 \\ 0 \end{pmatrix} = \begin{pmatrix} 8 \\ 0 \\ 10 \end{pmatrix} + r \cdot \begin{pmatrix} 9 \\ 12 \\ -8 \end{pmatrix} + t \cdot \begin{pmatrix} -8 \\ 6 \\ 0 \end{pmatrix}$

- Ein Normalenvektor $\vec{n} = \begin{pmatrix} n_1 \\ n_2 \\ n_3 \end{pmatrix}$ ist orthogonal zu allen Richtungsvektoren der Ebene. Damit ergibt sich

  $\left| \begin{array}{l} 4,5n_1 + 6n_2 - 4n_3 = 0 \\ -8n_1 + 6n_2 \qquad = 0 \end{array} \right| = \left| \begin{array}{l} 9n_1 + 12n_2 - 8n_3 = 0 \\ -8n_1 + 6n_2 \qquad = 0 \end{array} \right|$

  Eine Lösung ist z. B. $n_1 = 6$, $n_2 = 8$ und $n_3 = \frac{75}{4}$.

  Damit ergibt sich der Ansatz $6x_1 + 8x_2 + \frac{75}{4}x_3 = d$ für die gesuchte Koordinatengleichung.

  Durch Einsetzen der Koordinaten von A erhält man $d = \frac{471}{2}$ und somit die Koordinatengleichung $6x_1 + 8x_2 + \frac{75}{4}x_3 = \frac{471}{2}$.

  Dividiert man beide Seiten dieser Koordinatengleichung durch 6, so erhält man die Gleichung von Julia.

287

- Ergänzung der Zwischenrechnung: Die dritte Zeile des Gleichungssystems wird nach r umgestellt: $r = \frac{10}{8} - \frac{1}{8}x_3$
  Dieses Ergebnis wird in die zweite Zeile des Gleichungssystems eingesetzt:
  $\frac{12 \cdot 10}{8} - \frac{12}{8}x_3 + 3s = x_2$
  Zusammenfassen und Umstellen nach s liefert: $s = -5 + \frac{1}{3}x_2 + \frac{1}{2}x_3$
  Setzen wir dies und $r = \frac{10}{8} - \frac{1}{8}x_3$ in die erste Zeile des Gleichungssystems ein, so erhalten wir: $\frac{90}{8} - \frac{9}{8}x_3 + 20 - \frac{4}{3}x_2 - 2x_3 = x_1 - 8$ und daraus schließlich: $x_1 + \frac{4}{3}x_2 + \frac{25}{8}x_3 = \frac{157}{8}$

288

3. a) Wir zeigen zunächst, dass $\vec{n} = \begin{pmatrix} \frac{1}{a_1} \\ \frac{1}{a_2} \\ \frac{1}{a_3} \end{pmatrix}$ ein Normalenvektor der Ebene durch S_1, S_2 und S_3 ist.

E: $\vec{x} = \overrightarrow{OS_1} + r \cdot \overrightarrow{S_1S_2} + t \cdot \overrightarrow{S_1S_3}$

$\vec{x} = \begin{pmatrix} a_1 \\ 0 \\ 0 \end{pmatrix} + r \cdot \begin{pmatrix} -a_1 \\ a_2 \\ 0 \end{pmatrix} + t \cdot \begin{pmatrix} -a_1 \\ 0 \\ a_3 \end{pmatrix}$

Es gilt: $\begin{pmatrix} \frac{1}{a_1} \\ \frac{1}{a_2} \\ \frac{1}{a_3} \end{pmatrix} * \begin{pmatrix} -a_1 \\ a_2 \\ 0 \end{pmatrix} = 0$ und $\begin{pmatrix} \frac{1}{a_1} \\ \frac{1}{a_2} \\ \frac{1}{a_3} \end{pmatrix} * \begin{pmatrix} -a_1 \\ 0 \\ a_3 \end{pmatrix} = 0,$

d. h. $\vec{n}$ ist orthogonal zu allen Richtungsvektoren der Ebene, somit ist

$\vec{n} = \begin{pmatrix} \frac{1}{a_1} \\ \frac{1}{a_2} \\ \frac{1}{a_3} \end{pmatrix}$ ein Normalenvektor der Ebene.

Als Ansatz für eine Koordinatengleichung ergibt sich damit:

$\frac{x_1}{a_1} + \frac{x_2}{a_2} + \frac{x_3}{a_3} = d$

Setzen wir die Koordinaten von S_1 in diese Gleichung ein, so ergibt sich $d = 1$. Also ist $\frac{x_1}{a_1} + \frac{x_2}{a_2} + \frac{x_3}{a_3} = 1$ eine Koordinatengleichung der Ebene mit den Spurpunkten

$S_1(a_1 \mid 0 \mid 0)$, $S_2(0 \mid a_2 \mid 0)$ und $S_3(0 \mid 0 \mid a_3)$

288

3. b) (1) Die Ebene geht nicht durch den Ursprung, sie ist parallel zur x_3-Achse und hat die zwei Spurpunkte $S_1(a_1 \mid 0 \mid 0)$ und $S_2(0 \mid a_2 \mid 0)$.

$$E: \vec{x} = \begin{pmatrix} a_1 \\ 0 \\ 0 \end{pmatrix} + r \cdot \begin{pmatrix} -a_1 \\ a_2 \\ 0 \end{pmatrix} + t \cdot \begin{pmatrix} 0 \\ 0 \\ 1 \end{pmatrix}$$

$\vec{n} = \begin{pmatrix} \frac{1}{a_1} \\ \frac{1}{a_2} \\ 0 \end{pmatrix}$ ist Normalenvektor der Ebene.

Ansatz für Koordinatengleichung: $\frac{x_1}{a_1} + \frac{x_2}{a_2} = d$

Einsetzen von $S_1(a_1 \mid 0 \mid 0)$ ergibt $d = 1$, $\frac{x_1}{a_1} + \frac{x_2}{a_2} = 1$ ist somit eine Koordinatengleichung für solche Ebenen.

(2) Die Ebene geht nicht durch den Ursprung, sie ist parallel zur x_1x_3-Ebene und hat den einzigen Spurpunkt $S_2(0 \mid a_2 \mid 0)$.

$$E: \vec{x} = \begin{pmatrix} 0 \\ a_2 \\ 0 \end{pmatrix} + r \cdot \begin{pmatrix} 1 \\ 0 \\ 0 \end{pmatrix} + t \cdot \begin{pmatrix} 0 \\ 0 \\ 1 \end{pmatrix}$$

$\vec{n} = \begin{pmatrix} 0 \\ \frac{1}{a_2} \\ 0 \end{pmatrix}$ ist Normalenvektor der Ebene.

Ansatz für Koordinatengleichung: $\frac{x_2}{a_2} = d$

Einsetzen von $S_2(0 \mid a_2 \mid 0)$ ergibt $d = 1$.

$\frac{x_2}{a_2} = 1$ ist somit eine Koordinatengleichung für solche Ebenen.

(3) Die Ebene geht durch den Ursprung. Der Ursprung ist der einzige Spurpunkt. Z. B. E: $x_1 - x_2 + x_3 = 0$

In einem solchen Fall steht auf der rechten Seite der Koordinatengleichung immer eine null. Es gibt dann keine solche Achsenabschnittsform.

4. a) Die 3 Punkte dürfen nicht auf einer Geraden liegen.
Beispiel: $P(0 \mid 3 \mid 0)$; $Q(12 \mid 0 \mid 0)$; $R(0 \mid 0 \mid 2)$ liefert

$$E: \vec{x} = \begin{pmatrix} 0 \\ 3 \\ 0 \end{pmatrix} + r \begin{pmatrix} 12 \\ -3 \\ 0 \end{pmatrix} + s \begin{pmatrix} 0 \\ -3 \\ 2 \end{pmatrix}$$

288 **4. b)** (1) $x_1 = 6 - 4x_2 - 6x_3$

(2) $x_2 = s;\ x_3 = t$

$x_1 = 6 - 4s - 6t$

$x_2 = s$

$x_3 = t$

(3) $\vec{x} = \begin{pmatrix} 6 \\ 0 \\ 0 \end{pmatrix} + s\begin{pmatrix} -4 \\ 1 \\ 0 \end{pmatrix} + t\begin{pmatrix} -6 \\ 0 \\ 1 \end{pmatrix}$

5. $\frac{3}{4}x_1 + x_2 = 3$ E ist parallel zur x_3-Achse.

289 **6. a)** E: $x_1 - 2x_2 - 3x_3 - 3 = 0$ **c)** E: $x_1 = 0$

b) E: $x_1 + 3x_2 + 8x_3 + 20 = 0$ **d)** E: $3x_1 - x_2 + 7x_3 - 12 = 0$

7. a) E: $\vec{x} = \begin{pmatrix} 2 \\ 0 \\ 0 \end{pmatrix} + s\begin{pmatrix} -1 \\ 1 \\ 0 \end{pmatrix} + t\begin{pmatrix} 1 \\ 0 \\ 1 \end{pmatrix}$ **d)** E: $\vec{x} = \begin{pmatrix} 1 \\ 0 \\ 0 \end{pmatrix} + s\begin{pmatrix} \frac{2}{3} \\ 1 \\ 0 \end{pmatrix} + t\begin{pmatrix} \frac{1}{3} \\ 0 \\ 1 \end{pmatrix}$

b) E: $\vec{x} = \begin{pmatrix} -\frac{1}{2} \\ 0 \\ 0 \end{pmatrix} + s\begin{pmatrix} \frac{1}{2} \\ 1 \\ 0 \end{pmatrix} + t\begin{pmatrix} -\frac{1}{2} \\ 0 \\ 1 \end{pmatrix}$ **e)** E: $\vec{x} = s\begin{pmatrix} 0 \\ 1 \\ 0 \end{pmatrix} + t\begin{pmatrix} \frac{1}{2} \\ 0 \\ 1 \end{pmatrix}$

c) E: $\vec{x} = \begin{pmatrix} 5 \\ 0 \\ 0 \end{pmatrix} + s\begin{pmatrix} -3 \\ 1 \\ 0 \end{pmatrix} + t\begin{pmatrix} 1 \\ 0 \\ 1 \end{pmatrix}$ **f)** E: $\vec{x} = \begin{pmatrix} 0 \\ -2 \\ 0 \end{pmatrix} + s\begin{pmatrix} 1 \\ 0 \\ 0 \end{pmatrix} + t\begin{pmatrix} 0 \\ 0 \\ 1 \end{pmatrix}$

8. a) E: $\frac{x_2}{3} + \frac{x_3}{4} = 1 \Leftrightarrow$ E: $4x_2 + 3x_2 = 12$

b) E: $\frac{x_1}{3} = 1 \Leftrightarrow x_1 = 3$

c) E: $x_1 + \frac{x_2}{3} = 1 \Leftrightarrow 3x_1 + x_2 = 3$

d) E: $\frac{x_1}{2} + \frac{x_3}{4} = 1 \Leftrightarrow 2x_1 + x_3 = 4$

9. a) (1) Vektorgleichung in Matrixschreibweise:

$$\left(\begin{array}{cc|c} -3 & -2 & -2 \\ 2 & 1 & 2 \\ -1 & -0{,}5 & -1 \end{array}\right) \to \left(\begin{array}{cc|c} 1 & 0 & 2 \\ 0 & 1 & -2 \\ 0 & 0 & 0 \end{array}\right) \Rightarrow \text{Schnittpunkt}$$

(2) Z. B.: E: $\vec{x} = \begin{pmatrix} 1 \\ 1 \\ 1 \end{pmatrix} + s\begin{pmatrix} -3 \\ 2 \\ -1 \end{pmatrix} + t\begin{pmatrix} 2 \\ -1 \\ 0{,}5 \end{pmatrix}$

289

9. a) (3) Z. B.: $\vec{n} = \begin{pmatrix} 0 \\ -0{,}5 \\ -1 \end{pmatrix}$; E: $\vec{x} = -0{,}5x_2 - x_3 - 1{,}5 = 0$

b) (1) Vektorgleichung in Matrixschreibweise:

$$\left(\begin{array}{cc|c} -4 & -6 & -3 \\ 2 & 3 & 0 \\ 4 & -6 & 5 \end{array}\right) \rightarrow \left(\begin{array}{cc|c} 1 & 0 & 0 \\ 0 & 1 & 0 \\ 0 & 0 & 1 \end{array}\right) \Rightarrow \text{kein Schnittpunkt,}$$

Richtungsvektoren sind Vielfache voneinander
$\Rightarrow$ Geraden sind parallel.

(2) Z. B.: E: $\vec{x} = \begin{pmatrix} 4 \\ 1 \\ -2 \end{pmatrix} + s\begin{pmatrix} -4 \\ 2 \\ 4 \end{pmatrix} + t\begin{pmatrix} 4-1 \\ 1-1 \\ -2-3 \end{pmatrix} = \begin{pmatrix} 4 \\ 1 \\ -2 \end{pmatrix} + s\begin{pmatrix} -4 \\ 2 \\ 4 \end{pmatrix} + t\begin{pmatrix} 3 \\ 0 \\ -5 \end{pmatrix}$

(3) $\vec{n} = \begin{pmatrix} -10 \\ -8 \\ -6 \end{pmatrix}$; E: $\vec{x} = -10x_1 - 8x_2 - 6x_3 - 36 = 0$

10. a)

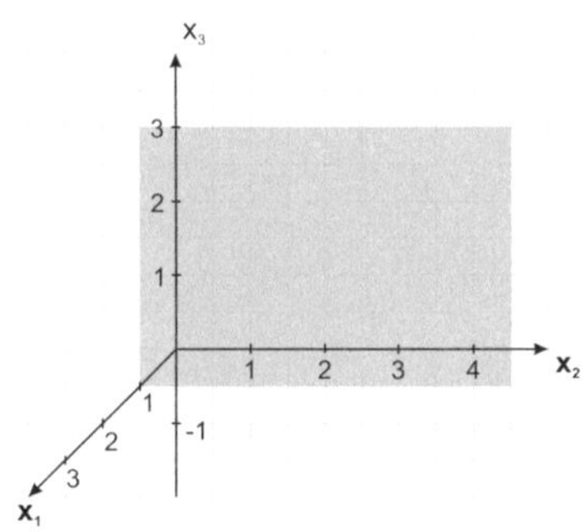

E: $x_1 - 1 = 0$

b)

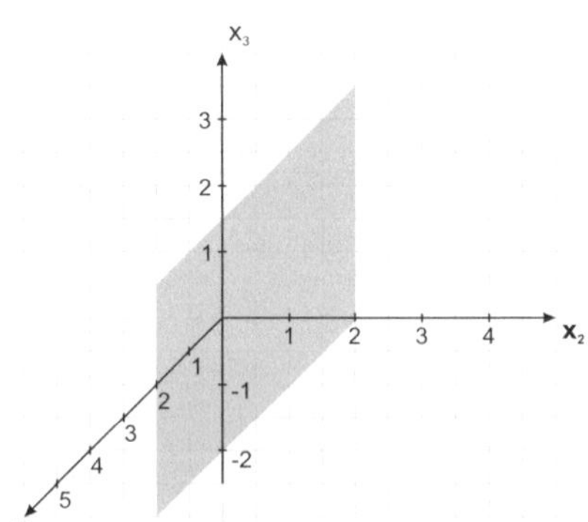

E: $x_2 - 2 = 0$

289 **10. c)**

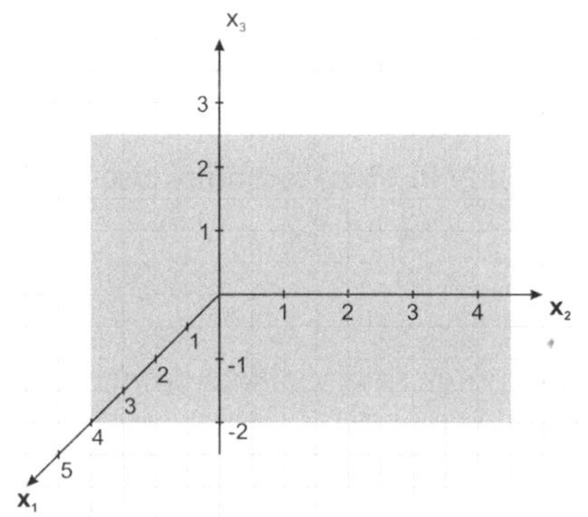

E: $x_1 - 4 = 0$

290 **11. a)**

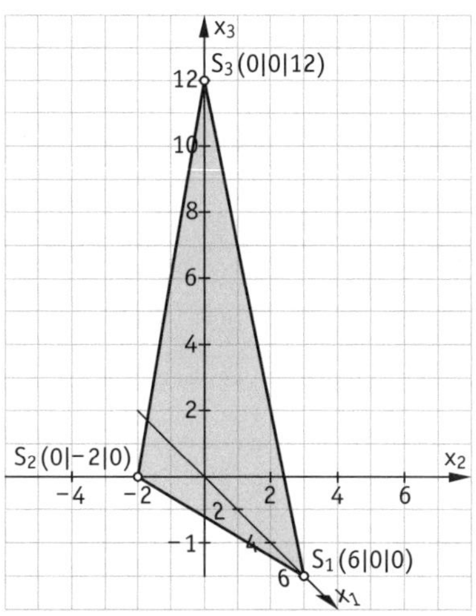

b)

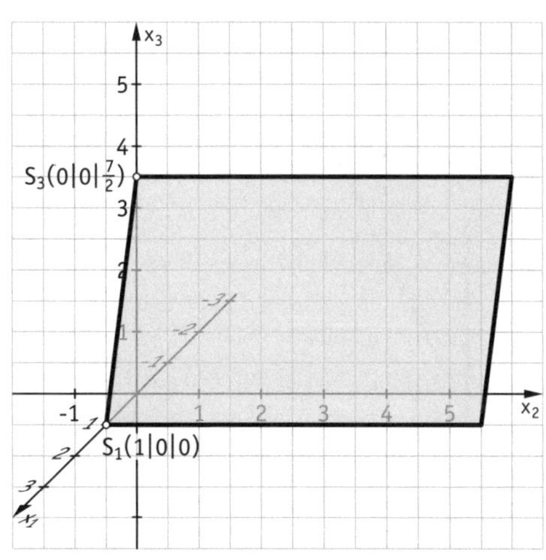

290

11. c)

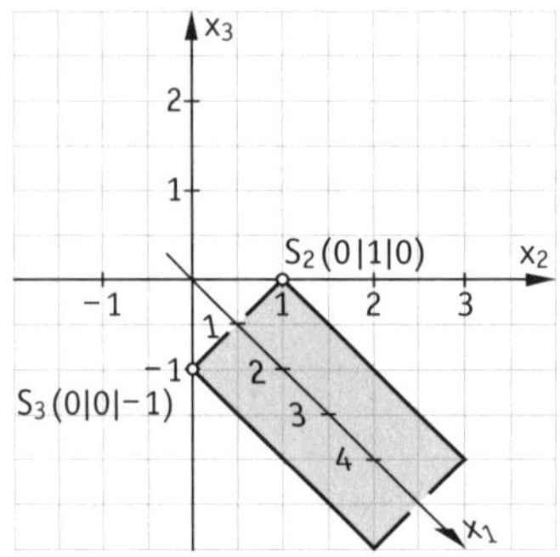
x3
2
1
S2 (0|1|0)
x2
−1
1
2
3
−1
S3 (0|0|−1)
4
x1

d)

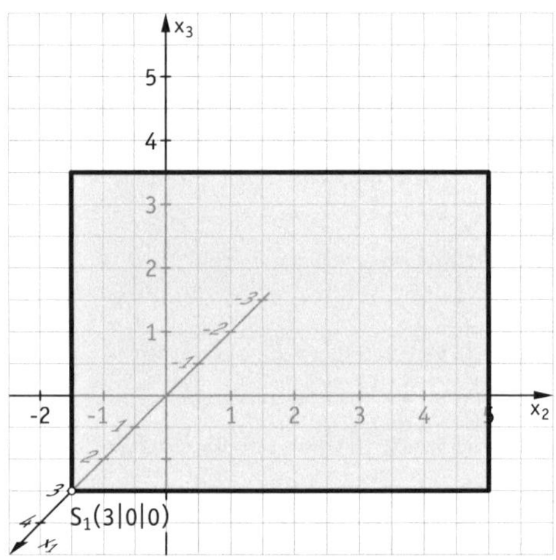
x3
5
4
3
2
1
-3
-2
-1
-2
-1
1
2
3
4
5
x2
S1(3|0|0)
x1

e)

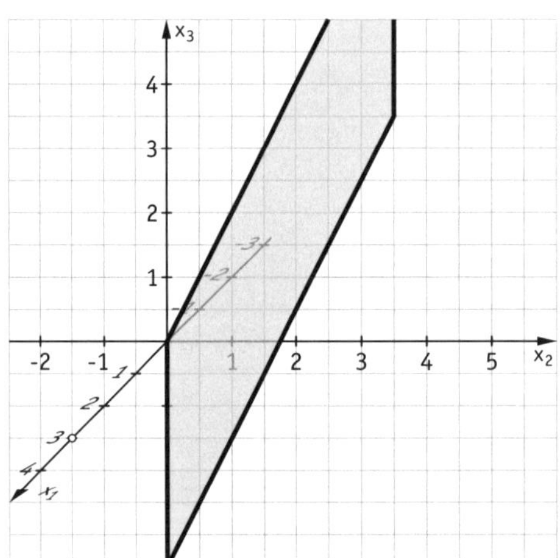
x3
4
3
2
1
-3
-2
-2
-1
1
2
3
4
5
x2
x1

290 **11.** f)

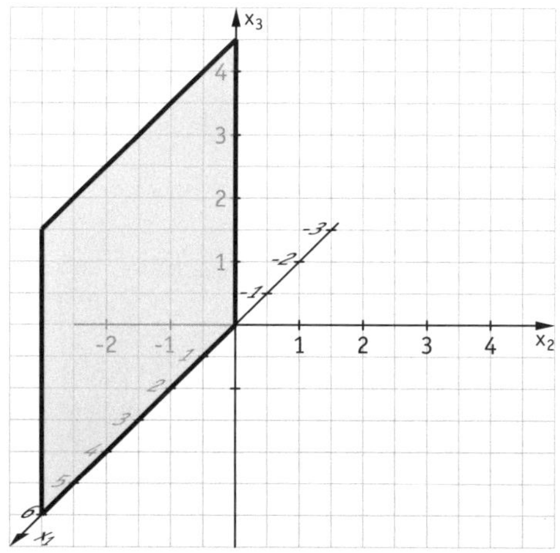

12. Auf S. 284 in der Information findet man die Koordinatengleichung einer Ebene: $n_1x_1 + n_2x_2 + n_3x_3 = d$ wobei

$$\vec{n} = \begin{pmatrix} n_1 \\ n_2 \\ n_3 \end{pmatrix} \neq \vec{o}$$

Liegt nun O(0 | 0 | 0) in E, dann gilt: $n_1 \cdot 0 + n_2 \cdot 0 + n_3 \cdot 0 = 0 = d$

Also folgt: $n_1x_1 + n_2x_2 + n_3x_3 = ax_1 + bx_2 + cx_3 = 0$, falls die Ebene durch O geht.

13. (1) Wir wählen zunächst einen Punkt P, der nicht in E liegt. Diesen Punkt P verwenden wir dann als Aufpunkt der Geraden g.
Z. B. P(0 | 0 | 1) liegt nicht in E, denn es gilt: $0 - 2 \cdot 0 + 4 \cdot 1 = 4 \neq 5$.

(2) Als Richtungsvektor der Geraden g bestimmen wir einen Vektor $\vec{u}$ mit $\vec{u} \perp \vec{n}$, also $1 \cdot u_1 - 2 \cdot u_2 + 4 \cdot u_3 = 0$. Mögliche Lösungen sind z. B.

$$\vec{u} = \begin{pmatrix} -2 \\ 1 \\ 1 \end{pmatrix}, \ \vec{u} = \begin{pmatrix} 2 \\ 1 \\ 0 \end{pmatrix} \text{ oder } \vec{u} = \begin{pmatrix} -4 \\ 0 \\ 1 \end{pmatrix}.$$

Damit ergeben sich z. B. die folgenden drei Geraden:

$$g_1\colon \vec{x} = \begin{pmatrix} 0 \\ 0 \\ 1 \end{pmatrix} + t \cdot \begin{pmatrix} -2 \\ 1 \\ 1 \end{pmatrix}; \ g_2\colon \vec{x} = \begin{pmatrix} 0 \\ 0 \\ 1 \end{pmatrix} + t \cdot \begin{pmatrix} 2 \\ 1 \\ 0 \end{pmatrix}; \ g_3\colon \vec{x} = \begin{pmatrix} 0 \\ 0 \\ 1 \end{pmatrix} + t \cdot \begin{pmatrix} -4 \\ 0 \\ 1 \end{pmatrix}$$

290

14. a) $\overrightarrow{CH} = \begin{pmatrix} 0 \\ -6 \\ 6 \end{pmatrix}$; $\overrightarrow{CM} = \begin{pmatrix} 6 \\ -3 \\ 0 \end{pmatrix} \Rightarrow \overrightarrow{CH} \times \overrightarrow{CM} = \begin{pmatrix} 18 \\ 36 \\ 36 \end{pmatrix}$

und Stützvektor $\overrightarrow{OC} = \begin{pmatrix} 0 \\ 6 \\ 0 \end{pmatrix}$

$\Rightarrow$ E: $18x_1 + 36x_2 + 36x_3 - 216 = 0$

b) $A = \frac{1}{2}\left|\overrightarrow{CM} \times \overrightarrow{CH}\right| = \left|\begin{pmatrix} 9 \\ 18 \\ 18 \end{pmatrix}\right| = 27$

Winkel α bei M: $\alpha = 63{,}43°$
Winkel β bei H: $\beta = 45°$
Winkel γ bei C: $\gamma = 71{,}57°$

15. a) Richtungsvektoren $\overrightarrow{PQ} = \begin{pmatrix} 0 \\ 1 \\ 2t+2 \end{pmatrix}$; $\overrightarrow{PR} = \begin{pmatrix} 6 \\ 3t \\ 0 \end{pmatrix}$;

Stützvektor z. B. $\overrightarrow{OP} = \begin{pmatrix} -7 \\ 5 \\ 0 \end{pmatrix}$

Normalenvektor $\overrightarrow{PQ} \times \overrightarrow{PR} = \begin{pmatrix} -6t(t+1) \\ 12(t+1) \\ -6 \end{pmatrix} \Rightarrow \overrightarrow{n_t} = \begin{pmatrix} -t(t+1) \\ 2(t+1) \\ -1 \end{pmatrix}$

$\Rightarrow$ E: $-t(t+1)x_1 + 2(t+1)x_2 - x_3 - (7t+10)(t+1) = 0$

b) (1) Der Normalenvektor muss mindestens eine Komponente gleich 0 besitzen. Damit: $t = -1$.

$\Rightarrow \overrightarrow{n_{-1}} = \begin{pmatrix} 0 \\ 0 \\ -1 \end{pmatrix}$, E_{-1} ist parallel zu der x_1- und x_2-Achse.

(2) Aus (1) folgt sofort, dass für $t = -1$ E_{-1} parallel zu der x_1-x_2-Ebene ist.

290

16. **a)** Richtungsvektoren von E_1: $\begin{pmatrix}4\\3\\0\end{pmatrix}$; $\begin{pmatrix}0\\3\\3\end{pmatrix}$; Stützvektor von E_1: $\begin{pmatrix}0\\3\\0\end{pmatrix}$

Normalenvektor von E_1: $\begin{pmatrix}4\\3\\0\end{pmatrix} \times \begin{pmatrix}0\\3\\3\end{pmatrix} = \begin{pmatrix}9\\-12\\12\end{pmatrix} \Rightarrow \vec{n} = \begin{pmatrix}3\\-4\\4\end{pmatrix}$

$\Rightarrow E_1$: $3x_1 - 4x_2 + 4x_3 + 12 = 0$

Richtungsvektoren von E_2: $\begin{pmatrix}0\\4\\4\end{pmatrix}$; $\begin{pmatrix}-4\\0\\4\end{pmatrix}$; Stützvektor von E_2: $\begin{pmatrix}6\\0\\2\end{pmatrix}$

Normalenvektor von E_2: $\begin{pmatrix}0\\4\\4\end{pmatrix} \times \begin{pmatrix}-4\\0\\4\end{pmatrix} = \begin{pmatrix}16\\-16\\16\end{pmatrix} \Rightarrow \vec{n} = \begin{pmatrix}1\\-1\\1\end{pmatrix}$

$\Rightarrow E_2$: $x_1 - x_2 + x_3 - 8 = 0$

b) Da die Normalenvektoren $\begin{pmatrix}3\\-4\\4\end{pmatrix}$ und $\begin{pmatrix}1\\-1\\1\end{pmatrix}$ nicht Vielfache voneinander sind, sind E_1 und E_2 nicht parallel.

17. **a)** Schnittpunkt S(0 | 2 | 0); Schnittwinkel $\alpha = 71{,}57°$

b) Normalenvektor: $\begin{pmatrix}1\\-2\\0\end{pmatrix} \times \begin{pmatrix}3\\4\\5\end{pmatrix} = \begin{pmatrix}-10\\-5\\10\end{pmatrix} \Rightarrow \overrightarrow{n_1} = \begin{pmatrix}-2\\-1\\2\end{pmatrix}$

$\Rightarrow E_1$: $-2x_1 - x_2 + 2x_3 + 2 = 0$

c) Richtungsvektoren von E_2: $\begin{pmatrix}-2\\-1\\2\end{pmatrix}$; $\begin{pmatrix}1\\-2\\0\end{pmatrix}$

Stützvektor z. B. $\begin{pmatrix}3\\-4\\0\end{pmatrix}$

Normalenvektor $\begin{pmatrix}-2\\-1\\2\end{pmatrix} \times \begin{pmatrix}1\\-2\\0\end{pmatrix} = \begin{pmatrix}20\\10\\25\end{pmatrix} \Rightarrow \overrightarrow{n_2} = \begin{pmatrix}4\\2\\5\end{pmatrix}$

$\Rightarrow E_2$: $4x_1 + 2x_2 + 5x_3 - 4 = 0$

290

18. a) Normalenvektor $\overrightarrow{n_t} = \begin{pmatrix} 1 \\ t-3 \\ 2t-1 \end{pmatrix}$

Parallelität zu einer Koordinatenachse $\Leftrightarrow$ eine Komponente des Normalenvektors ist null.
Für $t = 3$ ist E_3 parallel zur x_2-Achse.

Für $t = \frac{1}{2}$ ist $E_{\frac{1}{2}}$ parallel zur x_3-Achse.

Damit der Koordinatenursprung enthalten ist, muss $4t - 7 = 0$ sein.

Für $t = \frac{7}{4}$ enthält $E_{\frac{7}{4}}$ den Ursprung.

b) E_t orthogonal zur x_3-Achse $\Leftrightarrow \overrightarrow{n_t} \sim \begin{pmatrix} 0 \\ 0 \\ 1 \end{pmatrix}$. Dies kann nicht sein, da die erste Komponente von $\overrightarrow{n_t}$ nicht von t abhängt und ungleich 0 ist.

E_t orthogonal zu $x_2 \Leftrightarrow \overrightarrow{n_t} \sim \begin{pmatrix} 0 \\ 1 \\ 0 \end{pmatrix}$, unmöglich wegen erster Komponente von $\overrightarrow{n_t}$ gleich eins für alle t.

E_t orthogonal zu $x_1 \Leftrightarrow \overrightarrow{n_t} \sim \begin{pmatrix} 1 \\ 0 \\ 0 \end{pmatrix}$ unmöglich, da das LGS $\begin{vmatrix} t-3=0 \\ 2t-1=0 \end{vmatrix}$ keine Lösung besitzt.

6.2.6 Lagebeziehungen zwischen Ebenen und Geraden mithilfe von Normalenvektoren untersuchen

294

1. a) g ist parallel zu E.
b) g schneidet E in $S(-3 \mid 8 \mid 1)$.
c) g liegt ganz in E.
d) g schneidet E in $S\left(4 \,\middle|\, -\frac{7}{2} \,\middle|\, -\frac{1}{2}\right)$

2. a) $S(4 \mid 8 \mid -6)$
b) $S\left(-\frac{13}{8} \,\middle|\, -\frac{1}{4} \,\middle|\, -\frac{23}{8}\right)$
c) $S(5 \mid -10 \mid -2)$
d) $S(4 \mid -1 \mid -3)$

3. Schneide E: $x_1 = 0$ mit g: $\vec{x} = \begin{pmatrix} -1 \\ 1 \\ 2 \end{pmatrix} + r\begin{pmatrix} 1 \\ 1{,}5 \\ 3 \end{pmatrix} \Rightarrow S(0 \mid 2{,}5 \mid 5)$

4. $S(4 \mid 2 \mid 3)$

294

5. (1) **a)** Normalenvektor von E: $\vec{n} = \begin{pmatrix} 1 \\ 2 \\ 3 \end{pmatrix}$; Richtungsvektor von g: $\vec{u} = \begin{pmatrix} 1 \\ 2 \\ 3 \end{pmatrix}$

$\Rightarrow \vec{n} = \vec{u}$

Die Ebene steht senkrecht auf der Geraden.

b) neuer Richtungsvektor z. B. $\overrightarrow{u_2} = \begin{pmatrix} -2 \\ 1 \\ 0 \end{pmatrix}$, sodass $\overrightarrow{u_2} \cdot \vec{n} = 0$

$\Rightarrow g_2: \vec{x} = \begin{pmatrix} 2 \\ 9 \\ -4 \end{pmatrix} + s\begin{pmatrix} -2 \\ 1 \\ 0 \end{pmatrix}$

(2) **a)** Normalenvektor von E: $\vec{n} = \begin{pmatrix} 0 \\ 2 \\ -3 \end{pmatrix}$

Richtungsvektor von g: $\vec{u} = \begin{pmatrix} 1 \\ 3 \\ 2 \end{pmatrix}$

$\Rightarrow \vec{n} \cdot \vec{u} = 0$

Prüfe ob Stützvektor $\in$ E: $10 - 6 = 4 \Rightarrow$ g liegt in E

b) g liegt bereits in E.

6. **a)** Z. B. g: $\vec{x} = \begin{pmatrix} 1 \\ -2 \\ 4 \end{pmatrix} + t\begin{pmatrix} 1 \\ 1 \\ 1 \end{pmatrix}$

Für den Richtungsvektor $\vec{u}$ muss gelten $\vec{u} \cdot \begin{pmatrix} -2 \\ 5 \\ -1 \end{pmatrix} \neq 0$.

b) Z. B. g: $\vec{x} = \begin{pmatrix} 1 \\ 1 \\ 1 \end{pmatrix} + t\begin{pmatrix} 5 \\ 2 \\ 0 \end{pmatrix}$

Für den Richtungsvektor $\vec{u}$ muss gelten $\vec{u} \cdot \begin{pmatrix} -2 \\ 5 \\ -1 \end{pmatrix} = 0$ und der Stützvektor darf nicht in der Ebene liegen.

c) Z. B. g: $\vec{x} = \begin{pmatrix} 0 \\ 2 \\ 0 \end{pmatrix} + t\begin{pmatrix} 0 \\ 1 \\ 5 \end{pmatrix}$

Für den Richtungsvektor $\vec{u}$ muss gelten $\vec{u} \cdot \begin{pmatrix} -2 \\ 5 \\ -1 \end{pmatrix} = 0$ und der Stützvektor muss in der Ebene liegen.

295

7. Hilfsebene: E: $\begin{pmatrix} 3 \\ -2 \\ 4 \end{pmatrix} \cdot \left[\vec{x} - \begin{pmatrix} 4 \\ -5 \\ 8 \end{pmatrix} \right] = 0$

Schnittpunkt von E und g: $F\left(\frac{216}{29} \middle| \frac{1}{29} \middle| \frac{230}{29}\right)$ für $s = \frac{14}{29}$

$|\overrightarrow{FP}| = 6 \cdot \sqrt{\frac{30}{29}}$

8. Normalenvektor von E: $\vec{n} = \begin{pmatrix} 1 \\ 1 \\ -3 \end{pmatrix}$; Richtungsvektor von g: $\vec{u} = \begin{pmatrix} 0 \\ -3 \\ a \end{pmatrix}$

Es muss gelten $\vec{n} \cdot \vec{u} = -3 - 3a = 0 \Leftrightarrow a = -1$

9. Erweitere g durch Hinzunahme eines weiteren Richtungsvektors zu einer Ebene.

Z. B. E_1: $\vec{x} = \begin{pmatrix} 1 \\ 2 \\ 1 \end{pmatrix} + r\begin{pmatrix} 4 \\ -2 \\ 0 \end{pmatrix} + s\begin{pmatrix} 1 \\ 0 \\ 0 \end{pmatrix}$ $\quad$ E_2: $\vec{x} = \begin{pmatrix} 1 \\ 2 \\ 1 \end{pmatrix} + r\begin{pmatrix} 4 \\ -2 \\ 0 \end{pmatrix} + s\begin{pmatrix} 0 \\ 0 \\ 1 \end{pmatrix}$

Koordinatengleichungen E_1: $x_3 = 1$; E_2: $x_1 + 2x_2 = 5$

10. a) $\vec{n} = \begin{pmatrix} 1 \\ 2 \\ -1 \end{pmatrix}$, $\vec{n} \cdot \begin{pmatrix} 1 \\ -1 \\ -1 \end{pmatrix} = 0 \Rightarrow g \parallel E_1$; $(1 \mid 1 \mid -1) \in E_1 \Rightarrow$ g liegt in E_1

E_2: $\vec{x} = \begin{pmatrix} 1 \\ 1 \\ -1 \end{pmatrix} + r\begin{pmatrix} 1 \\ -1 \\ -1 \end{pmatrix} + s\begin{pmatrix} 1 \\ 0 \\ 0 \end{pmatrix}$

b) $\vec{n} = \begin{pmatrix} 1 \\ -1 \\ 0 \end{pmatrix}$, $\vec{n} \cdot \begin{pmatrix} 2 \\ 2 \\ 1 \end{pmatrix} = 0 \Rightarrow g \parallel E_1$; $(3 \mid 2 \mid 2) \in E_1 \Rightarrow$ g liegt in E_1

E_2: $\vec{x} = \begin{pmatrix} 3 \\ 2 \\ 2 \end{pmatrix} + r\begin{pmatrix} 2 \\ 2 \\ 1 \end{pmatrix} + s\begin{pmatrix} 1 \\ 0 \\ 0 \end{pmatrix}$

c) $\vec{n} = \begin{pmatrix} 1 \\ 1 \\ -3 \end{pmatrix}$, $\vec{n} \cdot \begin{pmatrix} 2 \\ 1 \\ 1 \end{pmatrix} = 0 \Rightarrow g \parallel E_1$; $(4 \mid 1 \mid 1) \in E_1 \Rightarrow$ g liegt in E_1

E_2: $\vec{x} = \begin{pmatrix} 4 \\ 1 \\ 1 \end{pmatrix} + r\begin{pmatrix} 2 \\ 1 \\ 1 \end{pmatrix} + s\begin{pmatrix} 1 \\ 0 \\ 0 \end{pmatrix}$

295 **11. a)**

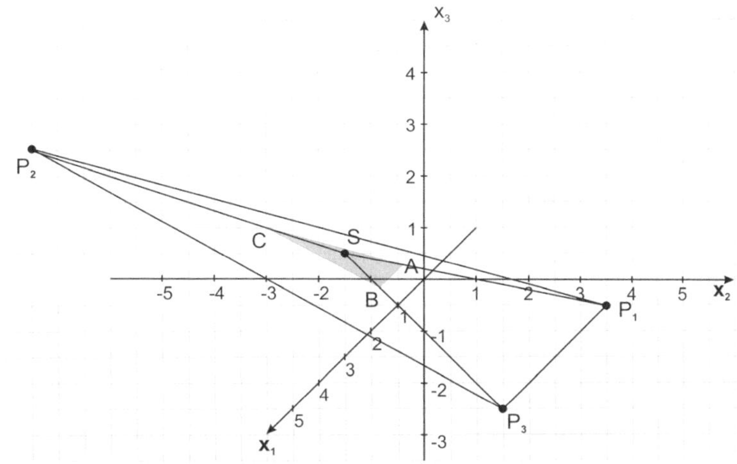

Eckpunkte des Dreiecks

Auf der Kante $\overline{P_1S}$: $A\left(\frac{16}{11}\middle|\ \frac{4}{11}\middle|\ 1\right)$

Auf der Kante $\overline{P_2S}$: $B\left(\frac{11}{6}\middle|\ -\frac{11}{6}\middle|\ \frac{11}{6}\right)$

Auf der Kante $\overline{P_3S}$: $C\left(\frac{16}{11}\middle|\ -\frac{1}{11}\middle|\ \frac{6}{11}\right)$

$A = \frac{1}{2}\left|\overrightarrow{AB} \times \overrightarrow{AC}\right| = 1{,}54$

b) Ebenen der Pyramiden

$$E_{SP_1P_2}: \vec{x} = \begin{pmatrix} 1 \\ -1 \\ 1 \end{pmatrix} + s\begin{pmatrix} 2 \\ 6 \\ 0 \end{pmatrix} + r\begin{pmatrix} 4 \\ -4 \\ 4 \end{pmatrix}; \quad E_{SP_2P_3}: \vec{x} = \begin{pmatrix} 1 \\ -1 \\ 1 \end{pmatrix} + s\begin{pmatrix} 4 \\ -4 \\ 4 \end{pmatrix} + r\begin{pmatrix} 2 \\ 4 \\ -2 \end{pmatrix}$$

$$E_{SP_1P_2}: \vec{x} = \begin{pmatrix} 1 \\ -1 \\ 1 \end{pmatrix} + s\begin{pmatrix} 2 \\ 6 \\ 0 \end{pmatrix} + r\begin{pmatrix} 2 \\ 4 \\ -2 \end{pmatrix}; \quad E_{P_1P_2P_3}: \vec{x} = \begin{pmatrix} 5 \\ -5 \\ 5 \end{pmatrix} + s\begin{pmatrix} -2 \\ 10 \\ -4 \end{pmatrix} + r\begin{pmatrix} -2 \\ 8 \\ -6 \end{pmatrix}$$

Richtungsvektor von g: $\vec{u} = \begin{pmatrix} 1 \\ -1 \\ 1 \end{pmatrix}$

Schnittpunkt g und $E_{SP_1P_2}$: $S_1\left(\frac{9}{5}\middle|\ \frac{6}{5}\middle|\ \frac{4}{5}\right)$

Schnittpunkt g und $E_{P_1P_2P_3}$: $S_2\left(\frac{21}{5}\middle|\ -\frac{6}{5}\middle|\ \frac{16}{5}\right)$

$\Rightarrow \overline{S_1S_2}$ oder g für $t \in \left[-\frac{1}{5};\ \frac{11}{5}\right]$ liegen innerhalb der Pyramide.

295

12. a) Löse $\left|\begin{array}{r} x_1 + x_2 - x_3 = 1 \\ 4x_1 - x_2 - x_3 = 3 \end{array}\right| \Rightarrow \left|\begin{array}{r} x_1 + x_2 - x_3 = 1 \\ -5x_2 + 3x_3 = -1 \end{array}\right|$

Setze $x_3 = t \Rightarrow x_2 = \frac{1+3t}{5} \Rightarrow x_1 = \frac{4+2t}{5}$

$$\Rightarrow \vec{x} = \begin{pmatrix} \frac{4}{5} \\ \frac{1}{5} \\ 0 \end{pmatrix} + t\begin{pmatrix} 2 \\ 3 \\ 5 \end{pmatrix}$$

b) g: $\vec{x} = \begin{pmatrix} -\frac{48}{5} \\ -\frac{12}{5} \\ 0 \end{pmatrix} + t\begin{pmatrix} 7 \\ -2 \\ -5 \end{pmatrix}$

13. a) $E_1 = E_2$; $E_1 \not\parallel E_3$; $E_2 \not\parallel E_3$

b) $E_1 \not\parallel E_2$; $E_1 \parallel E_3$; $E_2 \not\parallel E_3$

c) $E_1 \parallel E_2$; $E_1 \parallel E_3$; $E_2 \parallel E_3$

6.2.7 Vektorprodukt

296

Einstieg

- Wegen $\vec{w} \perp \vec{u}$ und $\vec{w} \perp \vec{v}$ ergibt sich $\left|\begin{array}{r} 3w_1 + 5w_2 - 2w_3 = 0 \\ -w_2 + 3w_3 = 0 \end{array}\right|$

  mit der Lösung $\vec{w} = \begin{pmatrix} -\frac{13}{3}t \\ 3t \\ t \end{pmatrix}$ und $t \in \mathbb{R}$, wobei $t \neq 0$

  Normalenvektoren sind z. B.

  $\overrightarrow{w_1} = \begin{pmatrix} -13 \\ 9 \\ 3 \end{pmatrix}$, $\overrightarrow{w_2} = \begin{pmatrix} -\frac{13}{3} \\ 3 \\ 1 \end{pmatrix}$, $\overrightarrow{w_3} = \begin{pmatrix} -26 \\ 18 \\ 6 \end{pmatrix}$

- Aus $\vec{w} * \vec{u} = 0$ und $\vec{w} * \vec{v} = 0$ erhält man ein lineares Gleichungssystem der Art $\left|\begin{array}{r} w_1u_1 + w_2u_2 + w_3u_3 = 0 \\ w_1v_1 + w_2v_2 + w_3v_3 = 0 \end{array}\right|$.

  Alle Lösungen $\vec{w} = \begin{pmatrix} w_1 \\ w_2 \\ w_3 \end{pmatrix}$ sind Vektoren, die sowohl zu $\vec{u}$, als auch zu $\vec{v}$ orthogonal sind.

298

2. (1) $\vec{a}$ und $\vec{b}$ Vielfache voneinander:

$\vec{b} = r \cdot \vec{a};\ r \in \mathbb{R} \setminus \{0\}$

$$\vec{a} \times \vec{b} = \vec{a} \times r\vec{a} = \begin{pmatrix} a_2 r a_3 - a_3 r a_2 \\ a_3 r a_1 - a_1 r a_3 \\ a_1 r a_2 - a_2 r a_1 \end{pmatrix} = \vec{o}$$

(2) $$\vec{b} \times \vec{a} = \begin{pmatrix} b_2 a_3 - b_3 a_2 \\ b_3 a_1 - b_1 a_3 \\ b_1 a_2 - b_2 a_1 \end{pmatrix} = \begin{pmatrix} -a_2 b_3 + a_3 b_2 \\ -a_3 b_1 + a_1 b_3 \\ -a_1 b_2 + a_2 b_1 \end{pmatrix}$$

$$= -\begin{pmatrix} a_2 b_3 - a_3 b_2 \\ a_3 b_1 - a_1 b_3 \\ a_1 b_2 - a_2 b_1 \end{pmatrix} = -\vec{a} \times \vec{b}$$

(3) $$\vec{a} \times (\vec{b} + \vec{c}) = \begin{pmatrix} a_2(b_3 + c_3) - a_3(b_2 + c_2) \\ a_3(b_1 + c_1) - a_1(b_3 + c_3) \\ a_1(b_2 + c_2) - a_2(b_1 + c_1) \end{pmatrix}$$

$$= \begin{pmatrix} a_2 b_3 - a_3 b_2 + a_2 c_3 - a_3 c_2 \\ a_3 b_1 - a_1 b_3 + a_3 c_1 - a_1 c_3 \\ a_1 b_2 - a_2 b_1 + a_1 c_2 - a_2 c_1 \end{pmatrix}$$

$$= \begin{pmatrix} a_2 b_3 - a_3 b_2 \\ a_3 b_1 - a_1 b_3 \\ a_1 b_2 - a_2 b_1 \end{pmatrix} + \begin{pmatrix} a_2 c_3 - a_3 c_2 \\ a_3 c_1 - a_1 c_3 \\ a_1 c_2 - a_2 c_1 \end{pmatrix} = \vec{a} \times \vec{b} + \vec{a} \times \vec{c}$$

(4) $$\vec{a} \times (r \cdot \vec{b}) = \begin{pmatrix} a_2 r b_3 - a_3 r b_2 \\ a_3 r b_1 - a_1 r b_3 \\ a_1 r b_2 - a_2 r b_1 \end{pmatrix} = \begin{pmatrix} r(a_2 b_3 - a_3 b_2) \\ r(a_3 b_1 - a_1 b_3) \\ r(a_1 b_2 - a_2 b_1) \end{pmatrix} = r(\vec{a} \times \vec{b})$$

3. Nach Satz 8 ist der Flächeninhalt eines Parallelogramms, das von $\overrightarrow{AB}$ und $\overrightarrow{AC}$ aufgespannt wird, $A_P = |\overrightarrow{AB} \times \overrightarrow{AC}|$. Für den Flächeninhalt gilt $A_P = 2A$ und somit $A = \frac{1}{2}|\overrightarrow{AB} \times \overrightarrow{AC}|$.

4. Wenn $\vec{u} \parallel \vec{v}$, dann sind die Vektoren Vielfache voneinander und es gibt eine Zahl λ, sodass $\vec{u} = \lambda \cdot \vec{v}$.

Mit $\vec{u} = \begin{pmatrix} u_1 \\ u_2 \\ u_3 \end{pmatrix}$ ergibt sich $\vec{v} = \lambda \cdot \begin{pmatrix} u_1 \\ u_2 \\ u_3 \end{pmatrix}$ und somit

$$\vec{u} \times \vec{v} = \begin{pmatrix} u_2 \cdot \lambda \cdot u_3 - u_3 \cdot \lambda \cdot u_2 \\ u_3 \cdot \lambda \cdot u_1 - u_1 \cdot \lambda \cdot u_3 \\ u_1 \cdot \lambda \cdot u_2 - u_2 \cdot \lambda \cdot u_1 \end{pmatrix} = \vec{o}$$

298

4. Fortsetzung

- Wenn $\vec{u} \times \vec{v} = \vec{o}$, dann gilt: $\begin{pmatrix} u_2 \cdot v_3 - u_3 \cdot v_2 \\ u_3 \cdot v_1 - u_1 \cdot v_3 \\ u_1 \cdot v_2 - u_2 \cdot v_1 \end{pmatrix} = \vec{o}$

Daraus ergibt sich $\left| \begin{array}{rrrl} & -u_3 \cdot v_2 & + u_2 \cdot v_3 & = 0 \\ u_3 \cdot v_1 & & - u_1 \cdot v_3 & = 0 \\ -u_2 \cdot v_1 & + u_1 \cdot v_2 & & = 0 \end{array} \right|$.

Löst man dieses Gleichungssystem nach v_1, v_2 und v_3 auf, so ergibt sich aus der 1. Zeile $v_3 = \frac{u_3}{u_2} \cdot v_2$ und aus der 3. Zeile $v_1 = \frac{u_1}{u_2} \cdot v_2$ und somit

$$\vec{v} = \begin{pmatrix} \frac{u_1}{u_2} \cdot v_2 \\ v_2 \\ \frac{u_3}{u_2} \cdot v_2 \end{pmatrix} = \frac{v_2}{u_2} \cdot \begin{pmatrix} u_1 \\ u_2 \\ u_3 \end{pmatrix}.$$

$\vec{v}$ ist also ein Vielfaches von $\vec{u}$ und somit gilt $\vec{u} \parallel \vec{v}$.

299

5. Zu $\vec{u}$ und $\vec{v}$ orthogonale Vektoren sind Vielfache von $\vec{u} \times \vec{v} = \begin{pmatrix} 13 \\ -9 \\ -3 \end{pmatrix}$.

6. **a)** $\vec{a} \times \vec{b} = \begin{pmatrix} -1 \\ 17 \\ 10 \end{pmatrix}$ **b)** $\vec{a} \times \vec{b} = \begin{pmatrix} 16 \\ 6 \\ 15 \end{pmatrix}$ **c)** $\vec{a} \times \vec{b} = \begin{pmatrix} -4 \\ -7 \\ 1 \end{pmatrix}$

7. **a)** $A = \frac{1}{2}\left|\overrightarrow{PQ} \times \overrightarrow{PR}\right| = \frac{1}{2}\left| \begin{pmatrix} 5 \\ -6 \\ 4 \end{pmatrix} \times \begin{pmatrix} 9 \\ 7 \\ -9 \end{pmatrix} \right| = \frac{1}{2}\left| \begin{pmatrix} 26 \\ 81 \\ 89 \end{pmatrix} \right| = \frac{1}{2}\sqrt{15\,158} \approx 61{,}56$

b) $A = \frac{1}{2}\left|\overrightarrow{PQ} \times \overrightarrow{PR}\right| = \frac{1}{2}\left| \begin{pmatrix} 4 \\ 7 \\ -7 \end{pmatrix} \times \begin{pmatrix} 3 \\ 12 \\ 9 \end{pmatrix} \right| = \frac{1}{2}\left| \begin{pmatrix} 147 \\ -57 \\ 27 \end{pmatrix} \right| = \frac{1}{2}3\sqrt{2\,843} \approx 80{,}00$

8. **a)** Man erkennt hier leicht, dass alle Vektoren $\vec{w}$ mit $\vec{w} = \begin{pmatrix} t \\ t \\ -t \end{pmatrix}$ und $t \in \mathbb{R}$ mit $t \neq 0$ zu den beiden Vektoren $\vec{u}$ und $\vec{v}$ orthogonal sind.

$|\vec{w}| = \sqrt{t^2 + t^2 + (-t)^2} = \sqrt{3} \cdot |t|$

Für $t = \frac{1}{\sqrt{3}}$ und $t = -\frac{1}{\sqrt{3}}$ hat $\vec{w}$ die Länge 1.

Man kann auch das Vektorprodukt bilden: $\vec{u} \times \vec{v} = \begin{pmatrix} -1 \\ -1 \\ 1 \end{pmatrix}$. Durch Vervielfachen mit $\frac{1}{\sqrt{3}}$ oder $-\frac{1}{\sqrt{3}}$ erhält man einen Vektor der Länge 1.

299

8. b) $\vec{u} \times \vec{v} = \begin{pmatrix} 3 \\ 7 \\ 8 \end{pmatrix}$ $\quad |\vec{u} \times \vec{v}| = \sqrt{3^2 + 7^2 + 8^2} = \sqrt{122}$

Der Vektor $\frac{1}{\sqrt{122}} \cdot \begin{pmatrix} 3 \\ 7 \\ 8 \end{pmatrix}$ ist orthogonal zu $\vec{u}$ und $\vec{v}$ und hat die Länge 1.

9. a) $\begin{pmatrix} 2 \\ 1 \\ 0 \end{pmatrix} \times \begin{pmatrix} -1 \\ -2 \\ 1 \end{pmatrix} = \begin{pmatrix} 1 \\ -2 \\ -3 \end{pmatrix}$ $\quad$ Ansatz: $x_1 - 2x_2 - 3x_3 = d$

Koordinaten des Aufpunktes einsetzen ergibt d = 3.
Lösung: $x_1 - 2x_2 - 3x_3 = 3$
Die Lösungen der anderen Teilaufgaben erhält man analog.

b) $x_1 + 3x_2 + 8x_3 = -20$

c) $11x_1 = 0$, also $x_1 = 0$
Es handelt sich hier also um die x_2x_3-Ebene.

d) $3x_1 - x_2 + 7x_3 = 12$

10. Berechne das Volumen der Pyramide.
Die Punkte bilden eine Pyramide ⇔ V > 0.
Volumen (mit Aufgabe 5):

$V = \frac{1}{6} \cdot \left|\left(\overrightarrow{AB} \times \overrightarrow{AC}\right) * \overrightarrow{AD}\right| = \frac{217}{6} \approx 36{,}167$

Oberflächeninhalt = Summe über 4 Dreiecke, z. B.

$$A_1 = \frac{1}{2}\left|\overrightarrow{AB} \times \overrightarrow{AC}\right| = \frac{1}{2}\left|\begin{pmatrix} -6 \\ 9 \\ -10 \end{pmatrix}\right| = \frac{1}{2}\sqrt{217} \approx 7{,}365$$

$$A_2 = \frac{1}{2}\left|\overrightarrow{AB} \times \overrightarrow{AD}\right| = \frac{1}{2}\left|\begin{pmatrix} 14 \\ -21 \\ -49 \end{pmatrix}\right| = \frac{7}{2}\sqrt{62} \approx 27{,}559$$

$$A_3 = \frac{1}{2}\left|\overrightarrow{AC} \times \overrightarrow{AD}\right| = \frac{1}{2}\left|\begin{pmatrix} -27 \\ -68 \\ -45 \end{pmatrix}\right| = \frac{1}{2}\sqrt{7378} \approx 42{,}948$$

$$A_4 = \frac{1}{2}\left|\overrightarrow{BC} \times \overrightarrow{BD}\right| = \frac{1}{2}\left|\begin{pmatrix} 2 \\ -2 \\ -3 \end{pmatrix} \times \begin{pmatrix} 8 \\ -11 \\ 7 \end{pmatrix}\right| = \frac{1}{2}\left|\begin{pmatrix} -47 \\ -38 \\ -6 \end{pmatrix}\right| = \frac{1}{2}\sqrt{3689} \approx 30{,}369$$

$\Rightarrow A = A_1 + A_2 + A_3 + A_4 \approx 108{,}241$

299

11. **a)** Da $\overrightarrow{AB} = \overrightarrow{DC} = \begin{pmatrix} 4 \\ 3 \\ -1 \end{pmatrix}$ und $\overrightarrow{AD} = \overrightarrow{BC} = \begin{pmatrix} -1 \\ 2 \\ 2 \end{pmatrix}$ und $\overrightarrow{AB} \cdot \overrightarrow{AD} = 0$ ist,

ist die Grundfläche ein Rechteck.

b) Es gibt 3 Flächen:

$$A_{ABCD} = \left|\overrightarrow{AB} \times \overrightarrow{AD}\right| = \left|\begin{pmatrix} 8 \\ -7 \\ 11 \end{pmatrix}\right| = 3\sqrt{26} \approx 15{,}3$$

$$A_{BCFG} = \left|\overrightarrow{BC} \times \overrightarrow{BF}\right| = \left|\begin{pmatrix} -1 \\ 2 \\ 2 \end{pmatrix} \times \begin{pmatrix} -2 \\ 2 \\ 6 \end{pmatrix}\right| = \left|\begin{pmatrix} 8 \\ 2 \\ 2 \end{pmatrix}\right| = 6\sqrt{2} \approx 8{,}5$$

$$A_{ABEF} = \left|\overrightarrow{BA} \times \overrightarrow{BF}\right| = \left|\begin{pmatrix} -20 \\ 22 \\ -14 \end{pmatrix}\right| = 6\sqrt{30} \approx 32{,}9$$

$\Rightarrow$ Die Seiten ABEF und DCGH haben den größten Flächeninhalt.

c) $V = \left|\left(\overrightarrow{BA} \times \overrightarrow{BC}\right) * \overrightarrow{BF}\right| = \left|\begin{pmatrix} -8 \\ 7 \\ -11 \end{pmatrix} * \begin{pmatrix} -2 \\ 2 \\ 6 \end{pmatrix}\right| = 36$

12. **a)** R(2 | 10 | 10)

b) Zerlege das Viereck in zwei Dreiecke PSQ und RSQ

$$\begin{aligned} A &= A_{PSQ} + A_{RSQ} \\ &= \tfrac{1}{2}\left|\overrightarrow{PS} \times \overrightarrow{PQ}\right| + \tfrac{1}{2}\left|\overrightarrow{RS} \times \overrightarrow{RQ}\right| \\ &= \tfrac{1}{2}\left|\begin{pmatrix} -5 \\ 0 \\ 5 \end{pmatrix} \times \begin{pmatrix} 0 \\ 10 \\ -3 \end{pmatrix}\right| + \tfrac{1}{2}\left|\begin{pmatrix} 3 \\ -10 \\ 0 \end{pmatrix} \times \begin{pmatrix} 8 \\ 0 \\ -8 \end{pmatrix}\right| \\ &= \tfrac{1}{2}\left|\begin{pmatrix} -50 \\ -15 \\ -50 \end{pmatrix}\right| + \tfrac{1}{2}\left|\begin{pmatrix} 80 \\ 24 \\ 80 \end{pmatrix}\right| = \tfrac{13}{2}\sqrt{209} \approx 93{,}97 \end{aligned}$$

c) Bei P: $\alpha_P \approx 101{,}723°$ Bei S: $\alpha_S \approx 101{,}723°$

Bei R: $\alpha_R \approx 78{,}277°$ Bei Q: $\alpha_Q \approx 78{,}277°$

13. **a)** Es gilt $E_t: \vec{x} = \begin{pmatrix} -1 \\ 1 \\ -1 \end{pmatrix} + r\begin{pmatrix} 0 \\ 1 \\ 2t+2 \end{pmatrix} + s\begin{pmatrix} 6 \\ 3t \\ 0 \end{pmatrix}$

und $g_t: \vec{x} = \begin{pmatrix} 7 \\ -11 \\ 4 \end{pmatrix} + r\begin{pmatrix} -3t(2+2t) \\ 6(2+2t) \\ -6 \end{pmatrix}$

g_t kann wegen der x_3-Koordinate -6 nur parallel zur x_3-Achse laufen. $2 + 2t = 0 \Leftrightarrow t = -1$.

299 **13. b)** $A = \frac{1}{2}\left|\overrightarrow{AB_{-1}} \times \overrightarrow{AC_{-1}}\right| = \frac{1}{2}\left|\begin{pmatrix} 0 \\ 0 \\ -6 \end{pmatrix}\right| = 3$

14. Das Volumen des Spats berechnet sich nach Grundseite mal Höhe:
$V = G \cdot h$.

Hierbei ist die Grundseite ein Parallelogramm, für das $G = |\vec{a} \times \vec{b}|$ gilt.
Für die Höhe h gilt $h = |\vec{c}| \cdot \cos\alpha$, wobei α der Winkel zwischen $\vec{c}$ und einem auf $\vec{a}$ und $\vec{b}$ senkrecht stehenden Vektor ist.

$\Rightarrow V = |\vec{a} \times \vec{b}| \cdot |\vec{c}| \cdot \cos\alpha$

Nach Satz (S. 242) ist dies $V = |(\vec{a} \times \vec{b}) * \vec{c}|$.

6.3 Winkel zwischen Geraden und Ebenen

6.3.1 Winkel zwischen einer Geraden und einer Ebene

300 **Einstieg**

- Man kann sich dies an einem konkreten Beispiel klar machen, indem man die Parameterdarstellung einer Geraden und einer Ebene vorgibt und die Winkel bestimmt:

  Beispiel: E: $\vec{x} = \begin{pmatrix} 3 \\ 2 \\ 1 \end{pmatrix} + r \cdot \begin{pmatrix} 3 \\ 4 \\ 0 \end{pmatrix} + t \cdot \begin{pmatrix} 0 \\ 0 \\ 1 \end{pmatrix}$; g: $\vec{x} = \begin{pmatrix} 3 \\ 2 \\ 1 \end{pmatrix} + k \cdot \begin{pmatrix} 1 \\ 0 \\ 0 \end{pmatrix}$

  Richtungsvektoren der Ebene:

  $\vec{u} = \begin{pmatrix} 3 \\ 4 \\ 0 \end{pmatrix}$, $\vec{v} = \begin{pmatrix} 0 \\ 0 \\ 1 \end{pmatrix}$; $|\vec{u}| = 5$, $|\vec{v}| = 1$

  Richtungsvektor der Geraden:

  $\vec{w} = \begin{pmatrix} 1 \\ 0 \\ 0 \end{pmatrix}$, $|\vec{w}| = 1$

  Winkel zwischen $\vec{w}$ und $\vec{u}$ berechnen: $\cos\varphi = \frac{\vec{u} * \vec{w}}{|\vec{u}| \cdot |\vec{w}|} = \frac{3}{5}$; $\varphi \approx 53°$

  Winkel zwischen $\vec{w}$ und $\vec{v}$ berechnen:
  $\cos\varphi = 0$; $\varphi = 90°$. Die Winkel sind verschieden.

300

- Wenn man ein Buch auf den Tisch legt und auf das Buch einen Stift in schräger Position stellt und dann versucht, den Winkel zwischen dem Buch und dem Stift mit einem Geodreieck zu messen, wird man das Geodreieck so halten, dass es orthogonal zum Buch steht und das der Stift dabei so auf der Dreiecksfläche liegt, so als ob er in der Ebene des Geodreiecks liegt. Legt man das Dreieck anders an, z. B. mit der unteren Kante auf dem Buch an einen anderen Richtungsvektor, sodass der Stift in der Ebene des Dreiecks bleibt, steht das Dreieck nicht mehr orthogonal auf dem Buch und der gemessene Winkel wird größer.

- Siehe dazu Lösung b) von Aufgabe 1 im Schülerband auf S. 301.

301

2. a) $\vec{n} = \begin{pmatrix} 1 \\ 0 \\ 2 \end{pmatrix}; \vec{v} = \begin{pmatrix} -2 \\ 5 \\ 8 \end{pmatrix}; \sin\varphi = \frac{14}{\sqrt{465}} \Rightarrow \varphi \approx 40{,}48°$

b) $\vec{n} = \begin{pmatrix} 5 \\ 1 \\ 3 \end{pmatrix}; \vec{v} = \begin{pmatrix} 0 \\ -2 \\ 1 \end{pmatrix}; \sin\varphi = \frac{1}{5\sqrt{7}} \Rightarrow \varphi \approx 4{,}34°$

c) $\vec{n} = \begin{pmatrix} 3 \\ 2 \\ 1 \end{pmatrix}; \vec{v} = \begin{pmatrix} 0 \\ -1 \\ 0 \end{pmatrix}; \sin\varphi = \frac{2}{\sqrt{14}} \Rightarrow \varphi \approx 32{,}31°$

3. Wegen $\vec{n} \cdot \vec{v} = 0$ liegt g entweder in E oder parallel zu E. Da $(1 \mid 2 \mid 3) \notin E$, liegt g parallel. Es existiert also kein Schnittwinkel.

302

4. Z. B. $\overrightarrow{v_R} = \begin{pmatrix} 4 \\ 3 \\ -5 \end{pmatrix}; \overrightarrow{v_G} = \begin{pmatrix} 4 \\ -3 \\ -5 \end{pmatrix}$

Ebene \ Gerade	Rot	Grün
x_1x_2	45°	45°
x_1x_3	25,1°	25,1°
x_2x_3	34,45°	34,45°

5. Spurpunkte E_1: $S_1\left(\frac{2}{3} \mid 0 \mid 0\right)$; $S_2(0 \mid -1 \mid 0)$; $S_3(0 \mid 0 \mid 2)$

Spurpunkte E_2: $S_1(0 \mid 0 \mid 0)$; $S_2(0 \mid 0 \mid 0)$; $S_3(0 \mid 0 \mid 0)$

Winkel:

Achse \ Ebene	E_1	E_2
x_1	53,3°	24,1°
x_2	32,31°	24,1°
x_3	15,5°	54,74°

302 5. Fortsetzung

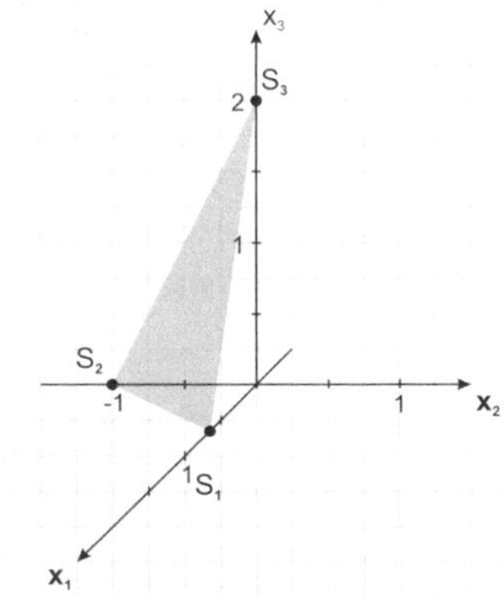

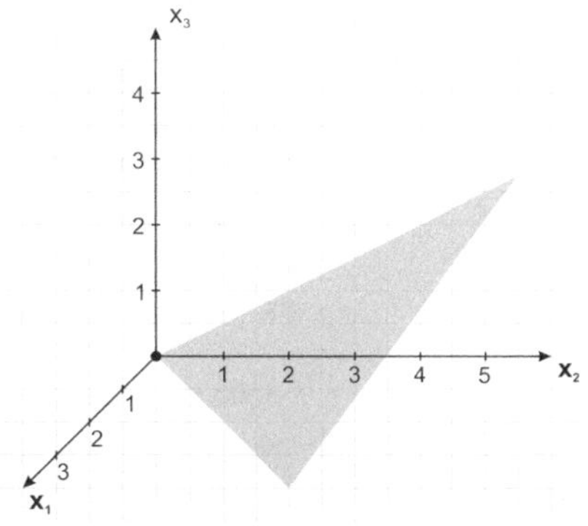

6. a) g liegt auf E
b) g liegt auf E
c) E: $x_1 + 2x_2 - 3x_3 = -28$ $S\left(-\frac{4}{7} \mid -\frac{36}{7} \mid \frac{40}{7}\right)$, $\varphi = 90°$,
Projektion besteht nur aus S.

7. $\vec{n} = \begin{pmatrix} 2 \\ 3 \\ 1 \end{pmatrix}$; $|\vec{n}| = \sqrt{14}$; $\sin(30°) = \frac{1}{2}$

Der Richtungsvektor habe die Länge 1

$\Rightarrow \frac{1}{2} = \frac{2v_1 + 3v_2 + v_3}{\sqrt{15}}$; $v_1^2 + v_2^2 + v_3^2 = 1$

Beispiele für Richtungsvektoren: $\overrightarrow{v_1} = \begin{pmatrix} 0,864 \\ 0,503 \\ 0 \end{pmatrix}$; $\overrightarrow{v_2} = \begin{pmatrix} 0,778 \\ 0 \\ 0,628 \end{pmatrix}$

Beispiele für die Position des Lasers:
$P_1 = (21,6 \mid 12,575 \mid 0)$; $P_2(19,45 \mid 0 \mid 15,7)$
(Alle möglichen Punkte bilden einen Kreis)

8. a) $D(-6 \mid 3 \mid 2)$;

Normalenvektor von E_{ABC} mit Länge 9: $\vec{n} = 3 \cdot \begin{pmatrix} 2 \\ 2 \\ 1 \end{pmatrix} = \begin{pmatrix} 6 \\ 6 \\ 3 \end{pmatrix}$;

Mittelpunkt von ABCD: $M(-3 \mid 0 \mid 2) \Rightarrow \overrightarrow{OS} = \overrightarrow{OM} \pm \vec{n}$
$\Rightarrow S(3 \mid 6 \mid 5)$ oder $S(-9 \mid -6 \mid -1)$
Da S oberhalb von x_1x_2-Ebene, ist die Lösung $S(3 \mid 6 \mid 5)$.

302

8. **b)** $\overrightarrow{SA} = \begin{pmatrix} -7 \\ -7 \\ 1 \end{pmatrix}$; $\overrightarrow{SB} = \begin{pmatrix} -3 \\ -9 \\ -3 \end{pmatrix}$; $\cos\varphi = \frac{9}{11} \Rightarrow \varphi \approx 35{,}1°$

c) Richtungsvektor der Seitenkante S_A: $\vec{v} = \begin{pmatrix} -7 \\ -7 \\ 1 \end{pmatrix}$

Winkel zwischen Seitenkante und Grundfläche:

$\sin\alpha = \frac{|\vec{v} \cdot \vec{n}|}{|\vec{v}| \cdot |\vec{n}|} \Rightarrow \alpha \approx 64{,}8°$

9. **a)** Mastspitze M(2 | 1 | 9)

Gerade der Sonnenstrahlen g: $\vec{x} = \begin{pmatrix} 2 \\ 1 \\ 9 \end{pmatrix} + r\begin{pmatrix} 1 \\ -2 \\ -2 \end{pmatrix}$

Schnittpunkt von g mit E: $S_1\left(\frac{54}{11} \middle| -\frac{53}{11} \middle| \frac{35}{11}\right)$

Winkel zwischen g und E: $\vec{n} = \begin{pmatrix} 1 \\ 2 \\ 4 \end{pmatrix}$; $\sin\varphi_1 = \frac{|\vec{n} \cdot \vec{u}|}{|\vec{n}| \cdot |\vec{u}|} \Rightarrow \varphi_1 \approx 53{,}14°$

b) Richtungsvektor des Seils: $\vec{n} = \begin{pmatrix} 1 \\ 2 \\ 4 \end{pmatrix}$

Befestigungspunkt (2 | 1 | 3)

Gerade des Seils g_S: $\vec{x} = \begin{pmatrix} 2 \\ 1 \\ 3 \end{pmatrix} + s\begin{pmatrix} 1 \\ 2 \\ 4 \end{pmatrix}$

Schnittpunkt g_S mit E: $S_2\left(\frac{34}{21} \middle| \frac{5}{21} \middle| \frac{31}{21}\right)$

Winkel zwischen g_S und Mast: $\overrightarrow{n_M} = \begin{pmatrix} 0 \\ 0 \\ 1 \end{pmatrix}$

$\cos\varphi_2 = \frac{|\overrightarrow{n_M} \cdot \vec{n}|}{|\overrightarrow{n_M}| \cdot |\vec{n}|} \Rightarrow \varphi_2 \approx 29{,}2°$

6.3.2 Winkel zwischen Ebenen

304

1. **a)** $\cos(\varphi) = \frac{1}{3}$ $\varphi \approx 70{,}53°$

b) $\cos(\varphi) = \frac{1}{2}$ $\varphi = 60°$

c) $\overrightarrow{n_1} * \overrightarrow{n_2} = 0 \Rightarrow \varphi = 90°$

304

1. d) $\overrightarrow{n_2} = \begin{pmatrix} 4 \\ -5 \\ -1 \end{pmatrix} \Rightarrow \cos(\varphi) = \frac{\sqrt{126}}{63}$ $\varphi \approx 79{,}74°$

e) $\overrightarrow{n_2} = \begin{pmatrix} 9 \\ 4 \\ -7 \end{pmatrix} \Rightarrow \cos(\varphi) = \frac{4 \cdot \sqrt{292}}{73}$ $\varphi \approx 20{,}56°$

f) $\overrightarrow{n_1} = \begin{pmatrix} 1 \\ -2 \\ -1 \end{pmatrix}, \overrightarrow{n_2} = \begin{pmatrix} 7 \\ -5 \\ -4 \end{pmatrix} \Rightarrow \cos(\varphi) = \frac{7\sqrt{60}}{60}$ $\varphi \approx 25{,}35°$

g) $\overrightarrow{n_1} = \begin{pmatrix} 4 \\ 5 \\ 1 \end{pmatrix}, \overrightarrow{n_2} = \begin{pmatrix} 1 \\ -2 \\ 0 \end{pmatrix} \Rightarrow \cos(\varphi) = \frac{-6}{\sqrt{210}}$ $\varphi \approx 65{,}54°$

h) $\overrightarrow{n_1} = \begin{pmatrix} 2 \\ 2 \\ 1 \end{pmatrix}, \overrightarrow{n_2} = \begin{pmatrix} -4 \\ 11 \\ 5 \end{pmatrix} \Rightarrow \cos(\varphi) = \frac{19}{27\sqrt{2}}$ $\varphi \approx 60{,}16°$

2. Normalenvektoren der Koordinatenebenen

x_1x_2-Ebene $\overrightarrow{n_{12}} = \begin{pmatrix} 0 \\ 0 \\ 1 \end{pmatrix} \Rightarrow$ Winkel φ_1

x_1x_3-Ebene $\overrightarrow{n_{13}} = \begin{pmatrix} 0 \\ 1 \\ 0 \end{pmatrix} \Rightarrow$ Winkel φ_2

x_2x_3-Ebene $\overrightarrow{n_{23}} = \begin{pmatrix} 1 \\ 0 \\ 0 \end{pmatrix} \Rightarrow$ Winkel φ_3

a) $\vec{n} = \begin{pmatrix} 1 \\ -1 \\ -2 \end{pmatrix};$ $\cos\varphi_1 = \sqrt{\frac{2}{3}};\ \varphi_1 \approx 35{,}26°$

$\cos\varphi_2 = \frac{1}{\sqrt{6}};\ \varphi_2 \approx 65{,}91°$

$\cos\varphi_3 = \frac{1}{\sqrt{6}};\ \varphi_3 \approx 65{,}91°$

304 **2. a)** Fortsetzung

Spurpunkte $S_1(6 \mid 0 \mid 0)$; $S_2(0 \mid -6 \mid 0)$; $S_3(0 \mid 0 \mid -3)$

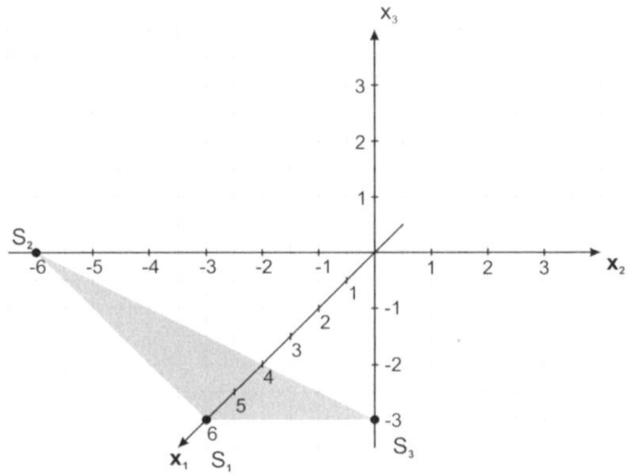

b) $\vec{n} = \begin{pmatrix} 1 \\ -3 \\ 5 \end{pmatrix}$; $\quad \cos\varphi_1 = \sqrt{\frac{5}{7}}$; $\varphi_1 \approx 32{,}31°$

$\cos\varphi_2 = \frac{3}{\sqrt{35}}$; $\varphi_2 \approx 59{,}53°$

$\cos\varphi_3 = \frac{1}{\sqrt{35}}$; $\varphi_3 \approx 80{,}27°$

E: $x_1 - 3x_2 + 5x_3 = 4$

$S_1(4 \mid 0 \mid 0)$; $S_2\left(0 \mid -\frac{4}{3} \mid 0\right)$; $S_3\left(0 \mid 0 \mid \frac{4}{5}\right)$

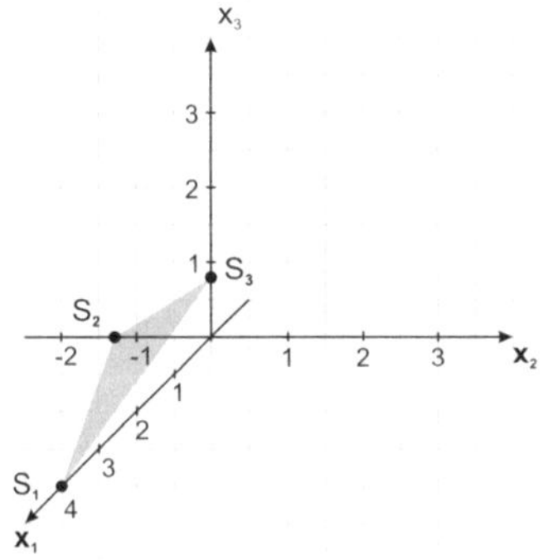

304

2. c) $\vec{n} = \begin{pmatrix} 1 \\ 3 \\ -4 \end{pmatrix}$; $\cos\varphi_1 = 2\sqrt{\frac{2}{13}}$; $\varphi_1 \approx 38{,}33°$

$\cos\varphi_2 = \frac{3}{\sqrt{26}}$; $\varphi_2 \approx 53{,}96°$

$\cos\varphi_3 = \frac{1}{\sqrt{26}}$; $\varphi_3 \approx 78{,}69°$

$S_1(12 \mid 0 \mid 0)$; $S_2(0 \mid 4 \mid 0)$; $S_3(0 \mid 0 \mid -3)$

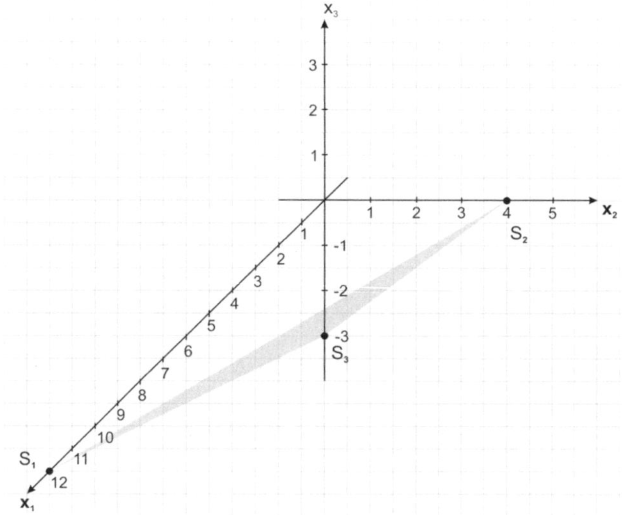

d) $\vec{n} = \begin{pmatrix} 1 \\ 3 \\ 0 \end{pmatrix}$; $\cos\varphi_1 = 0$; $\varphi_1 = 90°$

$\cos\varphi_2 = \frac{3}{\sqrt{10}}$; $\varphi_2 \approx 18{,}43°$

$\cos\varphi_3 = \frac{1}{\sqrt{10}}$; $\varphi_3 \approx 80{,}27°$

E: $x_1 + 3x_2 = 6$

$S_1(6 \mid 0 \mid 0)$; $S_2(0 \mid 2 \mid 0)$; S_3 existiert nicht

304 **2. d)** Fortsetzung

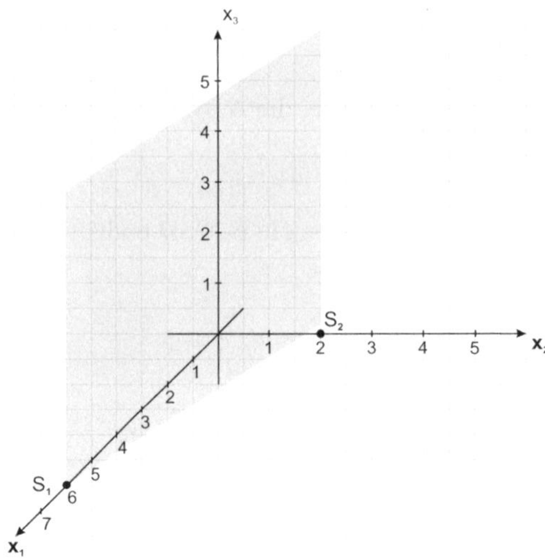

3. a) S(4 | 4 | 10); A(8 | 0 | 0); B(8 | 8 | 0); C(0 | 8 | 0)

Normalenvektor SAB: $\overrightarrow{n_1} = \begin{pmatrix} 3 \\ 2 \\ 2 \end{pmatrix}$; Normalenvektor SBC: $\overrightarrow{n_2} = \begin{pmatrix} 6 \\ 4 \\ 1 \end{pmatrix}$

$\cos\varphi = \frac{28}{\sqrt{901}} \Rightarrow \varphi \approx 21{,}12°$

Da die Figur symmetrisch ist, gilt dies für alle Winkel zwischen Seitenflächen.

b) Schnittpunkte von E mit Kanten der Pyramide:

$S_1(6 \mid 2 \mid 5)$; $S_2\left(7 \mid 7 \middle| \frac{5}{2}\right)$; $S_3\left(3 \mid 5 \middle| \frac{15}{2}\right)$; $S_4\left(\frac{22}{7} \middle| \frac{22}{7} \middle| \frac{55}{7}\right)$

Schnittfläche ist Viereck mit $A = \frac{1}{2} d_1 \cdot d_2 \cdot \sin\alpha$.

Länge der Diagonalen $d_1 \approx 4{,}92$; $d_2 \approx 7{,}65$;

Schnittwinkel der Diagonalen $\alpha \approx 69{,}16° \Rightarrow A \approx 17{,}59$

c) $\overrightarrow{AS} = \begin{pmatrix} -4 \\ 4 \\ 10 \end{pmatrix}$; $\vec{n} = \begin{pmatrix} 20 \\ 5 \\ 18 \end{pmatrix} \Rightarrow \sin\varphi \approx 0{,}382 \Rightarrow \varphi \approx 22{,}44°$

4. a) $\overrightarrow{n_{PQR}} = \begin{pmatrix} 1 \\ 1 \\ 3 \end{pmatrix}$; $\overrightarrow{n_{BCG}} = \begin{pmatrix} 0 \\ 1 \\ 0 \end{pmatrix} \Rightarrow \cos\varphi_{Seite} = \frac{1}{\sqrt{11}} \Rightarrow \varphi_{Seite} \approx 72{,}45°$.

$\overrightarrow{n_{EGH}} = \begin{pmatrix} 0 \\ 0 \\ 1 \end{pmatrix} \Rightarrow \cos\varphi_{Deck} = \frac{3}{\sqrt{11}} \Rightarrow \varphi_{Deck} = 25{,}24°$.

b) $V = V_{Würfel} - V_{Pyramide} = 4^3 - \frac{1}{6}\left|\left(\overrightarrow{PQ} \times \overrightarrow{QR}\right) \cdot \overrightarrow{QF}\right| = 64 - \frac{3}{2} = 62{,}5$

304

4. **c)** $A = \frac{1}{2}\left|\overrightarrow{QP} \times \overrightarrow{QR}\right| = \frac{3}{2}\sqrt{11} \approx 4{,}975$

5. Normalenvektor der Ebene, die A, B, C enthält $\overrightarrow{n_1} = \begin{pmatrix} 1 \\ 1 \\ -1 \end{pmatrix}$.

Normalenvektor der Ebene, die B, C, D enthält $\overrightarrow{n_2} = \begin{pmatrix} -1 \\ 1 \\ 1 \end{pmatrix}$.

Winkel φ zwischen den Ebenen: $\cos\varphi = \frac{\left|\overrightarrow{n_1} \cdot \overrightarrow{n_2}\right|}{\left|\overrightarrow{n_1}\right| \cdot \left|\overrightarrow{n_2}\right|} = \frac{1}{3} \Rightarrow \varphi \approx 70{,}5°$

Oberflächeninhalt

$A_{\Delta ABC} = \frac{1}{2} \cdot \left|\overrightarrow{AB} \times \overrightarrow{AC}\right| = \frac{1}{2} \cdot 4 \cdot \sqrt{3} = 2\sqrt{3}$

Nach Formel von S. 298 im Schülerband

Die Oberfläche besteht aus 4 solchen Dreiecken, also hat das Tetraeder einen Oberflächeninhalt von $8 \cdot \sqrt{3}$ Flächeneinheiten.

Volumen:

$V_{Tetraeder} = V_{Quader} - 4 \cdot V_{Pyramide}$

Skizze:

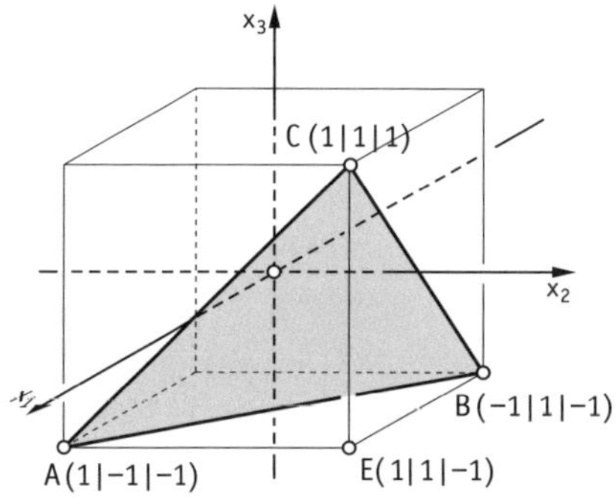

$\left|\overrightarrow{EA}\right| = 2, \left|\overrightarrow{EB}\right| = 2, \left|\overrightarrow{EC}\right| = 2$

$V_{Quader} = 2 \cdot 2 \cdot 2 = 8$

$V_{Pyramide} = \frac{1}{3}G \cdot h = \frac{1}{3} \cdot \left(\frac{1}{2} \cdot 2 \cdot 2\right) \cdot 2 = \frac{4}{3}$

Dann gilt:

$V_{Tetraeder} = 8 - 4 \cdot \frac{4}{3} = \frac{8}{3} \approx 3{,}33$

305

6. a) Dachneigung: $\tan\alpha = \frac{\text{Dachhöhe}}{\text{Grundmaß bis First}} = \frac{3\text{ m}}{4\text{ m}} \Rightarrow \alpha \approx 36{,}87°$

$A_{ABQP} = \frac{1}{2}\left(\left|\overrightarrow{BQ}\right| + \left|\overrightarrow{AP}\right|\right) \cdot \left|\overrightarrow{AB}\right| = \frac{1}{2}(12 + 16) \cdot 5 = 70\text{ m}^2$

$A_{PQCD} = \frac{1}{2}\left(\left|\overrightarrow{QC}\right| + \left|\overrightarrow{PD}\right|\right) \cdot \left|\overrightarrow{CD}\right| = 55\text{ m}^2$

Normalenvektoren:

$$\overrightarrow{n_{ABQP}} = \begin{pmatrix} 0 \\ 3 \\ 4 \end{pmatrix} \quad \left(\text{proportional zu } \overrightarrow{AB} \times \overrightarrow{BQ}\right)$$

$$\overrightarrow{n_{PQCD}} = \begin{pmatrix} 3 \\ 0 \\ 4 \end{pmatrix} \quad \left(\text{proportional zu } \overrightarrow{CQ} \times \overrightarrow{CD}\right)$$

$$\Rightarrow \cos\varphi = \frac{\left|\overrightarrow{n_{ABQP}} \cdot \overrightarrow{n_{PQCD}}\right|}{\left|\overrightarrow{n_{ABQP}}\right| \cdot \left|\overrightarrow{n_{PQCD}}\right|} = \frac{16}{25} \Rightarrow \varphi = 50{,}2°$$

b) $\left|\overrightarrow{PQ}\right| = \left|\begin{pmatrix} 4 \\ 4 \\ -3 \end{pmatrix}\right| = \sqrt{41} \approx 6{,}403\text{ m}$

c) Ebene E durch P, Q und D:

E: $\vec{x} = \overrightarrow{OP} + r \cdot \overrightarrow{PQ} + t \cdot \overrightarrow{PD}$

$$\vec{x} = \begin{pmatrix} 0 \\ 0 \\ 8 \end{pmatrix} + r \cdot \begin{pmatrix} 4 \\ 4 \\ -3 \end{pmatrix} + t \cdot \begin{pmatrix} 0 \\ 14 \\ 0 \end{pmatrix}$$

Normalenvektor: $\vec{n} = \begin{pmatrix} 3 \\ 0 \\ 4 \end{pmatrix}$

Koordinatengleichung: E: $3x_1 + 4x_3 = 32$

$K(3 \mid 10 \mid k_3)$ liegt in E, also $3 \cdot 3 + 4 \cdot k_3 = 32$.

Damit ergibt sich $k_3 = \frac{23}{4} = 5{,}75$. Also K(3 | 10 | 5,75)

305 **6. c)** Fortsetzung

Die Schornsteinspitze liegt 2 m oberhalb des Punktes K, also $S\left(3 \mid 10 \mid \frac{31}{4}\right)$, bzw. $S(3 \mid 10 \mid 7{,}75)$

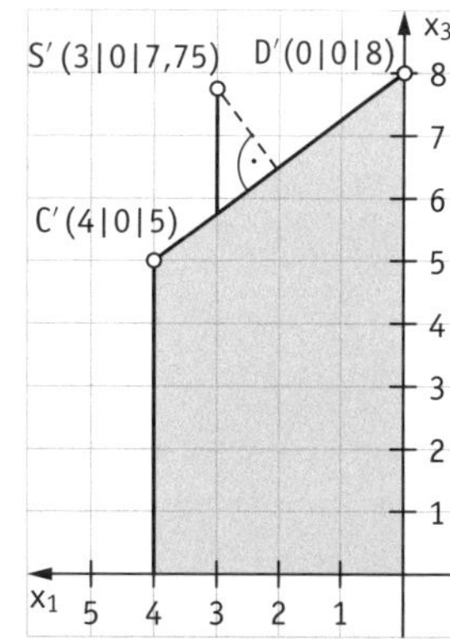

Projiziert man den Giebel mit der Kante CD und die Schornsteinspitze S orthogonal in die x_1x_3-Ebene, so erkennt man, dass der Abstand der Schornsteinspitze von der Dachfläche gleich dem Abstand des Punktes $S'(3 \mid 0 \mid 7{,}75)$ von der Geraden durch die Punkte $C'(4 \mid 0 \mid 5)$ und $D'(0 \mid 0 \mid 8)$ ist.

Gerade durch $C'D'$: $\vec{x} = \begin{pmatrix} 4 \\ 0 \\ 5 \end{pmatrix} + r \cdot \begin{pmatrix} -4 \\ 0 \\ 3 \end{pmatrix}$

$\overrightarrow{S'X} = \begin{pmatrix} 1-4r \\ 0 \\ -2{,}75+3r \end{pmatrix}$, $\left|\overrightarrow{S'X}\right| = \sqrt{(1-4r)^2 + 0^2 + (-2{,}75+3r)^2}$

$\left|\overrightarrow{S'X}\right| = \sqrt{25r^2 - 24{,}5r + 8{,}5625}$

$\left|\overrightarrow{S'X}\right|$ wird minimal für r = 0,49, dann gilt $\left|\overrightarrow{S'X}\right| = 1{,}6$.

Die Schornsteinspitze hat also einen Abstand von 1,6 m von der Dachfläche PQCD.

7. a) $C(-3 \mid 5 \mid 0)$; $D(-3 \mid -5 \mid 0)$; $G(-2 \mid 3 \mid 3)$; $H(-2 \mid -3 \mid 3)$

Zeichnung siehe Schülerbuch

Neigungswinkel = Winkel zwischen Seitenfläche und x_1x_2-Ebene

mit $\overrightarrow{n_1} = \begin{pmatrix} 0 \\ 0 \\ 1 \end{pmatrix}$

Normalenvektoren der Seitenflächen:

$\overrightarrow{n_{ABEF}} = \begin{pmatrix} 3 \\ 0 \\ 1 \end{pmatrix}$; $\overrightarrow{n_{BCFG}} = \begin{pmatrix} 0 \\ 3 \\ 2 \end{pmatrix}$

Neigungswinkel ABEF und CDGH:

$\cos\varphi_1 = \frac{\left|\overrightarrow{n_{ABEF}} \cdot \overrightarrow{n_1}\right|}{\left|\overrightarrow{n_{ABEF}}\right| \cdot \left|\overrightarrow{n_1}\right|} = \frac{1}{\sqrt{10}}$; $\varphi_1 \approx 71{,}6°$.

Neigungswinkel BCFG und ADEH; $\cos\varphi_2 = \frac{2}{\sqrt{13}}$; $\varphi_2 \approx 56{,}3°$.

305 **7. b)** Der Mast ragt durch die Fläche BCFG, die in der Ebene

E: $3x_2 + 2x_3 - 15 = 0$ liegt.

Durchstoßpunkt: D(0 | 4 | 1,5)

$\Rightarrow$ Der Mast ragt 3,5 m heraus.

Mitte des Mastes M(0 | 4 | 2,5); Abst(E; M) = 0,555 m

Das Seil ist 55,5 cm lang.

8. a)

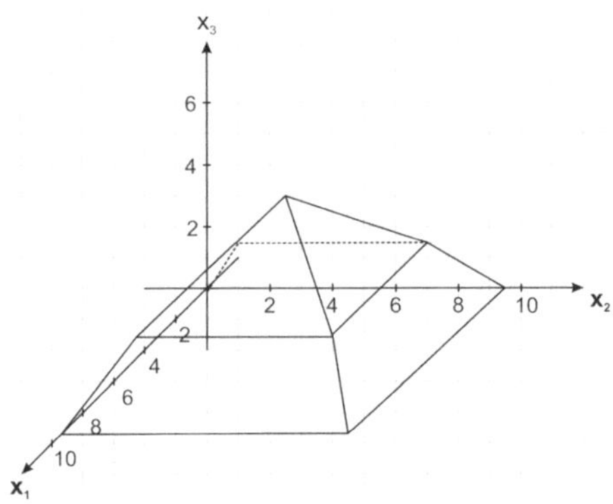

Böschungswinkel: $\tan\alpha = \frac{47{,}04\ \text{m}}{\frac{1}{2}(189{,}43\ \text{m} - 123{,}58\ \text{m})} = \frac{47{,}04}{32{,}925}$

$\alpha = 55{,}01° = 55°0'36''$

Mit den Längenangaben ist der Böschungswinkel etwas größer als der im Internet angegebene.

Innenwinkel $\gamma = 168{,}014° = 168°0'50''$

b) $h_P = \tan\alpha \cdot \frac{1}{2}(189{,}43\ \text{m}) = 135{,}32\ \text{m}$

6.4 Abstandsberechnungen

6.4.1 Abstand eines Punktes von einer Ebene

306 **Einstieg**

- Gerade durch S orthogonal zu E: g: $\vec{x} = \begin{pmatrix} 8 \\ 4 \\ 10 \end{pmatrix} + t \cdot \begin{pmatrix} 2 \\ 1 \\ 2 \end{pmatrix}$

Schnittpunkt F von g mit E:

$$\begin{aligned} 2 \cdot (8 + 2t) + (4 + t) + 2 \cdot (10 + 2t) &= 12 \\ 16 + 4t + 4 + t + 20 + 4t &= 12 \\ 9t &= -28 \\ t &= -\tfrac{28}{9} \end{aligned}$$

$F\left(\frac{16}{9} \middle| \frac{8}{9} \middle| \frac{34}{9}\right)$

306

- Fortsetzung

$$\overrightarrow{SF} = \begin{pmatrix} -\frac{56}{9} \\ -\frac{28}{9} \\ -\frac{56}{9} \end{pmatrix}, \quad |\overrightarrow{SF}| = \frac{28}{3} \approx 9{,}33$$

Das Seil muss im Punkt $F\left(\frac{16}{9} \middle| \frac{8}{9} \middle| \frac{34}{9}\right)$ verankert werden und mindestens 9,4 m lang sein.

- Siehe Information auf S. 307 im Schülerband.

307

2. a) Normalenvektor von E: $\vec{n} = \begin{pmatrix} 3 \\ -1 \\ 2 \end{pmatrix}$; Richtungsvektor von g: $\vec{u} = \begin{pmatrix} 5 \\ 7 \\ -4 \end{pmatrix}$

$\vec{n} \cdot \vec{u} = 0 \Rightarrow$ die Gerade steht senkrecht auf $\vec{n}$.
Wegen $(11 \mid -11 \mid 1) \notin E$ ist $g \parallel E$.

b)

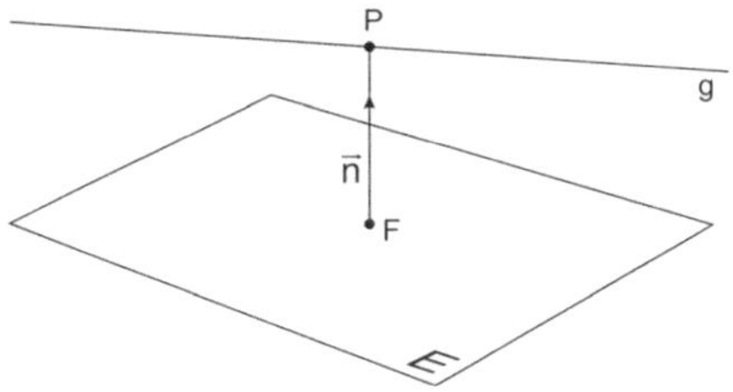

Man wählt einen beliebigen Punkt P der Geraden und berechnet wie in Aufgabe 1 der Information den Abstand des Punktes zur Ebene:

Z. B.: $P(11 \mid -11 \mid 1)$; $\vec{n} = \begin{pmatrix} 3 \\ -1 \\ 2 \end{pmatrix} \Rightarrow h: \vec{x} = \begin{pmatrix} 11 \\ -11 \\ 1 \end{pmatrix} + t \begin{pmatrix} 3 \\ -1 \\ 2 \end{pmatrix}$

Schnittpunkt von h mit E: $F(5 \mid -9 \mid -3)$

$$|\overrightarrow{PF}| = \left|\begin{pmatrix} 6 \\ -2 \\ 4 \end{pmatrix}\right| = 2\sqrt{14} \approx 7{,}48$$

3. a) Die Normalenvektoren sind Vielfache voneinander

$\overrightarrow{n_1} = \begin{pmatrix} 10 \\ -2 \\ 11 \end{pmatrix}$; $\overrightarrow{n_2} = \begin{pmatrix} -20 \\ 4 \\ -22 \end{pmatrix}$

Jedoch ist z. B. $(3 \mid 0 \mid 0)$ ein Punkt von E_1, aber nicht von E_2.
Die Ebenen sind parallel, aber verschieden.

307 **3. b)**

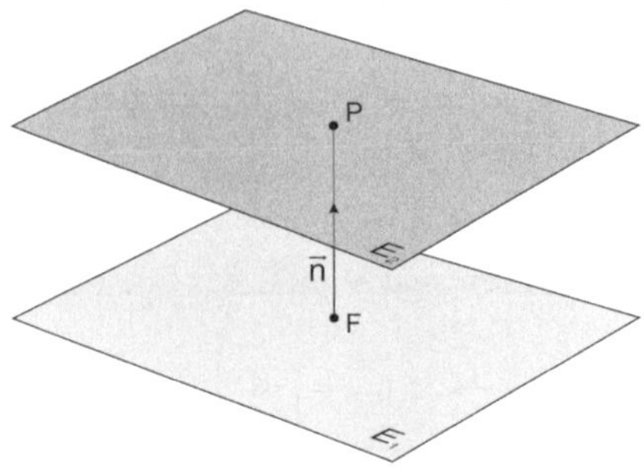

Man wählt beliebig einen Punkt P auf Ebene E_1 und berechnet wie in Aufgabe 1 der Information den Abstand des Punktes P zur Ebene E_2:

Z. B.: P(3 | 0 | 0); $\vec{n} = \begin{pmatrix} 10 \\ -2 \\ 11 \end{pmatrix} \Rightarrow g\colon \vec{x} = \begin{pmatrix} 3 \\ 0 \\ 0 \end{pmatrix} + t \begin{pmatrix} 10 \\ -2 \\ 11 \end{pmatrix}$

Schnittpunkt von g mit E_2: $F\left(1 \middle| \frac{2}{5} \middle| -\frac{11}{5}\right)$; $|\overrightarrow{PF}| = \left|\begin{pmatrix} 2 \\ -\frac{2}{5} \\ \frac{11}{5} \end{pmatrix}\right| = 3$

308 **4. a)** $\frac{1}{3}$ **b)** $\frac{1}{3}$ **c)** 2 **d)** 7 **e)** $\frac{1}{\sqrt{11}}$ **f)** $\frac{1}{\sqrt{5}}$

5. a) Der Normalenvektor $\vec{n} = \begin{pmatrix} 1 \\ 1 \\ -2 \end{pmatrix}$ ist senkrecht zum Richtungsvektor:

$\vec{n} * \begin{pmatrix} 2 \\ 1 \\ 3 \end{pmatrix} = 0$.

Wähle z. B. P(3 | −1 | 2) ⇒ Abst(g; E) = Abst(P; E) $= \frac{5}{3}\sqrt{3} \approx 2{,}887$

b) Der Richtungsvektor der Geraden ist eine Linearkombination der Richtungsvektoren der Ebene:

$\begin{pmatrix} 2 \\ -1 \\ 0 \end{pmatrix} = \begin{pmatrix} 1 \\ 3 \\ 2 \end{pmatrix} - \begin{pmatrix} -1 \\ 4 \\ 2 \end{pmatrix}$

Gerade und Ebene sind parallel.

Wähle z. B. P(1 | −2 | 1) ⇒ Abst(g; E) = Abst(P; E) $= \frac{3}{23}\sqrt{69} \approx 1{,}083$

308

6. **a)** Die Normalenvektoren sind Vielfache voneinander:

$$\overrightarrow{n_1} = \begin{pmatrix} 3 \\ -1 \\ 2 \end{pmatrix};\ \overrightarrow{n_2} = \begin{pmatrix} -9 \\ 3 \\ -6 \end{pmatrix};\ -3\overrightarrow{n_1} = \overrightarrow{n_2} \Rightarrow \text{Ebenen parallel.}$$

$$\text{Abst}(E_1;\ E_2) = \sqrt{14} \approx 3{,}742$$

b) Die Normalenvektoren sind Vielfache voneinander:

$$\overrightarrow{n_1} = \begin{pmatrix} 1 \\ 1 \\ 2 \end{pmatrix} \times \begin{pmatrix} -1 \\ 2 \\ 2 \end{pmatrix} = \begin{pmatrix} -2 \\ -4 \\ 3 \end{pmatrix};\ \overrightarrow{n_2} = \begin{pmatrix} 2 \\ 4 \\ -3 \end{pmatrix};\ -\overrightarrow{n_1} = \overrightarrow{n_2} \Rightarrow \text{Ebenen parallel.}$$

$$\text{Abst}(E_1;\ E_2) = \tfrac{13}{29}\sqrt{29} \approx 2{,}414$$

c) Die Normalenvektoren sind Vielfache voneinander:

$$\overrightarrow{n_1} = \begin{pmatrix} 1 \\ 1 \\ -1 \end{pmatrix} \times \begin{pmatrix} -1 \\ 2 \\ 0 \end{pmatrix} = \begin{pmatrix} 2 \\ 1 \\ 3 \end{pmatrix};\ \overrightarrow{n_2} = \begin{pmatrix} -3 \\ 3 \\ 1 \end{pmatrix} \times \begin{pmatrix} 5 \\ -4 \\ 2 \end{pmatrix} = \begin{pmatrix} -2 \\ -1 \\ -3 \end{pmatrix};\ -\overrightarrow{n_1} = \overrightarrow{n_2}$$

$\Rightarrow$ Ebenen parallel.

$$\text{Abst}(E_1;\ E_2) = \tfrac{9}{7}\sqrt{14} \approx 4{,}811$$

7. Sei P ein Punkt der Ebene E: $\vec{n} \cdot \vec{x} = c$.
Konstruiere Punkte Q, R, die zu E den gewünschten Abstand d haben:

$$\vec{q} = \overrightarrow{OQ} = \overrightarrow{OP} + d \cdot \tfrac{\vec{n}}{|\vec{n}|};\ \vec{r} = \overrightarrow{OR} = \overrightarrow{OP} - d \cdot \tfrac{\vec{n}}{|\vec{n}|}$$

$\Rightarrow E_1:\ \vec{n} \cdot (\vec{x} - \vec{q}) = 0,\ \ E_2:\ \vec{n} \cdot (\vec{x} - \vec{r}) = 0$ haben von E Abstand d.

a) $\vec{n} = \begin{pmatrix} 1 \\ 2 \\ -2 \end{pmatrix} \cdot \tfrac{2}{3};\ \ P(3 \mid 0 \mid 0)$

$$\vec{q} = \overrightarrow{OP} + \vec{n} = \tfrac{1}{3}\begin{pmatrix} 11 \\ 4 \\ -4 \end{pmatrix};\ E_1: \begin{pmatrix} 1 \\ 2 \\ -2 \end{pmatrix} \cdot \left[\vec{x} - \begin{pmatrix} \frac{11}{3} \\ \frac{4}{3} \\ -\frac{4}{3} \end{pmatrix}\right] = 0$$

$$\vec{r} = \overrightarrow{OP} + \vec{n} = \begin{pmatrix} \frac{7}{3} \\ -\frac{4}{3} \\ \frac{4}{3} \end{pmatrix};\ E_2: \begin{pmatrix} 1 \\ 2 \\ -2 \end{pmatrix} \cdot \left[\vec{x} - \begin{pmatrix} \frac{7}{3} \\ -\frac{4}{3} \\ \frac{4}{3} \end{pmatrix}\right] = 0$$

b) $E_1:\ 6x_1 - 3x_2 + 2x_3 = 21$ $\qquad E_2:\ 6x_1 - 3x_2 + 2x_3 = -7$

c) $E_1:\ x_1 + x_2 = 2\sqrt{2}$ $\qquad E_2:\ x_1 + x_2 = -2\sqrt{2}$

d) $E_1:\ x_1 - 2x_3 = 3 + 2\sqrt{5}$ $\qquad E_2:\ x_1 - 2x_3 = 3 - 2\sqrt{5}$

308

8. a) Da $\overrightarrow{BA} \cdot \overrightarrow{BC} = 0$ ist, liegt bei B ein rechter Winkel.

$$\overrightarrow{OD} = \overrightarrow{OA} + \overrightarrow{BC} = \overrightarrow{OC} + \overrightarrow{BA} = \begin{pmatrix} 11 \\ -12 \\ 11 \end{pmatrix}$$

D(11 | −12 | 11)

b) Ebene der Grundfläche z. B.

$$E: \vec{x} = \begin{pmatrix} 9 \\ -4 \\ 9 \end{pmatrix} + s\begin{pmatrix} -2 \\ -4 \\ 4 \end{pmatrix} + t\begin{pmatrix} 4 \\ -4 \\ -2 \end{pmatrix}; \; s, t \in \mathbb{R}$$

Höhe: $h = \text{Abst}(E; S) = \frac{58}{3} \approx 19{,}333$

$$V = \frac{1}{3} G \cdot h = \frac{1}{3} \left|\overrightarrow{BA} \times \overrightarrow{BC}\right| \cdot h = 232$$

c) $G = \left|\overrightarrow{BA} \times \overrightarrow{BC}\right| = 36$

Oberflächen der Pyramidenseiten

$A_{ABS} = \sqrt{3653}$; $A_{BCS} = \sqrt{3653}$; $A_{CDS} = \sqrt{4589}$; $A_{DAS} = \sqrt{4589}$

$\Rightarrow$ Oberfläche $\approx 292{,}364$

9. $$E_{FGS}: \vec{x} = \begin{pmatrix} 0 \\ 8 \\ 18 \end{pmatrix} + s\begin{pmatrix} 8 \\ 0 \\ 0 \end{pmatrix} + t\begin{pmatrix} 4 \\ -4 \\ 8 \end{pmatrix}; \; s, t \in \mathbb{R}$$

Normalenvektor $\vec{n} = \begin{pmatrix} 0 \\ -64 \\ -32 \end{pmatrix}$

Fußpunkt des Mastes P(4 | 0 | 18) $\Rightarrow \text{Abst}\left(E_{FGS}; P\right) = \frac{16}{5}\sqrt{5} \approx 7{,}15$ m

Der Mast reicht 7,85 m ins Freie.

$$g_{Mast}: \vec{x} = \begin{pmatrix} 4 \\ 0 \\ 18 \end{pmatrix} + r\begin{pmatrix} 0 \\ -64 \\ -32 \end{pmatrix}; \; r \in \mathbb{R}$$

Schnittpunkt g_{Mast} und E_{FGS}: $S\left(4 \middle| 6\frac{2}{5} \middle| 21\frac{1}{5}\right)$

10. a) Normalenvektor von E: $\vec{n} = \overrightarrow{AB} \times \overrightarrow{AC} = \begin{pmatrix} 68 \\ 34 \\ 68 \end{pmatrix} \sim \begin{pmatrix} 2 \\ 1 \\ 2 \end{pmatrix}$

Richtungsvektor von g: $\vec{u} = \overrightarrow{PQ} = \begin{pmatrix} 6 \\ 9 - p \\ q - 5 \end{pmatrix}$

$\vec{u} = 3 \cdot \vec{n} \Rightarrow p = 6;\; q = 11$

308

10. b) E: $2x_1 + x_2 + 2x_3 = 16$

$\text{Abst}(P; E) = \frac{16}{3}$; $\text{Abst}(Q; E) = \frac{43}{3}$; $|\overrightarrow{PQ}| = 9$

Da $\frac{43}{3} - \frac{16}{3} = 9$ liegen P und Q auf der gleichen Seite von E.

11. a) Skalarprodukt Normalenvektor mit Richtungsvektor:

$\begin{pmatrix} 2 \\ -1 \\ 2 \end{pmatrix} \cdot \begin{pmatrix} -3 \\ 2 \\ 4 \end{pmatrix} = 0 \Rightarrow$ g parallel zu E

Lotgerade: l: $\vec{x} = \begin{pmatrix} 8 \\ -4 \\ 5 \end{pmatrix} + t \begin{pmatrix} 2 \\ -1 \\ 2 \end{pmatrix}$; Schnittpunkt S(4 | −2 | 1)

$\text{Abst}(g; E) = \left| 2 \cdot \begin{pmatrix} 2 \\ -1 \\ 2 \end{pmatrix} \right| = 6$

b) Aus a) ist bekannt, dass $\begin{pmatrix} 8 \\ -4 \\ 5 \end{pmatrix} - 2 \begin{pmatrix} 2 \\ -1 \\ 2 \end{pmatrix}$ auf E liegt, verdoppelt man die Verschiebung um den Normalenvektor, so erhält man den symmetrisch liegenden Stützvektor $\begin{pmatrix} 8 \\ -4 \\ 5 \end{pmatrix} - 4 \begin{pmatrix} 2 \\ -1 \\ 2 \end{pmatrix} \Rightarrow$ h: $\vec{x} = \begin{pmatrix} 0 \\ 0 \\ -3 \end{pmatrix} + s \begin{pmatrix} -3 \\ 2 \\ 4 \end{pmatrix}$.

6.4.2 Die HESSE'sche Normalenform einer Ebene

309

Einstieg

- Siehe Information auf S. 307 im Schülerband

- Gerade durch P orthogonal zu E: g: $\vec{x} = \begin{pmatrix} p_1 \\ p_2 \\ p_3 \end{pmatrix} + t \cdot \begin{pmatrix} a \\ b \\ c \end{pmatrix}$

  Schnittpunkt F der Geraden g mit E:

  $a \cdot (p_1 + a \cdot t) + b \cdot (p_2 + b \cdot t) + c \cdot (p_3 + c \cdot t) = d$

  $(a^2 + b^2 + c^2) \cdot t = d - (ap_1 + bp_2 + cp_3)$

  $t = \frac{d - (ap_1 + bp_2 + cp_3)}{a^2 + b^2 + c^2}$

309 • Fortsetzung

$$\text{Abstand}(P, E) = |\overrightarrow{PF}| = \left| t \cdot \begin{pmatrix} a \\ b \\ c \end{pmatrix} \right| = \sqrt{(a \cdot t)^2 + (b \cdot t)^2 + (c \cdot t)^2}$$

$$= |t| \cdot \sqrt{a^2 + b^2 + c^2}$$

$$= \frac{|d - (ap_1 + bp_2 + cp_3)|}{|a^2 + b^2 + c^2|} \cdot \sqrt{a^2 + b^2 + c^2}$$

$$= \frac{|d - (ap_1 + bp_2 + cp_3)|}{\sqrt{a^2 + b^2 + c^2}}.$$

310 **2.** **a)** HNF: E: $\frac{1}{3}(2x_1 + x_2 + 2x_3 - 6) = 0$

Einsetzen von P: $\frac{1}{3}(4 - 1 + 4 - 6) = \frac{1}{3} \Rightarrow \text{Abst}(P; E) = \frac{1}{3}$.

b) HNF: E: $\frac{1}{9}(8x_1 + 4x_2 + x_3 - 27) = 0 \Rightarrow \text{Abst}(P; E) = \frac{1}{3}$.

c) HNF: E: $\frac{1}{9}(8x_1 + 4x_2 + x_3 - 30) = 0 \Rightarrow \text{Abst}(P; E) = \frac{53}{9}$.

d) HNF: E: $\frac{1}{3}(2x_1 + 2x_2 - x_3 - 18) = 0 \Rightarrow \text{Abst}(P; E) = 3$.

e) HNF: E: $\frac{1}{\sqrt{42}}(4x_1 + 5x_2 + x_3 + 5) = 0 \Rightarrow \text{Abst}(P; E) = \frac{5}{21}\sqrt{42}$.

f) HNF: E: $\frac{1}{\sqrt{5}}(x_1 + 2x_3) = 0 \Rightarrow \text{Abst}(P; E) = \frac{1}{\sqrt{5}}$.

3. Grundebene: E: $\vec{x} = \begin{pmatrix} 13 \\ -1 \\ 5 \end{pmatrix} + s \begin{pmatrix} -4 \\ 4 \\ 0 \end{pmatrix} + t \begin{pmatrix} 0 \\ 4 \\ 5 \end{pmatrix}$

HNF: E: $\frac{1}{\sqrt{66}}(5x_1 + 5x_2 - 4x_3 - 40) = 0$; $h = \text{Abst}(E; S) = \frac{50}{33}\sqrt{66}$

Volumen: $V = \frac{1}{6}\left|\left(\overrightarrow{AB} \times \overrightarrow{AC}\right) \cdot \overrightarrow{AS}\right| = \frac{200}{3}$

4. HNF: E: $\frac{1}{\sqrt{30}}(2x_1 - 5x_2 + x_3 - 13) = 0$

Gesucht sind 2 parallele Ebenen zu E mit Abstand 3.

HNF: E': $\frac{1}{\sqrt{30}}(2x_1 - 5x_2 + x_3 - a) = 0$

$\Rightarrow \text{Abst}(E; E') = \frac{1}{\sqrt{30}}|a - 13| = 3$

$\Rightarrow E_1: \frac{1}{\sqrt{30}}\left(2x_1 - 5x_2 + x_3 - \left(13 + 3\sqrt{30}\right)\right) = 0$

$E_2: \frac{1}{\sqrt{30}}\left(2x_1 - 5x_2 + x_3 - \left(13 - 3\sqrt{30}\right)\right) = 0$

310

5. **a)** Die Normalenvektoren $\overrightarrow{n_1} = \begin{pmatrix} -2 \\ -5 \\ -2 \end{pmatrix}$ und $\overrightarrow{n_2} = \begin{pmatrix} 2 \\ 5 \\ 2 \end{pmatrix}$ sind Vielfache voneinander, also sind E_1 und E_2 parallel.

HNF: E_1: $\frac{1}{\sqrt{33}}(2x_1 + 5x_2 + 2x_3 - 23) = 0$

HNF: E_2: $\frac{1}{\sqrt{33}}(2x_1 + 5x_2 + 2x_3 + 5) = 0$

$\Rightarrow \text{Abst}(E_1; E_2) = \frac{28}{\sqrt{33}}$

b) Gesucht ist eine Ebene E_3 parallel zu E_1 und E_2, die von beiden den gleichen Abstand $\left(\frac{14}{\sqrt{33}}\right)$ hat.

HNF: E_3: $\frac{1}{\sqrt{33}}(2x_1 + 5x_2 + 2x_3 - a) = 0$

$$\left.\begin{array}{l} \text{Abst}(E_1; E_3) = \frac{1}{\sqrt{33}}|a - 23| \\ \text{Abst}(E_2; E_3) = \frac{1}{\sqrt{33}}|a + 5| \end{array}\right\} \Rightarrow a = 9$$

6. **a)** $\vec{n} = \begin{pmatrix} 2 \\ 1 \\ 2 \end{pmatrix}$; $\vec{u} = \begin{pmatrix} 3 \\ -1 \\ 5 \end{pmatrix}$

Da $\vec{n} \cdot \vec{u} = 15 \neq 0$ sind Gerade und Ebene nicht parallel.
Schnittpunkt $S(2 \mid -4 \mid -10)$

b) Sei P_k ein Punkt der Geraden: $P_k(11 + 3k \mid -7 - k \mid 5 + 5k)$

HNF: E: $\frac{1}{3}(2x_1 + x_2 + 2x_3 + 20) = 0$

$\Rightarrow \text{Abst}(P_k; E) = |15 + 5k| = 5 \Leftrightarrow k = -2$ oder $k = -4$

$\Rightarrow P_{-2}(5 \mid -5 \mid -5)$ und $P_{-4}(-1 \mid -3 \mid -15)$ haben den Abstand 5 von E.

311

7. Robin hat vergessen, zunächst die Hesse'sche Normalenform zu bilden:

E_1: $\frac{1}{\sqrt{17}}(3x_1 - 2x_2 + 2x_3 - 14) = 0$

E_2: $\frac{1}{\sqrt{17}}(3x_1 - 2x_2 + 2x_3 - 31) = 0$

$a = \frac{1}{\sqrt{17}}(31 - 14) = \sqrt{17}$

311

8. a) Da $\overrightarrow{BA} \cdot \overrightarrow{BC} = \begin{pmatrix} -4 \\ 2 \\ 4 \end{pmatrix} \cdot \begin{pmatrix} -2 \\ 4 \\ -4 \end{pmatrix} = 0$ ist, liegt bei B ein rechter Winkel.

$\Rightarrow \overrightarrow{OD} = \overrightarrow{OC} + \overrightarrow{BA} = \overrightarrow{OA} + \overrightarrow{BC} = \begin{pmatrix} 1 \\ 4 \\ 2 \end{pmatrix}$; D(1 | 4 | 2)

b) Stützvektor des Mittelpunkts des Quadrats: $\overrightarrow{OM} = \overrightarrow{OB} + \frac{1}{2}\overrightarrow{BD} = \begin{pmatrix} 4 \\ 1 \\ 2 \end{pmatrix}$

Normalenvektor der Quadratebene mit Länge 6: $\vec{n} = \begin{pmatrix} 4 \\ 4 \\ 2 \end{pmatrix}$

$\Rightarrow \overrightarrow{OS} = \overrightarrow{OM} \pm \begin{pmatrix} 4 \\ 4 \\ 2 \end{pmatrix} = \begin{pmatrix} 4 \\ 1 \\ 2 \end{pmatrix} \pm \begin{pmatrix} 4 \\ 4 \\ 2 \end{pmatrix} \Rightarrow S_1(8 \mid 5 \mid 4);\ S_2(0 \mid -3 \mid 0)$

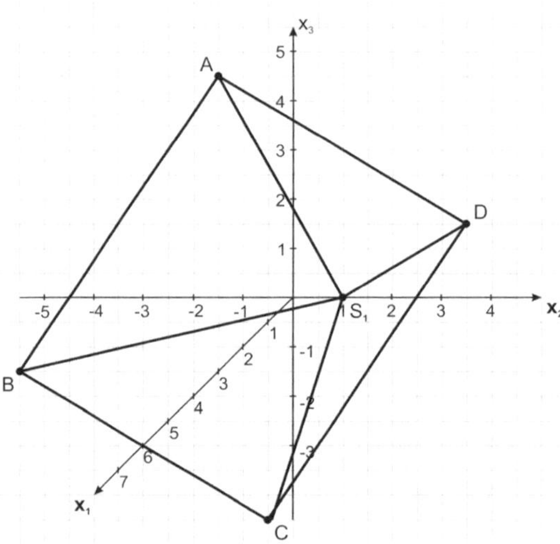

311 **8. b)** Fortsetzung

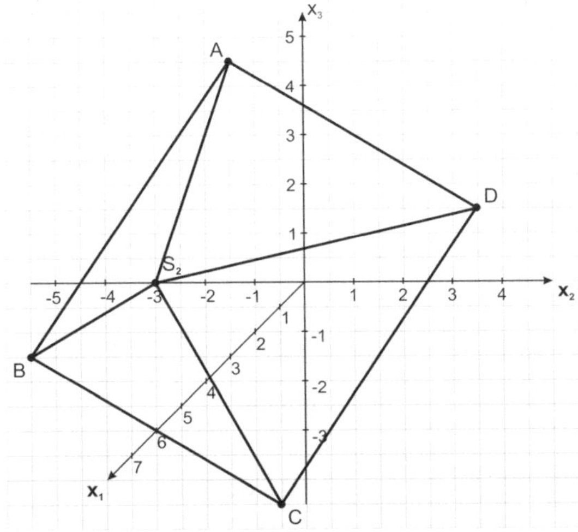

c) Für k = 2 ist $\vec{x} = \begin{pmatrix} 8 \\ 5 \\ 4 \end{pmatrix} = \overrightarrow{OS_1}$

Da $\begin{pmatrix} 1 \\ 1 \\ -4 \end{pmatrix} \cdot \begin{pmatrix} 4 \\ 4 \\ 2 \end{pmatrix} = 0$, ist die Gerade zur Quadratebene parallel, die Höhe der Pyramide mit $S \in g$ ist immer 6 und somit ist $V = \frac{1}{3} G \cdot h$ konstant.

9. a) $S_1(12 \mid 0 \mid 0)$; $S_2(0 \mid 6 \mid 0)$; $S_3(0 \mid 0 \mid 6)$

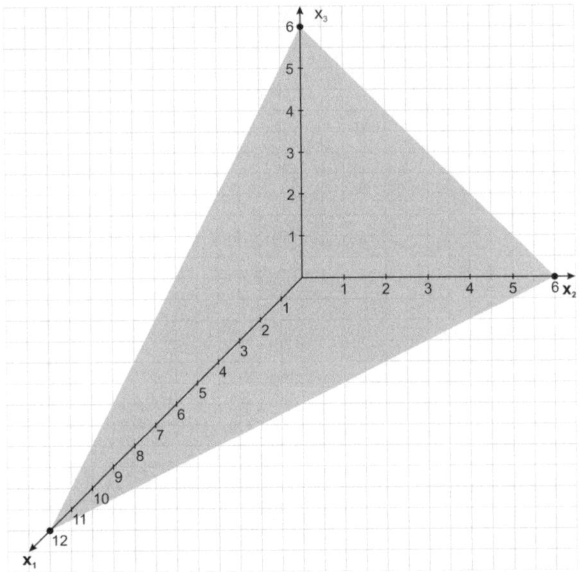

311 **9. b)** $V = \frac{1}{3} \cdot G \cdot h$

$$G = \frac{1}{2}\left|\overrightarrow{S_1S_2} \times \overrightarrow{S_1S_3}\right| = \frac{1}{2}\left|\begin{pmatrix} 36 \\ 72 \\ 72 \end{pmatrix}\right| = 54$$

HNF der Dreiecksebene: $E_G\colon \frac{1}{3}(x_1 + 2x_2 + 2x_3 - 12) = 0$

$\Rightarrow h = 4 \qquad \Rightarrow V = 72$

Oberfläche

$$A = G + \frac{1}{2}\left|\overrightarrow{OS_1} \times \overrightarrow{OS_2}\right| + \frac{1}{2}\left|\overrightarrow{OS_2} \times \overrightarrow{OS_3}\right| + \frac{1}{2}\left|\overrightarrow{OS_3} \times \overrightarrow{OS_1}\right|$$

$$= 54 + 36 + 18 + 36 = 144$$

c) Z. B. über HNF an der Ebene

HNF: $E_1\colon x_1 = 0 \Rightarrow \text{Abst}(M;\ E_1) = |m_1|$

HNF: $E_2\colon x_2 = 0 \Rightarrow \text{Abst}(M;\ E_2) = |m_2|$

HNF: $E_3\colon x_3 = 0 \Rightarrow \text{Abst}(M;\ E_3) = |m_3|$

$\Rightarrow m_1 = m_2 = m_3 = m$, da M im 1. Quadranten

$\text{Abst}(M;\ E_G) = \frac{1}{3}(5m - 12) = m \Rightarrow M(6 \mid 6 \mid 6)$

10. a) $\overrightarrow{OE} = \overrightarrow{OD} + \overrightarrow{BA} = \begin{pmatrix} 2 \\ 1 \\ 2 \end{pmatrix} + \begin{pmatrix} 2 \\ -2 \\ 0 \end{pmatrix} = \begin{pmatrix} 4 \\ -1 \\ 2 \end{pmatrix} \Rightarrow E(4 \mid -1 \mid 2)$

$\overrightarrow{OF} = \overrightarrow{OE} + \overrightarrow{CB} = \begin{pmatrix} 4 \\ -1 \\ 2 \end{pmatrix} + \begin{pmatrix} 2 \\ 0 \\ -2 \end{pmatrix} = \begin{pmatrix} 6 \\ -1 \\ 0 \end{pmatrix} \Rightarrow F(6 \mid -1 \mid 0)$

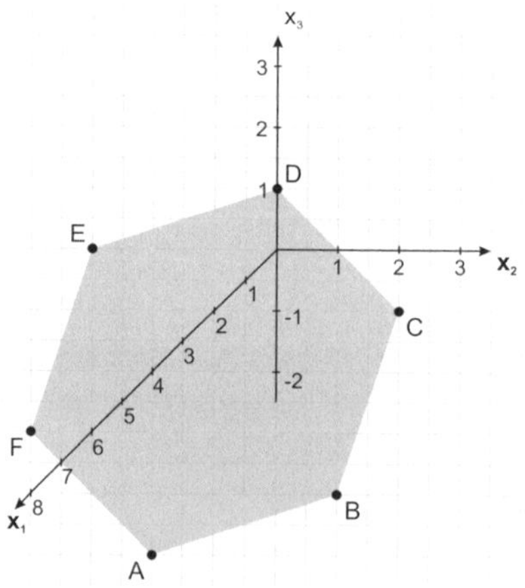

311 **10. b)** Gerade Pyramide: alle Kanten ausgehend von Punkt S gleich lang.

$S(s_1 \mid 0 \mid s_2)$

$\Rightarrow |\overrightarrow{AS}| = |\overrightarrow{BS}|$ und $|\overrightarrow{AS}| = |\overrightarrow{CS}|$

$\Rightarrow s_1 = 3;\ s_3 = -1;\ S(3 \mid 0 \mid -1)$

$V = \frac{1}{3} G \cdot h$

$$\left.\begin{array}{l} G = \frac{2}{3} \cdot |\overrightarrow{AB}|^2 \cdot \sqrt{3} = 12\sqrt{3} \\ h = \sqrt{3} \end{array}\right\} \Rightarrow V = 12$$

c) P liegt auf der Geraden durch M und S, wobei $M(4 \mid 1 \mid 0)$ der Mittelpunkt des Sechsecks ist.

$\Rightarrow P(4 + r \mid 1 + r \mid r)$

Abstand von P zur Ebene der Grundfläche:

$$\left|\frac{1}{\sqrt{3}}(4 + r + 1 + r + r - 5)\right|$$

Abstand zur Ebene der Seitenfläche BCS:

$$\left|\frac{1}{\sqrt{2}}(4 + r + r - 2)\right|$$

Gleichsetzen liefert $r = 2 \pm \sqrt{6}$. Da P im Inneren der Pyramide liegt, ist $r = 2 - \sqrt{6}$ Lösung.

$\Rightarrow P\left(6 - \sqrt{6} \mid 3 - \sqrt{6} \mid 2 - \sqrt{6}\right)$

11. a) $E_2\colon \frac{1}{\sqrt{50}}\left(5x_1 + 4x_2 + 3x_3 - 61\right) = 0$

E_1 und E_2 haben denselben Normalenvektor $\begin{pmatrix} 5 \\ 4 \\ 3 \end{pmatrix}$ und sind somit parallel.

Aus den HNF folgt $\text{Abst}\left(E_1;\ E_2\right) = \frac{70}{\sqrt{50}} = 7\sqrt{2} \approx 9{,}9$

b) Schnittpunkt $S(3 \mid -6 \mid 0)$

12. a) $B(4 \mid 4 \mid 0)$; $P(4 \mid a \mid 4)$; $Q(a \mid 4 \mid 4)$ für gesuchtes $0 < a < 4$

$$A_{BPQ} = \frac{1}{2}\left|\overrightarrow{BP} \times \overrightarrow{BQ}\right| = \frac{1}{2}\left|\begin{pmatrix} 4a - 16 \\ 4a - 16 \\ -(a-4)^2 \end{pmatrix}\right| = 6$$

$\Rightarrow \frac{1}{4}\left(2(4a - 16)^2 + (a - 4)^4\right) - 36 = 0 \Rightarrow a = 2$

$P(4 \mid 2 \mid 4)$; $Q(2 \mid 4 \mid 4)$

b) $V_{Rest} = V_{Würfel} - V_{Pyramide} = 4^3 - \frac{1}{6}\left|\left(\overrightarrow{BP} \times \overrightarrow{BQ}\right) \cdot \overrightarrow{BF}\right|$

$= 64 - \frac{8}{3} = 61\frac{1}{3}$

6.4.3 Abstand zueinander windschiefer Geraden

312 **Einstieg**

- $\overrightarrow{OB} = \overrightarrow{OA} + \overrightarrow{DC} = \begin{pmatrix} 4 \\ 0 \\ 0 \end{pmatrix} + \begin{pmatrix} 0 \\ 4 \\ 0 \end{pmatrix} = \begin{pmatrix} 4 \\ 4 \\ 0 \end{pmatrix}$

  B(4 | 4 | 0)

  $\overrightarrow{OF} = \overrightarrow{OE} + \overrightarrow{HG} = \begin{pmatrix} 4 \\ 2 \\ 6 \end{pmatrix} + \begin{pmatrix} 0 \\ 4 \\ 0 \end{pmatrix} = \begin{pmatrix} 4 \\ 6 \\ 6 \end{pmatrix}$

  F(4 | 6 | 6)

- Beide Geraden liegen in den Ebenen der Grundfläche bzw. der Deckfläche, die parallel zueinander sind. Also können sich diese Geraden nicht schneiden. Außerdem sind die Richtungsvektoren $\overrightarrow{HF} = \begin{pmatrix} 4 \\ 4 \\ 0 \end{pmatrix}$ und $\overrightarrow{AC} = \begin{pmatrix} -4 \\ 4 \\ 0 \end{pmatrix}$ keine Vielfachen voneinander, also sind diese Geraden zueinander windschief.

  Gerade FH: $\vec{x} = \begin{pmatrix} 0 \\ 2 \\ 6 \end{pmatrix} + t \cdot \begin{pmatrix} 4 \\ 4 \\ 0 \end{pmatrix}$ Gerade AC: $\vec{x} = \begin{pmatrix} 4 \\ 0 \\ 0 \end{pmatrix} + r \cdot \begin{pmatrix} -4 \\ 4 \\ 0 \end{pmatrix}$

  Der Abstand der beiden Geraden voneinander ist genau so groß wie die Höhe des Prismas, also 6 Längeneinheiten.

- Siehe dazu die Einführung im Schülerband auf S. 312 f.

313 **2.** E: $\vec{x} = \begin{pmatrix} 2 \\ 7 \\ -6 \end{pmatrix} + r \begin{pmatrix} 2 \\ 3 \\ 0 \end{pmatrix} + s \begin{pmatrix} 2 \\ 0 \\ -1 \end{pmatrix}$

Hessesche Normalenform: $E_{HNF}: \frac{1}{7}(-3x_1 + 2x_2 - 6x_3 - 44) = 0$

Abst (g; E) = 14 = Abst (g; h)

314

3. a) Die Richtungsvektoren sind keine Vielfachen voneinander.

$$\left|\begin{array}{c} 2r + s - 9 = 0 \\ -2r - 2s + \frac{7}{2} = 0 \\ 3r - s - 4 = 0 \end{array}\right| \Leftrightarrow \left|\begin{array}{c} 2r + s - 9 = 0 \\ -2s - 11 = 0 \\ -\frac{93}{2} = 0 \end{array}\right|$$

Widerspruch; die Geraden sind windschief.

$$\overrightarrow{PQ} = \begin{pmatrix} 2r + s - 9 \\ -2r - 2s + \frac{7}{2} \\ 3r - s - 4 \end{pmatrix}$$

Für r = 2 und s = 1 steht $\overrightarrow{PQ}$ senkrecht auf g und h.

Abst (g; h) $= \frac{\sqrt{93}}{2} \approx 4{,}822$

b) Z. B. h: $\vec{x} = \begin{pmatrix} 12 \\ -7 \\ 8 \end{pmatrix} + s\begin{pmatrix} -8 \\ 5 \\ 4 \end{pmatrix}$

Die Richtungsvektoren sind keine Vielfache voneinander.

$$\left|\begin{array}{c} 3r + 8s - 17 = 0 \\ r - 5s + 9 = 0 \\ -r - 4s - 1 = 0 \end{array}\right| \Leftrightarrow \left|\begin{array}{c} 3r + 8s - 17 = 0 \\ -23s + 44 = 0 \\ 212 = 0 \end{array}\right|$$

Widerspruch; die Geraden sind also windschief.

$$\overrightarrow{PQ} = \begin{pmatrix} 3r + 8s - 17 \\ r - 5s + 9 \\ -r - 4s - 1 \end{pmatrix}$$

Für $r = \frac{117}{313}$ und $s = \frac{502}{313}$ steht $\overrightarrow{PQ}$ senkrecht auf g und h.

Abst (g; h) $= \frac{106}{313} \cdot \sqrt{626} \approx 8{,}473$

c) Z. B. g: $\vec{x} = \begin{pmatrix} -1 \\ -1 \\ 5 \end{pmatrix} + r\begin{pmatrix} 6 \\ 8 \\ 67 \end{pmatrix}$; h: $\vec{x}\begin{pmatrix} -1 \\ 19 \\ -5 \end{pmatrix} + s\begin{pmatrix} 8 \\ 6 \\ -4 \end{pmatrix}$

Die Richtungsvektoren sind keine Vielfache voneinander.
Das Gleichungssystem zur Schnittpunktbestimmung führt auf einen Widerspruch, also sind g und h windschief zueinander.

Abst (g; h) $= \frac{164}{171}\sqrt{285} \approx 16{,}191$

4. a) Abst (g; x_1-Achse) = 0; Schnittpunkt (4 | 0 | 0)

Abst (g; x_2-Achse) $= \frac{8}{\sqrt{5}} \approx 3{,}578$

Abst (g; x_3-Achse) $= 2\sqrt{2} \approx 2{,}828$

314

4. b) Abst (g; x_1-Achse) $= \frac{\sqrt{10}}{2} \approx 1{,}581$

Abst (g; x_2-Achse) $= \frac{5}{\sqrt{13}} \approx 1{,}387$

Abst (g; x_3-Achse) $= \sqrt{5} \approx 2{,}236$

5. Die Richtungsvektoren $\begin{pmatrix} 4 \\ -3 \\ 1 \end{pmatrix}$ und $\begin{pmatrix} 4 \\ 3 \\ -2 \end{pmatrix}$ sind keine Vielfachen voneinander und die Geraden haben keinen Schnittpunkt, sie liegen windschief zueinander.

Der Vektor der kürzesten Verbindung der Geraden ist eindeutig und steht senkrecht auf den Geraden. Die Verlängerung dieses Vektors ist die gesuchte Gerade.

$\overrightarrow{PQ} = \begin{pmatrix} 4r - 4s - 8\frac{1}{4} \\ -3r - 3s \\ r + 2s + 9 \end{pmatrix}$ steht für $r = 0{,}605$ und $s \approx -1{,}654$ senkrecht auf beiden Geraden.

$\Rightarrow P(0{,}420 \mid -1{,}815 \mid 4{,}605)$; $Q(-0{,}367 \mid -4{,}963 \mid -1{,}691)$

6. a) Verbindungsvektor $\overrightarrow{PQ} = \begin{pmatrix} 2r - 2s \\ 3r + 10 \\ s - 13 \end{pmatrix}$; $(P \in h;\ Q \in g)$

Für $r = -2$ und $s = 1$ steht $\overrightarrow{PQ}^* = \begin{pmatrix} -6 \\ 4 \\ -12 \end{pmatrix}$ senkrecht auf g und h.

Abst (g; h) $= \left|\overrightarrow{PQ}^*\right| = 14$

b) Der Punkt $P(4 \mid -3 \mid 6)$ ist Lotfußpunkt auf h $\Rightarrow g^*: \vec{x} = \begin{pmatrix} 4 \\ -3 \\ 6 \end{pmatrix} + r\begin{pmatrix} 2 \\ 3 \\ 0 \end{pmatrix}$

ist parallel zu g, schneidet h in $(4 \mid -3 \mid 6)$ und hat den geringsten Abstand zu g.

7. Sie hat Recht. Beide Geraden liegen jeweils in einer Ebene, die parallel zur x_1x_2-Ebene ist, da von beiden Richtungsvektoren die x_3-Komponente null ist.

Die Ebene, die g enthält, besitzt die x_3-Koordinate 6. Die Ebene, die h enthält, besitzt die x_3-Koordinate 14. Damit haben beide Ebenen und somit auch beide Geraden den Abstand 8.

314

8. **a)** Z. B. h: $\vec{x} = \begin{pmatrix} -1 \\ 1 \\ -1 \end{pmatrix} + s\begin{pmatrix} 4 \\ 2 \\ -4 \end{pmatrix}$

Die Richtungsvektoren $\begin{pmatrix} 2 \\ -2 \\ 1 \end{pmatrix}$ und $\begin{pmatrix} 4 \\ 2 \\ -6 \end{pmatrix}$ sind keine Vielfachen voneinander, und das Gleichungssystem zur Schnittpunktbestimmung führt auf einen Widerspruch

$$\left|\begin{matrix} -2r + 4s + 2 = 0 \\ 2r + 2s - 5 = 0 \\ -r - 4s - 5 = 0 \end{matrix}\right| \Leftrightarrow \left|\begin{matrix} -2r + 4s + 2 = 0 \\ 6s - 3 = 0 \\ -108 = 0 \end{matrix}\right|$$

$\Rightarrow$ Die Geraden liegen windschief zueinander.
Verbindungsvektor von P'$\in$ g zu Q $\in$ h

$\overrightarrow{P'Q} = \begin{pmatrix} -2r + 4s - 2 \\ 2r + 2s - 5 \\ -r - 4s - 5 \end{pmatrix}$ ist für r = 1; s = $-\frac{1}{2}$ senkrecht auf g und h.

Lotfußpunkte P(−1 | 4 | 5); Q(−3 | 0 | 1)
Mittelpunkt: $\overrightarrow{OM} = \overrightarrow{OP'} + \frac{1}{2}\overrightarrow{P'Q} \Rightarrow M(-2 \mid 2 \mid 3)$

Radius: $\frac{\left|\overrightarrow{P'Q}\right|}{2} = \frac{\text{Abst (g; h)}}{2} = 3$

b) Gerade durch P und einen Punkt von g

$g_P: \vec{x} = \begin{pmatrix} 4 \\ 2 \\ 0 \end{pmatrix} - k\left(\begin{pmatrix} -3 \\ 6 \\ 4 \end{pmatrix} + r\begin{pmatrix} 2 \\ -2 \\ 1 \end{pmatrix} - \begin{pmatrix} 4 \\ 2 \\ 0 \end{pmatrix}\right)$

Schnitt von g_P mit h liefert ein Gleichungssystem von 3 Gleichungen für die Unbekannten k, r, s mit Lösung k = −1; r = 3; t = $\frac{3}{2}$.

Die Gerade $g_P: \vec{x} = \begin{pmatrix} 4 \\ 2 \\ 0 \end{pmatrix} + k\begin{pmatrix} -1 \\ -2 \\ 7 \end{pmatrix}$ schneidet

g für k = 1 in (3 | 0 | 7) und h für k = −1 in (5 | 4 | −7).
Da Abst $(g_P;\ M) \approx 5{,}61 > r = 3$ liegt die Gerade außerhalb der Kugel.

314 **9. a)** *Beispiel:*

- Wähle eine Ebene in der g liegt. Z. B. $E_1\colon \vec{x} = \begin{pmatrix} -2 \\ 1 \\ 3 \end{pmatrix} + r\begin{pmatrix} 4 \\ -2 \\ 1 \end{pmatrix} + s\begin{pmatrix} 1 \\ 0 \\ 0 \end{pmatrix}$

  Der neue Richtungsvektor darf kein Vielfaches des Richtungsvektors der Geraden sein.
- Konstruiere eine Ebene, die Abstand 10 von E_1 hat, z. B. über

  Hessesche Normalenform: $E_1\colon \frac{1}{\sqrt{3}}\left(x_2 + 2x_3 - 5\right) = 0$

  $E_2\colon \frac{1}{\sqrt{3}}\left(x_2 + 2x_3 - 5\right) + 10 = 0$
- Wähle Gerade in E_2, die nicht parallel zu g ist.

  Z. B. $h\colon \vec{x} = \begin{pmatrix} 0 \\ 10 \cdot \sqrt{3} - 5 \\ 0 \end{pmatrix} + s\begin{pmatrix} 1 \\ 0 \\ 0 \end{pmatrix}$

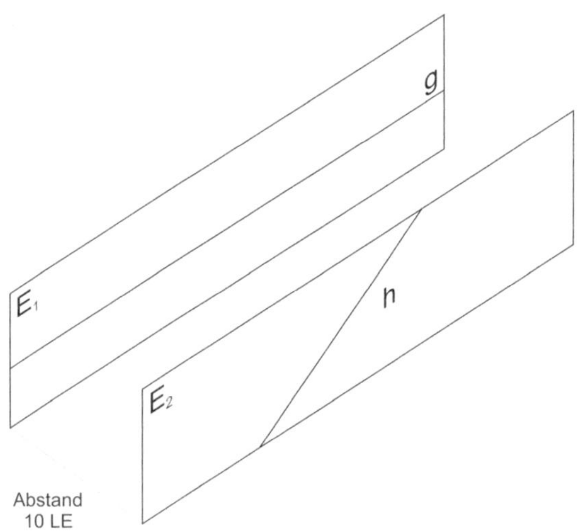

314

9. a) Fortsetzung

Alternative Lösung:

- Suche einen Vektor, der senkrecht auf dem Richtungsvektor steht und Länge 10 hat. Z. B. $\vec{n} = \begin{pmatrix} 0 \\ 1 \\ 2 \end{pmatrix} \cdot \frac{10}{\sqrt{5}}$.
- Verschiebe Stützvektor von g um den Vektor $\vec{n}$, um den Stützvektor der neuen Geraden zu erhalten. Z. B. $\begin{pmatrix} -2 \\ 1 \\ 3 \end{pmatrix} + \begin{pmatrix} 0 \\ 1 \\ 2 \end{pmatrix} \cdot \frac{10}{\sqrt{5}}$.
- Richtungsvektor der neuen Geraden ist ein Vektor, der senkrecht auf $\vec{n}$ steht, aber nicht der Richtungsvektor von g ist. Z. B. $\begin{pmatrix} 1 \\ 0 \\ 0 \end{pmatrix}$

$$h: \vec{x} = \begin{pmatrix} -2 \\ 1 \\ 3 \end{pmatrix} + \frac{10}{\sqrt{5}} \begin{pmatrix} 0 \\ 1 \\ 2 \end{pmatrix} + s \begin{pmatrix} 1 \\ 0 \\ 0 \end{pmatrix}$$

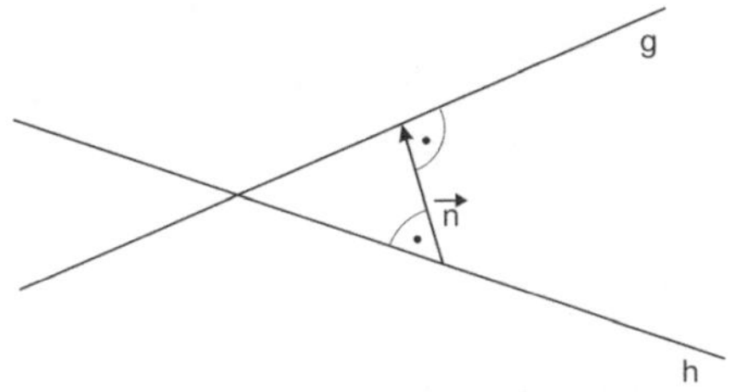

10. Sei $P \in g$ und $Q \in h$, dann gilt für den Abstand von P zu Q:

$$\text{Abst}(P; Q) = \left|\overrightarrow{PQ}\right| = \left|\begin{pmatrix} 3 - 2s - 3r \\ 1 - 2s + 5r \\ 1 - r \end{pmatrix}\right|$$

Gesucht ist der kleinste Abstand von P und Q, dann ist $\overrightarrow{PQ} \cdot \begin{pmatrix} 3 \\ -5 \\ 1 \end{pmatrix} = 0$ und

$$\overrightarrow{PQ} \cdot \begin{pmatrix} -2 \\ -2 \\ 0 \end{pmatrix} = 0 \Rightarrow \text{LGS} \left|\begin{matrix} 5 + 4s - 35r = 0 \\ -8 + 8s - 4r = 0 \end{matrix}\right| \Rightarrow s = \frac{25}{22};\ r = \frac{3}{11}$$

$$\Rightarrow \overrightarrow{PQ} = \begin{pmatrix} -\frac{1}{11} \\ \frac{1}{11} \\ \frac{8}{11} \end{pmatrix} \Rightarrow \left|\overrightarrow{PQ}\right| = \frac{1}{11}\sqrt{66} \approx 0{,}7385 \text{ km}$$

Der geringste Abstand der beiden Routen beträgt 738,5 m und unterschreitet somit nicht den Mindestabstand.

7 MATRIZEN

317 In der Tabelle sind die Wochentage als Zeilen und die Zeitintervalle als Spalten erfasst. Jede Zelle entspricht damit einer Wochentag/Zeitintervall-Kombination. In der letzten Zeile wird der Durchschnitt (das arithmetische Mittel) eines Zeitintervalls über alle Tage angegeben. So werden z. B. im Durchschnitt 24,9 % aller Mails, die zwischen 9 – 12 Uhr versendet werden, gelesen.

318 1. **Absatzplanung**

Die Tabelle lässt sich als Matrix $A = \begin{pmatrix} 14 & 8 & 16 & 4 & 16 \\ 6 & 14 & 20 & 6 & 8 \\ 14 & 4 & 12 & 0 & 52 \\ 8 & 0 & 22 & 0 & 14 \end{pmatrix}$ interpretieren.

Die gesuchten Werte ergeben sich aus $9 \cdot A + 2 \cdot \frac{1}{2} \cdot A + 3 \cdot A = 13 \cdot A$.

	32 Zoll LCD TV	42 Zoll LCD TV		52 Zoll LCD TV	
	HD ready	HD ready	Full HD	HD ready	Full HD
A	182	104	208	52	208
B	78	182	260	78	104
C	182	52	156	0	416
D	104	0	286	0	182

2. **Von Rohstoffen über Zwischenprodukte zum Endprodukt**
Der Bedarf an Rohstoffen zur Herstellung der Zwischenprodukte kann durch die Matrix Z beschrieben werden.

$$Z = \begin{pmatrix} 36 & 36 & 36 \\ 0 & 0{,}5 & 0 \\ 120 & 120 & 120 \\ 0 & 0 & 0{,}6 \\ 0 & 0 & 3 \end{pmatrix}$$

Für den Bedarf an Zwischenprodukten für die Herstellung der drei Endprodukte erhält man die folgende Matrix P:

$$P = \begin{pmatrix} \frac{1}{60} & \frac{1}{120} & \frac{1}{120} & 0 \\ 0 & \frac{1}{120} & \frac{1}{120} & 0 \\ 0 & 0 & \frac{1}{120} & \frac{1}{100} \end{pmatrix}$$

318 **2.** Fortsetzung

Der Bedarf an Rohstoffen pro Packung ergibt sich aus

$$Z \cdot P \cdot E = \begin{pmatrix} 36 & 36 & 36 \\ 0 & 0{,}5 & 0 \\ 120 & 120 & 120 \\ 0 & 0 & 0{,}6 \\ 0 & 0 & 3 \end{pmatrix} \cdot \begin{pmatrix} \frac{1}{60} & \frac{1}{120} & \frac{1}{120} & 0 \\ 0 & \frac{1}{120} & \frac{1}{120} & 0 \\ 0 & 0 & \frac{1}{120} & \frac{1}{100} \end{pmatrix} \cdot \begin{pmatrix} 1 & 0 & 0 & 0 \\ 0 & 1 & 0 & 0 \\ 0 & 0 & 1 & 0 \\ 0 & 0 & 0 & 1 \end{pmatrix}$$

$$= \begin{pmatrix} \frac{5}{6} & \frac{3}{5} & \frac{9}{10} & \frac{9}{25} \\ 0 & \frac{1}{240} & \frac{1}{240} & 0 \\ 2 & 2 & 3 & \frac{6}{5} \\ 0 & 0 & \frac{1}{200} & \frac{3}{500} \\ 0 & 0 & \frac{1}{40} & \frac{3}{100} \end{pmatrix}$$

In der Ergebnismatrix beschreibt der Eintrag in der i-ten Zeile und j-ten Spalte den Bedarf an Rohstoff i für Packung j.

Eine Bestellung kann durch einen Vektor $\vec{b} = \begin{pmatrix} b_1 \\ b_2 \\ b_3 \\ b_4 \end{pmatrix}$ beschrieben werden.

Dabei bezeichnet b_i die Anzahl an Mengeneinheiten von Produkt i. Dann ergibt sich der Rohstoffbedarf aus

$$Z \cdot P \cdot b = \begin{pmatrix} \frac{3}{5}b_1 + \frac{3}{5}b_2 + \frac{9}{10}b_3 + \frac{9}{25}b_4 \\ \frac{1}{240}b_2 + \frac{1}{240}b_3 \\ 2b_1 + 2b_2 + 3b_3 + \frac{6}{5}b_4 \\ \frac{1}{100}b_3 + \frac{3}{500}b_4 \\ \frac{1}{40}b_3 + \frac{3}{100}b_4 \end{pmatrix}.$$

319 **3. Wechselverhalten**

- 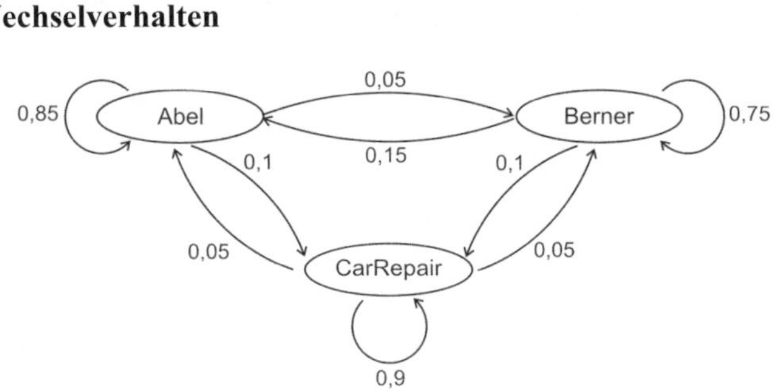

319 3. Fortsetzung

- Der Übergang kann durch die Matrix $M = \begin{pmatrix} 0{,}85 & 0{,}15 & 0{,}05 \\ 0{,}05 & 0{,}75 & 0{,}05 \\ 0{,}1 & 0{,}1 & 0{,}9 \end{pmatrix}$

  beschrieben werden. Ausgehend von dem Startvektor $\vec{x} = \begin{pmatrix} 660 \\ 402 \\ 642 \end{pmatrix}$

  ergeben sich für

  Jahr 1: $M \cdot \vec{x} = \begin{pmatrix} 653 \\ 367 \\ 684 \end{pmatrix}$; Jahr 2: $M^2 \cdot \vec{x} = \begin{pmatrix} 645 \\ 342 \\ 718 \end{pmatrix}$; Jahr 3: $M^3 \cdot \vec{x} = \begin{pmatrix} 635 \\ 324 \\ 744 \end{pmatrix}$

- Das System $(M - E_3) \cdot \vec{x} = \vec{0}$ zusammen mit der Gleichung $x_1 + x_2 + x_3 = 1704$ ist nicht lösbar. Es gibt also keine solche Verteilung.

4. **Abbildungen**

- 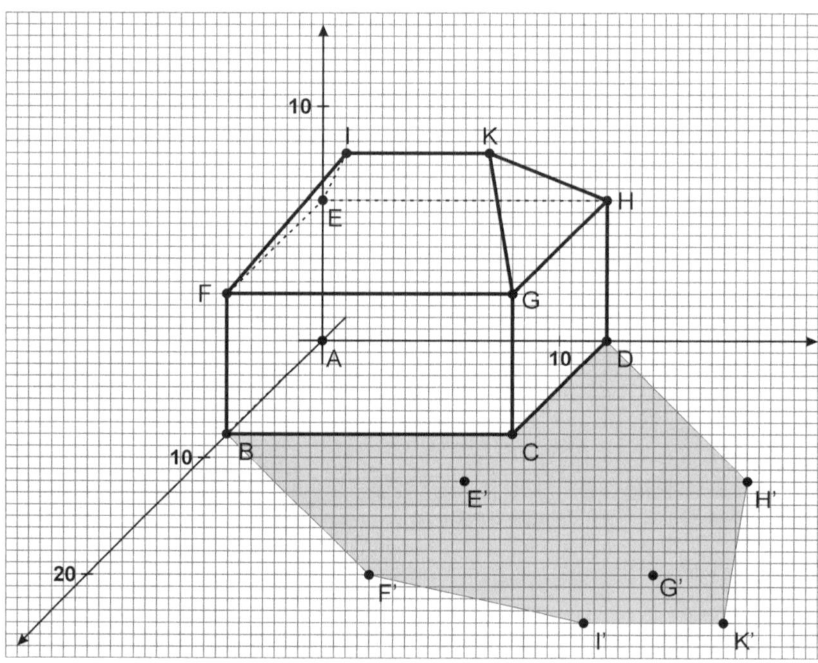

- Koordinaten der Schattenpunkte
  $E'(12 \mid 12 \mid 0)$; $F'(20 \mid 12 \mid 0)$; $G'(20 \mid 24 \mid 0)$; $H'(12 \mid 24 \mid 0)$;
  $I'(24 \mid 23 \mid 0)$; $K'(24 \mid 29 \mid 0)$

- $P_1'(1 \mid 0 \mid 0)$; $P_2'(0 \mid 1 \mid 0)$; $P_3'(2 \mid 2 \mid 0)$

319 **4.** Fortsetzung

- $\vec{0P'} = p_1 \begin{pmatrix} 1 \\ 0 \\ 0 \end{pmatrix} + p_2 \begin{pmatrix} 0 \\ 1 \\ 0 \end{pmatrix} + p_3 \begin{pmatrix} 2 \\ 2 \\ 0 \end{pmatrix} = \begin{pmatrix} 1 & 0 & 2 \\ 0 & 1 & 2 \\ 0 & 0 & 0 \end{pmatrix} \cdot \begin{pmatrix} p_1 \\ p_2 \\ p_3 \end{pmatrix}$

7.1 Rechnen mit Matrizen

7.1.1 Matrizen – Addieren und Vervielfachen

320 **Einstieg**

Bilde die Zeilennummern von $A = \begin{pmatrix} 42 & 254 & 12 & 13 \\ 75 & 382 & 17 & 0 \\ 0 & 138 & 5 & 89 \end{pmatrix}$

Straße	Fahrzeuge
S_1	321
S_2	474
S_3	232

Mit $B = \begin{pmatrix} 75 & 533 & 16 & 11 \\ 127 & 611 & 21 & 0 \\ 0 & 207 & 7 & 102 \end{pmatrix}$ und $C = \begin{pmatrix} 58 & 406 & 18 & 9 \\ 82 & 554 & 19 & 0 \\ 0 & 152 & 5 & 90 \end{pmatrix}$ folgt

$$B + C = \begin{pmatrix} 133 & 939 & 34 & 20 \\ 209 & 1165 & 40 & 0 \\ 0 & 359 & 12 & 192 \end{pmatrix}$$

Straße	Lkw	Pkw	Zweiräder	Fahrräder
S_1	133	939	34	20
S_2	209	1165	40	0
S_3	0	359	12	192

$$4 \cdot A + B + C = \begin{pmatrix} 301 & 1955 & 82 & 72 \\ 509 & 2693 & 108 & 0 \\ 0 & 911 & 32 & 548 \end{pmatrix}$$

Straße	Lkw	Pkw	Zweiräder	Fahrräder
S_1	301	1955	82	72
S_2	509	2693	108	0
S_3	0	911	32	548

323

2. **a)** Die Summe existiert, wenn beide Matrizen [Vektoren] vom gleichen Typ sind.

b) Assoziativgesetz: Seien A, B, C Matrizen vom Typ $m \times n$, dann gilt $A + (B + C) = (A + B) + C$.
Kommutativgesetz: Seien A, B Matrizen vom Typ $m \times n$, dann gilt $A + B = B + A$.
Da die Addition komponentenweise durchgeführt wird, gelten die gleichen Gesetze wie für die Addition von reellen Zahlen.

c) Matrizen können als nebeneinander geschriebene Spaltenvektoren aufgefasst werden. Damit entspricht die Vervielfachung einer Matrix der simultan durchgeführten Vervielfachung der Spaltenvektoren.

d) Es gilt $B - A = B + (-1) \cdot A$
Eine Nullmatrix ist eine Matrix, die nur Nullen enthält.

3. Schreibe die Werte in eine Matrix und multipliziere mit Faktor $(8 + 3 \cdot 0{,}8 + 1{,}12) = 11{,}52$

	Bielefeld	Hannover	Wuppertal	Siegen	Bremen	Hamburg
Müsli pur	3 110,4	5 253,12	1 647,36	1 428,48	3 525,12	5 483,52
Knusper-müsli	4 216,32	1 797,12	1 209,6	1 025,28	2 626,56	6 543,36
Frucht-müsli	2 050,56	4 354,56	1 128,96	1 117,44	2 154,24	8 801,28
Schoko-müsli	2 568,96	2 592	1 002,24	898,56	1 301,76	4 101,12

4. $A = \begin{pmatrix} 3 & 5 & 4 & 0 \\ -2 & -2 & 0 & 1 \\ 1 & 4 & 5 & 0 \end{pmatrix}$

5. **a)** $A = \begin{pmatrix} 1 & 0 & 0 \\ 0 & 1 & 0 \\ 0 & 0 & 1 \end{pmatrix}$ **b)** $A = \begin{pmatrix} 0 & -1 & -2 & -3 \\ 1 & 0 & -1 & -2 \\ 2 & 1 & 0 & -1 \\ 3 & 2 & 1 & 0 \end{pmatrix}$ **c)** $A = \begin{pmatrix} 1 & 2 & 3 & 4 & 5 \\ 2 & 4 & 6 & 8 & 10 \\ 3 & 6 & 9 & 12 & 15 \end{pmatrix}$

6. **a)** $\begin{pmatrix} 5 & -2 & 0 \\ 1 & 2 & 4 \\ -2 & -2 & 0 \\ 9 & 6 & 4 \end{pmatrix}$ **b)** $\begin{pmatrix} 6 & 0 & -3 \\ 3 & 3 & 6 \\ -12 & -6 & 3 \\ 15 & 3 & -6 \end{pmatrix}$ **c)** $\begin{pmatrix} -10 & 0 & -2 \\ 0 & -5 & -6 \\ 2 & 4 & -3 \\ -14 & -12 & -2 \end{pmatrix}$

d) $\begin{pmatrix} 1 & -2 & 2 \\ -1 & 0 & 0 \\ 6 & 2 & -2 \\ -1 & 4 & 8 \end{pmatrix}$ **e)** $-0{,}1 \cdot C = \begin{pmatrix} 0 & 0{,}4 & 0{,}2 \\ -0{,}2 & 0{,}1 & -0{,}2 \\ 0{,}2 & 0 & 0{,}3 \\ -0{,}4 & 0 & -0{,}6 \end{pmatrix}$

323

6. f) $A-(C-2A)+C=3\cdot A=\begin{pmatrix}9 & -6 & 3\\ 0 & 3 & 6\\ 6 & 0 & -3\\ 12 & 15 & 18\end{pmatrix}$ **g)** $\begin{pmatrix}5 & 2 & 2\\ -1 & 3 & 2\\ 0 & -2 & 3\\ 5 & 6 & -2\end{pmatrix}$

h) $2A-C=\begin{pmatrix}6 & 0 & 4\\ -2 & 3 & 2\\ 6 & 0 & 1\\ 4 & 10 & 6\end{pmatrix}$ **i)** $B-2(A+B)+3A = A-B=\begin{pmatrix}1 & -2 & 2\\ -1 & 0 & 0\\ 6 & 2 & -2\\ -1 & 4 & 8\end{pmatrix}$

324

7. Es wurden zwei Matrizen unterschiedlichen Typs addiert.

8. a)

München – Berlin (Straße)	587
Hamburg – München (Bahn)	820
Berlin – Hamburg (Straße)	285
Bonn – München (Bahn)	600

b) keine

9. a) $D=\begin{pmatrix}0 & 2,2 & 2,3 & 2,6 & 2,0\\ 2,2 & 0 & 1,8 & 1,9 & 2,4\\ 2,3 & 1,8 & 0 & 2,7 & 1,7\\ 2,6 & 1,9 & 2,7 & 0 & 3,0\\ 2,0 & 2,4 & 1,7 & 3,0 & 0\end{pmatrix}$

b) Der Eintrag d_{ij} gibt die Entfernung von Filiale F_i zu Filiale F_j an. Daher ist D symmetrisch mit $d_{ij}=0$ für $i=j$.

10. a) Beide Matrizen sind symmetrisch.

b) Eine n × n Matrix A heißt symmetrisch genau dann, wenn für alle $i, j = 1, ..., n$ gilt: $a_{ij}=a_{ji}$.

11. a)

$$\begin{aligned} 2x_1 + x_2 + x_3 + 3x_4 &= 10\\ -x_1 + 2x_2 + 3x_3 + 2x_4 &= 3\\ 2x_1 + 4x_2 + 2x_3 + 5x_4 &= 1\\ -3x_1 + 2x_2 + 4x_3 + x_4 &= 7 \end{aligned}$$

324 **11. b)**

$$\begin{array}{cccc|cl} 2 & 1 & 1 & 3 & 10 & \\ -1 & 2 & 3 & 2 & 3 & \mid z_2 \rightarrow z_2 + \frac{1}{2} z_1 \\ 2 & 4 & 2 & 5 & 1 & \mid z_3 \rightarrow z_3 - z_1 \\ -3 & 2 & 4 & 1 & 7 & \mid z_4 \rightarrow z_4 + \frac{3}{2} z_1 \\ \hline \end{array}$$

$$\begin{array}{cccc|cl} 2 & 1 & 1 & 3 & 10 & \mid z_1 \rightarrow \frac{1}{2} z_1 - \frac{1}{5} z_2 \\ 0 & \frac{5}{2} & \frac{7}{2} & \frac{7}{2} & 8 & \\ 0 & 3 & 1 & 2 & -9 & \mid z_3 \rightarrow z_3 - \frac{6}{5} z_2 \\ 0 & \frac{7}{2} & \frac{11}{2} & \frac{11}{2} & 22 & \mid z_4 \rightarrow z_4 - \frac{7}{5} z_2 \\ \hline \end{array}$$

$$\begin{array}{cccc|cl} 1 & 0 & -\frac{1}{5} & \frac{4}{5} & \frac{17}{5} & \mid z_1 \rightarrow z_1 - \frac{1}{16} z_3 \\ 0 & \frac{5}{2} & \frac{7}{2} & \frac{7}{2} & 8 & \mid z_2 \rightarrow \frac{2}{5} z_2 + \frac{7}{16} z_3 \\ 0 & 0 & -\frac{16}{5} & -\frac{11}{5} & -\frac{93}{5} & \mid z_3 \rightarrow z_3 - z_1 \\ 0 & 0 & \frac{3}{5} & \frac{3}{5} & \frac{54}{5} & \mid z_4 \rightarrow z_4 + \frac{3}{16} z_3 \\ \hline \end{array}$$

$$\begin{array}{cccc|cl} 1 & 0 & 0 & \frac{15}{16} & \frac{73}{16} & \mid z_1 \rightarrow z_1 - 5 z_4 \\ 0 & 1 & 0 & \frac{7}{16} & -\frac{79}{16} & \mid z_2 \rightarrow z_2 + \frac{7}{3} z_4 \\ 0 & 0 & -\frac{16}{5} & -\frac{11}{5} & -\frac{93}{5} & \mid z_3 \rightarrow -\frac{5}{16} z_3 - \frac{11}{3} z_4 \\ 0 & 0 & 0 & \frac{3}{16} & \frac{117}{16} & \mid z_4 \rightarrow \frac{16}{3} z_4 \\ \hline \end{array}$$

$$\begin{array}{cccc|c} 1 & 0 & 0 & 0 & -32 \\ 0 & 1 & 0 & 0 & -22 \\ 0 & 0 & 1 & 0 & -21 \\ 0 & 0 & 0 & 1 & -39 \end{array}$$

Lösen des Systems: $x_1 = -32$; $x_2 = -22$; $x_3 = -21$; $x_4 = -39$

c) Die Multiplikation mit einem Faktor führt zeilenweise betrachtet zu einem äquivalenten Gleichungssystem. Die Gleichungen werden nur mit k multipliziert. Die Lösung wird nicht verändert.

7.1.2 Multiplizieren von Matrizen

325 **Einstieg**

Multipliziere die für die einzelnen Packungen notwendigen Teesorten jeweils mit den Packungsmengen und summiere die Produkte.
Das lässt sich mithilfe der Matrixmultiplikation realisieren:

$$\begin{pmatrix} 0 & 0,025 & 0,05 & 0,1 \\ 0,05 & 0,05 & 0,05 & 0,1 \\ 0,1 & 0,1 & 0 & 0 \\ 0,05 & 0,5 & 0,1 & 0,1 \\ 0,1 & 0,1 & 0 & 0 \end{pmatrix} \cdot \begin{pmatrix} 150 \\ 100 \\ 100 \\ 20 \end{pmatrix} = \begin{pmatrix} 9,5 \\ 19,5 \\ 25 \\ 69,5 \\ 25 \end{pmatrix}$$

Fasse die Bestellungen zu einer Matrix zusammen und bilde das Produkt:

$$\begin{pmatrix} 0 & 0,025 & 0,05 & 0,1 \\ 0,05 & 0,05 & 0,05 & 0,1 \\ 0,1 & 0,1 & 0 & 0 \\ 0,05 & 0,5 & 0,1 & 0,1 \\ 0,1 & 0,1 & 0 & 0 \end{pmatrix} \cdot \begin{pmatrix} 100 & 300 & 400 \\ 200 & 400 & 300 \\ 250 & 300 & 300 \\ 250 & 200 & 100 \end{pmatrix} = \begin{pmatrix} 42,5 & 45 & 32,5 \\ 52,5 & 70 & 60 \\ 30 & 70 & 70 \\ 155 & 265 & 210 \\ 30 & 70 & 70 \end{pmatrix}$$

328 **3.** Beweis des Assoziativgesetz
A sei eine m × n, B eine n × p und C eine p × r-Matrix.
Berechne erst A · B, dann (A · B) · C:

i-te Zeile von A: $a_{i1}\ a_{i2}\ \ldots\ a_{in-1}\ a_{in}$;

j-te Spalte von B: $\begin{matrix} b_{1j} \\ b_{2j} \\ \vdots \\ b_{nj} \end{matrix}$

i-te Zeile von A · B: $\sum_{\lambda=1}^{n} a_{i\lambda} b_{\lambda 1} \sum_{\lambda=1}^{n} a_{i\lambda} b_{\lambda 2} \ \ldots \ \sum_{\lambda=1}^{n} a_{i\lambda} b_{\lambda p}$;

k-te Spalte von C: $\begin{matrix} c_{1k} \\ c_{2k} \\ \vdots \\ c_{pk} \end{matrix}$

i-te Zeile, k-te Spalte von (A · B) · C:

$$\sum_{\lambda=1}^{n} a_{i\lambda} b_{\lambda 1} \cdot c_{1k} + \sum_{\lambda=1}^{n} a_{i\lambda} b_{\lambda 2} \cdot c_{2k} + \ldots + \sum_{\lambda=1}^{n} a_{i\lambda} b_{\lambda p} \cdot c_{pk}$$

$$= \sum_{\mu=1}^{p} \sum_{\lambda=1}^{n} a_{i\lambda} b_{\lambda\mu} c_{\mu k}$$

328

3. Fortsetzung

Berechne erst $B \cdot C$, dann $A \cdot (B \cdot C)$:

j-te Zeile von B: $b_{j1}\ b_{j2}\ \dots\ b_{jp-1}\ b_{jp}$;

k-te Spalte von C: $\begin{matrix} c_{1k} \\ c_{2k} \\ \vdots \\ c_{pk} \end{matrix}$

k-te Spalte von $B \cdot C$: $\begin{matrix} \sum_{\mu=1}^{p} b_{1\mu} c_{\mu k} \\ \sum_{\mu=1}^{p} b_{2\mu} c_{\mu k} \\ \vdots \\ \sum_{\mu=1}^{p} b_{q\mu} c_{\mu k} \end{matrix}$

i-te Zeile von A: $a_{i1}\ a_{i2}\ \dots\ a_{in-1}\ a_{in}$;

k-te Spalte von $B \cdot C$: $\begin{matrix} \sum_{\mu=1}^{p} b_{1\mu} c_{\mu k} \\ \sum_{\mu=1}^{p} b_{2\mu} c_{\mu k} \\ \vdots \\ \sum_{\mu=1}^{p} b_{n\mu} c_{\mu k} \end{matrix}$

i-te Zeile, k-te Spalte von $A \cdot (B \cdot C)$:

$$a_{i1} \cdot \sum_{\mu=1}^{p} b_{1\mu} c_{\mu k} + a_{i2} \cdot \sum_{\mu=1}^{p} b_{2\mu} c_{\mu k} + \dots + a_{in} \cdot \sum_{\mu=1}^{p} b_{n\mu} c_{\mu k}$$

$$= \sum_{\lambda=1}^{n} \sum_{\mu=1}^{p} a_{i\lambda} b_{\lambda\mu} c_{\mu k}$$

328 **3.** Fortsetzung

Beweis des 1. Distributivgesetz

Seien A, B m × n-Matrizen und C eine n × p-Matrix

Berechne erst (A + B) · C

j-te Zeile von A + B: $a_{j1} + b_{j1} \ldots a_{jn} + b_{jn}$

k-te Spalte von C: $\begin{matrix} c_{1k} \\ \vdots \\ c_{nk} \end{matrix}$

Element jk von (A + B) · C:

$$a_{j1} + b_{j1} \ldots a_{jn} + b_{jn} \cdot \begin{matrix} c_{1k} \\ \vdots \\ c_{nk} \end{matrix} = \sum_{\mu=1}^{n} \left(a_{j\mu} + b_{j\mu}\right) \cdot c_{\mu k}$$

$$= \sum_{\mu=1}^{n} a_{j\mu} c_{\mu k} + \sum_{\mu=1}^{n} b_{j\mu} c_{\mu k}$$

$$= \underbrace{a_{j1} \ldots a_{jn} \cdot \begin{matrix} c_{1k} \\ \vdots \\ c_{nk} \end{matrix}}_{\text{Element jk aus } A \cdot C} + \underbrace{b_{j1} \ldots b_{jn} \cdot \begin{matrix} c_{1k} \\ \vdots \\ c_{nk} \end{matrix}}_{\text{Element jk aus } B \cdot C}$$

Beweis des 2. Distributivgesetz

A sei eine m × n, B und C eine n n, B und C eine n × p-Matrix.

Berechne erst A · (B + C):

i-te Zeile von A: $a_{i1}\ a_{i2}\ \ldots\ a_{in-1}\ a_{in}$;

j-te Spalte von B + C: $\begin{matrix} b_{1j} + c_{1j} \\ b_{2j} + c_{2j} \\ \vdots \\ b_{nj} + c_{nj} \end{matrix}$

i-te Zeile, j-te Spalte von A · (B + C):

$$\sum_{\lambda=1}^{n} a_{i\lambda}\left(b_{\lambda j} + c_{\lambda j}\right) = \sum_{\lambda=1}^{n} a_{i\lambda} b_{\lambda j} + \sum_{\lambda=1}^{n} a_{i\lambda} c_{\lambda j}$$

Berechne A · B + A · C:

i-te Zeile, j-te Spalte von A · B: $\sum_{\lambda=1}^{n} a_{i\lambda} b_{\lambda j}$

i-te Zeile, j-te Spalte von A · C: $\sum_{\lambda=1}^{n} a_{i\lambda} c_{\lambda j}$

i-te Zeile, j-te Spalte von A · B + A · C: $\sum_{\lambda=1}^{n} a_{i\lambda} b_{\lambda j} + \sum_{\lambda=1}^{n} a_{i\lambda} c_{\lambda j}$

328

3. Fortsetzung

Beweis von $(r \cdot A)(s \cdot B) = rs \cdot A \cdot B$

A und B seien $m \times n$-Matrizen.

Berechne $(r \cdot A)(s \cdot B)$:

i-te Zeile von $r \cdot A$: $ra_{i1}\ ra_{i2}\ \dots\ ra_{in-1}\ ra_{in}$;

j-te Spalte von $s \cdot B$: $\begin{matrix} sb_{1j} \\ sb_{2j} \\ \vdots \\ sb_{nj} \end{matrix}$

i-te Zeile, j-te Spalte von $(r \cdot A)(s \cdot B)$: $\sum_{\lambda=1}^{n} ra_{i\lambda} sb_{\lambda j} = rs \cdot \sum_{\lambda=1}^{n} a_{i\lambda} b_{\lambda j}$

Berechne $rs \cdot A \cdot B$:

i-te Zeile von A: $a_{i1}\ a_{i2}\ \dots\ a_{in-1}\ a_{in}$;

j-te Spalte von B: $\begin{matrix} b_{1j} \\ b_{2j} \\ \vdots \\ b_{nj} \end{matrix}$

i-te Zeile, j-te Spalte von $rs \cdot A \cdot B$: $rs \cdot \sum_{\lambda=1}^{n} a_{i\lambda} b_{\lambda j}$

4. **a)** $\begin{pmatrix} 3 \\ 1 \end{pmatrix}$ **c)** $\begin{pmatrix} -2 \\ 7 \\ -2 \end{pmatrix}$ **e)** (30)

b) $\begin{pmatrix} -1 \\ 5 \end{pmatrix}$ **d)** $\begin{pmatrix} -4 \\ 3 \\ -13 \\ -7 \\ 8 \end{pmatrix}$ **f)** $\begin{pmatrix} 4 \\ 7 \\ 3 \end{pmatrix}$

5. **a)** Berechne das Produkt $\begin{pmatrix} 20 & 10 & 20 & 10 \\ 10 & 15 & 10 & 20 \\ 15 & 20 & 10 & 5 \\ 5 & 10 & 5 & 10 \\ 0 & 5 & 0 & 10 \\ 15 & 10 & 20 & 10 \\ 5 & 0 & 5 & 5 \end{pmatrix} \cdot \begin{pmatrix} 30 \\ 25 \\ 45 \\ 12 \end{pmatrix} = \begin{pmatrix} 1870 \\ 1365 \\ 1460 \\ 745 \\ 245 \\ 1720 \\ 435 \end{pmatrix}$

Damit: 1870 ME Gerstenflocken; 1365 ME Hafer geschrotet; 1460 ME Maisflocken; 745 ME Weizengrießkleie; 245 ME Zuckerrübenmelasse; 1720 ME Kräuter; 435 ME Pflanzenöl.

328 **5. b)** Berechne das Produkt

$$\begin{pmatrix} 20 & 10 & 20 & 10 \\ 10 & 15 & 10 & 20 \\ 15 & 20 & 10 & 5 \\ 5 & 10 & 5 & 10 \\ 0 & 5 & 0 & 10 \\ 15 & 10 & 20 & 10 \\ 5 & 0 & 5 & 5 \end{pmatrix} \cdot \begin{pmatrix} 26 & 46 & 22 & 78 & 12 \\ 36 & 58 & 75 & 19 & 32 \\ 102 & 79 & 66 & 58 & 24 \\ 15 & 10 & 12 & 8 & 4 \end{pmatrix}$$

$$= \begin{pmatrix} 3070 & 3180 & 2630 & 2990 & 1080 \\ 2120 & 2320 & 2245 & 1805 & 920 \\ 2205 & 2690 & 2550 & 2170 & 1080 \\ 1150 & 1305 & 1310 & 950 & 540 \\ 330 & 390 & 495 & 175 & 200 \\ 2940 & 2950 & 2520 & 2600 & 1020 \\ 715 & 675 & 500 & 720 & 200 \end{pmatrix}$$

In der Ergebnismatrix stehen die Spalten für die Gestüte und die Zeilen für die Zutaten.

329 **6. a)** $\begin{pmatrix} 20 & -1 \\ 3 & 4 \end{pmatrix}$ **d)** $\begin{pmatrix} 3 & 1 & -3 \\ 0 & 0 & -1 \\ 1 & 5 & 4 \end{pmatrix}$ **g)** (99)

b) $\begin{pmatrix} 5 & -8 & 1 \\ -2 & 8 & -4 \\ 4 & -20 & 11 \end{pmatrix}$ **e)** $\begin{pmatrix} -13 & -8 & 5 \\ 24 & 5 & 12 \end{pmatrix}$ **h)** $\begin{pmatrix} 12 & 21 & -6 \\ 44 & 77 & -22 \\ -20 & -35 & 10 \end{pmatrix}$

c) $\begin{pmatrix} -1 & 3 & 1 \\ 4 & -1 & 0 \\ 5 & 4 & 6 \end{pmatrix}$ **f)** $\begin{pmatrix} -11 & 0 & 0 \\ 6 & 1 & -8 \\ 0 & 0 & -11 \end{pmatrix}$ **i)** $\begin{pmatrix} 0 & 1 \\ -1 & 0 \end{pmatrix}$

7. In der ersten Rechnung wurden zwei Matrizen komponentenweise multipliziert. In der zweiten wurde die Reihenfolge der Matrizen vertauscht.

8. $A \cdot C = \begin{pmatrix} 17 & -1 \\ 14 & 6 \end{pmatrix}$ $B \cdot A = \begin{pmatrix} 8 & -3 & 4 \\ -1 & 11 & 2 \end{pmatrix}$

$C \cdot A = \begin{pmatrix} 11 & -2 & 6 \\ -3 & 16 & 2 \\ -20 & 33 & -4 \end{pmatrix}$ $C \cdot B = \begin{pmatrix} 7 & 1 \\ -1 & 7 \\ -11 & 12 \end{pmatrix}$

9. a) $A \cdot B = \begin{pmatrix} -1 & 13 \\ 2 & -8 \end{pmatrix}$; $B \cdot A = \begin{pmatrix} 2 & 4 \\ -1 & -11 \end{pmatrix}$

Es gilt im Allgemeinen nicht $A \cdot B = B \cdot A$

329

9. b) $A \cdot B = \begin{pmatrix} -11 & 3 \\ 9 & -2 \end{pmatrix}$; $B \cdot A = \begin{pmatrix} -11 & 3 \\ 9 & -2 \end{pmatrix}$

$A \cdot B = B \cdot A.$

c) $A \cdot B = B \cdot A = \begin{pmatrix} 3 & 2 & -7 \\ 0 & -5 & 6 \\ 8 & 5 & 2 \end{pmatrix}$

d) $A \cdot B = \begin{pmatrix} 2 & 6 & 8 \\ 2 & -8 & -6 \\ 12 & 2 & -5 \end{pmatrix}$; $B \cdot A = \begin{pmatrix} 2 & -3 & 4 \\ -4 & -8 & 6 \\ 24 & -2 & -5 \end{pmatrix}$

e) Zum Beispiel: $A = \begin{pmatrix} 2 & 0 & 0 \\ 0 & -1 & 0 \end{pmatrix}$; $B = \begin{pmatrix} 1 & 3 \\ -2 & 8 \\ 12 & 2 \end{pmatrix}$

Dann gilt

$A \cdot B = \begin{pmatrix} 2 & 6 \\ 2 & -8 \end{pmatrix}$; $B \cdot A = \begin{pmatrix} 2 & -3 & 0 \\ -4 & -8 & 0 \\ 24 & -2 & 0 \end{pmatrix}$

Es kann also sein, dass beide Produkte A · B und B · A existieren, aber nicht von gleichem Typ sind.

10. a) $\begin{pmatrix} 21 & 13 & 6 \\ 9 & 16 & 4 \\ -14 & 4 & -8 \\ -23 & 10 & 17 \end{pmatrix}$ Die Spalten werden vertauscht.

b) $\begin{pmatrix} 24 & -32 & 65 & -31 & 22 \\ 18 & 22 & -34 & 0 & 9 \\ -6 & 53 & -11 & -21 & 17 \end{pmatrix}$ Die Zeilen werden vertauscht.

11. Verkaufsmatrix $M = \begin{pmatrix} 10 & 5 & 0 & 3 \\ 6 & 15 & 10 & 1 \\ 0 & 0 & 20 & 10 \end{pmatrix}$; Preisvektor $\vec{p} = \begin{pmatrix} 15 \\ 20 \\ 30 \\ 45 \end{pmatrix}$

Rechnungsvektor $\vec{R} = M \cdot \vec{p} = \begin{pmatrix} 385 \\ 735 \\ 1050 \end{pmatrix}$

12. $\begin{pmatrix} 0{,}4 & 0{,}25 \\ 0{,}3 & 0{,}3 \\ 0{,}3 & 0{,}45 \end{pmatrix} \cdot \begin{pmatrix} 25 \\ 15 \end{pmatrix} = \begin{pmatrix} 13{,}75 \\ 12 \\ 14{,}25 \end{pmatrix}$

7.1.3 Rechnen mit Matrizen – Einheitsmatrix – Inverse Matrix

331

1. a) $B \cdot A = \begin{pmatrix} 2 & 5 \\ -4 & 3 \end{pmatrix}$ Die erste Spalte wird mit –1 multipliziert.

$A \cdot B = \begin{pmatrix} 2 & -5 \\ 4 & 3 \end{pmatrix}$ Die erste Zeile wird mit –1 multipliziert.

b) $B \cdot A = \begin{pmatrix} 2 & -12 \\ 4 & 15 \end{pmatrix}$

Die erste Spalte wird mit 2, die zweite mit –3 multipliziert.

$A \cdot B = \begin{pmatrix} 2 & 8 \\ -6 & 15 \end{pmatrix}$

Die erste Zeile wird mit 2, die zweite mit –3 multipliziert.

c) $B \cdot A = \begin{pmatrix} 2 & 3 & -1 \\ 4 & -2 & -5 \\ 1 & -1 & -2 \end{pmatrix}$

Die zweite und dritte Spalte wird mit –1 multipliziert.

$A \cdot B = \begin{pmatrix} 2 & -3 & 1 \\ -4 & -2 & -5 \\ -1 & -1 & -2 \end{pmatrix}$

Die zweite und dritte Zeile wird mit –1 multipliziert.

d) $B \cdot A = \begin{pmatrix} 3 & 2 & -4 \\ 5 & -8 & 0 \\ 1 & -2 & -3 \end{pmatrix}$

Die erste Spalte wird mit –1, die zweite mit 2 und die dritte mit 4 multipliziert.

$A \cdot B = \begin{pmatrix} 3 & -2 & 4 \\ -5 & -8 & 0 \\ -1 & -2 & -3 \end{pmatrix}$

Die erste Zeile wird mit –1, die zweite mit 2 und die dritte mit 4 multipliziert.

2. a) $A \cdot B = B \cdot A = E_2$ **b)** $A \cdot B = B \cdot A = E_3$

3. a) $A^{-1} = \begin{pmatrix} 0 & -\frac{1}{2} \\ \frac{1}{2} & 0 \end{pmatrix}$ **c)** $A^{-1} = \begin{pmatrix} 0 & \frac{1}{4} \\ \frac{1}{3} & -\frac{1}{12} \end{pmatrix}$

b) $A^{-1} = \begin{pmatrix} \frac{1}{3} & \frac{1}{3} \\ \frac{1}{3} & -\frac{2}{3} \end{pmatrix}$ **d)** $A^{-1} = \begin{pmatrix} -3 & \frac{5}{2} \\ -1 & 1 \end{pmatrix}$

331 **4. a)** $A^{-1} = \begin{pmatrix} 2 & 1 \\ \frac{5}{4} & \frac{1}{2} \end{pmatrix}$

c) $A^{-1} = \begin{pmatrix} \frac{2}{9} & \frac{2}{9} & \frac{1}{9} \\ -\frac{1}{9} & \frac{2}{9} & -\frac{2}{9} \\ -\frac{2}{9} & \frac{1}{9} & \frac{2}{9} \end{pmatrix}$

b) $A^{-1} = \begin{pmatrix} \frac{19}{5} & \frac{8}{5} & \frac{1}{5} \\ \frac{13}{10} & \frac{3}{5} & \frac{1}{5} \\ -\frac{71}{10} & -\frac{16}{5} & -\frac{2}{5} \end{pmatrix}$

d) $A^{-1} = \begin{pmatrix} -\frac{18}{7} & \frac{12}{7} & -6 \\ \frac{96}{7} & -\frac{36}{7} & 24 \\ \frac{96}{7} & -\frac{36}{7} & 26 \end{pmatrix}$

5. a) $A \cdot \begin{pmatrix} a & b \\ c & d \end{pmatrix} = \begin{pmatrix} 0 & 0 \\ -c & -d \end{pmatrix} \neq E_2$ für alle a, b, c, d $\in \mathbb{R}$

b) $A \cdot \begin{pmatrix} a & b \\ c & d \end{pmatrix}$ führt auf das unlösbare System $\begin{matrix} 6a - 4c = 1 \\ 6b - 4d = 0 \\ 9a - 6c = 0 \\ 9b - 6d = 1 \end{matrix}$

c) $A \cdot \begin{pmatrix} a & b & c \\ d & d & e \\ f & g & h \end{pmatrix} = \begin{pmatrix} & \dots & \\ 0 & 0 & 0 \\ & \dots & \end{pmatrix} \neq E_3$ für alle a, b, c, d, e, f, g, h $\in \mathbb{R}$

d) Die Inverse ist nur für quadratische Matrizen definiert.

6. $A^{-1} = \frac{1}{ad-bc}\begin{pmatrix} d & -b \\ -c & a \end{pmatrix}$.

Die Inverse existiert genau dann, wenn $ad - bc \neq 0$ ist.

7.1.4 Anwendung der Matrizenmultiplikation bei mehrstufigen Produktionsprozessen

332 **Einstieg**

Matrix für Rohstoffe → Zwischenprodukte: $M_{RZ} = \begin{pmatrix} 0,3 & 0,5 \\ 0,4 & 0,3 \\ 0,3 & 0,2 \end{pmatrix}$

Matrix für Zwischenprodukte → Endprodukte: $M_{ZE} = \begin{pmatrix} 0,6 & 0,4 & 0,5 \\ 0,4 & 0,6 & 0,5 \end{pmatrix}$

Auftragsvektor: $\vec{a} = \begin{pmatrix} 0,5 \\ 0,8 \\ 0,6 \end{pmatrix}$

Für den Bedarfsvektor $\vec{b}$ gilt: $\vec{b} = M_{RZ} \cdot M_{ZE} \cdot \vec{a}$, also:

$$\begin{pmatrix} 0,3 & 0,5 \\ 0,4 & 0,3 \\ 0,3 & 0,2 \end{pmatrix} \cdot \begin{pmatrix} 0,6 & 0,4 & 0,5 \\ 0,4 & 0,6 & 0,5 \end{pmatrix} \cdot \begin{pmatrix} 0,5 \\ 0,8 \\ 0,6 \end{pmatrix} = \begin{pmatrix} 0,38 & 0,42 & 0,4 \\ 0,36 & 0,34 & 0,35 \\ 0,26 & 0,24 & 0,25 \end{pmatrix} \cdot \begin{pmatrix} 0,5 \\ 0,8 \\ 0,6 \end{pmatrix} = \begin{pmatrix} 0,766 \\ 0,662 \\ 0,472 \end{pmatrix}$$

336

2. $M_{RZ} = \begin{pmatrix} 0,2 & 0,1 \\ 0,8 & 0 \\ 0 & 0,3 \\ 0 & 0,6 \end{pmatrix}$; $M_{ZE} = \begin{pmatrix} 45 & 35 \\ 5 & 15 \end{pmatrix}$

Auftragsvektor: $\vec{a} = \begin{pmatrix} 500 \\ 100 \end{pmatrix}$

$$\vec{b} = M_{RZ} \cdot M_{ZE} \cdot \vec{a} = \begin{pmatrix} 9,5 & 8,5 \\ 36 & 28 \\ 1,5 & 4,5 \\ 3 & 9 \end{pmatrix} \cdot \begin{pmatrix} 500 \\ 100 \end{pmatrix} = \begin{pmatrix} 5600 \\ 20800 \\ 1200 \\ 2400 \end{pmatrix}$$

3. a)

$$A = \begin{array}{c} \\ R_1 \\ R_2 \\ R_3 \end{array} \begin{array}{c} Z_1\ Z_2\ Z_3 \\ \begin{pmatrix} 5 & 2 & 3 \\ 0 & 4 & 3 \\ 2 & 1 & 3 \end{pmatrix} \end{array} \qquad B = \begin{array}{c} \\ Z_1 \\ Z_2 \\ Z_3 \end{array} \begin{array}{c} E_1\ E_2 \\ \begin{pmatrix} 2 & 2 \\ 1 & 4 \\ 1 & 1 \end{pmatrix} \end{array}$$

b) $A \cdot B = \begin{pmatrix} 15 & 21 \\ 7 & 19 \\ 8 & 11 \end{pmatrix}$

c) Einschränkungen: Geringe Zahl der Rohstoffkomponenten, abgeschlossene Verflechtungsnetze (kein Abfluss von Zwischenprodukten durch Verkauf), keine Direktverwendung von Rohstoffen für Endprodukt.

d) Rohstoffbedarf:

$$\begin{pmatrix} 5 & 2 & 3 \\ 0 & 4 & 3 \\ 2 & 1 & 3 \end{pmatrix} \cdot \begin{pmatrix} 2 & 2 \\ 1 & 4 \\ 1 & 1 \end{pmatrix} \cdot \begin{pmatrix} 8 & 15 & 0 \\ 10 & 7 & 3 \end{pmatrix} = \begin{pmatrix} 330 & 372 & 63 \\ 246 & 238 & 57 \\ 174 & 197 & 33 \end{pmatrix}$$

Zwischenproduktbedarf:

$$\begin{pmatrix} 2 & 2 \\ 1 & 4 \\ 1 & 1 \end{pmatrix} \cdot \begin{pmatrix} 8 & 15 & 0 \\ 10 & 7 & 3 \end{pmatrix} = \begin{pmatrix} 36 & 44 & 6 \\ 48 & 43 & 12 \\ 18 & 22 & 3 \end{pmatrix}$$

337

4. a) In der Matrix A bedeutet der Eintrag a_{ij} den Bedarf an Rohstoff R_i für das Zwischenprodukt Z_j. In der Matrix B bedeutet der Eintrag b_{jk} den Bedarf an Zwischenprodukt Z_j für das Endprodukt E_k.

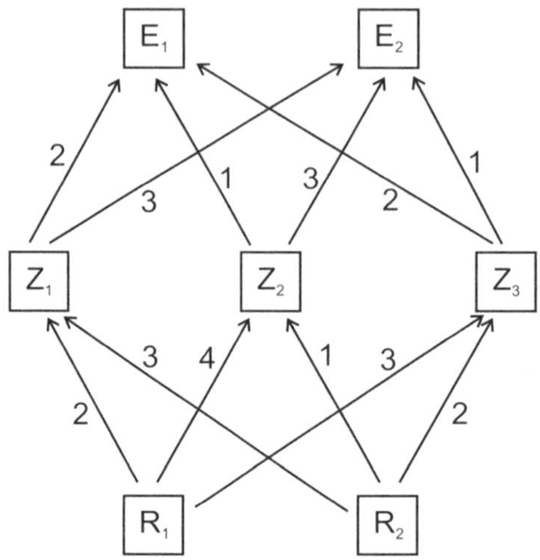

b) Der Verbrauch ergibt sich aus dem Produkt

$$A \cdot B \cdot C = \begin{pmatrix} 1610 & 1260 & 2170 & 2170 \\ 1140 & 990 & 1580 & 1530 \end{pmatrix}.$$

Die Spalten der Matrix enthalten den Verbrauch für den entsprechenden Auftrag.

5. a)

$$Z = \begin{matrix} & L & R & O \\ H & 0{,}0008 & 0{,}0024 & 0 \\ S & 0 & 0 & 0{,}24 \end{matrix}; \quad E = \begin{matrix} & ZVI & ZVII \\ L & 7 & 13 \\ R & 3{,}2 & 4{,}8 \\ O & 1 & 2 \end{matrix}$$

$$\text{Bestellmatrix } B = \begin{matrix} & L & P & H \\ ZVI & 80 & 60 & 150 \\ ZVII & 140 & 120 & 400 \end{matrix}$$

$$Z \cdot E \cdot B = \begin{pmatrix} 4{,}1312 & 3{,}4272 & 10{,}76 \\ 86{,}4 & 72 & 228 \end{pmatrix}$$

Gesamtbedarf: Holz: 18,3184 m^2 ; Stahlblech: 386,4 m^2

b) $$E \cdot B = \begin{pmatrix} 2380 & 1980 & 6250 \\ 928 & 768 & 2400 \\ 360 & 300 & 950 \end{pmatrix}$$

Gesamtbedarf: Latten: 10610; Rahmenteile: 4096; Ornamentteile: 1610

337 6. a) $M_{RZ} = \begin{pmatrix} 0{,}0008 & 0 & 0 & 0 & 0 \\ 0 & 0{,}15 & 0{,}16 & 0 & 0 \\ 0 & 0 & 0 & 0{,}15 & 0{,}16 \end{pmatrix}$; $M_{ZE} = \begin{pmatrix} 1{,}8 & 1{,}8 \\ 1 & 0 \\ 0 & 1 \\ 1 & 0 \\ 0 & 1 \end{pmatrix}$

b) Rohstoffbedarf: $M_{RZ} \cdot M_{ZE} \cdot \begin{pmatrix} 3000 \\ 3000 \end{pmatrix} = \begin{pmatrix} 8{,}64 \\ 930 \\ 930 \end{pmatrix}$

7.2 Übergangsmatrizen

7.2.1 Wechselverhalten – Stochastische Matrizen

338 **Einstieg**

- Vom Hauptbahnhof werden 50 % der Räder zum Rathaus gefahren, 20 % zum Rotebühlplatz und 20 % zu anderen Stationen.
  Vom Rathaus werden 80 % der Räder zum Hauptbahnhof gefahren, 10 % zum Rotebühlplatz und 5 % zu anderen Stationen.
  Vom Rotebühlplatz werden 60 % der Räder zum Rathaus gefahren, 20 % zum Hauptbahnhof und 10 % zu anderen Stationen.
  Von den anderen Stationen werden 30 % zum Hauptbahnhof gefahren, 20 % zum Rathaus und 20 % zum Rotebühlplatz.

- $M = \begin{pmatrix} 0{,}1 & 0{,}8 & 0{,}2 & 0{,}3 \\ 0{,}5 & 0{,}05 & 0{,}6 & 0{,}2 \\ 0{,}2 & 0{,}1 & 0{,}1 & 0{,}2 \\ 0{,}2 & 0{,}05 & 0{,}1 & 0{,}3 \end{pmatrix}$; $\vec{a} = \begin{pmatrix} 0{,}3 \\ 0{,}25 \\ 0{,}15 \\ 0{,}3 \end{pmatrix}$

  Verteilung der Fahrräder nach einem Tag: $M \cdot \vec{a} = \begin{pmatrix} 0{,}35 \\ 0{,}3125 \\ 0{,}16 \\ 0{,}1775 \end{pmatrix}$

  Verteilung nach 2 Tagen: $M^2 \cdot \vec{a} = \begin{pmatrix} 0{,}37025 \\ 0{,}322125 \\ 0{,}15275 \\ 0{,}154875 \end{pmatrix}$

- Verteilung nach 7 Tagen: $M^7 \cdot \vec{a} = \begin{pmatrix} 0{,}372308 \\ 0{,}32404 \\ 0{,}152362 \\ 0{,}15129 \end{pmatrix}$

  Verteilung nach 14 Tagen: $M^{14} \cdot \vec{a} = \begin{pmatrix} 0{,}372318 \\ 0{,}324034 \\ 0{,}152361 \\ 0{,}151288 \end{pmatrix}$

338

• Löse $M \cdot \vec{a} = \begin{pmatrix} 0,41 \\ 0,3 \\ 0,15 \\ 0,14 \end{pmatrix}$

Multipliziere mit der Inversen, dann folgt:

$$\vec{a} = M^{-1} \cdot \begin{pmatrix} 0,41 \\ 0,3 \\ 0,15 \\ 0,14 \end{pmatrix} = \begin{pmatrix} -1,5 & -0,785714 & 17,0714 & -9,35714 \\ 1 & -0,428571 & 3,85714 & -3,28571 \\ 1 & 2,42857 & -11,8571 & 5,28571 \\ 0,5 & -0,214286 & -8,07143 & 8,35714 \end{pmatrix} \cdot \begin{pmatrix} 0,41 \\ 0,3 \\ 0,15 \\ 0,14 \end{pmatrix}$$

$$= \begin{pmatrix} 0,4 \\ 0,4 \\ 0,1 \\ 0,1 \end{pmatrix}$$

343

2. a) $\begin{pmatrix} 0,1 & 0,8 \\ 0,9 & 0,2 \end{pmatrix}$ **b)** $\begin{pmatrix} 0,7 & 0 \\ 0,3 & 1 \end{pmatrix}$ **c)** $\begin{pmatrix} 0,4 & 0 & 0,8 \\ 0,1 & 0,2 & 0,2 \\ 0,5 & 0,8 & 0 \end{pmatrix}$

3. a)

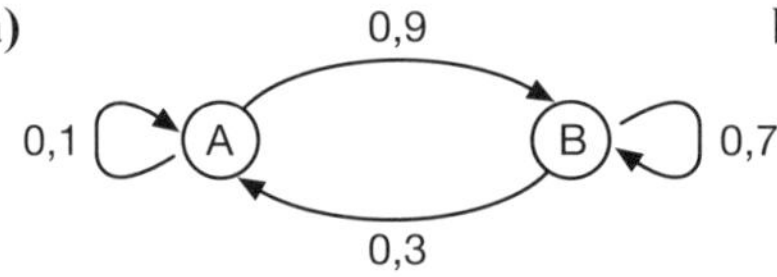

b)

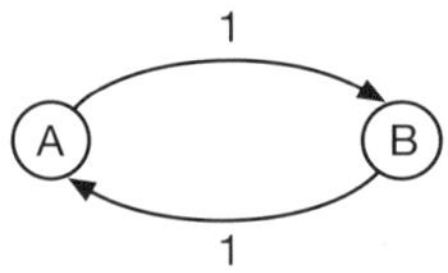

c)

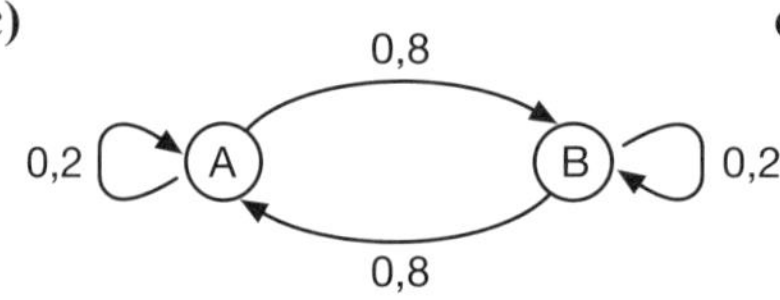

d)

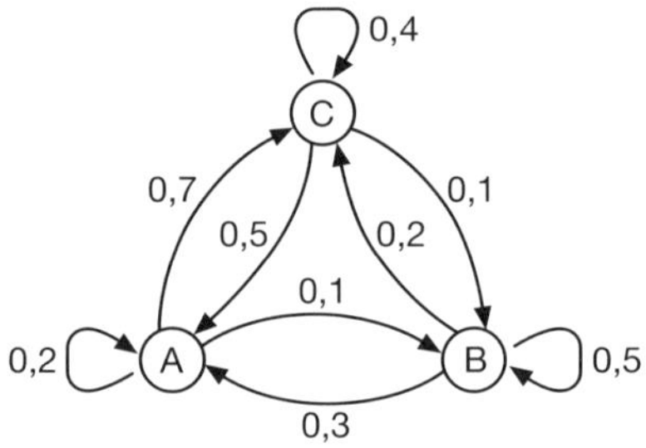

4. a) $\begin{pmatrix} 0,5 & 0,1 & 0,05 & 0,1 \\ 0,2 & 0,4 & 0,05 & 0,2 \\ 0,1 & 0,3 & 0,8 & 0,1 \\ 0,2 & 0,2 & 0,1 & 0,6 \end{pmatrix}$

b) $\begin{pmatrix} 0,5 & 0,1 & 0,05 & 0,1 \\ 0,2 & 0,4 & 0,05 & 0,2 \\ 0,1 & 0,3 & 0,8 & 0,1 \\ 0,2 & 0,2 & 0,1 & 0,6 \end{pmatrix} \cdot \begin{pmatrix} 0,25 \\ 0,25 \\ 0,25 \\ 0,25 \end{pmatrix} = \begin{pmatrix} 0,1875 \\ 0,2125 \\ 0,3250 \\ 0,2750 \end{pmatrix}$ (nach einem Tag),

nach zwei Tagen: $\begin{pmatrix} 0,15875 \\ 0,19375 \\ 0,37 \\ 0,2775 \end{pmatrix}$, nach drei Tagen $\begin{pmatrix} 0,145 \\ 0,18325 \\ 0,39775 \\ 0,274 \end{pmatrix}$

344

5. a) $\overrightarrow{p_1} = \begin{pmatrix} 0{,}12 \\ 0{,}47 \\ 0{,}41 \end{pmatrix}$, $\overrightarrow{p_2} = \begin{pmatrix} 0{,}171 \\ 0{,}283 \\ 0{,}546 \end{pmatrix}$, $\overrightarrow{p_3} = \begin{pmatrix} 0{,}2322 \\ 0{,}2099 \\ 0{,}5579 \end{pmatrix}$, $\overrightarrow{p_4} = \begin{pmatrix} 0{,}26025 \\ 0{,}19783 \\ 0{,}54192 \end{pmatrix}$,

$\overrightarrow{p_F} = \begin{pmatrix} 0{,}26316 \\ 0{,}21053 \\ 0{,}52632 \end{pmatrix}$

b) $\overrightarrow{p_1} = \begin{pmatrix} 0{,}\overline{3} \\ 0{,}1\overline{6} \\ 0{,}5 \end{pmatrix}$, $\overrightarrow{p_2} = \begin{pmatrix} 0{,}36\overline{1} \\ 0{,}2\overline{7} \\ 0{,}36\overline{1} \end{pmatrix}$, $\overrightarrow{p_3} = \begin{pmatrix} 0{,}347\overline{2} \\ 0{,}319\overline{4} \\ 0{,}\overline{3} \end{pmatrix}$, $\overrightarrow{p_4} = \begin{pmatrix} 0{,}33796 \\ 0{,}33102 \\ 0{,}33102 \end{pmatrix}$,

$\overrightarrow{p_F} = \begin{pmatrix} 0{,}\overline{3} \\ 0{,}\overline{3} \\ 0{,}\overline{3} \end{pmatrix}$

c) $\overrightarrow{p_1} = \begin{pmatrix} 0{,}\overline{3} \\ 0{,}3541\overline{6} \\ 0{,}3125 \end{pmatrix}$, $\overrightarrow{p_2} = \begin{pmatrix} 0{,}33507 \\ 0{,}32986 \\ 0{,}33507 \end{pmatrix}$, $\overrightarrow{p_3} = \begin{pmatrix} 0{,}33290 \\ 0{,}33377 \\ 0{,}33333 \end{pmatrix}$, $\overrightarrow{p_4} = \begin{pmatrix} 0{,}33341 \\ 0{,}33330 \\ 0{,}33330 \end{pmatrix}$,

$\overrightarrow{p_F} = \begin{pmatrix} 0{,}\overline{3} \\ 0{,}\overline{3} \\ 0{,}\overline{3} \end{pmatrix}$

d) $M = \begin{pmatrix} 0{,}3 & 0{,}2 & 0{,}5 \\ 0{,}5 & 0{,}8 & 0{,}5 \\ 0{,}2 & 0 & 0 \end{pmatrix}$, $\overrightarrow{p_0} = \begin{pmatrix} 0 \\ 0 \\ 1 \end{pmatrix}$,

$\overrightarrow{p_1} = \begin{pmatrix} 0{,}5 \\ 0{,}5 \\ 0 \end{pmatrix}$, $\overrightarrow{p_2} = \begin{pmatrix} 0{,}25 \\ 0{,}65 \\ 0{,}10 \end{pmatrix}$, $\overrightarrow{p_3} = \begin{pmatrix} 0{,}255 \\ 0{,}695 \\ 0{,}050 \end{pmatrix}$, $\overrightarrow{p_4} = \begin{pmatrix} 0{,}2405 \\ 0{,}7085 \\ 0{,}0510 \end{pmatrix}$,

$\overrightarrow{p_F} = \begin{pmatrix} 0{,}2381 \\ 0{,}7143 \\ 0{,}0476 \end{pmatrix}$

e) $M = \begin{pmatrix} 0{,}8 & 0 & 0{,}2 \\ 0{,}2 & 0{,}8 & 0 \\ 0 & 0{,}2 & 0{,}8 \end{pmatrix}$, $\overrightarrow{p_0} = \begin{pmatrix} 0 \\ 1 \\ 0 \end{pmatrix}$,

$\overrightarrow{p_1} = \begin{pmatrix} 0 \\ 0{,}8 \\ 0{,}2 \end{pmatrix}$, $\overrightarrow{p_2} = \begin{pmatrix} 0{,}04 \\ 0{,}64 \\ 0{,}32 \end{pmatrix}$, $\overrightarrow{p_3} = \begin{pmatrix} 0{,}096 \\ 0{,}520 \\ 0{,}384 \end{pmatrix}$, $\overrightarrow{p_4} = \begin{pmatrix} 0{,}1536 \\ 0{,}4352 \\ 0{,}4112 \end{pmatrix}$, $\overrightarrow{p_F} = \begin{pmatrix} 0{,}\overline{3} \\ 0{,}\overline{3} \\ 0{,}\overline{3} \end{pmatrix}$

6. $M = \begin{pmatrix} 0{,}8 & 0{,}6 \\ 0{,}2 & 0{,}4 \end{pmatrix}$, $M^2 = \begin{pmatrix} 0{,}76 & 0{,}72 \\ 0{,}24 & 0{,}28 \end{pmatrix}$

$M^4 = \begin{pmatrix} 0{,}7504 & 0{,}7488 \\ 0{,}2496 & 0{,}2512 \end{pmatrix}$; $M^8 = \begin{pmatrix} 0{,}75000064 & 0{,}74999808 \\ 0{,}24999936 & 0{,}25000192 \end{pmatrix}$

344

7. **a)** $\begin{pmatrix} 0,2727 \\ 0,7273 \end{pmatrix}$ **c)** $\begin{pmatrix} 0,5 \\ 0,5 \end{pmatrix}$ **e)** $\begin{pmatrix} a \\ a \\ 1-2a \end{pmatrix}$; $a \in \mathbb{R}$

b) $\begin{pmatrix} 0,1616 \\ 0,8384 \end{pmatrix}$ **d)** $\begin{pmatrix} 0,1356 \\ 0,6441 \\ 0,2203 \end{pmatrix}$ **f)** alle $\vec{a} \in \mathbb{R}^3$

8.

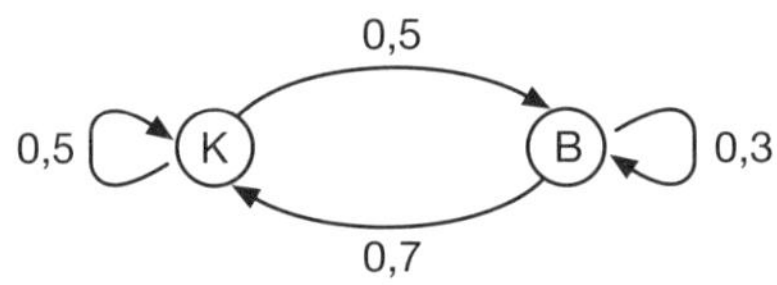

(1) $\begin{pmatrix} 0,5 & 0,7 \\ 0,5 & 0,3 \end{pmatrix} \cdot \begin{pmatrix} 0,5 \\ 0,5 \end{pmatrix} = \begin{pmatrix} 0,6 \\ 0,4 \end{pmatrix}, \begin{pmatrix} 0,58 \\ 0,42 \end{pmatrix}, \begin{pmatrix} 0,584 \\ 0,416 \end{pmatrix} \rightarrow \begin{pmatrix} 0,58\overline{3} \\ 0,41\overline{6} \end{pmatrix}$

0. Tag 1. Tag 2. Tag 3. Tag

(2) $\begin{pmatrix} 0,5 & 0,7 \\ 0,5 & 0,3 \end{pmatrix} \cdot \begin{pmatrix} 0,\overline{6} \\ 0,\overline{3} \end{pmatrix} = \begin{pmatrix} 0,5\overline{6} \\ 0,4\overline{3} \end{pmatrix}, \begin{pmatrix} 0,58\overline{6} \\ 0,41\overline{3} \end{pmatrix}, \begin{pmatrix} 0,582\overline{6} \\ 0,417\overline{3} \end{pmatrix} \rightarrow \begin{pmatrix} 0,58\overline{3} \\ 0,41\overline{6} \end{pmatrix}$

0. Tag 1. Tag 2. Tag 3. Tag

9. **a)** Die Übergangsmatrix gibt an, mit welcher Wahrscheinlichkeit die Kreuzung einer rot blühenden Pflanze zu Nachkommen führt, die ihrerseits rot, rosa oder weiß sind.

rot rosa weiß

$$M = \begin{pmatrix} 1 & 0,75 & 0,5 \\ 0 & 0,25 & 0,5 \\ 0 & 0 & 0 \end{pmatrix}$$

b) Werden rot blühende Pflanzen mit 500 rot blühenden Pflanzen, 200 rosa blühenden und 100 weiß blühenden Pflanzen gekreuzt und es entsteht jedes Mal ein Nachkomme, dann entstehen insgesamt

$1 \cdot 500 + 0,75 \cdot 200 + 0,5 \cdot 100 = 700$ rote Pflanzen

$0 \cdot 500 + 0,25 \cdot 200 + 0,5 \cdot 100 = 100$ rosa Pflanzen

$0 \cdot 500 + 0 \cdot 200 + 0 \cdot 100 = 0$ weiße Pflanzen

In Matrixform geschrieben:

$$\begin{pmatrix} 1 & 0,75 & 0,5 \\ 0 & 0,25 & 0,5 \\ 0 & 0 & 0 \end{pmatrix} \cdot \begin{pmatrix} 500 \\ 200 \\ 100 \end{pmatrix} = \begin{pmatrix} 700 \\ 100 \\ 0 \end{pmatrix}$$

c) Gesucht sind die Kreuzungspartner für rot blühende Pflanzen (also der Vektor, auf den die Matrix angewandt werden soll):

$$\begin{pmatrix} 1 & 0,75 & 0,5 \\ 0 & 0,25 & 0,5 \\ 0 & 0 & 0 \end{pmatrix} \cdot \begin{pmatrix} x \\ y \\ z \end{pmatrix} = \begin{pmatrix} 1000 \\ 400 \\ 0 \end{pmatrix}$$

Das Gleichungssystem hat Lösungen vom Typ $x = k - 200$, $y = -2k + 1\,600$, $z = k$ ($k \geq 200$)
also z. B. für $k = 200$; $x = 0$; $y = 1\,200$; $z = 200$

345

10. a) 1. Komponente: kurz und knapp tv
2. Komponente: Fernsehen heute
3. Komponente: Alles im Blick

$$M = \begin{pmatrix} 0,2 & 0,1 & 0,05 \\ 0,3 & 0,4 & 0,25 \\ 0,5 & 0,5 & 0,7 \end{pmatrix}$$

b) Anfangsvektor $\vec{a} = \begin{pmatrix} 0,45 \\ 0,29 \\ 0,35 \end{pmatrix}$

Marktanteil nach einem Jahr:

$$M \cdot \vec{a} = \begin{pmatrix} 0,1365 \\ 0,3385 \\ 0,615 \end{pmatrix}$$

Marktanteil nach zwei Jahren:

$$M^2 \cdot \vec{a} = \begin{pmatrix} 0,095 & 0,085 & 0,07 \\ 0,305 & 0,315 & 0,29 \\ 0,6 & 0,6 & 0,64 \end{pmatrix} \cdot \begin{pmatrix} 0,45 \\ 0,29 \\ 0,35 \end{pmatrix} = \begin{pmatrix} 0,0919 \\ 0,3301 \\ 0,668 \end{pmatrix}$$

Marktanteil nach fünf Jahren:

$$M^5 \cdot \vec{a} = \begin{pmatrix} 0,076495 & 0,076485 & 0,07633 \\ 0,298705 & 0,298715 & 0,29855 \\ 0,6248 & 0,6248 & 0,62512 \end{pmatrix} \cdot \begin{pmatrix} 0,45 \\ 0,29 \\ 0,35 \end{pmatrix} = \begin{pmatrix} 0,0833189 \\ 0,325537 \\ 0,681144 \end{pmatrix}$$

c) Anfangsvektor

$$\vec{a} = M^{-1} \cdot \begin{pmatrix} 0,09 \\ 0,29 \\ 0,62 \end{pmatrix} = \begin{pmatrix} 7,75 & -2,25 & 0,25 \\ -4,25 & 5,75 & -1,75 \\ -2,5 & -2,5 & 2,5 \end{pmatrix} \cdot \begin{pmatrix} 0,09 \\ 0,29 \\ 0,62 \end{pmatrix} = \begin{pmatrix} 0,2 \\ 0,2 \\ 0,6 \end{pmatrix}$$

11. a) Der Übergang kann durch die Abbildung $f(\vec{x}) = M \cdot \vec{x} + \vec{a}$ mit

$M = \begin{pmatrix} 0,5 & 0,2 & 0,1 \\ 0,4 & 0,4 & 0,3 \\ 0 & 0,3 & 0,5 \end{pmatrix}$ und $\vec{a} = \begin{pmatrix} 2000 \\ 8000 \\ 0 \end{pmatrix}$ beschrieben werden.

Nach n Jahren gilt:

$$\vec{x}_n = M^n \cdot \vec{x}_0 + \left(M^{n-1} + M^{n-2} + \ldots + M + E_3\right) \cdot \vec{a}$$

Anfangsvektor: $\vec{x}_0 = \begin{pmatrix} 28856 \\ 47813 \\ 29891 \end{pmatrix}$

Nach einem Jahr:

$$\vec{x}_1 = M \cdot \begin{pmatrix} 28856 \\ 47813 \\ 29891 \end{pmatrix} + \vec{a} = \begin{pmatrix} 28979,7 \\ 47634,9 \\ 29289,4 \end{pmatrix}$$

345

11. a) Fortsetzung

Nach zwei Jahren:

$$\vec{x}_2 = M^2 \cdot \begin{pmatrix} 28856 \\ 47813 \\ 29891 \end{pmatrix} + (M + E_3) \cdot \vec{a} = \begin{pmatrix} 28945,8 \\ 47432,7 \\ 28935,2 \end{pmatrix}$$

Nach fünf Jahren:

$$\vec{x}_5 = M^5 \cdot \begin{pmatrix} 28856 \\ 47813 \\ 29891 \end{pmatrix} + (M^4 + M^3 + M^2 + M + E_3) \cdot \vec{a} = \begin{pmatrix} 28631,8 \\ 46869,8 \\ 28372,1 \end{pmatrix}$$

b) Löse das System $M \cdot \vec{x} = \vec{x}_0 - \vec{a} \Leftrightarrow \vec{x} = M^{-1} \cdot (\vec{x}_0 - \vec{a})$.

Damit ist

$$\vec{x} = \begin{pmatrix} 4,07407 & -2,59259 & 0,740741 \\ -7,40741 & 9,25926 & -4,07407 \\ 4,44444 & -5,55556 & 4,44444 \end{pmatrix} \cdot \left(\begin{pmatrix} 28856 \\ 47813 \\ 29891 \end{pmatrix} - \begin{pmatrix} 2000 \\ 8000 \\ 0 \end{pmatrix} \right)$$

$$= \begin{pmatrix} 28335,9 \\ 47927,4 \\ 31025,6 \end{pmatrix}$$

c) Löse das System

$\vec{x} = M \cdot \vec{x} + \vec{a} \Leftrightarrow (E_3 - M) \cdot \vec{x} = \vec{a} \Leftrightarrow \vec{x} = (E_3 - M)^{-1} \cdot \vec{a}$.

Damit ist

$$\vec{x} = \begin{pmatrix} 3,96226 & 2,45283 & 2,26415 \\ 3,77358 & 4,71698 & 3,58491 \\ 2,26415 & 2,83019 & 4,15094 \end{pmatrix} \cdot \begin{pmatrix} 2000 \\ 8000 \\ 0 \end{pmatrix} = \begin{pmatrix} 27547,2 \\ 45283 \\ 27169,8 \end{pmatrix}$$

12. a) Der Übergang kann durch die Abbildung $f(\vec{x}) = M \cdot \vec{x}$ mit

$M = \begin{pmatrix} 0,94 & 0,01 \\ 0,04 & 0,98 \end{pmatrix}$ beschrieben werden.

Nach 5 Jahren gilt: $\vec{x}_5 = M^5 \cdot \begin{pmatrix} 12300 \\ 8100 \end{pmatrix} = \begin{pmatrix} 9414,25 \\ 9444,06 \end{pmatrix}$

b) Der Übergang kann durch die Abbildung $f(\vec{x}) = M \cdot \vec{x} + \vec{a}$ mit

$M = \begin{pmatrix} 0,94 & 0,01 \\ 0,04 & 0,98 \end{pmatrix}$ und $\vec{a} = \begin{pmatrix} 20 \\ 30 \end{pmatrix}$ beschrieben werden.

Nach 5 Jahren gilt:

$$\vec{x}_5 = M^5 \cdot \begin{pmatrix} 12300 \\ 8100 \end{pmatrix} + (M^4 + M^3 + M^2 + M + E_2) \cdot \vec{a} = \begin{pmatrix} 9505,79 \\ 9595,68 \end{pmatrix}$$

346 **13.** Zustände: A: 0 Zigaretten; B: 10 Zigaretten; C: 20 Zigaretten

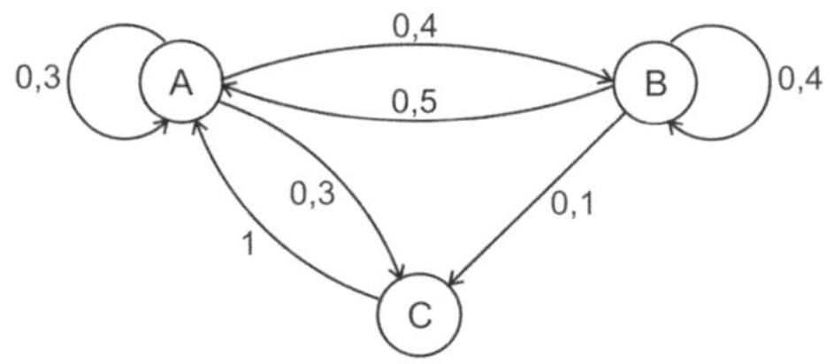

Berechne für einen beliebigen Startvektor $\vec{p}$ das Produkt $M^k \cdot \vec{p}$ für

$k = 0; 1; \ldots$ mit $M = \begin{pmatrix} 0,3 & 0,5 & 1 \\ 0,4 & 0,4 & 0 \\ 0,3 & 0,1 & 0 \end{pmatrix}$, dann ergibt sich auf lange Sicht,

d. h. k hinreichend groß (hier k etwa 20)

$$M^k \cdot \vec{p} = \begin{pmatrix} 0,00491803p_1 + 0,00491803p_2 + 0,00491803p_3 \\ 0,00327869p_1 + 0,00327869p_2 + 0,00327869p_3 \\ 0,00180328p_1 + 0,00180328p_2 + 0,00180328p_3 \end{pmatrix}$$

$$= \begin{pmatrix} 0,00491803 \\ 0,00327869 \\ 0,00180328 \end{pmatrix},$$

d. h. im Mittel beträgt der Zigarettenkonsum etwa
$0{,}492 \cdot 0 + 0{,}328 \cdot 10 + 0{,}180 \cdot 20 = 6{,}88$ Zigaretten pro Tag.
Der Konsum wurde also gesenkt.

14. a)

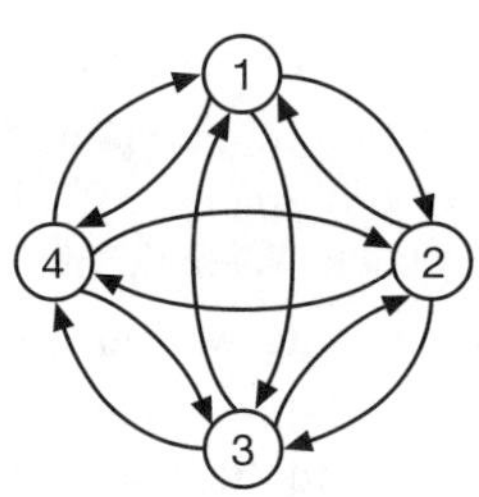

$$M = \begin{pmatrix} 0 & \frac{1}{3} & \frac{1}{3} & \frac{1}{3} \\ \frac{1}{3} & 0 & \frac{1}{3} & \frac{1}{3} \\ \frac{1}{3} & \frac{1}{3} & 0 & \frac{1}{3} \\ \frac{1}{3} & \frac{1}{3} & \frac{1}{3} & 0 \end{pmatrix}; \quad M^2 = \begin{pmatrix} \frac{3}{9} & \frac{2}{9} & \frac{2}{9} & \frac{2}{9} \\ \frac{2}{9} & \frac{3}{9} & \frac{2}{9} & \frac{2}{9} \\ \frac{2}{9} & \frac{2}{9} & \frac{3}{9} & \frac{2}{9} \\ \frac{2}{9} & \frac{2}{9} & \frac{2}{9} & \frac{3}{9} \end{pmatrix}$$

$$M^4 \approx \begin{pmatrix} 0,2592 \\ 0,2469 \\ 0,2469 \\ 0,2469 \end{pmatrix}; \quad M^8 \approx \begin{pmatrix} 0,2501 \\ 0,2499 \\ 0,2499 \\ 0,2499 \end{pmatrix}$$

346

14. b) $M = \begin{pmatrix} 0 & \frac{2}{5} & \frac{2}{5} & \frac{1}{3} \\ \frac{2}{5} & 0 & \frac{2}{5} & \frac{1}{3} \\ \frac{2}{5} & \frac{2}{5} & 0 & \frac{1}{3} \\ \frac{1}{5} & \frac{1}{5} & \frac{1}{5} & 0 \end{pmatrix}$; $M^2 = \begin{pmatrix} 0{,}38\overline{6} & 0{,}22\overline{6} & 0{,}22\overline{6} & 0{,}2\overline{6} \\ 0{,}22\overline{6} & 0{,}38\overline{6} & 0{,}22\overline{6} & 0{,}2\overline{6} \\ 0{,}22\overline{6} & 0{,}22\overline{6} & 0{,}38\overline{6} & 0{,}2\overline{6} \\ 0{,}16 & 0{,}16 & 0{,}16 & 0{,}2 \end{pmatrix}$

$$M^4 \approx \begin{pmatrix} 0{,}294 & 0{,}269 & 0{,}269 & 0{,}277\overline{3} \\ 0{,}269 & 0{,}294 & 0{,}269 & 0{,}277\overline{3} \\ 0{,}269 & 0{,}269 & 0{,}294 & 0{,}277\overline{3} \\ 0{,}1664 & 0{,}1664 & 0{,}1664 & 0{,}168 \end{pmatrix}$$

$$M^8 \approx \begin{pmatrix} 0{,}278 & 0{,}277 & 0{,}277 & 0{,}277 \\ 0{,}277 & 0{,}278 & 0{,}277 & 0{,}277 \\ 0{,}277 & 0{,}277 & 0{,}278 & 0{,}277 \\ 0{,}166 & 0{,}166 & 0{,}166 & 0{,}166 \end{pmatrix} \to M^\infty = \begin{pmatrix} \frac{5}{18} & \frac{5}{18} & \frac{5}{18} & \frac{5}{18} \\ \frac{5}{18} & \frac{5}{18} & \frac{5}{18} & \frac{5}{18} \\ \frac{5}{18} & \frac{5}{18} & \frac{5}{18} & \frac{5}{18} \\ \frac{1}{6} & \frac{1}{6} & \frac{1}{6} & \frac{1}{6} \end{pmatrix}$$

15. a) Die Wahrscheinlichkeit, dass von 3 Maschinen

3 ausfallen ist	p^3	Binomialverteilung für 3-stufigen Bernoulli-Versuch
2 ausfallen ist	$3p^2(1-p)$	
1 ausfällt ist	$3p(1-p)^2$	
0 ausfallen ist	$(1-p)^3$	

Wenn das System im Zustand 2 ist (d. h. 2 Maschinen in Ordnung sind), wird bis zum nächsten Kontrollzeitpunkt die eine defekte Maschine repariert. Wenn dann 2 Maschinen ausfallen (Wahrscheinlichkeit p^2), reduziert sich das System auf 1 funktionierende Maschine. Wenn 1 Maschine ausfällt (Wahrscheinlichkeit 2p (1 – p)), bleibt die Anzahl der funktionierenden Maschinen gleich. Wenn keine ausfällt (Wahrscheinlichkeit $(1-p)^2$), dann erhöht sich die Anzahl wieder auf 3 funktionierende Maschinen. Entsprechend erhöht sich die Anzahl der funktionierenden Maschinen von 1 auf 2, wenn die eine funktionierende Maschine nicht ausfällt (Wahrscheinlichkeit 1 – p), sie bleibt bei 1, wenn die eine Maschine ebenfalls ausfällt.

346

15. b) $M = \begin{pmatrix} 0 & 0 & 0 & p^3 \\ 1 & p & p^2 & 3p^2(1-p) \\ 0 & 1-p & 2p(1-p) & 3p(1-p)^2 \\ 0 & 0 & (1-p)^2 & (1-p)^3 \end{pmatrix}$

p =0,1

M =

0	0	0	0,001
1	0,1	0,01	0,027
0	0,9	0,18	0,243
0	0	0,81	0,729

M^2 =

0,0000	0,0000	0,0008	0,0007
0,1000	0,0190	0,0247	0,0258
0,9000	0,2520	0,2382	0,2452
0,0000	0,7290	0,7363	0,7283

M^4 =

0,00072900	0,00073556	0,00072972	0,00072951
0,02410300	0,02539552	0,02543272	0,02541097
0,23960700	0,24356328	0,24422811	0,24413446
0,73556100	0,73030564	0,72960945	0,72972506

p =0,2

M =

0	0	0	0,008
1	0,2	0,04	0,096
0	0,8	0,32	0,384
0	0	0,64	0,512

M^2 =

0,0000	0,0000	0,0051	0,0041
0,2000	0,0720	0,0822	0,0917
0,8000	0,4160	0,3802	0,3963
0,0000	0,5120	0,5325	0,5079

M^4 =

0,00409600	0,00422707	0,00412746	0,00410937
0,08019200	0,08635238	0,08704444	0,08659408
0,38732800	0,39099802	0,39384490	0,39335810
0,52838400	0,51842253	0,51498320	0,51593845

346 **15. b)** p =0,05

M =

0	0	0	0,000125
1	0,05	0,0025	0,007125
0	0,95	0,095	0,135375
0	0	0,9025	0,857375

M^2 =

0,0000	0,0000	0,0001	0,0001
0,0500	0,0049	0,0068	0,0069
0,9500	0,1378	0,1336	0,1357
0,0000	0,8574	0,8595	0,8573

M^4 =

0,00010717	0,00010743	0,00010719	0,00010718
0,00669692	0,00689978	0,00690127	0,00690046
0,13378464	0,13541442	0,13551907	0,13551026
0,85941127	0,85757837	0,85747247	0,85748210

c) p = 0,1: Mittelwert 2,70
p = 0,2: Mittelwert 2,42
p = 0,05: Mittelwert 2,85

16. a) $C_t = \alpha Y_{t-1}$: Der Anteil α des Volkseinkommens vom Vorjahr wird zum Konsum verwendet.

$I_t = \beta(C_t - C_{t-1})$: Je nach Vorzeichen von $[C_t - C_{t-1}]$ wird der Anteil β diese Differenz reinvestiert bzw. eingespart.

b)
$$\begin{aligned} Y_{t+1} &= C_{t+1} + I_{t+1} + G_a \\ &= \alpha Y_t + \beta(C_{t+1} - C_t) + G_a \\ &= \alpha Y_t + \beta(\alpha Y_t + \alpha Y_{t-1}) + G_a \\ &= \alpha(1+\beta)Y_t - \alpha\beta Y_{t-1} + G_a \end{aligned}$$

c) $M = \begin{pmatrix} \alpha(1+\beta) & -\alpha\cdot\beta \\ 1 & 0 \end{pmatrix} \quad \vec{V} = \begin{pmatrix} G_a \\ 0 \end{pmatrix} \quad \Rightarrow \begin{pmatrix} Y_{t+1} \\ Y_t \end{pmatrix} = M\begin{pmatrix} Y_t \\ Y_{t-1} \end{pmatrix} + \vec{V}$

d) $Y_2 = 210,\; Y_3 = 266,\; Y_4 = 307{,}6$

e) Aus b) folgt die Berechnungsgleichung unabhängig von β

$Y = \alpha(1+\beta)\cdot Y - \alpha\beta Y + G_a \Rightarrow Y = \frac{G_a}{(1-\alpha)}$.

7.2.2 Populationsentwicklungen – Zyklische Prozesse

347 **Einstieg**

- $M = \begin{pmatrix} 0 & 5 & 2 & 0 \\ 0{,}2 & 0 & 0 & 0 \\ 0 & 0{,}7 & 0 & 0 \\ 0 & 0 & 0{,}4 & 0 \end{pmatrix}$

347

- Für den Bestand nach n Zyklen gilt $\vec{x}_n = M^n \cdot \begin{pmatrix} 0 \\ 50 \\ 20 \\ 0 \end{pmatrix}$.

  Damit folgt

  $\vec{x}_1 = \begin{pmatrix} 290 \\ 0 \\ 35 \\ 8 \end{pmatrix}$; $\vec{x}_2 = \begin{pmatrix} 70 \\ 58 \\ 0 \\ 14 \end{pmatrix}$; $\vec{x}_3 = \begin{pmatrix} 290 \\ 14 \\ 41 \\ 0 \end{pmatrix}$; $\vec{x}_4 = \begin{pmatrix} 152 \\ 58 \\ 10 \\ 16 \end{pmatrix}$; $\vec{x}_5 = \begin{pmatrix} 310 \\ 30 \\ 41 \\ 4 \end{pmatrix}$

  Nach 9 Jahren liegt der Bestand mit $\vec{x}_9 = \begin{pmatrix} 414 \\ 63 \\ 49 \\ 13 \end{pmatrix}$ bei mehr als 500 Tieren.

- Bei einer Sterblichkeitsrate von 95 % lautet die Matrix

  $M = \begin{pmatrix} 0 & 5 & 2 & 0 \\ 0,05 & 0 & 0 & 0 \\ 0 & 0,7 & 0 & 0 \\ 0 & 0 & 0,4 & 0 \end{pmatrix}$

  Die Population ist nach 10 Jahren ausgestorben.

349

2. a) Übergangmatrix $M = \begin{pmatrix} 0 & 2,5 & 0 \\ 0,4 & 0 & 0 \\ 0 & 0,85 & 0 \end{pmatrix}$, Anfangsvektor $\vec{a} = \begin{pmatrix} 250 \\ 650 \\ 180 \end{pmatrix}$

k	Jungtiere	zeugungsfähige Tiere	Alttiere
0	250	650	180
1	1625	100	552,5
2	250	650	85
3	1625	100	552,5
4	250	650	85

Die Population wechselt aus dem Startzustand immer zwischen zwei Zuständen.

b)

k	Jungtiere	zeugungsfähige Tiere	Alttiere
0	340	800	500
1	2000	136	680
2	340	800	115,6
3	2000	136	680
4	340	800	115,6

Die Population wechselt aus dem Startzustand immer zwischen zwei Zuständen.

349

2. c) $M^2 = \begin{pmatrix} 1 & 0 & 0 \\ 0 & 1 & 0 \\ 0{,}34 & 0 & 0 \end{pmatrix}$; $M^3 = \begin{pmatrix} 0 & 2{,}5 & 0 \\ 0{,}4 & 0 & 0 \\ 0 & 0{,}85 & 0 \end{pmatrix}$; $M^4 = \begin{pmatrix} 1 & 0 & 0 \\ 0 & 1 & 0 \\ 0{,}34 & 0 & 0 \end{pmatrix}$;

$M^5 = \begin{pmatrix} 0 & 2{,}5 & 0 \\ 0{,}4 & 0 & 0 \\ 0 & 0{,}85 & 0 \end{pmatrix}$; $M^6 = \begin{pmatrix} 1 & 0 & 0 \\ 0 & 1 & 0 \\ 0{,}34 & 0 & 0 \end{pmatrix}$

Es gilt $M^2 = M^{2n}$, $n \in \mathbb{N}$.

Daher folgt $M^{2n}\vec{a} = M^2\vec{a}$ für alle $n \in \mathbb{N}$. Und es gilt:

$M^3 = M = M^{2n+1}$, $n \in M$, d.h. es folgt:

$M^{2n+1} \cdot \vec{a} = M \cdot \vec{a}$ für alle $n \in \mathbb{N}$.

350

3. a) $M^3 = M$ **b)** $M^4 = M$ **c)** $M^3 = M$

4. a)

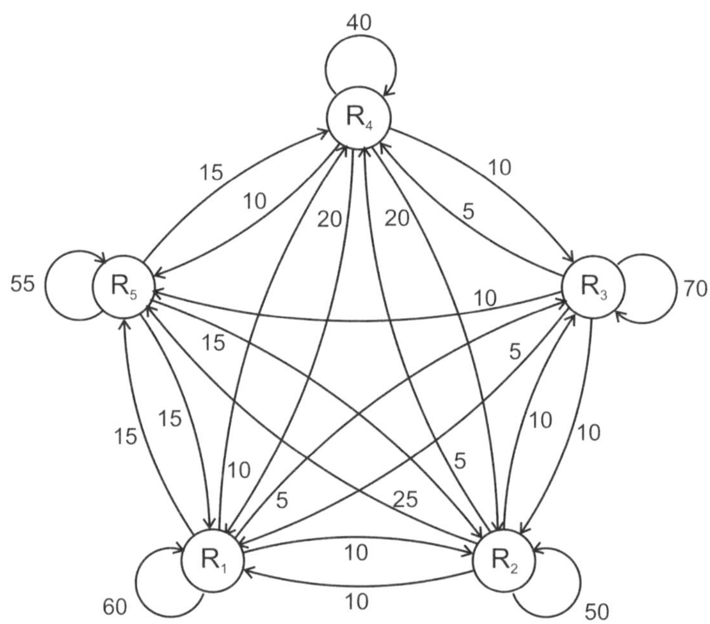

Entwicklung nach einem Jahr:

$$M \cdot \vec{a} = \begin{pmatrix} 0{,}6 & 0{,}1 & 0{,}05 & 0{,}2 & 0{,}15 \\ 0{,}1 & 0{,}5 & 0{,}1 & 0{,}2 & 0{,}15 \\ 0{,}05 & 0{,}1 & 0{,}7 & 0{,}1 & 0 \\ 0{,}1 & 0{,}05 & 0{,}05 & 0{,}4 & 0{,}15 \\ 0{,}15 & 0{,}25 & 0{,}1 & 0{,}1 & 0{,}55 \end{pmatrix} \cdot \begin{pmatrix} 2500 \\ 3600 \\ 1700 \\ 2100 \\ 2400 \end{pmatrix} = \begin{pmatrix} 2725 \\ 3000 \\ 1885 \\ 1715 \\ 2975 \end{pmatrix}$$

350

4. a) Fortsetzung

Entwicklung nach zwei Jahren:

$$M^2 \cdot \vec{a} = \begin{pmatrix} 0,415 & 0,1625 & 0,1 & 0,24 & 0,2175 \\ 0,1575 & 0,3175 & 0,15 & 0,225 & 0,2025 \\ 0,085 & 0,13 & 0,5075 & 0,14 & 0,0375 \\ 0,13 & 0,0975 & 0,08 & 0,21 & 0,165 \\ 0,2125 & 0,2925 & 0,1625 & 0,185 & 0,3775 \end{pmatrix} \cdot \begin{pmatrix} 2500 \\ 3600 \\ 1700 \\ 2100 \\ 2400 \end{pmatrix}$$

$$= \begin{pmatrix} 2818,5 \\ 2750,25 \\ 1927,25 \\ 1649 \\ 3155 \end{pmatrix}$$

Entwicklung nach drei Jahren:

$$M^3 \cdot \vec{a} = \begin{pmatrix} 0,3269 & 0,1991 & 0,1408 & 0,2433 & 0,2423 \\ 0,1866 & 0,2514 & 0,1761 & 0,2203 & 0,2164 \\ 0,109 & 0,1406 & 0,3833 & 0,1535 & 0,0739 \\ 0,1375 & 0,1215 & 0,0993 & 0,154 & 0,1564 \\ 0,24 & 0,2874 & 0,2006 & 0,229 & 0,3111 \end{pmatrix} \cdot \begin{pmatrix} 2500 \\ 3600 \\ 1700 \\ 2100 \\ 2400 \end{pmatrix}$$

$$= \begin{pmatrix} 2865,54 \\ 2652,75 \\ 1929,93 \\ 1648,58 \\ 3203,21 \end{pmatrix}$$

Entwicklung nach vier Jahren:

$$M^4 \cdot \vec{a} = \begin{pmatrix} 0,2837 & 0,2191 & 0,1712 & 0,2408 & 0,2486 \\ 0,2004 & 0,2271 & 0,1904 & 0,2150 & 0,2177 \\ 0,1251 & 0,1457 & 0,3029 & 0,1570 & 0,1011 \\ 0,1385 & 0,1312 & 0,1118 & 0,1390 & 0,1480 \\ 0,2523 & 0,2770 & 0,2237 & 0,2483 & 0,2846 \end{pmatrix} \cdot \begin{pmatrix} 2500 \\ 3600 \\ 1700 \\ 2100 \\ 2400 \end{pmatrix}$$

$$= \begin{pmatrix} 2891,29 \\ 2616,12 \\ 1924,36 \\ 1655,6 \\ 3212,64 \end{pmatrix}$$

350

4. **b)** Berechne $M^k \cdot \vec{a}$ für k = 0; 1; …, dann ergibt sich auf lange Sicht, d. h. k hinreichend groß (hier k etwa 30)

$$M^k \cdot \vec{a} = \begin{pmatrix} 0,237662 & 0,237662 & 0,237661 & 0,237661 & 0,237662 \\ 0,210972 & 0,210972 & 0,210972 & 0,210972 & 0,210972 \\ 0,155052 & 0,155052 & 0,155054 & 0,155052 & 0,155051 \\ 0,135353 & 0,135353 & 0,135352 & 0,135353 & 0,135353 \\ 0,260962 & 0,260962 & 0,260961 & 0,260962 & 0,260962 \end{pmatrix}$$

$$= \begin{pmatrix} 2923,24 \\ 2594,96 \\ 1907,14 \\ 1664,84 \\ 3209,83 \end{pmatrix}$$

Bestand vor 2 Jahren: Gesucht ist $\vec{x}$ mit $M^2 \cdot \vec{x} = \vec{a} \Leftrightarrow \vec{x} = \left(M^2\right)^{-1} \cdot \vec{a}$

$$\left(M^2\right)^{-1} \cdot \vec{a} = \begin{pmatrix} 3,9404 & -0,5856 & 0,0892 & -3,5845 & -0,3983 \\ -0,0924 & 5,7072 & -0,6398 & -4,8598 & -0,8205 \\ -0,2113 & -1,4957 & 2,2371 & -0,4320 & 0,8907 \\ -1,1397 & 1,6134 & -0,3315 & 7,6619 & -3,5248 \\ -1,4970 & -4,2393 & -0,3550 & 2,2145 & 4,8530 \end{pmatrix} \cdot \begin{pmatrix} 2500 \\ 3600 \\ 1700 \\ 2100 \\ 2400 \end{pmatrix}$$

$$= \begin{pmatrix} -588,79 \\ 7052,2 \\ -879,33 \\ 10026,1 \\ -3310,15 \end{pmatrix}$$

Der Vektor enthält negative Komponenten, d. h. das Wanderungsverhalten muss sich in den letzten 2 Jahren verändert haben.

c) Modifizierte Übergangsmatrix:

$$M = \begin{pmatrix} 0,4 & 0,1 & 0,05 & 0,2 & 0,15 \\ 0,1 & 0,5 & 0,1 & 0,2 & 0,15 \\ 0,05 & 0,1 & 0,8 & 0,1 & 0 \\ 0,1 & 0,05 & 0,05 & 0,4 & 0,15 \\ 0,15 & 0,25 & 0,1 & 0,1 & 0,35 \end{pmatrix}$$

351 5. **a)**

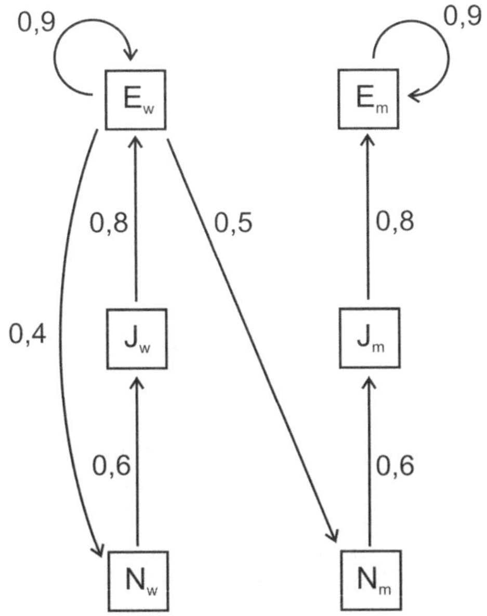

Überlebensrate: Anteil der Überlebenden pro Zyklus. Von den Erwachsenen überleben jeweils 90 %.
Geburtenraten: Anzahl der Geburten pro Zyklus und Weibchen. Jedes weibliche Erwachsene produziert 0,4 weibliche und 0,5 männliche Neugeborene.
Todesrate: Anteil der nicht Überlebenden pro Zyklus. Von den Erwachsenen sterben jeweils 10 %.

b) $$M = \begin{pmatrix} 0{,}9 & 0 & 0{,}8 & 0 & 0 & 0 \\ 0 & 0{,}9 & 0 & 0{,}8 & 0 & 0 \\ 0 & 0 & 0 & 0 & 0{,}6 & 0 \\ 0 & 0 & 0 & 0 & 0 & 0{,}6 \\ 0 & 0{,}5 & 0 & 0 & 0 & 0 \\ 0 & 0{,}4 & 0 & 0 & 0 & 0 \end{pmatrix}; \quad \vec{a} = \begin{pmatrix} 15 \\ 15 \\ 8 \\ 8 \\ 0 \\ 0 \end{pmatrix}$$

Nach k Zyklen existiert ein Bestand von $M^k \cdot \vec{a}$ Tieren. Der Bestand wächst exponentiell.

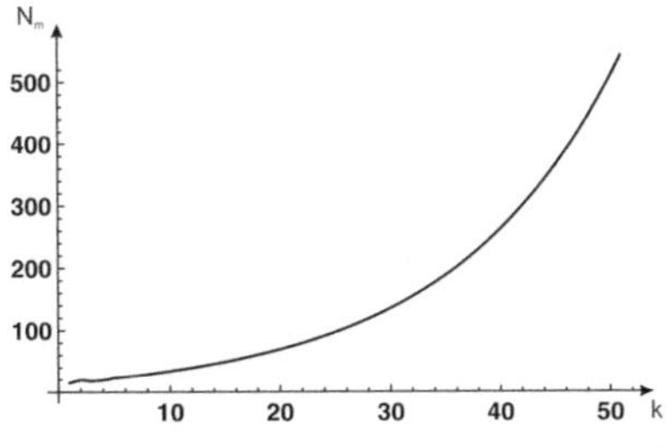

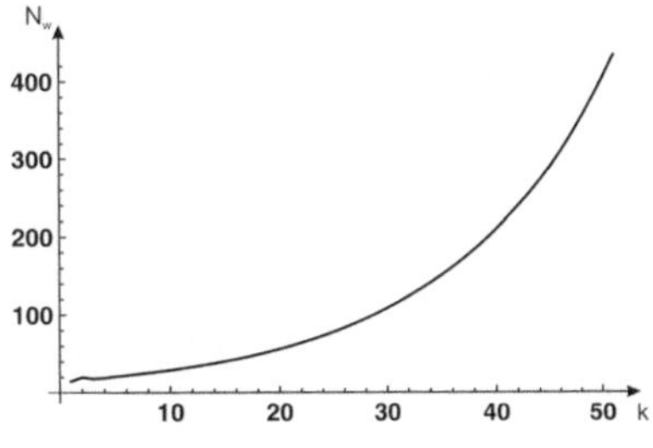

Probieren mit GTR liefert: Bei einer Abschussquote von ca. 9,1 %, d. h. einer Überlebensrate von 0,805 % bleibt die Population stabil.

351

5. c) Probieren mit dem GTR liefert: Falls die Dürre die Überlebensrate der weiblichen Erwachsenen dauerhaft auf 0,8 senkt, stirbt die Population langfristig aus.

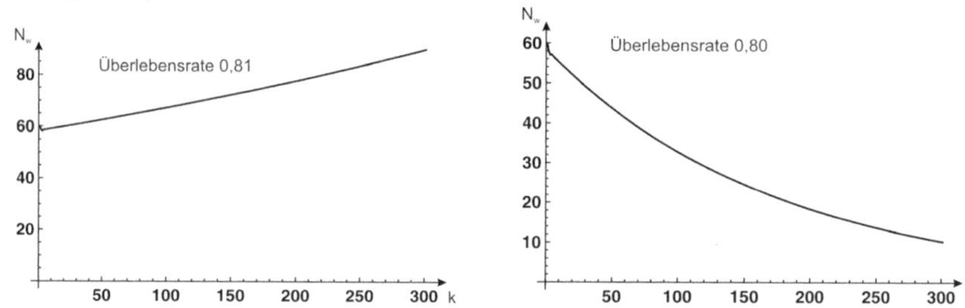

6 a) Unabhängig vom Anfangsvektor ergeben sich immer die gleichen zyklischen Muster, wobei die Population in jedem Zyklus zunimmt.

b) Beispiel: $M = \begin{pmatrix} 0 & 0 & 0{,}001 & 0{,}5 \\ 50 & 0 & 0 & 0 \\ 0 & 0{,}2 & 0 & 0 \\ 0 & 0 & 0{,}4 & 0 \end{pmatrix}$; Anfangsvektor $\vec{a}_0 = \begin{pmatrix} 800 \\ 200 \\ 200 \\ 100 \end{pmatrix}$

$\vec{a}_n$ beschreibt den Zustand nach n Jahren.

$\vec{a}_1 = \begin{pmatrix} 50 \\ 40000 \\ 40 \\ 80 \end{pmatrix}$; $\vec{a}_2 = \begin{pmatrix} 40 \\ 2510 \\ 8000 \\ 16 \end{pmatrix}$; $\vec{a}_3 = \begin{pmatrix} 16 \\ 2002 \\ 502 \\ 3200 \end{pmatrix}$; $\vec{a}_4 = \begin{pmatrix} 1600 \\ 800 \\ 400 \\ 200 \end{pmatrix}$;

$\vec{a}_5 = \begin{pmatrix} 100 \\ 80025 \\ 160 \\ 160 \end{pmatrix}$; $\vec{a}_6 = \begin{pmatrix} 80 \\ 5040 \\ 16005 \\ 64 \end{pmatrix}$; $\vec{a}_7 = \begin{pmatrix} 48 \\ 4012 \\ 1008 \\ 6402 \end{pmatrix}$; $\vec{a}_8 = \begin{pmatrix} 3202 \\ 2400 \\ 802 \\ 403 \end{pmatrix}$;

$\vec{a}_9 = \begin{pmatrix} 202 \\ 160100 \\ 480 \\ 320 \end{pmatrix}$; $\vec{a}_{10} = \begin{pmatrix} 160 \\ 10120 \\ 32020 \\ 192 \end{pmatrix}$; $\vec{a}_{11} = \begin{pmatrix} 128 \\ 8048 \\ 2024 \\ 12808 \end{pmatrix}$; $\vec{a}_{12} = \begin{pmatrix} 6406 \\ 6401 \\ 1609 \\ 809 \end{pmatrix}$

Auch hier kann man alle 4 Jahre so genannte Flugjahre feststellen.

351 **6. c)**

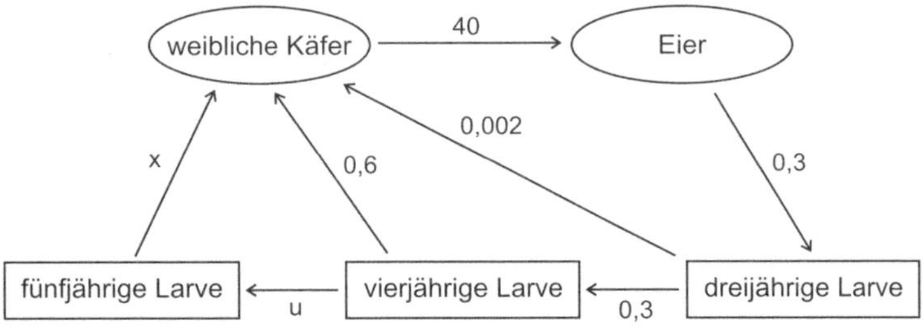

u sei der Anteil der vierjährigen Larven, die zu fünfjährigen Larven werden. Von diesen verpuppt sich der Anteil x. Damit ergibt sich die folgende Übergangsmatrix:

$$M = \begin{pmatrix} 0 & 0 & 0{,}002 & 0{,}6 & x \\ 40 & 0 & 0 & 0 & 0 \\ 0 & 0{,}3 & 0 & 0 & 0 \\ 0 & 0 & 0{,}3 & 0 & 0 \\ 0 & 0 & 0 & u & 0 \end{pmatrix}$$

7. Reihenfolge: Ei, Raupe, Puppe, weiblicher Falter 1. Generation, männlicher Falter 1. Generation, weiblicher Falter 2. Generation, männlicher Falter 2. Generation.

$$M = \begin{pmatrix} 0 & 0 & 0 & 400 & 0 & 400 & 0 \\ 0{,}15 & 0 & 0 & 0 & 0 & 0 & 0 \\ 0 & 0{,}8 & 0 & 0 & 0 & 0 & 0 \\ 0 & 0 & 0{,}5 & 0 & 0 & 0 & 0 \\ 0 & 0 & 0{,}48 & 0 & 0 & 0 & 0 \\ 0 & 0 & 0 & 0{,}7 & 0 & 0 & 0 \\ 0 & 0 & 0 & 0 & 0{,}7 & 0 & 0 \end{pmatrix}, \vec{a} = \begin{pmatrix} 0 \\ 50 \\ 0 \\ 0 \\ 0 \\ 0 \\ 0 \end{pmatrix}$$

Zyklus	Ei	Raupe	Puppe	w. F. 1. Gen.	m. F. 2. Gen.	w. F. 2. Gen.	m. F. 2. Gen.
1	0	0	40	0	0	0	0
2	0	0	0	20	19,2	0	0
3	8000	0	0	0	0	14	13,44
4	5600	1200	0	0	0	0	0
5	0	840	960	0	0	0	0
6	0	0	672	480	460,8	0	0

Nach 12 Zyklen sind erstmals alle Entwicklungsstadien vorhanden.

352 **8. a)**

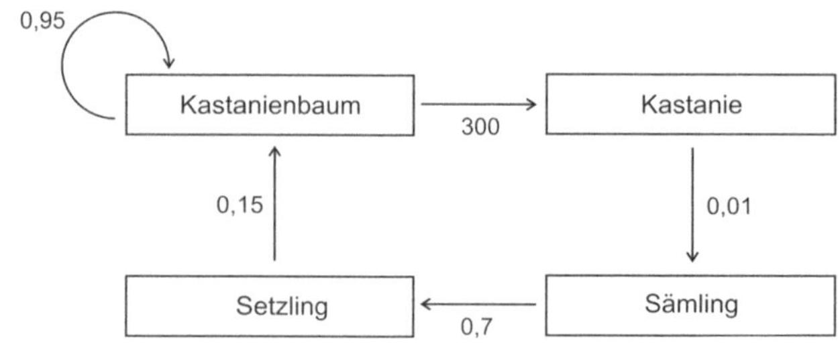

Reihenfolge: Kastanienbaum, Kastanie, Sämling, Setzling

$$M = \begin{pmatrix} 0{,}95 & 0 & 0 & 0{,}15 \\ 300 & 0 & 0 & 0 \\ 0 & 0{,}01 & 0 & 0 \\ 0 & 0 & 0{,}7 & 0 \end{pmatrix}; \ \vec{a} = \begin{pmatrix} 264 \\ 0 \\ 0 \\ 0 \end{pmatrix}$$

Zyklus	Kastanienbaum	Kastanie	Sämling	Setzling
1	250,8	79 200	0	0
2	238,2	75 240	792	0
3	226,3	71 478	752,4	554,4
4	298,2	67 904	714,8	526,7
5	362,3	89 457	679	500,3
6	419,2	108 685	894,6	475,3
7	469,6	125 766	1 086,9	626,2
8	540	140 867	1 257,7	760,8
9	627,1	162 003	1 408,7	880,4
10	727,8	188 139	1 620	986,1

b) Nach ~~6~~ Jahren. 9 Jahren

9.

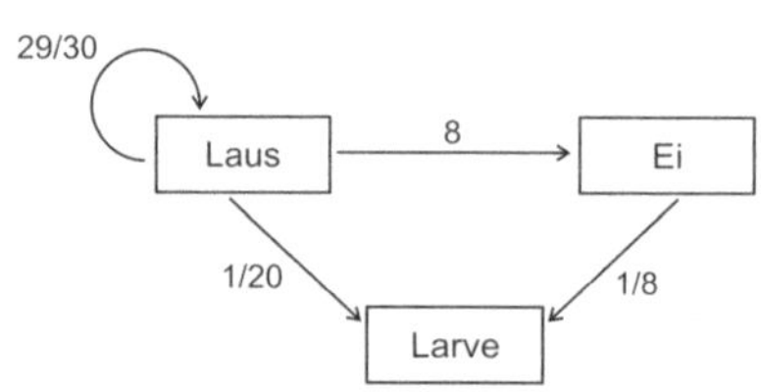

Reihenfolge: Laus, Ei, Larve

$$\text{Übergangsmatrix: } M = \begin{pmatrix} \frac{29}{30} & 0 & \frac{1}{20} \\ 8 & 0 & 0 \\ 0 & \frac{1}{20} & 0 \end{pmatrix}; \ \text{Anfangsvektor } \vec{a} = \begin{pmatrix} 1000 \\ 1000 \\ 800 \end{pmatrix}$$

Der Arzt hat Recht, aber es dauert noch gut ein Jahr, bis die Läuse verschwunden sind.

352

9. Fortsetzung

Tage	Laus	Ei	Larve
50	526	4259	216
100	276	2235	113
150	145	1173	59
200	76	616	31
250	40	323	16
300	21	170	9
350	11	89	5
400	6	47	2

10. a) Geburtenrate der weiblichen Schafe.
Anteil der weiblichen Tiere.
Sterberate bezogen auf die Tierklassen.

b) Ein weibliches Schaf erzeugt pro Jahr 0,45 weibliche und 0,55 männliche Lämmer. Pro Jahr sterben 10 % der weiblichen und 10 % der männlichen Schafe. Lämmer werden nach einem Jahr Schafe. 15 % der weiblichen und 20 % der männlichen Lämmer sterben.

c)

	1	2	3	4	5
Lamm w	270	335	405	492	598
Lamm m	330	409	495	602	731
Schaf w	744	899	1094	1328	1614
Schaf m	420	642	905	1210	1570

d) Für den Bestand $\vec{x}_n$ nach n Jahren gilt

$$\vec{x}_n = \begin{pmatrix} 0 & 0 & 0{,}45 & 0 \\ 0 & 0 & 0{,}55 & 0 \\ 0{,}85 & 0 & 0{,}9 & 0 \\ 0 & 0{,}8 & 0 & 0{,}9 \end{pmatrix} \cdot \vec{x}_{n-1} - \begin{pmatrix} 100 \\ 200 \\ 50 \\ 90 \end{pmatrix}.$$

Damit erhält man

	1	2	3	4	5
Lamm w	170	212	224	250	278
Lamm m	130	182	195	227	262
Schaf w	694	719	777	840	918
Schaf m	330	311	336	368	423

e) Für die „Startherde" $\vec{x}_0$ ergibt sich der Entnahmevektor $\vec{a}$ aus

$$\vec{x}_0 = M \cdot \vec{x}_0 - \vec{a} \Leftrightarrow \vec{a} = (M - E_4) \cdot \vec{x}_0$$

$$= \begin{pmatrix} -1 & 0 & 0{,}45 & 0 \\ 0 & -1 & 0{,}55 & 0 \\ 0{,}85 & 0 & -0{,}1 & 0 \\ 0 & 0{,}8 & 0 & -0{,}1 \end{pmatrix} \cdot \begin{pmatrix} 240 \\ 300 \\ 600 \\ 200 \end{pmatrix} = \begin{pmatrix} 30 \\ 30 \\ 144 \\ 220 \end{pmatrix}$$

352

10. f) Die gesuchte Herde $\vec{x}$ ergibt sich bei gegebenem Entnahmevektor $\vec{a}$ aus dem LGS

$$\vec{x} = M \cdot \vec{x} - \vec{a} \Leftrightarrow (M - E_4) \cdot \vec{x}_0 = \vec{a} \Leftrightarrow \vec{x} = (M - E_4)^{-1} \cdot \vec{a}$$

$$= \begin{pmatrix} 0{,}353982 & 0 & 1{,}59292 & 0 \\ 1{,}65487 & -1 & 1{,}9469 & 0 \\ 3{,}00885 & 0 & 3{,}53982 & 0 \\ 13{,}2389 & -8 & 15{,}5752 & -10 \end{pmatrix} \cdot \begin{pmatrix} 30 \\ 30 \\ 200 \\ 250 \end{pmatrix} = \begin{pmatrix} 329 \\ 409 \\ 798 \\ 772 \end{pmatrix}$$

g) -

353

11. 1. Auflage Nr. 10

a) Fall I:

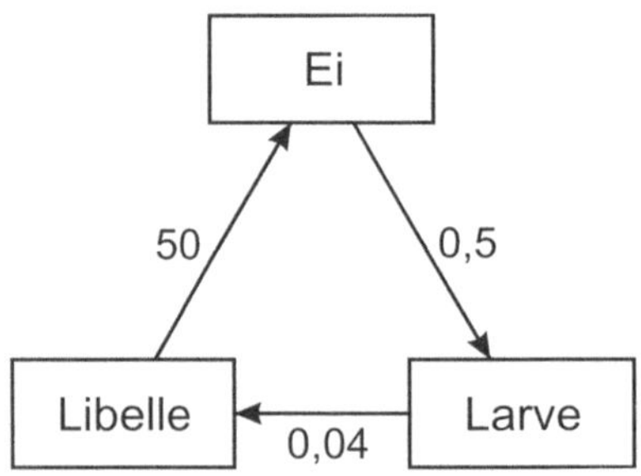

$$M = \begin{pmatrix} 0 & 0 & 50 \\ 0{,}5 & 0 & 0 \\ 0 & 0{,}04 & 0 \end{pmatrix}$$

	0	1	2	3	4	5	6	7
Eier	1000	5000	800	1000	5000	800	1000	5000
Larven	400	500	2500	400	500	2500	400	500
Libellen	100	16	20	100	16	20	100	16

	8	9	10	11	12	13	14	15
Eier	800	1000	5000	800	1000	5000	800	1000
Larven	2500	400	500	2500	400	500	2500	400
Libellen	20	100	16	20	100	16	20	100

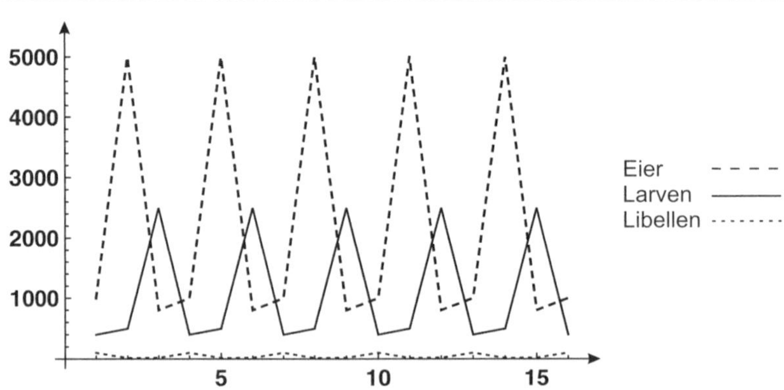

353 **11. a)** Fall II:

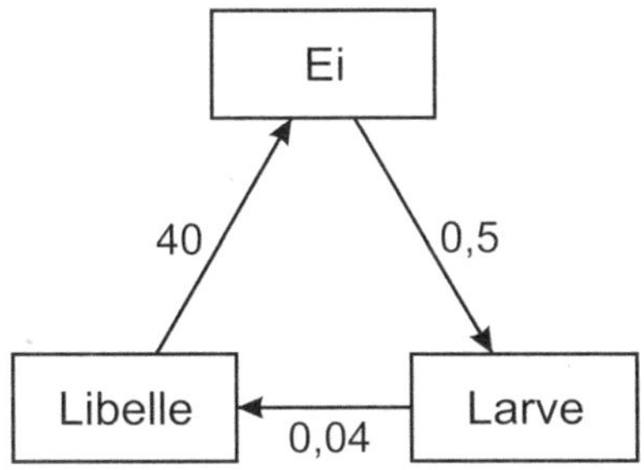

$$M = \begin{pmatrix} 0 & 0 & 40 \\ 0,5 & 0 & 0 \\ 0 & 0,04 & 0 \end{pmatrix}$$

	0	1	2	3	4	5	6	7
Eier	1000	4000	640	800	3200	520	640	2560
Larven	400	500	2000	320	400	1600	260	320
Libellen	100	16	20	80	13	16	64	10

	8	9	10	11	12	13	14	15
Eier	400	520	2040	320	400	1640	240	320
Larven	1280	200	260	1020	160	200	820	120
Libellen	13	51	8	10	41	6	8	33

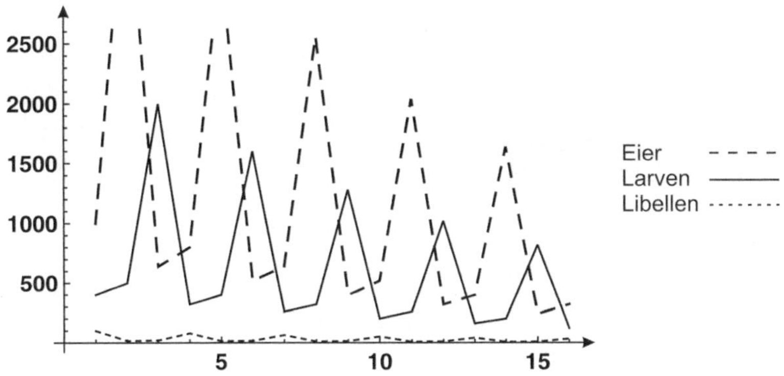

353 **11. a)** Fall III:

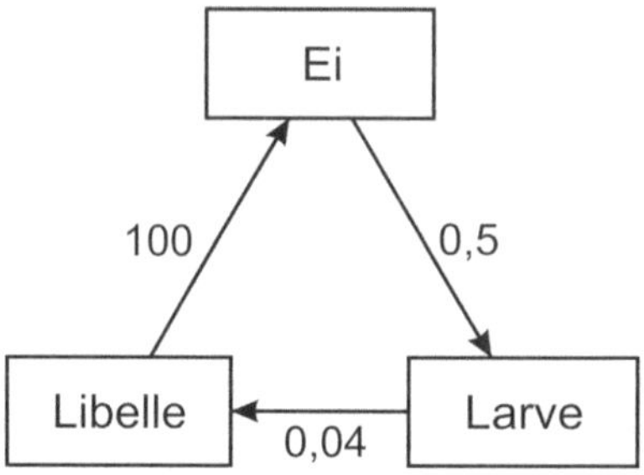

$$M = \begin{pmatrix} 0 & 0 & 100 \\ 0{,}5 & 0 & 0 \\ 0 & 0{,}04 & 0 \end{pmatrix}$$

	0	1	2	3	4	5	6	7
Eier	1000	10000	1600	2000	20000	3200	4000	40000
Larven	400	500	5000	800	1000	10000	1600	2000
Libellen	100	16	20	200	32	40	400	64

	8	9	10	11	12	13	14	15
Eier	6400	8000	80000	12800	16000	160000	25600	32000
Larven	20000	3200	4000	40000	6400	8000	80000	12800
Libellen	80	800	128	160	1600	256	320	3200

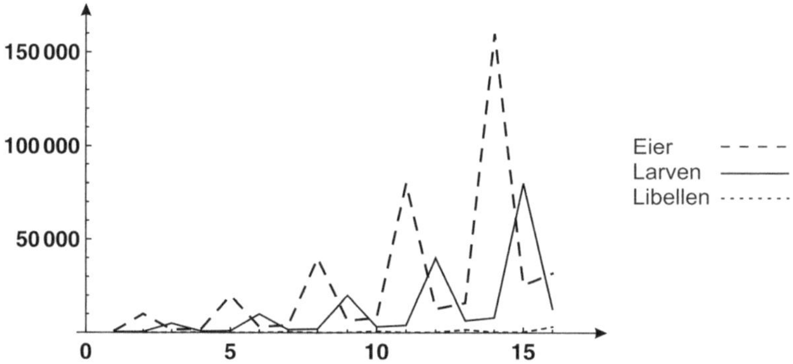

353 **11. b)** •

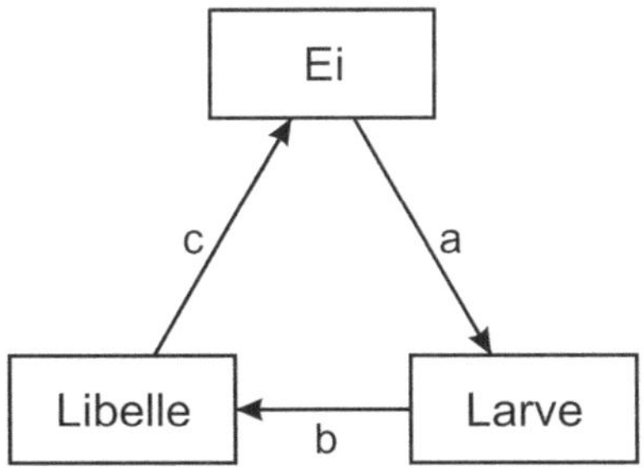

c ist die Anzahl der Eier pro Libelle, a der Anteil der Eier, die zu Larven werden und b der Anteil der Larven, die zu Libellen werden.

- Die Matrix beschreibt einen Zyklus, der aus drei Phasen besteht.

Wegen $M^4 = \begin{pmatrix} 0 & 0 & abc^2 \\ a^2bc & 0 & 0 \\ 0 & ab^2c & 0 \end{pmatrix} = abc \cdot \begin{pmatrix} 0 & 0 & c \\ a & 0 & 0 \\ 0 & b & 0 \end{pmatrix} = abc \cdot M$

gilt: $abc \begin{cases} < 1\text{: die Population stirbt aus} \\ = 1\text{: die Population bleibt konstant} \\ > 1\text{: die Population nimmt zu} \end{cases}$

7.3 Abbildungsmatrizen

7.3.1 Abbildungen in der Ebene

354 **Einstieg**

- $A'\left(\frac{7}{25} \middle| \frac{24}{25}\right)$; $B'\left(\frac{24}{25} \middle| -\frac{7}{25}\right)$
- $\overrightarrow{OP} = 6\begin{pmatrix} 1 \\ 0 \end{pmatrix} + 2\begin{pmatrix} 0 \\ 1 \end{pmatrix}$
- $\overrightarrow{OP}' = 6\begin{pmatrix} \frac{7}{24} \\ \frac{24}{25} \end{pmatrix} + 2\begin{pmatrix} \frac{24}{25} \\ -\frac{7}{25} \end{pmatrix} = \begin{pmatrix} \frac{18}{5} \\ \frac{26}{25} \end{pmatrix}$
- Für einen beliebigen Punkt $P(x_1 \mid x_2)$ gilt

$$\overrightarrow{OP}' = \left(x_1\overrightarrow{e_1} + x_2\overrightarrow{e_2}\right)' = x_1\overrightarrow{e_1}' + x_2\overrightarrow{e_2}' = x_1\begin{pmatrix} \frac{7}{25} \\ \frac{24}{25} \end{pmatrix} + x_2\begin{pmatrix} \frac{24}{25} \\ -\frac{7}{25} \end{pmatrix}$$

$$= \begin{pmatrix} \frac{7}{25} \cdot x_1 + \frac{24}{25} \cdot x_2 \\ \frac{24}{25} \cdot x_1 - \frac{7}{25} \cdot x_2 \end{pmatrix}$$

356

2. **a)** Die Ortsvektoren zu den Fixpunkten sind die Lösungen des Systems

$\vec{x} = T \cdot \vec{x} \Leftrightarrow (T - E_2) \cdot \vec{x} = \vec{0}$

Löse also $\begin{pmatrix} 0,36 & -0,48 \\ -0,48 & 0,64 \end{pmatrix} \cdot \begin{pmatrix} x_1 \\ x_2 \end{pmatrix} = \begin{pmatrix} 0 \\ 0 \end{pmatrix}$

Damit: $\vec{x} = r \cdot \begin{pmatrix} \frac{4}{3} \\ 1 \end{pmatrix}$; $r \in \mathbb{R}$

b) $\begin{pmatrix} 0,36 & -0,48 \\ -0,48 & 0,64 \end{pmatrix} \cdot r \cdot \begin{pmatrix} 3 \\ -4 \end{pmatrix} = \begin{pmatrix} 6r \\ -8r \end{pmatrix} = 2r \cdot \begin{pmatrix} 3 \\ -4 \end{pmatrix}$

c) (1) $r \cdot \begin{pmatrix} 4 \\ 3 \end{pmatrix}$ beschreibt alle Fixpunkte aus a). Die Abbildung hat also keine Wirkung.

(2) Nach b) gilt $T \cdot r \cdot \begin{pmatrix} 3 \\ -4 \end{pmatrix} = 2r \begin{pmatrix} 3 \\ -4 \end{pmatrix}$. Die Abbildung bewirkt eine Streckung um Faktor 2 in Richtung $\begin{pmatrix} 3 \\ -4 \end{pmatrix}$.

357

3. **a)** $\overrightarrow{OP}' = x_1 \cdot \begin{pmatrix} 3 \\ 1 \end{pmatrix} + x_2 \cdot \begin{pmatrix} 1 \\ 2 \end{pmatrix}$

b) Jede Abbildung der Form $\overrightarrow{0P'} = x_1 \cdot \vec{u} + x_2 \cdot \vec{w}$ mit linear unabhängigen Vektoren $\vec{u}$ und $\vec{w}$.

c) (1) $\overrightarrow{OP}' = x_1 \cdot \begin{pmatrix} 3 \\ 1 \end{pmatrix} + x_2 \cdot \begin{pmatrix} 1 \\ 2 \end{pmatrix} = \begin{pmatrix} 3x_1 + x_2 \\ x_1 + 2x_2 \end{pmatrix} = \begin{pmatrix} 3 & 1 \\ 2 & 2 \end{pmatrix} \cdot \begin{pmatrix} x_1 \\ x_2 \end{pmatrix}$

$= \begin{pmatrix} 3 & 1 \\ 2 & 2 \end{pmatrix} \cdot \overrightarrow{0P}$

(2) $\overrightarrow{OP}' = x_1 \cdot \begin{pmatrix} u_1 \\ u_2 \end{pmatrix} + x_2 \cdot \begin{pmatrix} w_1 \\ w_2 \end{pmatrix} = \begin{pmatrix} u_1x_1 + w_1x_2 \\ u_2x_1 + w_2x_2 \end{pmatrix} = \begin{pmatrix} u_1 & w_1 \\ u_2 & w_2 \end{pmatrix} \cdot \begin{pmatrix} x_1 \\ x_2 \end{pmatrix}$

$= \begin{pmatrix} u_1 & w_1 \\ u_2 & w_2 \end{pmatrix} \cdot \overrightarrow{OP}$

d) $\overrightarrow{OP}' = T \cdot \overrightarrow{OP} + \vec{v}$ beinhaltet eine Verschiebung um den Vektor $\vec{v}$.

357

4. a) Sei (k | l) mit k, $l \in \mathbb{Z}$ ein Punkt des Quadratrasters. Dann gilt

$$\begin{pmatrix} 3 & -1 \\ 2 & 2 \end{pmatrix} \cdot \begin{pmatrix} k \\ l \end{pmatrix} = \begin{pmatrix} 3k - l \\ 2k + 2l \end{pmatrix} = k\begin{pmatrix} 3 \\ 2 \end{pmatrix} + l\begin{pmatrix} -1 \\ 2 \end{pmatrix}.$$

Jeder Punkt des Quadratrasters des Koordinatensystems wird also auf einen Punkt des durch $\begin{pmatrix} 3 \\ 2 \end{pmatrix}$ und $\begin{pmatrix} -1 \\ 2 \end{pmatrix}$ aufgespannten Rasters abgebildet.

$$\begin{pmatrix} 3 & -1 \\ 2 & 2 \end{pmatrix} \cdot \begin{pmatrix} k \\ l \end{pmatrix} + \begin{pmatrix} 3 \\ 2 \end{pmatrix} = \begin{pmatrix} 3k - l \\ 2k + 2l \end{pmatrix} + \begin{pmatrix} 3 \\ 2 \end{pmatrix} = (k + 1)\begin{pmatrix} 3 \\ 2 \end{pmatrix} + l\begin{pmatrix} -1 \\ 2 \end{pmatrix}.$$

Das Bildraster ist identisch. Die Bilder werden nur um den Vektor $\begin{pmatrix} 3 \\ 2 \end{pmatrix}$ verschoben.

b) Sei (k | l) mit k, $l \in \mathbb{Z}$ ein Punkt des Quadratrasters. Dann gilt

$$\begin{pmatrix} a_{11} & a_{12} \\ a_{21} & a_{22} \end{pmatrix} \cdot \begin{pmatrix} k \\ l \end{pmatrix} + \begin{pmatrix} v_1 \\ v_2 \end{pmatrix} = \begin{pmatrix} a_{11}k + a_{12}l + v_1 \\ a_{21}k + a_{22}l + v_2 \end{pmatrix}$$

$$= k\begin{pmatrix} a_{11} \\ a_{21} \end{pmatrix} + l\begin{pmatrix} a_{12} \\ a_{22} \end{pmatrix} + \begin{pmatrix} v_1 \\ v_2 \end{pmatrix}.$$

Das Bild liegt auf dem um $\begin{pmatrix} v_1 \\ v_2 \end{pmatrix}$ verschobenen, durch die Vektoren $\begin{pmatrix} a_{11} \\ a_{21} \end{pmatrix}$ und $\begin{pmatrix} a_{12} \\ a_{22} \end{pmatrix}$ aufgespannten Raster. Es wird genau dann ein Raster erzeugt, wenn $\begin{pmatrix} a_{11} \\ a_{21} \end{pmatrix}$ und $\begin{pmatrix} a_{12} \\ a_{22} \end{pmatrix}$ kein Vielfaches voneinander sind.

5. $\begin{pmatrix} 2 & -2 \\ 2 & 2 \end{pmatrix} \cdot \begin{pmatrix} 1 \\ 0 \end{pmatrix} = \begin{pmatrix} 2 \\ 2 \end{pmatrix}$; $\begin{pmatrix} 2 & -2 \\ 2 & 2 \end{pmatrix} \cdot \begin{pmatrix} 0 \\ 1 \end{pmatrix} = \begin{pmatrix} -2 \\ 2 \end{pmatrix}$

Es handelt sich um eine Drehung um 45° gegen den Uhrzeigersinn mit Streckung um den Faktor $2 \cdot \sqrt{2}$.

6. a) Das System $\vec{x} = \begin{pmatrix} 0 & 1 \\ 2 & 1 \end{pmatrix} \cdot \vec{x} \Leftrightarrow \begin{pmatrix} -1 & 1 \\ 2 & 0 \end{pmatrix} \cdot \vec{x} = 0$ besitzt nur die Lösung $\vec{x} = \vec{0}$.

b) Das System $\begin{pmatrix} 0 & 1 \\ 2 & 1 \end{pmatrix} \cdot r \cdot \begin{pmatrix} 1 \\ -1 \end{pmatrix} = r\begin{pmatrix} -1 \\ 1 \end{pmatrix}$.

Die Geradenpunkte werden am Ursprung gespiegelt.

357 **6. c)** Wenn $\vec{x} = r \cdot \vec{v}$ Fixgerade ist, muss der Richtungsvektor $\vec{v}$ auf ein Vielfaches des Richtungsvektors abgebildet werden, d. h. es gilt

$$\begin{pmatrix} 0 & 1 \\ 2 & 1 \end{pmatrix} \cdot \begin{pmatrix} v_1 \\ v_2 \end{pmatrix} = t \begin{pmatrix} v_1 \\ v_2 \end{pmatrix} \Leftrightarrow \begin{pmatrix} -t & 1 \\ 2 & 1-t \end{pmatrix} \cdot \begin{pmatrix} v_1 \\ v_2 \end{pmatrix} = \begin{pmatrix} 0 \\ 0 \end{pmatrix}.$$

Das führt auf $v_1 \cdot (t^2 - t + 2) = 0$ also $t = 2 \vee t = -1$.

Für $t = -1$ erhalten wir die Gerade aus Teil a).

Für $t = 2$ ergibt sich $v_2 = 2v_1$ also $\vec{x} = t \cdot \begin{pmatrix} 1 \\ 2 \end{pmatrix}$.

d) g: $\vec{x} = r \cdot \vec{u}$ ist Fixgerade

$\Leftrightarrow$ für jeden Punkt $P \in g$ liegt das Bild P' in g

$\Leftrightarrow \overrightarrow{OP}' = T \cdot \overrightarrow{OP} = t \cdot \vec{u}$

$\Leftrightarrow T \cdot s \cdot \vec{u} = t \cdot \vec{u} \quad | : s \quad$ für $s \neq 0$

$\Leftrightarrow T \cdot \vec{u} = \frac{t}{s} \cdot \vec{u}$ also ist $T\vec{u}$ ein Vielfaches von $\vec{u}$

358 **7. a)** $T_{90°} = \begin{pmatrix} 0 & -1 \\ 1 & 0 \end{pmatrix}$; $T_g = \begin{pmatrix} 0 & 1 \\ 1 & 0 \end{pmatrix}$

b) $\vec{e}_1{}' = T_{90°} \cdot \begin{pmatrix} 1 \\ 0 \end{pmatrix} = \begin{pmatrix} 0 \\ 1 \end{pmatrix}$; $\vec{e}_1{}'' = T_g \cdot \begin{pmatrix} 0 \\ 1 \end{pmatrix} = \begin{pmatrix} 1 \\ 0 \end{pmatrix}$

$\vec{e}_2{}' = T_{90°} \cdot \begin{pmatrix} 0 \\ 1 \end{pmatrix} = \begin{pmatrix} -1 \\ 0 \end{pmatrix}$; $\vec{e}_1{}'' = T_g \cdot \begin{pmatrix} -1 \\ 0 \end{pmatrix} = \begin{pmatrix} 0 \\ -1 \end{pmatrix}$

Damit $T_{ges} = \begin{pmatrix} 1 & 0 \\ 0 & -1 \end{pmatrix} = \begin{pmatrix} 0 & 1 \\ 1 & 0 \end{pmatrix} \cdot \begin{pmatrix} 0 & -1 \\ 1 & 0 \end{pmatrix}$

c) $T_{90°} \cdot T_g = \begin{pmatrix} -1 & 0 \\ 0 & 1 \end{pmatrix}$; $T_g \cdot T_{90°} = \begin{pmatrix} 1 & 0 \\ 0 & -1 \end{pmatrix}$

Eine Vertauschung der Reihenfolge führt auf verschiedene Abbildungen.

360 **8. a)** $\begin{pmatrix} 0 & -1 \\ -1 & 0 \end{pmatrix}$ **b)** $\frac{1}{5} \cdot \begin{pmatrix} 3 & 2 \\ 4 & 1 \end{pmatrix}$ **c)** $\frac{1}{13} \cdot \begin{pmatrix} 5 & -12 \\ -10 & -5 \end{pmatrix}$

9. $\overrightarrow{OA} = T\overrightarrow{OB}$ also $\begin{pmatrix} 5 \\ 10 \end{pmatrix} = \begin{pmatrix} a & b \\ b & -a \end{pmatrix} \begin{pmatrix} -11 \\ 2 \end{pmatrix}$

$$\Rightarrow \left.\begin{array}{r} 2b - 11a = 5 \\ -11b - 2a = 10 \end{array}\right\} \Rightarrow a = -\tfrac{3}{5},\ b = -\tfrac{4}{5} \Rightarrow T = \tfrac{1}{5}\begin{pmatrix} -3 & -4 \\ -4 & 3 \end{pmatrix}$$

Bestimmung der Geradengleichung:

$$\left.\begin{array}{r} u^2 + v^2 = 5 \\ 2uv = -4 \end{array}\right\} \Rightarrow \begin{array}{l} u = -1 \quad (-2) \\ v = 2 \quad (1) \end{array}$$

g: $\overrightarrow{OX} = \lambda \cdot \begin{pmatrix} -1 \\ 2 \end{pmatrix}$.

360 **10.** $T = \frac{1}{5}\begin{pmatrix} 3 & -4 \\ -4 & -3 \end{pmatrix}$

$\overrightarrow{OA}' = \frac{1}{5}\begin{pmatrix} 1 \\ 7 \end{pmatrix}$,

$\overrightarrow{OB}' = \frac{1}{5}\begin{pmatrix} 4 \\ -22 \end{pmatrix}$,

$\overrightarrow{OC}' = \frac{1}{5}\begin{pmatrix} -14 \\ -25 \end{pmatrix}$

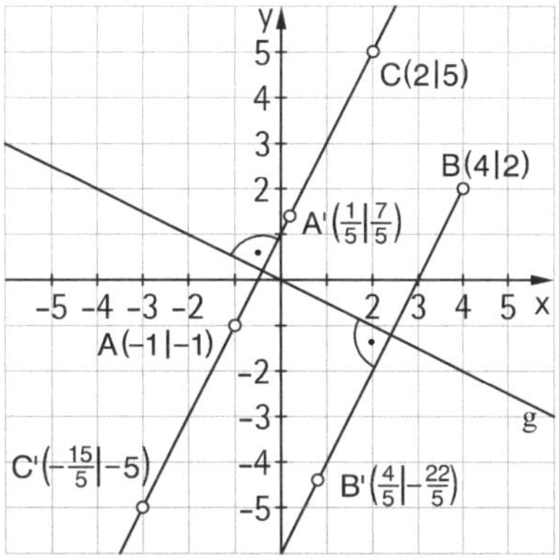

11. Bild von (1 | 0): S sei Lotfußpunkt von (1 | 0) auf g, dann gilt

$\overrightarrow{OS} = \frac{u}{u^2+v^2} \cdot \begin{pmatrix} u \\ v \end{pmatrix}$ und $\vec{e}_1{}' = \frac{1}{u^2+v^2} \cdot \begin{pmatrix} u^2 - v^2 \\ 2uv \end{pmatrix}$

Bild von (0 | 1): S sei Lotfußpunkt von (0 | 1) auf g, dann gilt

$\overrightarrow{OS} = \frac{v}{u^2+v^2} \cdot \begin{pmatrix} u \\ v \end{pmatrix}$ und $\vec{e}_2{}' = \frac{1}{u^2+v^2} \cdot \begin{pmatrix} 2uv \\ v^2 - u^2 \end{pmatrix}$, also:

$T = \frac{1}{u^2+v^2} \cdot \begin{pmatrix} u^2 - v^2 & 2uv \\ 2uv & v^2 - u^2 \end{pmatrix}$.

12. Mit (1) $\frac{u^2-v^2}{u^2+v^2} = -0{,}28$ und (2) $\frac{2uv}{u^2+v^2} = -0{,}96$ folgt $u = -0{,}6$ $(0{,}8)$ und $v = 0{,}8$ $(-0{,}6)$. Die Klammerwerte entfallen wegen (1) $\Rightarrow$

Spiegelgerade g: $\overrightarrow{OX} = \lambda \cdot \begin{pmatrix} -0{,}6 \\ 0{,}8 \end{pmatrix}$

13. a) g: $\overrightarrow{OX} = \begin{pmatrix} 2 \\ 3 \end{pmatrix} + \lambda\begin{pmatrix} 3 \\ -4 \end{pmatrix} = \vec{a} + \lambda \cdot \vec{u}$; $\overrightarrow{OP} = \begin{pmatrix} 4 \\ 5 \end{pmatrix}$

(1) Verschiebung um $-\vec{a} = -\begin{pmatrix} 2 \\ 3 \end{pmatrix}$: $\overrightarrow{OP} \to \overrightarrow{OP_1} = \begin{pmatrix} 2 \\ 2 \end{pmatrix}$

(2) Spiegelung an g′: $\overrightarrow{OX} = \lambda \cdot \vec{u} = \lambda\begin{pmatrix} 3 \\ -4 \end{pmatrix}$: $\overrightarrow{OP_1} \to \overrightarrow{OP_2}$,

$\overrightarrow{OP_1} + \overrightarrow{OP_2} = 2 \cdot \frac{\vec{u} * \overrightarrow{OP_1}}{v^2} \cdot \vec{u} = -\frac{4}{25}\begin{pmatrix} 3 \\ -4 \end{pmatrix} \Rightarrow$

$\overrightarrow{OP_2} = -\frac{2}{25}\begin{pmatrix} 31 \\ 17 \end{pmatrix}$

360

13. **a)** (3) Verschiebung um $\vec{a} = \begin{pmatrix} 2 \\ 3 \end{pmatrix}$: $\overrightarrow{OP_2} \to \overrightarrow{OP}'$

$$\overrightarrow{OP}' = \frac{1}{25}\begin{pmatrix} -12 \\ 41 \end{pmatrix}.$$

b) Es sei $\vec{a} = \overrightarrow{OA}$, dann ist $\overrightarrow{AP}' = T \cdot AP \Rightarrow$

$$\overrightarrow{AO} + \overrightarrow{OP}' = T\left(\overrightarrow{AO} + \overrightarrow{OP}\right) \Rightarrow -\vec{a} + \overrightarrow{OP} = T\left(-\vec{a} + \overrightarrow{OP}\right) \Rightarrow$$

$$\overrightarrow{OP}' = T\left(\overrightarrow{OP} - \vec{a}\right) + \vec{a}.$$

14. Gesucht $P'(x' \mid y')$.
$x' = kx$ und $y' = ky \Rightarrow P'(kx \mid ky)$

Zu zeigen: $k \cdot E \cdot \overrightarrow{OP} = \overrightarrow{OP}'$

$$k \cdot \begin{pmatrix} 1 & 0 \\ 0 & 1 \end{pmatrix} \cdot \begin{pmatrix} x \\ y \end{pmatrix} = k\begin{pmatrix} x \\ y \end{pmatrix} = \begin{pmatrix} kx \\ ky \end{pmatrix} \Rightarrow \overrightarrow{OP} = \begin{pmatrix} kx \\ ky \end{pmatrix}$$

15. $T_{30°} = \begin{pmatrix} \frac{\sqrt{3}}{2} & -\frac{1}{2} \\ \frac{1}{2} & \frac{\sqrt{3}}{2} \end{pmatrix} = \frac{1}{2}\begin{pmatrix} \sqrt{3} & -1 \\ 1 & \sqrt{3} \end{pmatrix}$

$$\overrightarrow{OA}' = T \cdot \overrightarrow{OA} = \frac{1}{2}\begin{pmatrix} \sqrt{3} & 1 \\ 1 & \sqrt{3} \end{pmatrix}\begin{pmatrix} -2 \\ -1 \end{pmatrix} = \frac{1}{2}\begin{pmatrix} -2\sqrt{3} + 1 \\ -2 - \sqrt{3} \end{pmatrix}$$

$$\overrightarrow{OB}' = \frac{1}{2}\begin{pmatrix} 2\sqrt{3} - 1 \\ 2 - \sqrt{3} \end{pmatrix}$$

$$\overrightarrow{OC}' = \begin{pmatrix} -1 \\ \sqrt{3} \end{pmatrix}$$

16. $T\varphi = \begin{pmatrix} \cos\varphi & -\sin\varphi \\ \sin\varphi & \cos\varphi \end{pmatrix}$

$\cos\varphi = \frac{\sqrt{2}}{2} \Rightarrow \varphi = 45°$ $\qquad$ $\sin\varphi = \frac{\sqrt{2}}{2} \Rightarrow \varphi = 45°$

361

17. Bei Drehung um den Winkel φ besitzt das Bild von $(1 \mid 0)$ die Koordinaten $(\cos\varphi \mid \sin\varphi)$. Das Bild von $(0 \mid 1)$ ist um weitere 90° gedreht, also $(\cos(\varphi + 90°) \mid \sin(\varphi + 90°)) = (-\sin\varphi \mid \cos\varphi)$.
Damit $T = \begin{pmatrix} \cos\varphi & -\sin\varphi \\ \sin\varphi & \cos\varphi \end{pmatrix}$

18. $\varphi = \frac{\pi}{6} = 30°$

361 **19. a)** A′(−0,6 | 4,2); B′(4,2 | 5,6); C′(11,8 | 2,4); D′(4,6 | −2,2)

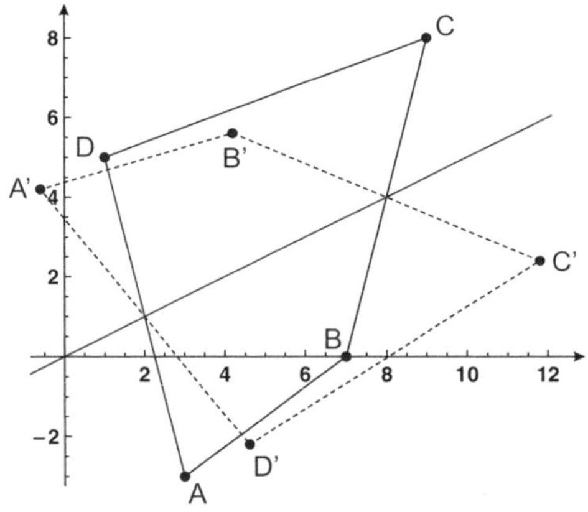

b) Spiegelung an der Geraden g: $\vec{x} = r \cdot \begin{pmatrix} 2 \\ 1 \end{pmatrix}$

Abbildungsmatrix nach Aufgabe 11, Schülerband Seite 360:

$$T = \frac{1}{2^2+1^2} \cdot \begin{pmatrix} 2^2 - 1^2 & 2 \cdot 2 \cdot 1 \\ 2 \cdot 2 \cdot 1 & 1^2 - 2^2 \end{pmatrix} = \begin{pmatrix} 0{,}6 & 0{,}8 \\ 0{,}8 & -0{,}6 \end{pmatrix}$$

20. Die Abbildung kann durch eine zentrische Streckung realisiert werden.
Streckfaktor k ≈ 1,15.
Abbildungvorschrift

$$\overrightarrow{OP'} = 1{,}15 \cdot \begin{pmatrix} 1 & 0 \\ 0 & 1 \end{pmatrix} \cdot \overrightarrow{OP}$$

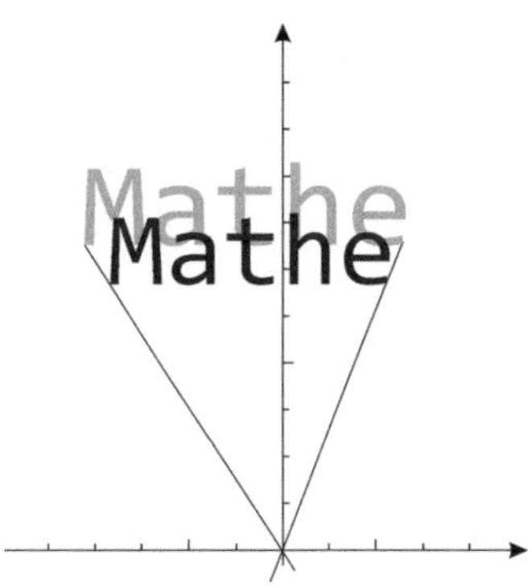

21. a) Sei (k | l) mit k, $l \in \mathbb{Z}$ ein Punkt des Quadratrasters. Dann gilt

$$\begin{pmatrix} 2 & 1 \\ 1 & 2 \end{pmatrix} \cdot \begin{pmatrix} k \\ l \end{pmatrix} = k\begin{pmatrix} 2 \\ 1 \end{pmatrix} + l\begin{pmatrix} 1 \\ 2 \end{pmatrix}.$$

Jeder Punkt des Quadratrasters wird auf einen Punkt des durch $\begin{pmatrix} 2 \\ 1 \end{pmatrix}$ und $\begin{pmatrix} 1 \\ 2 \end{pmatrix}$ aufgespannten Parallelogrammrasters abgebildet.

Durch den Vektor $\begin{pmatrix} 3 \\ 2 \end{pmatrix}$ erfolgt zusätzlich eine Verschiebung des Parallelogrammrasters um $\begin{pmatrix} 3 \\ 2 \end{pmatrix}$.

361

21. b) $\begin{pmatrix} 2 & 1 \\ 1 & 2 \end{pmatrix} \cdot \begin{pmatrix} x_1 \\ x_2 \end{pmatrix} + \begin{pmatrix} 3 \\ 2 \end{pmatrix} = \begin{pmatrix} 2x_1 + x_2 + 3 \\ x_1 + 2x_2 + 2 \end{pmatrix} = x_1 \begin{pmatrix} 2 \\ 1 \end{pmatrix} + x_2 \begin{pmatrix} 1 \\ 2 \end{pmatrix} + \begin{pmatrix} 3 \\ 2 \end{pmatrix}.$

22. a) $\overrightarrow{OP}' = \begin{pmatrix} a & b \\ c & d \end{pmatrix} \cdot \overrightarrow{OP} + \begin{pmatrix} v_1 \\ v_2 \end{pmatrix}$

Wegen $O(0 \mid 0) \mapsto O'(0 \mid 0)$ ist $\begin{pmatrix} v_1 \\ v_2 \end{pmatrix} = \begin{pmatrix} 0 \\ 0 \end{pmatrix}.$

$\begin{pmatrix} a & b \\ c & d \end{pmatrix} \cdot \begin{pmatrix} 1 \\ 1 \end{pmatrix} = \begin{pmatrix} 3 \\ 1 \end{pmatrix} \Leftrightarrow \begin{matrix} a + b = 3 \\ c + d = 1 \end{matrix}$

$\begin{pmatrix} a & b \\ c & d \end{pmatrix} \cdot \begin{pmatrix} -1 \\ 2 \end{pmatrix} = \begin{pmatrix} 3 \\ -4 \end{pmatrix} \Leftrightarrow \begin{matrix} -a + 2b = 3 \\ -c + 2d = -4 \end{matrix}$

Damit $S = \begin{pmatrix} 1 & 2 \\ 2 & -1 \end{pmatrix}$

b) $T = S^{-1} = \frac{1}{5} \begin{pmatrix} 1 & 2 \\ 2 & -1 \end{pmatrix}$

362

23. a) $A'(5 \mid 3)$; $B'(6 \mid 10)$; $C'(0 \mid 10)$

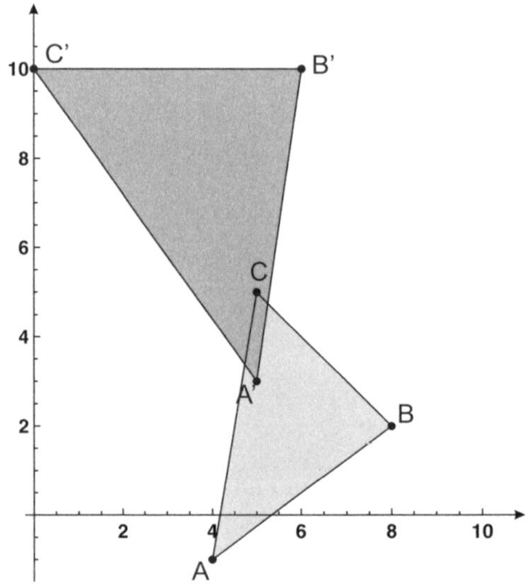

Es handelt sich um eine Drehung um 45° gegen den Uhrzeigersinn mit Streckung um Faktor $\sqrt{2}$.

b) Die Punkte werden wieder zurück abgebildet.

c) $S \cdot T = T \cdot S = E_2$

362

24. $T_g = \frac{1}{13}\begin{pmatrix} 5 & 12 \\ 12 & -5 \end{pmatrix}$

$T_h = \frac{1}{26}\begin{pmatrix} -24 & 10 \\ 10 & 24 \end{pmatrix} = \frac{1}{13}\begin{pmatrix} -12 & 5 \\ 5 & 12 \end{pmatrix}$

$\overrightarrow{OP}' = T_g \cdot \overrightarrow{OP} = \frac{1}{13}\begin{pmatrix} 5x + 12y \\ 12x - 5y \end{pmatrix}$

$\overrightarrow{OP}'' = T_h \cdot \overrightarrow{OP}' = \frac{1}{169}\begin{pmatrix} -60x - 144y + 60x - 25y \\ 25x + 60y + 144x - 60y \end{pmatrix} = \frac{1}{169}\begin{pmatrix} -169y \\ 169x \end{pmatrix} = \begin{pmatrix} -y \\ x \end{pmatrix}$

$T_h \cdot T_g = \frac{1}{169}\begin{pmatrix} -60 - 60 & -144 - 25 \\ 25 + 144 & 60 - 60 \end{pmatrix} = \begin{pmatrix} 0 & -1 \\ 1 & 0 \end{pmatrix}$

$\overrightarrow{OP}'' = \left(T_h \cdot T_g\right) \cdot \overrightarrow{OP} = \begin{pmatrix} 0 & -1 \\ 1 & 0 \end{pmatrix}\begin{pmatrix} x \\ y \end{pmatrix} = \begin{pmatrix} -y \\ x \end{pmatrix}$

25. a) $\overrightarrow{OP}' = T_h \cdot \overrightarrow{OP}$

$\overrightarrow{OP}'' = T_g \cdot \overrightarrow{OP}' = T_g \cdot T_n \cdot \overrightarrow{OP} = \overrightarrow{OP} \Rightarrow$ g und h stimmen überein.

b) $\overrightarrow{OP}'' = T_g \cdot \overrightarrow{OP}' = T_g \cdot T_h \cdot \overrightarrow{OP} = -\overrightarrow{OP} \Rightarrow u_g \cdot u_h + v_g \cdot v_h = 0 \Rightarrow g \perp h.$

26. a) $S = \begin{pmatrix} 2 & -2 \\ -2 & -2 \end{pmatrix}$

b) Berechne die Gerade durch zwei Bildpunkte.

$\begin{pmatrix} 2 & -2 \\ -2 & -2 \end{pmatrix} \cdot \begin{pmatrix} 4 \\ 1 \end{pmatrix} = \begin{pmatrix} 2 \\ -6 \end{pmatrix}; \quad \begin{pmatrix} 2 & -2 \\ -2 & -2 \end{pmatrix} \cdot \begin{pmatrix} 5 \\ 3 \end{pmatrix} = \begin{pmatrix} 4 \\ -16 \end{pmatrix}$

Bildgerade: $\vec{x} = \begin{pmatrix} 2 \\ -6 \end{pmatrix} + r \cdot \begin{pmatrix} 2 \\ -10 \end{pmatrix}$

c) $T = S^{-1} = \frac{1}{4}\begin{pmatrix} 1 & -1 \\ -1 & -1 \end{pmatrix}$

$T \cdot S = S \cdot T = E_2$

E_2 beschreibt die Identität. Abbildung und Umkehrabbildung hintereinander ausgeführt, liefert die Identität.

27. a) $\overrightarrow{OP}' = \frac{1}{2}\begin{pmatrix} 1 & 0 \\ 0 & 1 \end{pmatrix} \cdot \overrightarrow{OP} + \begin{pmatrix} 4 \\ 4 \end{pmatrix}$

362

27. b)

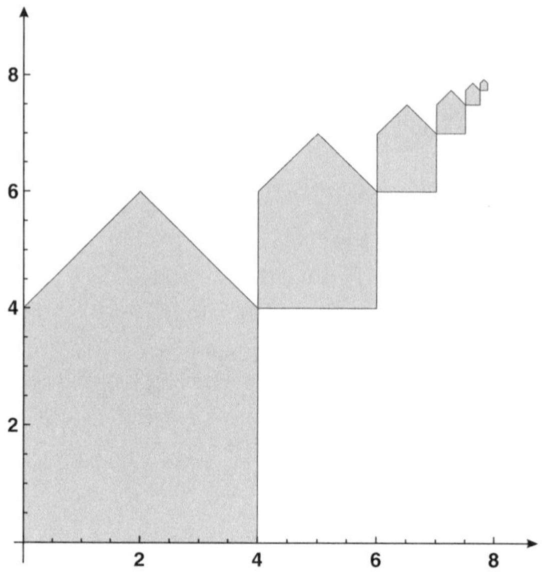

c) Löse $\vec{x} = \frac{1}{2}\begin{pmatrix}1 & 0\\0 & 1\end{pmatrix}\cdot\vec{x} + \begin{pmatrix}4\\4\end{pmatrix} \Leftrightarrow \frac{1}{2}\begin{pmatrix}1 & 0\\0 & 1\end{pmatrix}\cdot\vec{x} = \begin{pmatrix}4\\4\end{pmatrix} \Leftrightarrow \vec{x} = \begin{pmatrix}8\\8\end{pmatrix}$

Damit ist (8 | 8) einziger Fixpunkt.

28. a) $A'\left(\frac{5}{2}\middle|\ \frac{5}{2}\right)$; $B'\left(-\frac{5}{2}\middle|\ \frac{5}{2}\right)$; $C'\left(-\frac{5}{2}\middle|\ -\frac{5}{2}\right)$; $D'\left(\frac{5}{2}\middle|\ -\frac{5}{2}\right)$

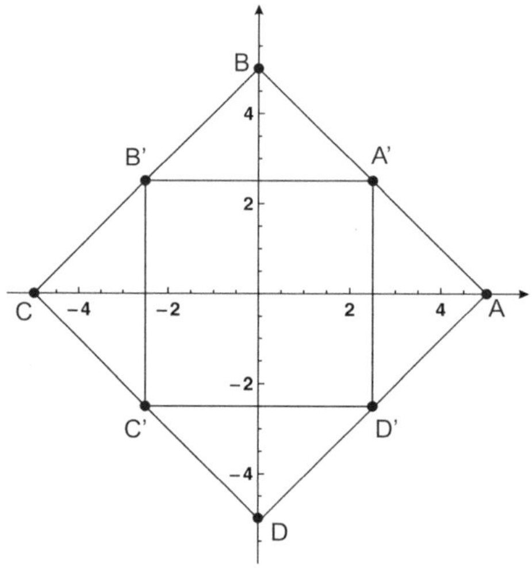

Die Umfänge werden mit dem Faktor $\frac{1}{\sqrt{2}}$ multipliziert.

[Die Flächeninhalte werden mit dem Faktor $\frac{1}{2}$ multipliziert.]

362

28. b) $\left(\frac{1}{2}\right)^n < \frac{1}{1000} \Leftrightarrow 2^n > 1000 \Leftrightarrow n \geq 10$

363

29. a) Die Abbildung beschreibt eine Drehung um $\varphi = \arctan\left(\frac{2}{6}\right) \approx 18{,}43°$ mit anschließender Streckung um Faktor $\sqrt{\frac{5}{8}}$. Bei jeder Anwendung wird das Ausgangsquadrat weiter gedreht und verkleinert.

b) $\overrightarrow{OP}' = S \cdot \overrightarrow{OP}$ mit $S = \begin{pmatrix} 0{,}75 & -0{,}25 \\ 0{,}25 & 0{,}75 \end{pmatrix}^{-1} = \begin{pmatrix} 1{,}2 & 0{,}4 \\ -0{,}4 & 1{,}2 \end{pmatrix}$

c) Bei einer unendlichen Folge von Quadraten wird bei einer Anwendung der Abbildung jedes Quadrat der Folge auf seinen Nachfolger abgebildet. Die geometrische Form der gesamten Folge bleibt also unverändert.

30. Alle Punkte P mit $\overrightarrow{OP} = t \cdot \begin{pmatrix} 1 \\ 1 \end{pmatrix}$; $t \in \mathbb{R}$

31. a) Alle Punkte P mit $\overrightarrow{OP} = t \cdot \begin{pmatrix} 3 \\ 4 \end{pmatrix}$; $t \in \mathbb{R}$

b) $\begin{pmatrix} -0{,}28 & 0{,}96 \\ 0{,}96 & 0{,}28 \end{pmatrix} \cdot r \cdot \begin{pmatrix} 4 \\ -3 \end{pmatrix} = -r \cdot \begin{pmatrix} 4 \\ -3 \end{pmatrix}$

Eine Fixgerade ist eine Gerade, bei der jeder Punkte der Geraden auf einen Punkt der Geraden abgebildet wird. Die Punkte müssen aber nicht notwendig auf sich selbst abgebildet werden.

32. Zu Eigenwert $k_1 = -2$: $\begin{pmatrix} -0{,}28 \\ -0{,}96 \end{pmatrix}$; zu Eigenwert $k_2 = 3$: $\begin{pmatrix} -0{,}96 \\ 0{,}28 \end{pmatrix}$

33. Eigenwert $k_1 = 0$: $\begin{pmatrix} -24 \\ 7 \end{pmatrix}$; Eigenwert $k_2 = 1250$: $\begin{pmatrix} 7 \\ 24 \end{pmatrix}$

34. a) Eigenwert $k_1 = -1$: $\begin{pmatrix} 1 \\ 1 \end{pmatrix}$; Eigenwert $k_2 = 1$: $\begin{pmatrix} -1 \\ 1 \end{pmatrix}$

b) Eigenwert $k_1 = 0$: $\begin{pmatrix} 1 \\ 2 \end{pmatrix}$; Eigenwert $k_2 = 1$: $\begin{pmatrix} 3 \\ 1 \end{pmatrix}$

c) Eigenwert $k_1 = -2$: $\begin{pmatrix} 1 \\ 1 \end{pmatrix}$; Eigenwert $k_2 = -1$: $\begin{pmatrix} -1 \\ 1 \end{pmatrix}$

d) keine Eigenwerte und Eigenvektoren

363

35. $\begin{pmatrix} 1 & -1 \\ 1 & 2 \end{pmatrix} \cdot \vec{x} = k \cdot \vec{x} \Leftrightarrow \begin{pmatrix} 1-k & -1 \\ 1 & 2-k \end{pmatrix} \cdot \vec{x} = \vec{0}.$

Das System besitzt genau dann nichttriviale Lösungen, wenn $k^2 - 3k + 3 = 0$ gilt. Die Gleichung hat keine (reelle) Lösung.

36. **a)** -

b) $\overrightarrow{OP}' = \begin{pmatrix} 4 & -4 \\ 3 & -4 \end{pmatrix} \cdot \left[3 \cdot \begin{pmatrix} 2 \\ 1 \end{pmatrix} + 2\begin{pmatrix} 2 \\ 3 \end{pmatrix}\right] = 3 \cdot 2 \cdot \begin{pmatrix} 2 \\ 1 \end{pmatrix} + 2 \cdot (-2) \cdot \begin{pmatrix} 2 \\ 3 \end{pmatrix} = \begin{pmatrix} 4 \\ -6 \end{pmatrix}$

7.3.2 Abbildungen im Raum

364

Einstieg

- Sei S der Lotfußpunkt von P auf E, dann gilt $\overrightarrow{OP}' = \overrightarrow{OP} + 2 \cdot \overrightarrow{PS}$.

  S ist Schnittpunkt der Geraden g: $\vec{x} = \begin{pmatrix} 3 \\ -3 \\ 6 \end{pmatrix} + r \cdot \begin{pmatrix} 1 \\ -1 \\ 1 \end{pmatrix}$.

  Damit ergibt sich $S(-1 \mid 2 \mid 2)$ und $P'(-5 \mid 5 \mid -2)$.
- $\vec{e}_1{}' = \frac{1}{3}\begin{pmatrix} 1 \\ 2 \\ -2 \end{pmatrix}$; $\vec{e}_2{}' = \frac{1}{3}\begin{pmatrix} 2 \\ 1 \\ 2 \end{pmatrix}$; $\vec{e}_3{}' = \frac{1}{3}\begin{pmatrix} -2 \\ 2 \\ 1 \end{pmatrix}$
- $T = \frac{1}{3}\begin{pmatrix} 1 & 2 & -2 \\ 2 & 1 & 2 \\ -2 & 2 & 1 \end{pmatrix}$

366

2. **a)** Da die x_3-Koordinate 0 ist, gilt $x_3 + r \cdot (-1) = 0 \Leftrightarrow r = x_3$, damit

$$\overrightarrow{OP}' = \begin{pmatrix} x_1 \\ x_2 \\ x_3 \end{pmatrix} + x_3 \cdot \begin{pmatrix} 1 \\ 2 \\ -1 \end{pmatrix} = \begin{pmatrix} x_1 + x_3 \\ x_2 + 2x_3 \\ 0 \end{pmatrix}$$

Abbildungsgleichung: $\overrightarrow{OP}' = \begin{pmatrix} 1 & 0 & 1 \\ 0 & 1 & 2 \\ 0 & 0 & 0 \end{pmatrix} \cdot \overrightarrow{OP}$

b) Für $v_3 = 0$ würde die Projektion parallel zur x_1x_2-Ebene erfolgen. Dann existiert keine Abbildungsgleichung: $\overrightarrow{OP}' = \frac{1}{v_3}\begin{pmatrix} v_3 & 0 & -v_1 \\ 0 & v_3 & -v_2 \\ 0 & 0 & 0 \end{pmatrix} \cdot \overrightarrow{OP}$

366

2. c) $\vec{e}_1{}' = \frac{1}{v_3}\begin{pmatrix} v_3 & 0 & -v_1 \\ 0 & v_3 & -v_2 \\ 0 & 0 & 0 \end{pmatrix} \cdot \vec{e}_1 = \frac{1}{v_3}\begin{pmatrix} v_3 \\ 0 \\ 0 \end{pmatrix}$

$\vec{e}_2{}' = \frac{1}{v_3}\begin{pmatrix} v_3 & 0 & -v_1 \\ 0 & v_3 & -v_2 \\ 0 & 0 & 0 \end{pmatrix} \cdot \vec{e}_2 = \frac{1}{v_3}\begin{pmatrix} 0 \\ v_3 \\ 0 \end{pmatrix}$

$\vec{e}_3{}' = \frac{1}{v_3}\begin{pmatrix} v_3 & 0 & -v_1 \\ 0 & v_3 & -v_2 \\ 0 & 0 & 0 \end{pmatrix} \cdot \vec{e}_3 = \frac{1}{v_3}\begin{pmatrix} -v_1 \\ -v_2 \\ 0 \end{pmatrix}$

3. a) Drehungen um φ gegen den und mit dem Urzeigersinn.

b) $\overrightarrow{OD}' = \overrightarrow{OD} \cdot \cos\varphi + \overrightarrow{e_3} \times \overrightarrow{OD} \cdot \sin\varphi$

$\overrightarrow{e_3} \times \overrightarrow{OD} = \begin{pmatrix} 0 \\ 0 \\ 1 \end{pmatrix} \times \begin{pmatrix} x_1 \\ x_2 \\ 0 \end{pmatrix} = \begin{pmatrix} -x_2 \\ x_1 \\ 0 \end{pmatrix}$

$\overrightarrow{OD}' = \begin{pmatrix} x_1 \\ x_2 \\ 0 \end{pmatrix} \cos\varphi + \begin{pmatrix} -x_2 \\ x_1 \\ 0 \end{pmatrix} \sin\varphi.$

Drehung parallel zur 1-2-Ebene und 3. Koordinate unverändert lassen:

$\overrightarrow{OP}' = \begin{pmatrix} x_1 \\ x_2 \\ 0 \end{pmatrix} \cos\varphi + \begin{pmatrix} -x_2 \\ x_1 \\ 0 \end{pmatrix} \sin\varphi + \begin{pmatrix} 0 \\ 0 \\ x_3 \end{pmatrix}$

$= \begin{pmatrix} \cos\varphi & -\sin\varphi & 0 \\ \sin\varphi & \cos\varphi & 0 \\ 0 & 0 & 1 \end{pmatrix} \cdot \begin{pmatrix} x_1 \\ x_2 \\ x_3 \end{pmatrix}.$

367

4. $P'\left(0 \middle| -3 \middle| \frac{5}{2}\right)$ $\left[P'\left(0 \middle| x_2 - x_1 \middle| \frac{3}{2}x_1 + x_3\right)\right]$

5. a) $A'\left(0 \mid 0 \mid \frac{7}{2}\right)$; $B'(-4 \mid 0 \mid 5)$; $C'(2 \mid 0 \mid 1)$

b) $A'(12 \mid 0 \mid -1)$; $B'(12 \mid 0 \mid -1)$; $C'(2 \mid 0 \mid 1)$

Die Bildpunkte von A und B sind identisch. A und B liegen auf einer Geraden in Richtung des Projektionsvektors.

6. $T = \begin{pmatrix} 1 & -2 & 0 \\ 0 & 0 & 0 \\ 0 & -2 & 1 \end{pmatrix}$

368

7. Abbildungsgleichung: $\overrightarrow{OP}' = \frac{1}{5}\begin{pmatrix} 0 & 0 & 0 \\ -3 & 5 & 0 \\ -2 & 0 & 5 \end{pmatrix} \cdot \overrightarrow{OP}$;

Projektionsvektor $\vec{v} = \begin{pmatrix} 5 \\ 3 \\ 2 \end{pmatrix}$

8. Projektion in der x_1x_2-Ebene. Abbildungsmatrix $T = \begin{pmatrix} 1 & 0 & -\frac{1}{2} \\ 0 & 1 & -\frac{1}{2} \\ 0 & 0 & 0 \end{pmatrix}$

$A'(-1{,}5 \mid -1{,}5 \mid 0)$; $B'(1{,}75 \mid -1{,}25 \mid 0)$; $C'(1{,}75 \mid 4{,}75 \mid 0)$; $D'(-1{,}5 \mid 4{,}5 \mid 0)$

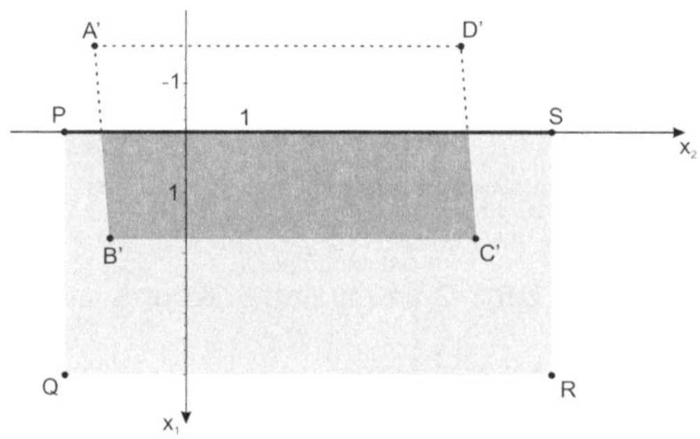

9. **a)** E: $\overrightarrow{OX} * \begin{pmatrix} 0 \\ 0 \\ 1 \end{pmatrix} = 0$ (Projektionsebene)

$\vec{v} = -|v|\begin{pmatrix} 0 \\ \cos 60° \\ \sin 60° \end{pmatrix} = -\frac{|v|}{2}\begin{pmatrix} 0 \\ 1 \\ \sqrt{3} \end{pmatrix}$ (Projektionsrichtung)

Abbildungsgleichung

$\overrightarrow{OP}' = \overrightarrow{OP} - \vec{v} \cdot \frac{\vec{u} * \overrightarrow{OP}}{(\vec{u} * \vec{v})} = \overrightarrow{OP} + \vec{v} \cdot \frac{2x_3}{|\vec{v}| \cdot \sqrt{3}} \Rightarrow$

$$\begin{pmatrix} x_1' \\ x_2' \\ x_3' \end{pmatrix} = \begin{pmatrix} 1 & 0 & 0 \\ 0 & 1 & -\frac{1}{\sqrt{3}} \\ 0 & 0 & 0 \end{pmatrix} \cdot \begin{pmatrix} x_1 \\ x_2 \\ x_3 \end{pmatrix}$$

368

9. b) $\overrightarrow{OA}' = T \cdot \overrightarrow{OA} = \begin{pmatrix} a_1 \\ a_2 - \frac{a_3}{\sqrt{3}} \\ 0 \end{pmatrix} = \begin{pmatrix} 1 \\ 1 \\ 0 \end{pmatrix}$, analog erhält man

$$\overrightarrow{OB}' = \begin{pmatrix} 3 \\ 1 \\ 0 \end{pmatrix}; \quad \overrightarrow{OC}' = \begin{pmatrix} 3 \\ 3 \\ 0 \end{pmatrix}; \quad \overrightarrow{OD}' = \begin{pmatrix} 1 \\ 3 \\ 0 \end{pmatrix};$$

$$\overrightarrow{OE}' = \begin{pmatrix} 1 \\ 1 - \frac{4}{\sqrt{3}} \\ 0 \end{pmatrix}; \quad \overrightarrow{OF}' = \begin{pmatrix} 3 \\ 1 - \frac{4}{\sqrt{3}} \\ 0 \end{pmatrix}; \quad \overrightarrow{OG}' = \begin{pmatrix} 3 \\ 3 - \frac{4}{\sqrt{3}} \\ 0 \end{pmatrix};$$

$$\overrightarrow{OH}' = \begin{pmatrix} 1 \\ 3 - \frac{4}{\sqrt{3}} \\ 0 \end{pmatrix}; \quad \overrightarrow{OS}' = \begin{pmatrix} 2 \\ 2 - \frac{6}{\sqrt{3}} \\ 0 \end{pmatrix}$$

10. Die Ableitungsgleichungen E: $\overrightarrow{OX} * \vec{n} = 0$, $\vec{n} = \begin{pmatrix} 0 \\ 0 \\ 1 \end{pmatrix}$ und

$$\overrightarrow{OP}' = T \cdot \overrightarrow{OP} \qquad \left(T = \begin{pmatrix} 1 & 0 & -4 \\ 0 & 1 & 3 \\ 0 & 0 & 0 \end{pmatrix} \right)$$

$$= \overrightarrow{OP} - \vec{v} \cdot \frac{\vec{n} * \overrightarrow{OP}}{\vec{n} \cdot \vec{v}} \qquad \text{führen auf} \quad \begin{pmatrix} v_1 \\ v_2 \\ v_3 \end{pmatrix} \cdot \frac{x_3}{v_3} = \begin{pmatrix} 4 \\ -3 \\ 1 \end{pmatrix} \cdot x_3 \quad \Rightarrow$$

Projektionsrichtung ist $\vec{v} = \begin{pmatrix} 4 \\ -3 \\ 1 \end{pmatrix}$.

11. a) Eine Parallelprojektion bzgl. der x_1x_2-Ebene mit Vektor $\vec{v}$ kann durch die Abbildungsmatrix

$T = \frac{1}{v_3} \begin{pmatrix} v_3 & 0 & -v_1 \\ 0 & v_3 & -v_2 \\ 0 & 0 & 0 \end{pmatrix}$ beschrieben werden. Es gilt

$$T \cdot \vec{v} = \frac{1}{v_3} \begin{pmatrix} v_3 & 0 & -v_1 \\ 0 & v_3 & -v_2 \\ 0 & 0 & 0 \end{pmatrix} \cdot \begin{pmatrix} v_1 \\ v_2 \\ v_3 \end{pmatrix} = \begin{pmatrix} 0 \\ 0 \\ 0 \end{pmatrix}$$

Seien nun $g_1: \vec{x} = \vec{a} + r \cdot \vec{u}$ und $g_2: \vec{x} = \vec{b} + s \cdot \vec{u}$ zwei parallele Geraden.

368

11. a) Fortsetzung

1. Fall: $\vec{u}$ und $\vec{v}$ sind kollinear, also $\vec{u} = s \cdot \vec{v}$ für ein $s \in \mathbb{R}$

$$\begin{aligned} T \cdot (\vec{a} + r \cdot \vec{u}) &= T \cdot \vec{a} + r \cdot (T \cdot \vec{u}) \\ &= T \cdot \vec{a} + r \cdot (T \cdot s \cdot \vec{v}) \\ &= T \cdot \vec{a} + r \cdot s \cdot \underbrace{(T \cdot \vec{v})}_{=\vec{0}} \\ &= T \cdot \vec{a} \end{aligned}$$

Alle Punkte der Geraden werden daher auf den Punkt $T \cdot \vec{a}$ abgebildet. Das ist der Schnittpunkt der Geraden mit der Projektionsebene. Zwei parallele verschiedene Geraden werden auf die Punkte $T \cdot \vec{a}$ und $T \cdot \vec{b}$ abgebildet.

2. Fall: $\vec{u}$ und $\vec{v}$ sind nicht kollinear.
Dann erhält man die Bildgeraden
$T \cdot (\vec{a} + r \cdot \vec{u}) = T \cdot \vec{a} + r \cdot (T \cdot \vec{u})$ und $T \cdot (\vec{b} + s \cdot \vec{u}) = T \cdot \vec{b} + s \cdot (T \cdot \vec{u})$.
Da beide Geraden denselben Richtungsvektor besitzen, sind sie wieder parallel.

b) Sei C ein beliebiger Punkt auf der Geraden g: $\vec{x} = \overrightarrow{OA} + r_C \cdot \overrightarrow{AB}$ durch die Punkte A und B. Dann gilt $\overrightarrow{OC} = \overrightarrow{OA} + r_C \cdot \overrightarrow{AB}$.

1. Fall: $\overrightarrow{AB}$ und $\vec{v}$ sind kollinear
A, B und C werden auf einen Punkt abgebildet. Vgl. a)

2. Fall: $\overrightarrow{AB}$ und $\vec{v}$ sind nicht kollinear

$$\begin{aligned} \overrightarrow{OC'} &= T \cdot (\overrightarrow{OA} + r_C \cdot \overrightarrow{AB}) = T \cdot \overrightarrow{OA} + r_C \cdot T \cdot (\overrightarrow{OB} - \overrightarrow{OA}) \\ &= T \cdot \overrightarrow{OA} + r_C \cdot (T \cdot \overrightarrow{OB} - T \cdot \overrightarrow{OA}) \\ &= \overrightarrow{OA'} + r_C \cdot (\overrightarrow{OB'} - \overrightarrow{OA'}) \end{aligned}$$

In der Bildgeraden führt derselbe Parameter r_C zum Bildpunkt C', d. h. Anordnung und Teilungsverhältnis bleiben unverändert.

c) -

12. a) $\overrightarrow{OX} = \begin{pmatrix} 0 \\ 6 + 5\cos t \\ 4 + 5\sin t \end{pmatrix}$; $0 \le t \le 2\pi$

$\Rightarrow (x_2 - 6)^2 + (x_3 - 4)^2 = 25$, das beschreibt einen Kreis mit dem Mittelpunkt (0 | 6 | 4) und Radius 5.

368 **12. b)** $$\overrightarrow{OX}' = P\cdot\overrightarrow{OX} = \begin{pmatrix}1 & 0 & -4\\ 0 & 1 & 4\\ 0 & 0 & 0\end{pmatrix}\begin{pmatrix}0\\ 6+5\cos(t)\\ 4+5\sin(t)\end{pmatrix} = \begin{pmatrix}-16-20\sin(t)\\ 22+5\cos(t)+20\sin(t)\\ 0\end{pmatrix}$$

(Schräg liegende Ellipse der 1-2-Ebene mit Mittelpunkt M(−16 | 22 | 0).)

369 **13. a)** $\overrightarrow{AP}' = \overrightarrow{AP} + 2\overrightarrow{PM}$

$\overrightarrow{PM} = -\frac{\vec{n}}{|\vec{n}|}\cdot\left|\overrightarrow{PM}\right|$

$\overrightarrow{PM} = \frac{\vec{n}*\overrightarrow{AP}}{|\vec{n}|}$

$\overrightarrow{AP}' = \overrightarrow{AP} - 2\frac{\vec{n}}{\vec{n}^2}\left(\vec{n}*\overrightarrow{AP}\right)$,

setze A in den Koordinatenursprung, dann gilt

$\overrightarrow{OP}' = \overrightarrow{OP} - 2\frac{\vec{n}}{\vec{n}^2}\left(\vec{n}*\overrightarrow{OP}\right)$

$$\overrightarrow{OP}' = \begin{pmatrix}3\\ 2\\ -4\end{pmatrix} - 2\begin{pmatrix}1\\ -1\\ 0\end{pmatrix}\frac{1}{2}\cdot(3-2) = \begin{pmatrix}2\\ 3\\ -4\end{pmatrix}$$

$$\overrightarrow{OP}' = \begin{pmatrix}x_1\\ x_2\\ x_3\end{pmatrix} - \begin{pmatrix}1\\ -1\\ 0\end{pmatrix}\cdot(x_1 - x_2) = \begin{pmatrix}x_2\\ x_1\\ x_3\end{pmatrix}$$

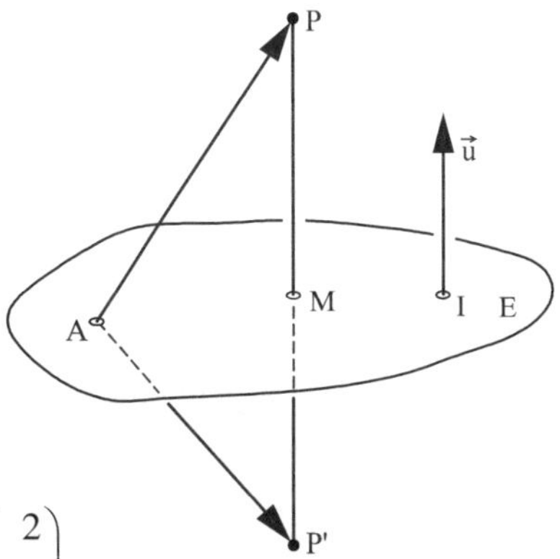

b) Lotfußpunkt S von P auf g: $S\left(\frac{1}{2}\middle| -\frac{1}{2}\middle| 0\right)$.

Bildpunkt: $\overrightarrow{OP'} = \overrightarrow{OP} + 2\overrightarrow{PS}$

$P'(-2 \mid -3 \mid 4)$

$\left[S\left(\frac{1}{2}(3x_1 - x_2)\middle| \frac{1}{2}(3x_2 - x_1)\middle| x_3\right);\ P'\left(2x_1 - x_2\middle| 2x_2 - x_1\middle| x_3\right)\right]$

14. a) Spiegelung an der x_1x_2-Ebene $\quad T = \begin{pmatrix}1 & 0 & 0\\ 0 & 1 & 0\\ 0 & 0 & -1\end{pmatrix}$

b) Spiegelung an der x_2x_3-Ebene $\quad T = \begin{pmatrix}-1 & 0 & 0\\ 0 & 1 & 0\\ 0 & 0 & 1\end{pmatrix}$

c) $T = \begin{pmatrix}1 & 0 & 0\\ 0 & 0 & 1\\ 0 & 1 & 0\end{pmatrix}$

369

15. Gesucht ist die Abbildungsmatrix S mit $S \cdot A = B$. Wenn A^{-1} existiert gilt

$$S = B \cdot A^{-1} = \begin{pmatrix} 1{,}77778 & 0{,}777778 & -3{,}11111 \\ -0{,}777778 & 3{,}55556 & 0{,}444444 \\ 3{,}11111 & 0{,}444444 & 1{,}88889 \end{pmatrix}$$

16. Die Abbildungsmatrix für die Spiegelung an einer Ebene E: $\begin{pmatrix} a \\ b \\ c \end{pmatrix} \cdot \vec{x} = 0$

lautet: $T = \frac{1}{a^2+b^2+c^2} \begin{pmatrix} -a^2+b^2+c^2 & -2ab & -2ac \\ -2ab & a^2-b^2+c^2 & -2bc \\ -2ac & -2bc & a^2+b^2-c^2 \end{pmatrix}$

Vergleich mit der gegebenen Matrix liefert E: $\begin{pmatrix} 2 \\ -1 \\ 2 \end{pmatrix} \cdot \vec{x} = 0$.

17. Die Abbildungsmatrix für die Spiegelung an einer Geraden g: $\vec{x} = r \cdot \begin{pmatrix} a \\ b \\ c \end{pmatrix}$

lautet: $T = \frac{1}{a^2+b^2+c^2} \begin{pmatrix} a^2-b^2-c^2 & 2ab & 2ac \\ 2ab & -a^2+b^2-c^2 & 2bc \\ 2ac & 2bc & -a^2-b^2+c^2 \end{pmatrix}$

a) Vergleich mit der gegebenen Matrix liefert g: $\vec{x} = r \cdot \begin{pmatrix} 1 \\ 1 \\ -1 \end{pmatrix}$.

b) Vergleich mit der gegebenen Matrix liefert g: $\vec{x} = r \cdot \begin{pmatrix} 2 \\ -6 \\ 3 \end{pmatrix}$.

18. **a)** Entspricht Spiegelung an 2. Achse

$$S = \begin{pmatrix} -1 & 0 & 0 \\ 0 & 1 & 0 \\ 0 & 0 & -1 \end{pmatrix}$$

b) Bei dieser Abbildung bleibt die 1. Koordinate gleich, 2. und 3. werden vertauscht und das Vorzeichen von x_2 wechselt.

$$S = \begin{pmatrix} 1 & 0 & 0 \\ 0 & 0 & -1 \\ 0 & 1 & 0 \end{pmatrix}$$

369

19. Drehwinkel: 53,13°
Abbildungsmatrix für eine Drehung um die zweite Achse

$$T = \begin{pmatrix} \cos\varphi & 0 & \sin\varphi \\ 0 & 1 & 0 \\ -\sin\varphi & 0 & \cos\varphi \end{pmatrix}$$

Für den Winkel $\varphi = 53{,}13°$ ergibt sich: $T = \begin{pmatrix} \frac{3}{5} & 0 & -\frac{4}{5} \\ 0 & 1 & 0 \\ \frac{4}{5} & 0 & \frac{3}{5} \end{pmatrix}$

20. Vgl. 18 b). Drehung um 90° um die 1. Achse.

21. Drehung parallel zur 1-2-Ebene und 3. Koordinate unverändert lassen:

$$\overrightarrow{OP}' = \begin{pmatrix} x_1 \\ x_2 \\ 0 \end{pmatrix} \cos\varphi + \begin{pmatrix} -x_2 \\ x_1 \\ 0 \end{pmatrix} \sin\varphi + \begin{pmatrix} 0 \\ 0 \\ x_3 \end{pmatrix} = \begin{pmatrix} \cos\varphi & -\sin\varphi & 0 \\ \sin\varphi & \cos\varphi & 0 \\ 0 & 0 & 1 \end{pmatrix} \cdot \begin{pmatrix} x_1 \\ x_2 \\ x_3 \end{pmatrix}.$$

370

22. a) Drehung um 45° um x_1-Achse

b) Spiegelung an Gerade g: $\overrightarrow{OX} = \lambda \begin{pmatrix} 2 \\ 0 \\ 1 \end{pmatrix}$

c) Spiegelung an Ebene E: $\overrightarrow{OX} \cdot \begin{pmatrix} 1 \\ -1 \\ 1 \end{pmatrix} = 0$

23. a) $\overrightarrow{OA}' = T \cdot \overrightarrow{OA} = \frac{1}{10} \begin{pmatrix} 4 & -4 & -4 \\ -3 & 8 & -2 \\ -3 & -2 & 8 \end{pmatrix} \cdot \begin{pmatrix} 0 \\ 1 \\ -1 \end{pmatrix} = \frac{1}{10} \begin{pmatrix} 0 \\ 10 \\ -10 \end{pmatrix} = \begin{pmatrix} 0 \\ 1 \\ -1 \end{pmatrix}$

$\overrightarrow{OB}' = T \cdot \overrightarrow{OB} = \begin{pmatrix} -2 \\ 2 \\ 1 \end{pmatrix}$

$\overrightarrow{OC}' = T \cdot \overrightarrow{OC} = \begin{pmatrix} 0 \\ 0 \\ 0 \end{pmatrix}$

370

23. **b)** $\overrightarrow{OX}' = T \cdot \overrightarrow{OX} = \overrightarrow{OX}$

$$\frac{1}{10}\begin{pmatrix} 4x_1 - 4x_2 - 4x_3 \\ -3x_1 + 8x_2 - 2x_3 \\ -3x_1 - 2x_2 + 8x_3 \end{pmatrix} = \begin{pmatrix} x_1 \\ x_2 \\ x_3 \end{pmatrix} \Rightarrow 2x_2 = -3x_1 - 2x_3 \Rightarrow \overrightarrow{OX} * \begin{pmatrix} 3 \\ 2 \\ 2 \end{pmatrix} = 0$$

oder $\overrightarrow{OX} = t\begin{pmatrix} 2 \\ 0 \\ -3 \end{pmatrix} + s\begin{pmatrix} 0 \\ 2 \\ -2 \end{pmatrix}$ $\quad$ t, s$\in\mathbb{R}$ und Fixpunkte.

24. $A'(6|9|-12)$, $B'(0|0|0)$, $C'(-6|9|3)$, $D'\left(\frac{3}{2}|0|-6\right)$, $E'(3|3|3)$
Abbildung: Streckung um Faktor 3.

25. Allgemein gilt
g: $\overrightarrow{OX} = \overrightarrow{OZ} + \lambda \cdot \overrightarrow{PZ}$

E: $\overrightarrow{OX} * \vec{n} = d$; für $\overrightarrow{OP}'$ gilt

$$\left.\begin{aligned} \overrightarrow{OP}' &= \overrightarrow{OZ} + \lambda'\overrightarrow{PZ} \\ \overrightarrow{OP}' * \vec{n} &= d \end{aligned}\right\} \Rightarrow \lambda' = \frac{d - \vec{n} * \overrightarrow{OZ}}{\vec{n} * \overrightarrow{PZ}}$$

Für den Fall $\overrightarrow{OZ} = \begin{pmatrix} 0 \\ 0 \\ 0 \end{pmatrix}$, $\vec{n} = \begin{pmatrix} 1 \\ -2 \\ 2 \end{pmatrix}$, $d = 0$

$$\lambda' = \frac{0-0}{\vec{n} * \overrightarrow{PZ}} = 0 \Rightarrow \overrightarrow{OP}' = \begin{pmatrix} 0 \\ 0 \\ 0 \end{pmatrix}.$$

26. **a)** 2-3-Ebene: $\overrightarrow{OX} * \begin{pmatrix} 1 \\ 0 \\ 0 \end{pmatrix} = 0$

$$\overrightarrow{OP}' = \overrightarrow{OZ} + \overrightarrow{PZ}\frac{\left(d - \vec{n} * \overrightarrow{OZ}\right)}{\left(\vec{n} * \overrightarrow{PZ}\right)} = \begin{pmatrix} 4 \\ 0 \\ 4 \end{pmatrix} + \begin{pmatrix} 4 - x \\ -y \\ 4 - z \end{pmatrix} \cdot \frac{-4}{4-x} = \begin{pmatrix} 0 \\ y \\ z - x \end{pmatrix} \cdot \frac{4}{4-x}$$

b) $A'(0|0|0)$, $B'(0|2|0)$, $C'\left(0\left|\frac{1}{2}\right|2\right)$, $D'\left(0\left|\frac{2}{3}\right|\frac{14}{3}\right)$

370

27. Aus 25. folgt: $\overrightarrow{OP}' = \frac{\left(\vec{n}*\overrightarrow{OP}-d\right)\cdot\overrightarrow{OZ}+d'\overrightarrow{OP}}{\vec{n}*\overrightarrow{OP}-\vec{n}*\overrightarrow{OZ}}$ mit $d' = d - \vec{n}*\overrightarrow{OZ}$.

Mit den Werten dieser Aufgabe folgt: $\vec{n} = \begin{pmatrix}1\\0\\0\end{pmatrix}$; $d = 0$, $d' = -\vec{n}*\overrightarrow{OZ} = -6$

$\overrightarrow{OP}' = \frac{x_1\cdot\overrightarrow{OZ}-6\cdot\overrightarrow{OP}}{x_1-6}$.

	$Z_1(6 \mid 0 \mid 2)$	$Z_2(6 \mid 1 \mid 2)$
P′	$(0 \mid -2 \mid 0)$	$(0 \mid -2 \mid 0)$
Q′	$(0 \mid 0 \mid 0)$	$(0 \mid 0 \mid 0)$
R′	$\left(0 \mid 0 \mid \frac{1}{2}\right)$	$\left(0 \mid \frac{1}{4} \mid \frac{1}{2}\right)$
S′	$\left(0 \mid -\frac{3}{2} \mid \frac{1}{2}\right)$	$\left(0 \mid -\frac{5}{4} \mid \frac{1}{2}\right)$
T′	$(0 \mid -2 \mid 4)$	$(0 \mid -2 \mid 4)$
U′	$(0 \mid 0 \mid 4)$	$(0 \mid 0 \mid 4)$
V′	$\left(0 \mid 0 \mid \frac{7}{2}\right)$	$\left(0 \mid \frac{1}{4} \mid \frac{7}{2}\right)$
W′	$\left(0 \mid -\frac{3}{2} \mid \frac{7}{2}\right)$	$\left(0 \mid -\frac{5}{4} \mid \frac{7}{2}\right)$
X′	$\left(0 \mid -\frac{6}{7} \mid \frac{38}{7}\right)$	$\left(0 \mid -\frac{5}{7} \mid \frac{38}{7}\right)$

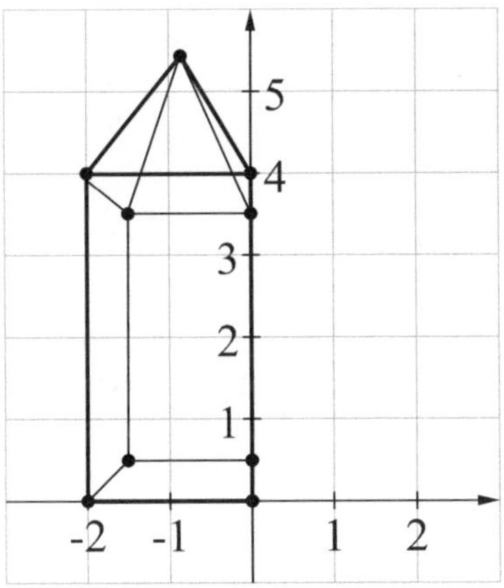

Z_1

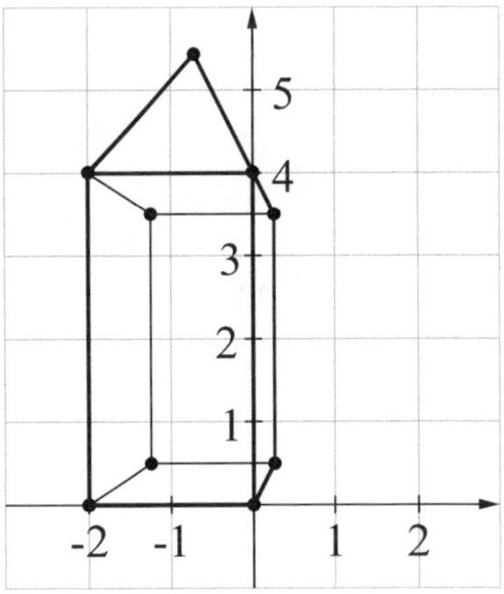

Z_2

371

28. a) $S_1 = \frac{1}{2}\begin{pmatrix} 0 & 2 & 0 \\ 2 & 0 & 0 \\ 0 & 0 & 2 \end{pmatrix} = \begin{pmatrix} 0 & 1 & 0 \\ 1 & 0 & 0 \\ 0 & 0 & 1 \end{pmatrix}, \quad S_2 = \begin{pmatrix} -1 & 0 & 0 \\ 0 & 1 & 0 \\ 0 & 0 & 1 \end{pmatrix}$

b) $T = S_2 \cdot S_1 = \begin{pmatrix} 0 & -1 & 0 \\ 1 & 0 & 0 \\ 0 & 0 & 1 \end{pmatrix}$

c) T beschreibt eine Drehung um die 3. Achse um den Winkel $\varphi = 270°$.

29. a) Die gegebene Matrix D(t) hat die Gestalt einer Abbildungsmatrix, die eine Drehbewegung um die 3. Achse beschreibt. Eine volle Umdrehung ist eine Drehung um den Winkel 2π. Dabei kehrt die Figur in ihre Ausgangsposition zurück. Das passiert in unserem Fall nach genau 2 Sekunden, denn es ist wegen Periodizität von sin und cos $D(0) \neq D(t)$ für alle $0 < t < 2$ und $D(0) = D(2)$. Also dauert jede volle Umdrehung 2 Sekunden.

b) Gesucht ist die Matrix T mit $\overrightarrow{OP}' = T \cdot \overrightarrow{OP}$:

$\vec{v} = \begin{pmatrix} 4 \\ 1 \\ -1 \end{pmatrix}; \ \vec{n} = \begin{pmatrix} 0 \\ 0 \\ 1 \end{pmatrix}; \ \overrightarrow{OP}' = \overrightarrow{OP} - \frac{\vec{v} \cdot \left(\vec{n} * \overrightarrow{OP}\right)}{\vec{n} * \vec{v}} = \overrightarrow{OP} + x_3 \cdot \vec{v}$

$\Rightarrow T = \begin{pmatrix} 1 & 0 & 4 \\ 0 & 1 & 1 \\ 0 & 0 & 0 \end{pmatrix}.$

$T \cdot \begin{pmatrix} 0 & 0 & 0 & 0 & 0 & 0 \\ 0 & 3 & 3 & 1 & 1 & 0 \\ 1 & 1 & 2 & 2 & 6 & 6 \end{pmatrix} = \begin{pmatrix} 4 & 4 & 8 & 8 & 24 & 24 \\ 1 & 4 & 5 & 3 & 7 & 6 \\ 0 & 0 & 0 & 0 & 0 & 0 \end{pmatrix}$

30. a) $t \cdot \begin{pmatrix} 1 \\ -2 \\ 2 \end{pmatrix}$ mit $t \in \mathbb{R} \setminus \{0\}$.

Die Vektoren werden um den Faktor 2 gestreckt.

b) $s \cdot \begin{pmatrix} -2 \\ 0 \\ 1 \end{pmatrix} + t \cdot \begin{pmatrix} 2 \\ 1 \\ 0 \end{pmatrix}$ mit $s, t \in \mathbb{R}, \ s^2 + t^2 > 0$.

Die Vektoren werden am Ursprung gespiegelt.

c) $\overrightarrow{OP}$ kann als Linearkombination aus einem Eigenvektor $\vec{x}_1$ zum Eigenwert -1 und einem Eigenvektor $\vec{x}_2$ zum Eigenwert 2 dargestellt werden. Bei der Abbildung wird die $\vec{x}_1$-Komponente gespiegelt und die $\vec{x}_2$-Komponente verdoppelt.

Bleib fit im Umgang mit Wahrscheinlichkeiten

375

1. a) Ergebnismenge S = {1; 2; 3; 4; 5; 6; 7; 8}.
Jedes Ergebnis tritt mit der Wahrscheinlichkeit $\frac{1}{8}$ auf.

b) $A = \{2\}$; $P(A) = \frac{1}{8}$

c) $P(\{1; 2\}) = \frac{1}{4}$. Damit ist in 400 Versuchen mit $400 \cdot \frac{1}{4} = 100$ Treffern zu rechnen.

2. a) Ergebnismenge S = {Loch; kein Loch}.
b) Aufgrund der Unsymmetrie des Würfels sind die Wahrscheinlichkeiten für die Ergebnisse nicht identisch. Die Aussage stimmt daher nicht.

3. a) Erzeuge mit dem GTR Zufallszahlen aus {1; 2}. Mannschaft 1 bekommt einen Punkt, wenn 1 kommt. Mannschaft 2 bekommt einen Punkt, wenn 2 kommt.
b)

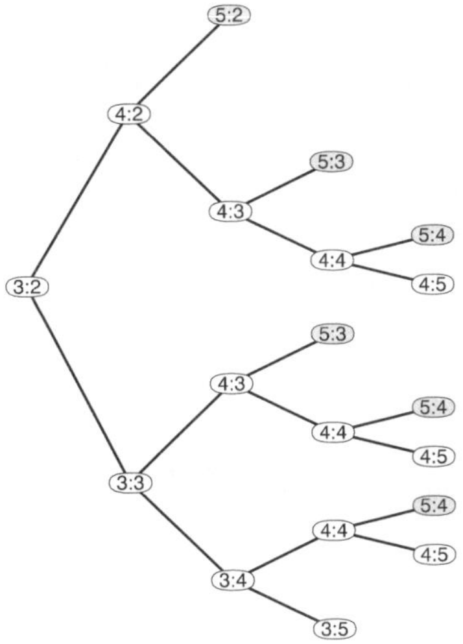

P (erste Mannschaft gewinnt)
$= \frac{1}{4} + 2 \cdot \frac{1}{8} + 3 \cdot \frac{1}{16} = \frac{11}{16}$

378

1. a) $\frac{1}{37}$
b) 10-mal
c) Die relativen Häufigkeiten stabilisieren sich bei $\frac{1}{37}$.

2. Insgesamt leben 82,3 Millionen Menschen in Deutschland, davon sind 44,5 Millionen mindestens 21 Jahre alt, aber unter 60. Die Wahrscheinlichkeit, eine solche Person zufällig auszuwählen, beträgt daher
$\frac{44{,}5}{82{,}3} \approx 0{,}541 = 54{,}1\,\%$.

379

3. (1) Diese Aussage ist falsch, als Mittelwertaussage jedoch richtig (Zusatz: im Mittel...)
(2) falsch: Es gibt auch Wurfserien von 6 Würfen ohne 3.
(3) falsch: Der Würfel hat kein Gedächtnis.
(4) wahr
(5) vergl. (2)
(6) wahr

4. $E_1 = \{2, 3, 5, 7, 11, 13, 17, 19, 23, 29, 31, 37, 41, 43, 47\}$

$P(E_1) = \frac{15}{50} = 0,3$

$E_2 = \{9, 18, 27, 36, 45\}$ $\quad P(E_2) = \frac{5}{50} = 0,1$

$E_3 = \{1, 3, 5, 7, ..., 47, 49\}$ $\quad P(E_3) = \frac{25}{50} = 0,5$

$E_4 = \{10, 11, 12, ..., 49, 50\}$ $\quad P(E_4) = \frac{41}{50} = 0,82$

$E_5 = \{5, 10, 15, 20, 25, 30, 35, 40, 45, 50\}$ $\quad P(E_5) = \frac{10}{50} = 0,2$

$E_6 = \{1, 2, 3, ..., 30, 31\}$ $\quad P(E_6) = \frac{31}{50} = 0,62$

5. (1) $\frac{8}{32} = \frac{1}{4}$ (2) $\frac{16}{32} = \frac{1}{2}$ (3) $\frac{16}{32} = \frac{1}{2}$ (4) $\frac{2}{32} = \frac{1}{16}$

6. a) (1) P(alle Blutgruppen gleich) = 0,150
(2) P(alle Blutgruppen verschieden) = 0,197

b)

Blutspende für Person mit Blutgruppe	möglicher Spender	Wahrscheinlichkeit P
0	0	0,41
A	A, 0	0,84
B	B, 0	0,52
AB	AB, A, B, 0	1

P(mindestens ein geeigneter Spender)
$= 1 - \text{P(drei nicht geeignete Spender)} = 1 - (1 - p)^3$

Patient mit Blutgruppe	P(mindestens ein geeigneter Spender)
0	$1 - 0,59^3 = 0,795$
A	$1 - 0,16^3 = 0,996$
B	$1 - 0,48^3 = 0,889$
AB	$1 - 0^3 = 1$

380

7. (1) Man kann davon ausgehen, dass die beiden Merkmalausprägungen unabhängig voneinander sind, also $P(E) = 0{,}43 \cdot 0{,}30 = 0{,}129$.
(2) Es ist davon auszugehen, dass die Leistungsfähigkeit in Deutsch und Englisch nicht voneinander unabhängig sind. Der Anteil wird vermutlich größer als 12 % sein.

8. Die Wahrscheinlichkeit für ein repräsentatives Ergebnis hängt von der Anzahl der auszulosenden Jugendlichen ab. In einem repräsentativen Ergebnis müssen doppelt so viele Mädchen wie Jungen ausgelost werden. Das kann nur eintreten, wenn die Zahl der auszulosenden Jugendlichen ein Vielfaches von 3 ist.
(1) 0,444 (2) 0,329 (3) 0,273

9. P (mindestens eine 6 beim 4fachen Würfeln)
$= 1 - P(\text{4-mal keine 6}) = 1 - \left(\frac{5}{6}\right)^4 = 0{,}5177 > 50\,\%$
P (mindestens ein 6er-Pasch beim 24fachen Doppelwurf)
$= 1 - P(\text{24-mal kein 6er-Pasch}) = 1 - \left(\frac{35}{36}\right)^{24} = 0{,}4914 < 50\,\%$
Für eine „kleine Anzahl" von Wiederholungen ist der Unterschied nicht erkennbar, da die Wahrscheinlichkeiten zu dicht beieinander liegen.

10. Das bisherige Prüfverfahren können wir wie folgt darstellen:

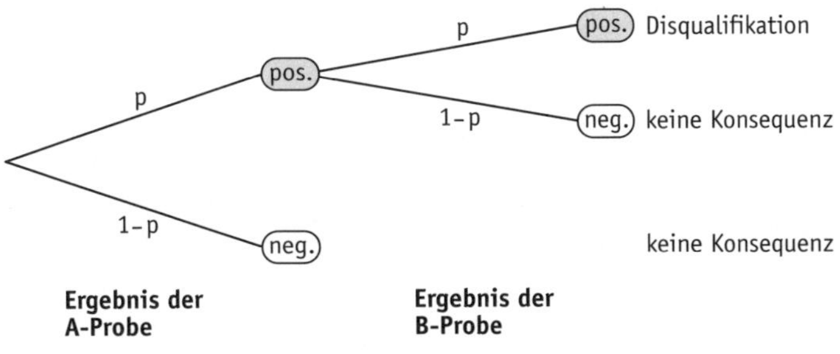

Das geplante neue Verfahren sieht dann so aus:

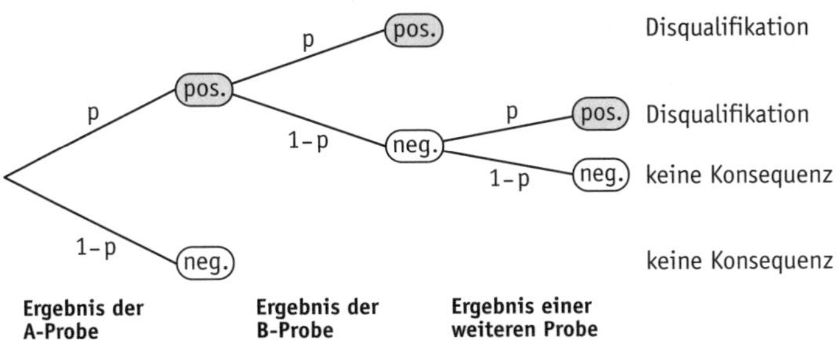

380

10. Fortsetzung

Die Wahrscheinlichkeit, dass der gedopte Sportler disqualifiziert wird, ist

- nach geltender Regelung: $P(\text{Disqualifikation}) = p^2$

  $P(\text{keine Konsequenz}) = 1 - p^2$,

  denn die Wahrscheinlichkeit für das Ereignis *keine Konsequenz* und für das (Gegen-)Ereignis *Disqualifikation* ergänzen sich zu 1.
- nach geplanter Regelung: $P(\text{Disqualifikation})$

  $= p^2 + p^2(1 - p) = p^2 \cdot (2 - p)$

  $P(\text{keine Konsequenz}) = 1 - p^2 \cdot (2 - p)$

Falls das verwendete Dopingmittel mit Wahrscheinlichkeit p erkannt wird, bedeutet dies:

Disqualifikation	$p = 0{,}25$	$p = 0{,}5$	$p = 0{,}75$	$p = 0{,}9$
geltende Regelung	6 %	25 %	56 %	81 %
geplante Regelung	11 %	37,5 %	70 %	89 %

keine Konsequenz	$p = 0{,}25$	$p = 0{,}5$	$p = 0{,}75$	$p = 0{,}9$
geltende Regelung	94 %	75 %	44 %	19 %
geplante Regelung	89 %	62,5 %	30 %	11 %

Die Einführung der neuen Kontrollregelung würde also die Chancen deutlich verbessern, Sportler, die Dopingmittel verwenden, als „Doping-Sünder“ zu entlarven.

8 WAHRSCHEINLICHKEITSVERTEILUNGEN

Lernfeld: Ein Zufall nach dem anderen

382 **Lottoglück**

1. Die Aufgabe ist dazu gedacht, erste kombinatorische Überlegungen vorzunehmen:
Man kann alle $6 \cdot 5 \cdot 4 = 120$ möglichen Ziehungsfolgen für das Lottospiel *3 aus 6* notieren und dann überlegen, dass es bei den Lottotipps nicht auf die Reihenfolge der Ziehung ankommt, d. h., dass die 120 Ziehungsfolgen zu $\frac{6 \cdot 5 \cdot 4}{6} = 20$ verschiedenen Tipps gehören:

123	124	125	126	134	135	136	145	146	156	234	235	236	245	246	256	345	346	356	456
132	142	152	162	143	153	163	154	164	165	243	253	263	254	264	265	354	364	365	465
213	214	215	216	314	315	316	415	416	516	324	325	326	425	426	526	435	436	536	546
231	241	251	261	341	351	361	451	461	561	342	352	362	452	462	562	453	463	563	564
312	412	512	612	413	513	613	514	614	615	423	523	623	524	624	625	534	634	635	645
321	421	521	621	431	531	631	541	641	651	432	532	632	542	642	652	543	643	653	654

Analog findet man beim Lottospiel *4 aus 8* die Anzahl der möglichen Tipps zu $\frac{8 \cdot 7 \cdot 6 \cdot 5}{24} = 70$.
Beim Lottospiel *3 aus 6* gibt es nur die Möglichkeit für 3 Richtige (1. Rang) und 9 Möglichkeiten für 2 Richtige (2. Rang), wie man durch Abzählen an der oben aufgeführten Tabelle herausfinden kann, d. h. in $\frac{1}{20} = 5\,\%$ der Fälle müsste ein Betrag für 3 Richtige ausgezahlt werden und in $\frac{9}{20} = 45\,\%$ der Fälle ein Betrag für 2 Richtige.
Wie viel Geld für die Gewinnränge ausgegeben wird, ist diskussionswürdig, und verschiedene Modelle sollen von den Schülern/innen in ihrer Gruppen-/Partnerarbeit verglichen werden.
Wenn man beachtet, dass die Hälfte für einen wohltätigen Zweck gedacht ist, dann findet man beim Probieren mit verschiedenen Auszahlungsvarianten schnell heraus, dass das Spiel nicht sehr attraktiv sein kann: Wenn man beispielsweise den Gewinnern im 2. Rang ihren Einsatz zurückzahlt und den Gewinnern im 1. Rang den Einsatz plus 1 €, dann ist der Erwartungswert der Auszahlung bereits größer als 0,50 €. Und wenn man die Auszahlungsbeträge senkt, dann wird das Spiel bestimmt nicht attraktiver.

Auszahlung	Wahrscheinlichkeit	Produkt
1 €	$\frac{9}{20}$	0,45
2 €	$\frac{1}{20}$	0,10
		0,55

382

1. Fortsetzung

Es ist zu vermuten, dass die Schülerinnen und Schüler den Erwartungswert als zu erwartender Mittelwert ausrechnen (wenn 100 Tipps abgegeben werden, dann werden ungefähr 5 im 1. Rang sein und ungefähr 45 im 2. Rang).

Für das Spiel *4 aus 8* gilt analog: Die Wahrscheinlichkeit für einen Tipp im 1. Rang (4 Richtige) beträgt $\frac{1}{70}$, für einen Gewinn im 2. Rang (2 Richtige) $\frac{16}{70}$, für einen Gewinn im 3. Rang (2 Richtige) $\frac{36}{70}$.

Ein Auszahlungsplan von beispielsweise 0,50 € (halber Einsatz zurück) bei einem Gewinn im 3. Rang, 1 € (Einsatz zurück) bei einem Gewinn im 2. Rang und 2 € (Gewinn: 1 €) bei einem Gewinn im 1. Rang erscheint nicht sehr attraktiv. Die Vorgabe (die Hälfte für den guten Zweck) wird dabei leicht überschritten.

Auszahlung	Wahrscheinlichkeit	Produkt
0,50 €	$\frac{36}{70}$	$\frac{18}{70}$
1 €	$\frac{16}{70}$	$\frac{16}{70}$
2 €	$\frac{1}{70}$	$\frac{2}{70}$
		$\frac{36}{70}$

Die Simulation könnte aus Zeitgründen mithilfe eines Würfels (Hexaeder) bzw. Oktaeder durchgeführt werden; jedoch müsste man beachten, dass es bei den 3 bzw. 4 Würfen mit großer Wahrscheinlichkeit zur Wiederholung von Augenzahlen kommen kann:

P(3 verschiedene Augenzahlen beim 3fachen Werfen eines Hexaeders)

$= \frac{6 \cdot 5 \cdot 4}{6^3} \approx 56\ \%$

P(4 verschiedene Augenzahlen beim 4fachen Werfen eines Hexaeders)

$= \frac{8 \cdot 7 \cdot 6 \cdot 5}{8^4} \approx 41\ \%$

382 Kein Groschengrab

2. Die Ergebnisse Herz, Krone, Ball treten jeweils mit einer Wahrscheinlichkeit von $\frac{1}{3}$ auf. Das Ereignis *Drei gleiche Bilder* hat eine Wahrscheinlichkeit von $\frac{3}{27} = \frac{1}{9}$, das Ereignis *lauter verschiedene Bilder* eine Wahrscheinlichkeit von $\frac{6}{27} = \frac{2}{9}$.
Wie man den Gewinnplan gestaltet, ist willkürlich, also diskussionswürdig; beispielsweise kann in der Diskussion unter den Schülern/innen herauskommen, dass man „aus Gerechtigkeitsgründen" für das erstgenannte Ereignis einen doppelt so hohen Gewinn vorsehen müsste, wie für das zweitgenannte.
Wenn es nur darauf ankommt, wie viele Herzen zu sehen sind (führt zu einem Binomialansatz):
P(0 Herzen) = $\frac{8}{27}$; P(1 Herz) = $\frac{12}{27}$; P(2 Herzen) = $\frac{6}{27}$; P(3 Herzen) = $\frac{1}{27}$
Wenn auf einem Zylinder 1 Herz, 2 Kronen und 3 Bälle zu sehen sind, dann haben die oben aufgeführten Ereignisse folgende Wahrscheinlichkeiten
P(3 gleiche Bilder) $= \left(\frac{1}{6}\right)^3 + \left(\frac{2}{6}\right)^3 + \left(\frac{3}{6}\right)^3 = \frac{36}{216} = \frac{1}{6}$
P(3 verschiedene Bilder) $= 6 \cdot \frac{1}{6} \cdot \frac{2}{6} \cdot \frac{3}{6} = \frac{1}{6}$ bzw.
P(0 Herzen) = $\frac{125}{216}$; P(1 Herz) = $\frac{75}{216}$; P(2 Herzen) = $\frac{15}{216}$;
P(3 Herzen) = $\frac{1}{216}$
Spieleinsatz gemäß gesetzlicher Regelung: Wenn ein Spiel 15 Sekunden dauert, können schätzungsweise ca. 120 Spiele pro Stunde durchgeführt werden (15 Sekunden für das Nachwerfen des Spieleinsatzes). Falls der Spielplan vorsieht, dass die Hälfte des Einsatzes als Gewinn beim Spielbetreiber bleibt, dann dürfte der Spieleinsatz nur ca. 0,50 € kosten.

383 Links oder rechts?

3. Durch Simulation mithilfe eines Münzwurfs findet man heraus, dass ca. $\frac{1}{8}$ aller Wege nach A, $\frac{3}{8}$ nach B, $\frac{3}{8}$ nach C und $\frac{1}{8}$ nach D führen.
Beim Werfen eines Tetraeders hat man: P(dreimal links) $= \left(\frac{1}{4}\right)^3 = \frac{1}{64}$;
P(zweimal links) $= \frac{9}{64}$; P(einmal links) $= \frac{27}{64}$; P(keinmal links) $= \frac{27}{64}$
Bei Vergrößerung des Irrgartens erhält man:
Münzwurf: P(viermal links) $= \frac{1}{16}$; P(dreimal links) $= \frac{4}{16}$;
P(zweimal links) $= \frac{6}{16}$; P(einmal links) $= \frac{4}{16}$; P(keinmal links) $= \frac{1}{16}$

383 **3.** Fortsetzung

Tetraeder: P(viermal links) $= \frac{1}{256}$; P(dreimal links) $= \frac{12}{256}$;

P(zweimal links) $= \frac{54}{256}$; P(einmal links) $= \frac{108}{256}$; P(keinmal links) $= \frac{81}{256}$

Merkwürdiger Zufall

4. Das Lernfeld bereitet zwei Fragen vor, die im Zusammenhang des Kugel-Fächer-Modells behandelt werden: das klassische Geburtstagsproblem und das Rosinenproblem:
Die Wahrscheinlichkeit, dass alle 25 Zufallszahlen aus der Menge {1, 2, …, 365} voneinander verschieden sind, beträgt nur ca. 43,1 %.
Wenn man 50 Zufallszahlen auswählt, dann beträgt die Wahrscheinlichkeit, dass ein Feld leer bleibt, ca. $\left(\frac{364}{365}\right)^{50} \approx 87{,}2\ \%$, dass ein Feld nur ein Kreuzchen hat ca. $50 \cdot \frac{1}{365} \cdot \left(\frac{364}{365}\right)^{49} \approx 12{,}0\ \%$, also ca. 0,8 %, dass in einem Feld mehr als ein Kreuzchen ist. Im Sinne der Häufigkeitsinterpretation bedeutet dies, dass ca. 318 Felder leer sind, ca. 44 Felder 1 Kreuzchen enthalten und in ca. 3 Felder mehr als 1 Kreuzchen gemacht wurde.

8.1 Bedingte Wahrscheinlichkeiten

8.1.1 Darstellen von Daten in Vierfeldertafeln

386 **1.** Baumdiagramm zum ersten Zeitungsartikel

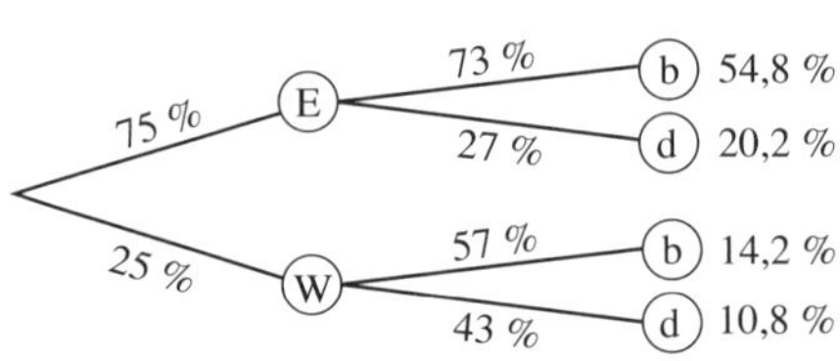

Baumdiagramm zum zweiten Zeitungsartikel

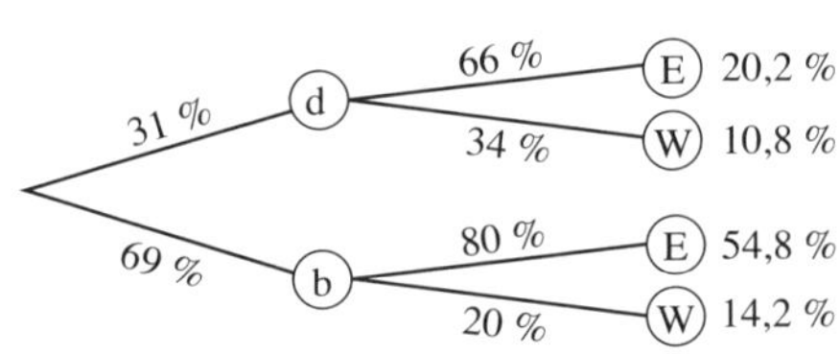

Zu beiden Baumdiagrammen gehört folgende Vierfeldertafel:

Fahrscheinprüfung	bestanden	durchgefallen	gesamt
Erstanmeldung	54,8%	20,2%	75%
Wiederholungsprüfung	14,2%	10,8%	25%
gesamt	69%	31%	100%

387 **2.**

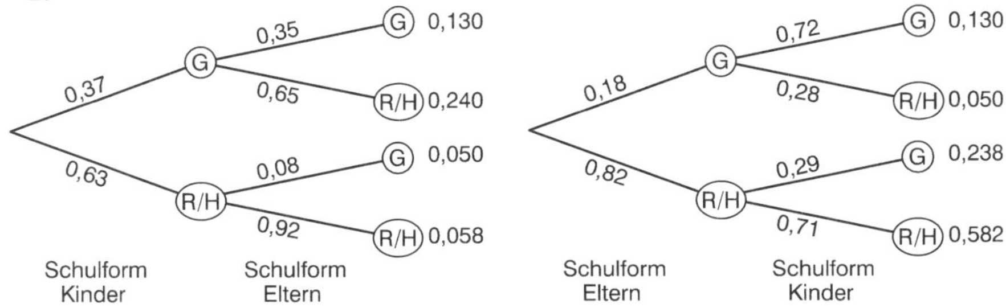

Während im 1. Artikel die Zunahme der Anmeldungen zum Gymnasium im Vordergrund steht (65% der Eltern heutiger Gymnasiasten haben selbst diese Schulform nicht besucht), wird im 2. Artikel die Konstanz des Verhaltens betont (70% behalten bei, 30% ändern die Schulform).

3. Während die Parteien SPD, CDU, Die Grünen und FDP in den neuen Bundesländern durchweg unterrepräsentativ viele Stimmen gewonnen haben, erzielte einzig die PDS mehr als die Hälfte ihres Gesamtergebnisses aus den neuen Ländern. Im Einzelnen kann man auf die Zusammensetzung der Stimmen bei den einzelnen Parteien eingehen, z. B.: Die SPD erreichte 34,2 % der Stimmen, davon stammten nur 16,9 % aus den neuen Ländern und Berlin Ost.

(1)

	SPD	CDU/ CSU	Grüne	FDP	Linke	sonstige	gesamt
neue Länder und Berlin Ost	3,15 %	5,24 %	1,20 %	1,87 %	5,02 %	1,13 %	17,6 %
alte Länder und Berlin West	19,86 %	28,51 %	9,48 %	9,48 %	6,84 %	8,24 %	82,4 %
gesamt	23,01 %	33,76 %	10,67 %	11,34 %	11,86 %	9,34 %	100 %

387 **3.** (2)

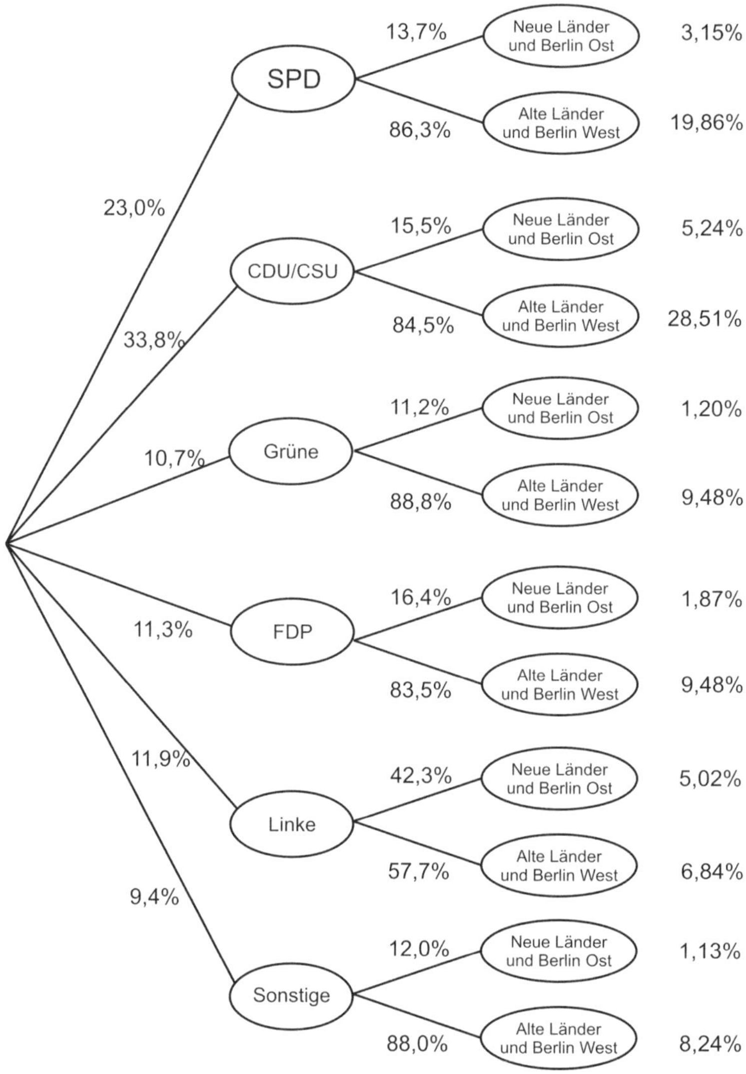

Die Parteien SPD, CDU/CSU, Die Grünen und FDP haben in den neuen Ländern durchweg unterrepräsentativ viele Stimmen gewonnen. Demgegenüber erzielte die Partei Die Linke mehr als 40 % ihres Gesamtergebnisses aus den neuen Ländern und ist damit verhältnismäßig immer noch deutlich stärker als in den alten Ländern.

4. a)

		männlich	weiblich	gesamt
Führerschein entzogen	ja	20,5 %	2,5 %	23,0 %
	nein	61,5 %	15,5 %	77,0 %
gesamt		82,0 %	18,0 %	100,0 %

387 **4. b)**

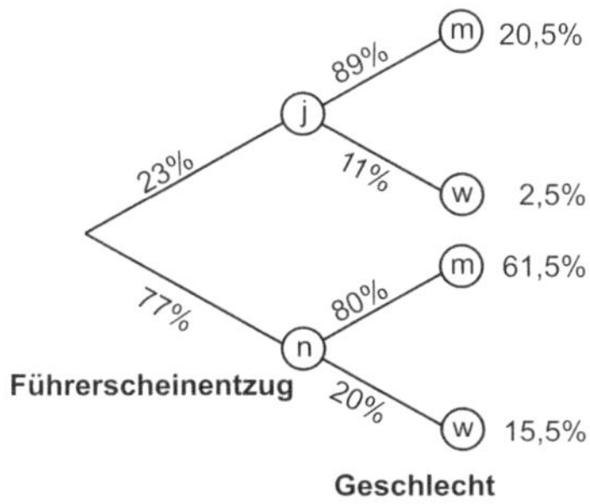

In 23 % aller Fälle wird der Führerschein entzogen. 89 % der betroffenen Fahrzeugführer waren männlich. Das sind unter den erfassten Autofahrern überrepräsentativ viele. Unter den registrierten Personen, deren Führerschein nicht eingezogen wird, sind dagegen die Frauen mit 20 % überrepräsentativ vertreten. Frauen begehen also weniger schwere Vergehen als Männer.

388 **5. a)**

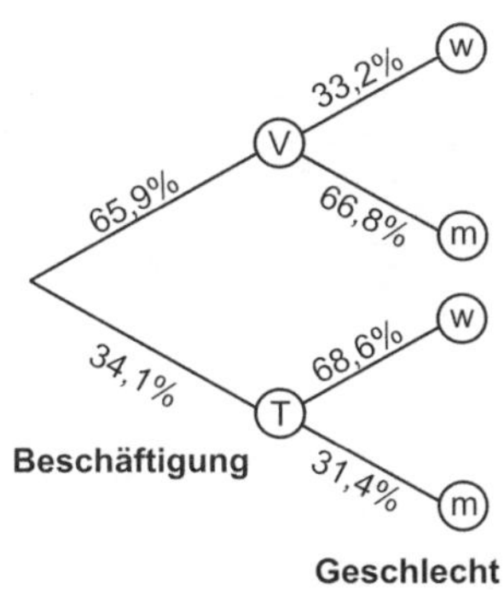

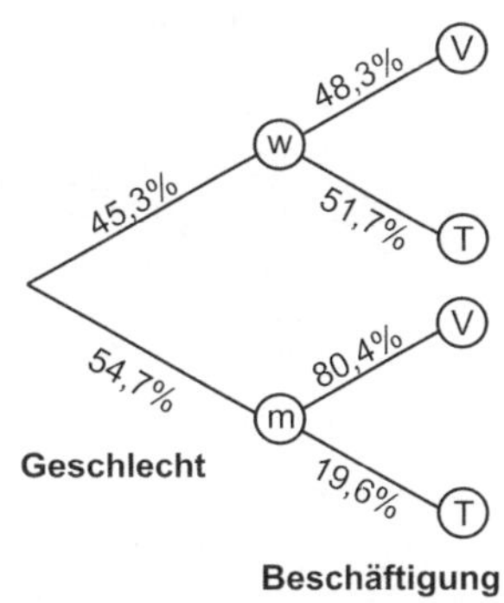

b) (1) Von 100 Erwerbstätigen sind 453 weiblich und 547 männlich. Von den weiblichen Erwerbstätigen sind 48,3 % in Vollzeit beschäftigt. Von den männlichen Erwerbstätigen sind 80,4 % in Vollzeit beschäftigt.

(2) Von 100 Erwerbstätigen haben 659 einen Vollzeit-Job und 341 eine Teilzeit-Beschäftigung. Unter den Vollzeitbeschäftigten sind 33,2 % weiblich. Unter den Teilzeitbeschäftigten sind 68,6 % weiblich.

6.

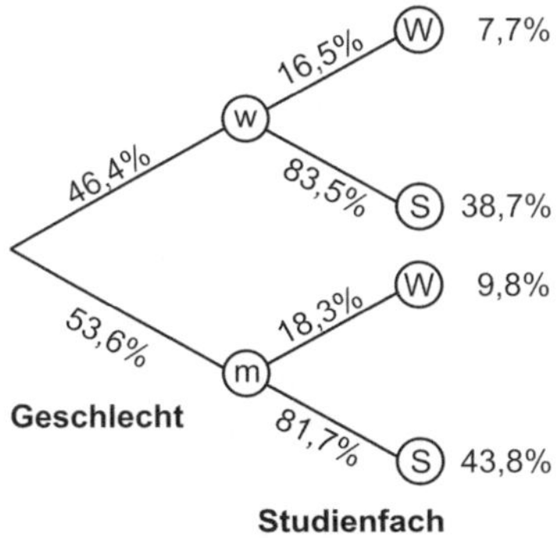

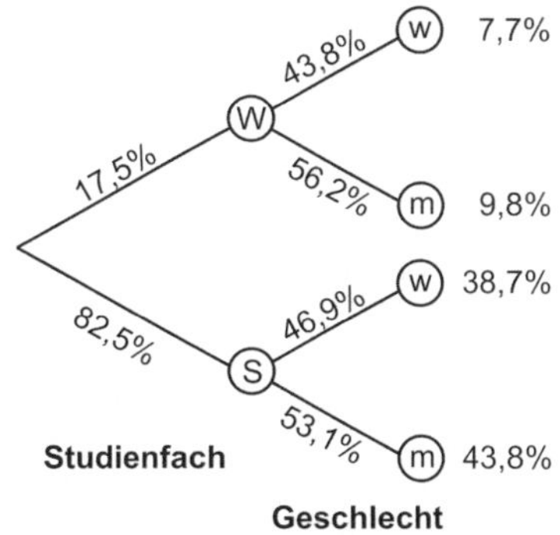

388 7.

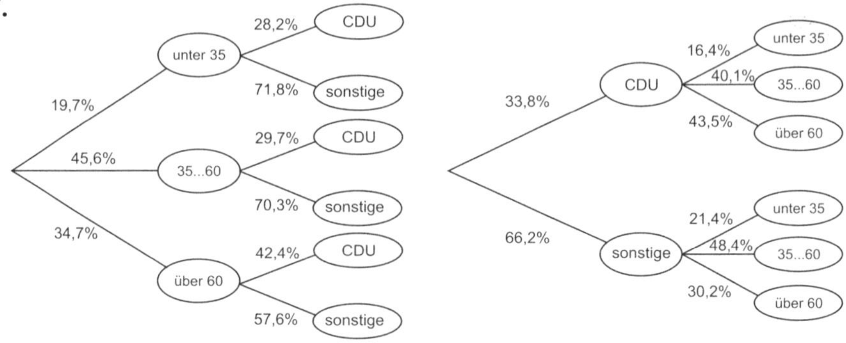

Aus dem umgekehrten Baumdiagramm kann abgelesen werden, zu welchen Teilen sich die Wählerschaft der CDU aus den Altersgruppen zusammen setzt. 16,4 % der CDU-Wähler sind unter 35, 40,1 % zwischen 35 und 60 und 43,5 % über 60 Jahre alt. Damit ist die CDU insbesondere im oberen Segment stark vertreten. Unter den jüngeren Wählern schneidet sie dagegen schwächer ab.

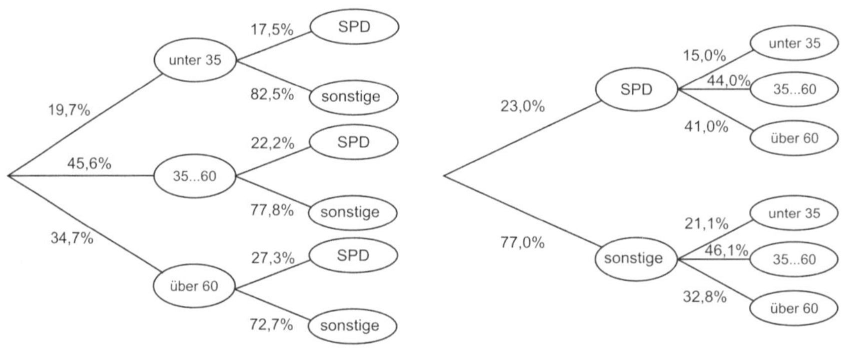

Aus dem umgekehrten Baumdiagramm kann abgelesen werden, zu welchen Teilen sich die Wählerschaft der SPD aus den Altersgruppen zusammen setzt. 15 % der SPD-Wähler sind unter 35, 44 % zwischen 35 und 60 und 41 % über 60 Jahre alt. Damit ist die SPD insbesondere im mittleren Segment stark vertreten. Unter den jüngeren Wählern schneidet sie sogar noch schwächer ab als die CDU.

388 **8.**

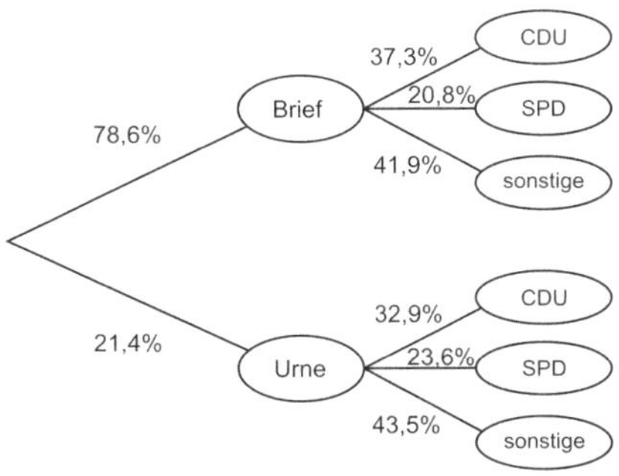

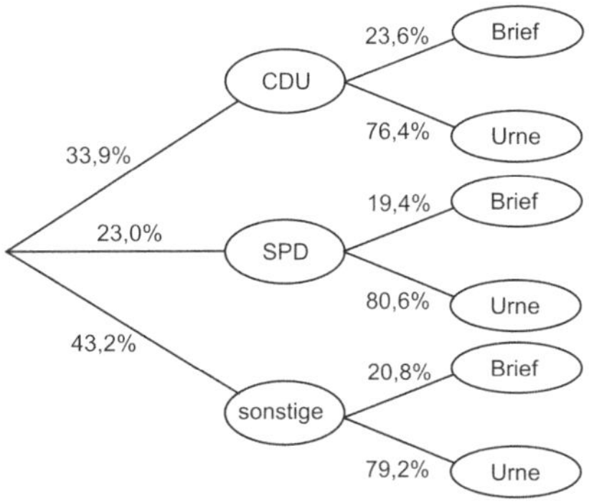

	Brief	Urne	gesamt
CDU	8,0 %	25,9 %	33,9 %
SPD	4,5 %	18,5 %	23,0 %
sonstige	9,0 %	34,2 %	43,2 %
gesamt	21,4 %	78,6 %	100,0 %

8.1.2 Bedingte Wahrscheinlichkeiten – Abhängigkeit und Unabhängigkeit von Merkmalen

389 **Einstieg**

Es gilt: $P_M(R) = 0{,}33$; $P_R(M) = 0{,}61$; $P_{\overline{M}}(R) = 0{,}22$; $P_{\overline{R}}(\overline{M}) = 0{,}54$

Wenn die Angaben sich nicht widersprechen, müssen sich zwei Baumdiagramme angeben lassen. Die fehlenden Wahrscheinlichkeiten m = P(M) und r = P(R) kann man aus dem Gleichungssystem

$$\left| \begin{array}{l} 0{,}61r = 0{,}33m \\ 0{,}39r = (1-m)0{,}22 \end{array} \right|$$

berechnen. Daraus folgt P(M) = 0,51 und P(R) = 0,276.

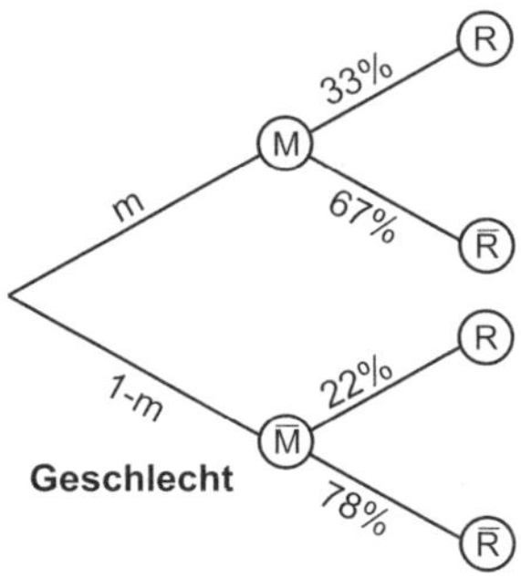

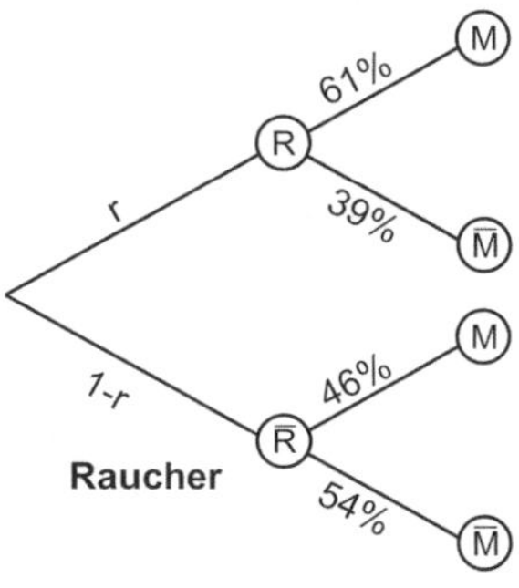

Nach der Pfadmultiplikationsregel müssen in beiden Diagrammen die jeweiligen Produkte übereinstimmen, was bis auf geringe Abweichungen der Fall ist. Die Angaben widersprechen sich demnach nicht.

393 **3. a)**

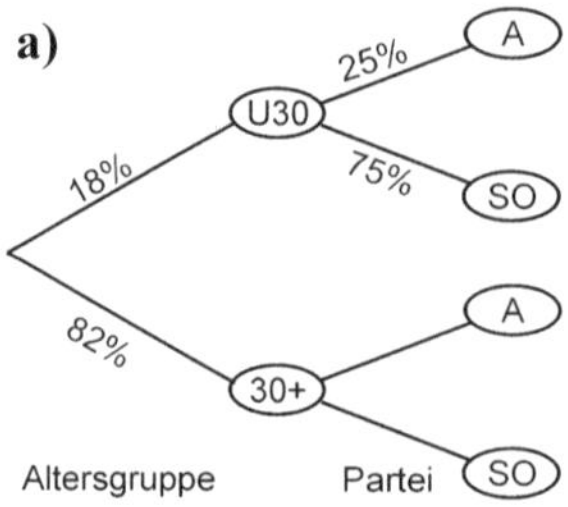

← Jeder vierte Wähler unter 30 wählte Partei A.

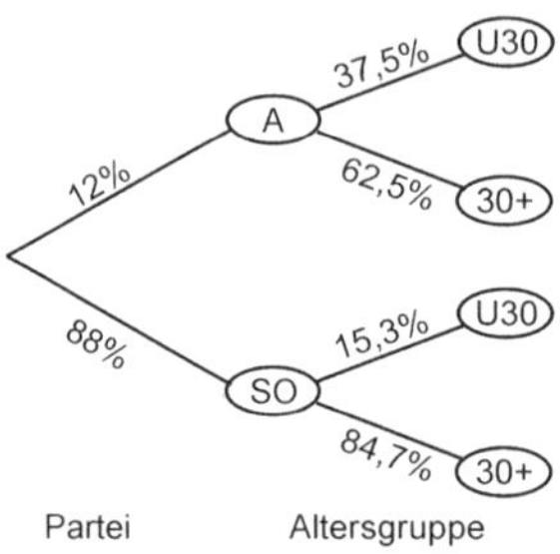

← Mehr als jeder dritte Wähler der Partei A ist unter 30.

b) (1) von allen Männern haben 10 % Partei A gewählt
(2) von allen Wählern der Partei A sind 10 % männlich
(3) unter allen Personen sind 10 % männlich und haben Partei A gewählt
(4) wie (1)
(5) wie (2)

395 **4. a)**

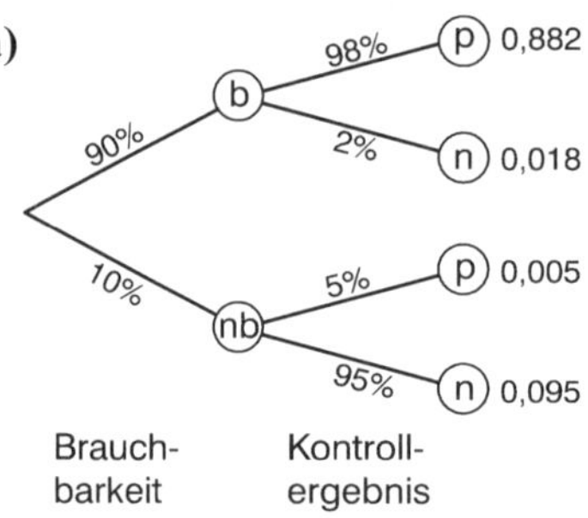

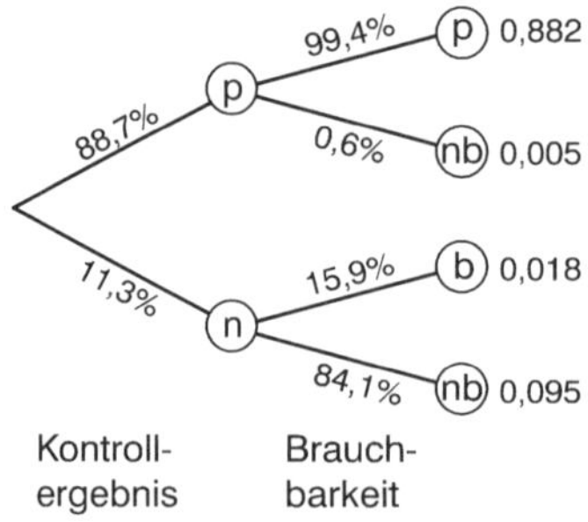

← a) (2) Mit einer Wahrscheinlichkeit von 99,4% ist es brauchbar.

← a) (1) Mit einer Wahrscheinlichkeit von 84,1% ist das Bauteil nicht zu gebrauchen.

395

4. b)

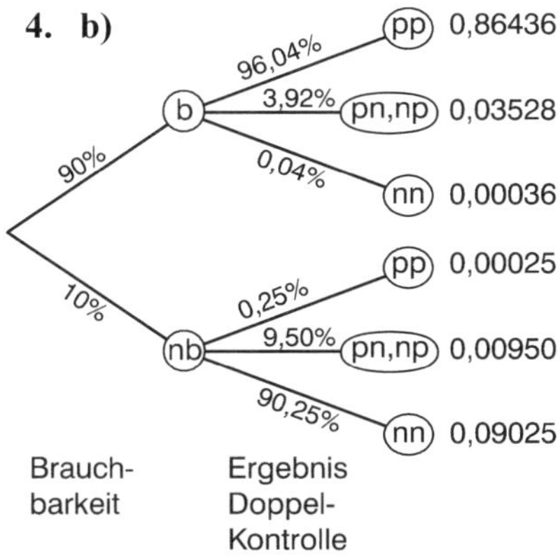

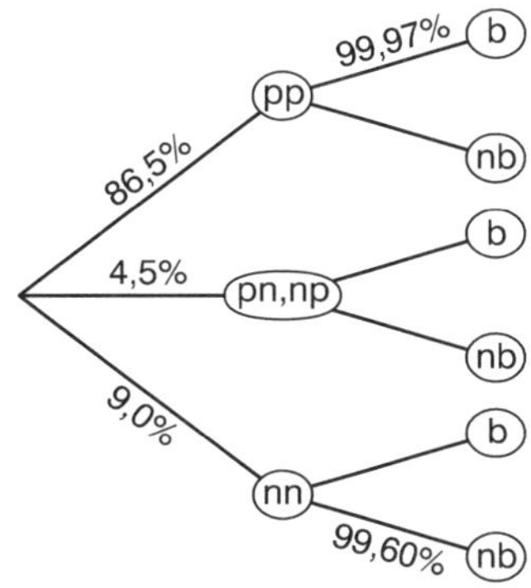

← b) (2)

← b) (1)

5. a)

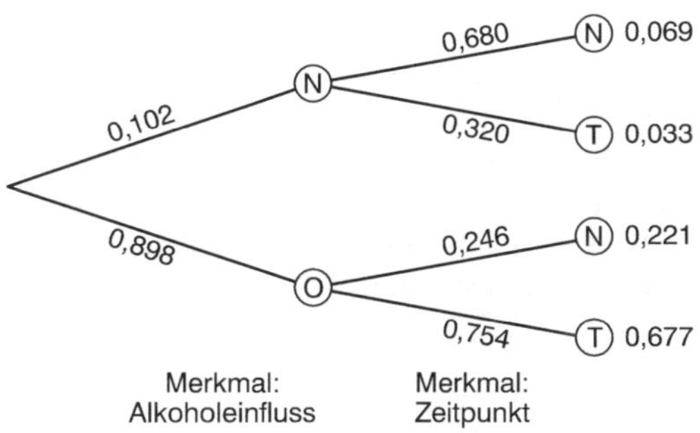

		Merkmal: Alkoholeinfluss		Summe
		mit	ohne	
Merkmal:	nachts	0,069	0,221	0,290
Zeitpunkt	tags	0,033	0,677	0,710
Summe		0,102	0,898	1,000

b)

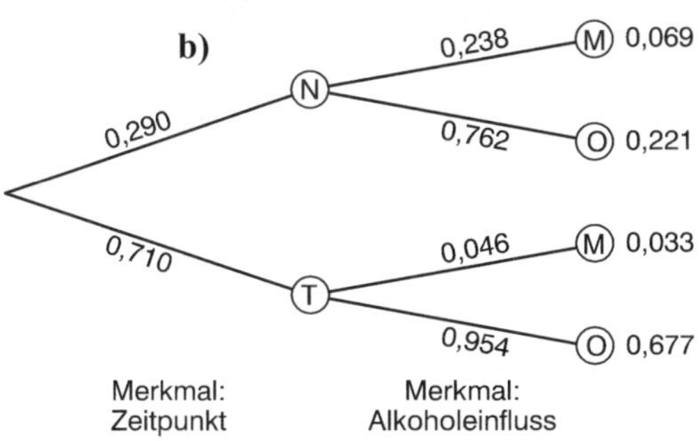

29% aller Verkehrsunfälle mit Personenschaden ereignen sich zwischen 18 Uhr abends und 4 Uhr morgens, davon 23,8% unter Alkoholeinfluss. Bei den Unfällen, die sich in der übrigen Zeit ereignen, spielt Alkohol nur in 4,6% der Fälle eine Rolle.

c) (1) $P_T(M) = 0{,}046$ (2) $P_O(T) = 0{,}754$

396 **6.** P(Test positiv) = 0,2745

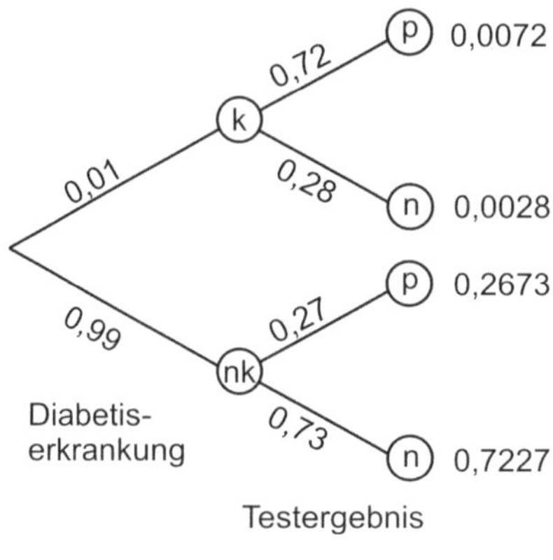

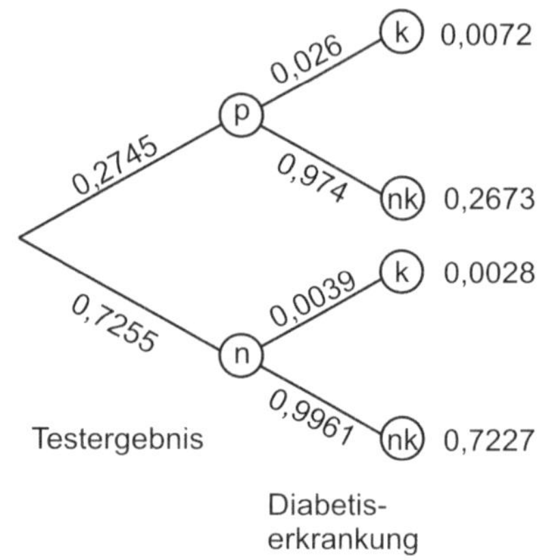

$$P_{\text{Test positiv}}(\text{krank}) = \frac{0{,}72 \cdot 0{,}01}{0{,}2745} = 0{,}026\,,$$

d. h. nur bei 2,6 % aller positiv getesteten Patienten liegt tatsächlich eine Krankheit vor. Der Test ist brauchbar, weil bei Vorliegen eines negativen Testergebnis fast sicher (mit Wahrscheinlichkeit 99,0 %) eine Erkrankung ausgeschlossen werden kann.

7.

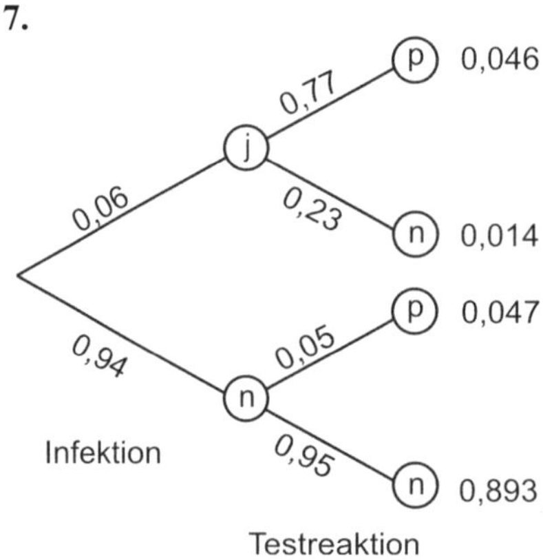

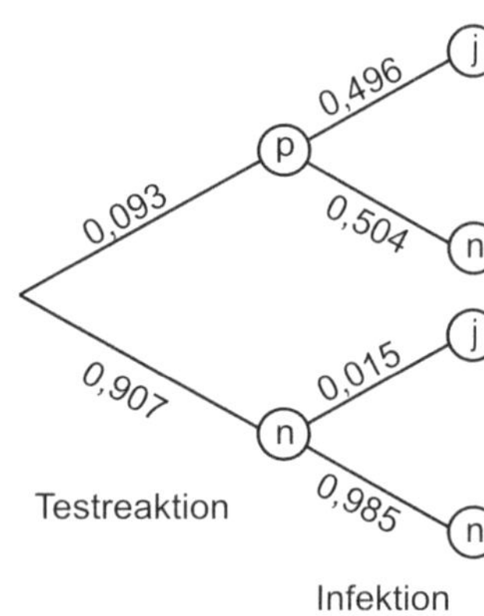

$P_{\text{Test positiv}}(\text{infiziert}) = 0{,}496$

$P_{\text{Test negativ}}(\text{nicht infiziert}) = 0{,}985$

396

8. a)

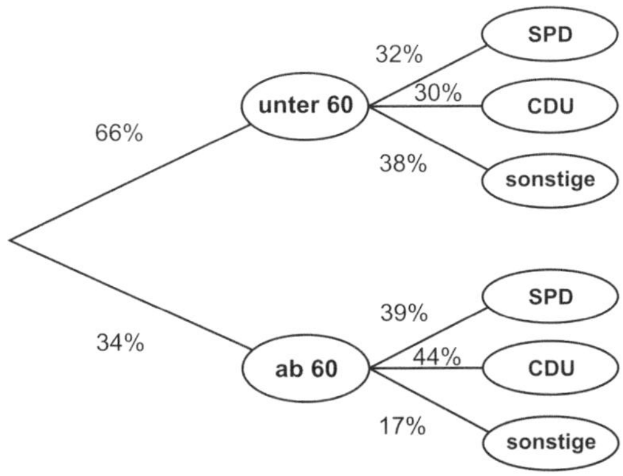

b)

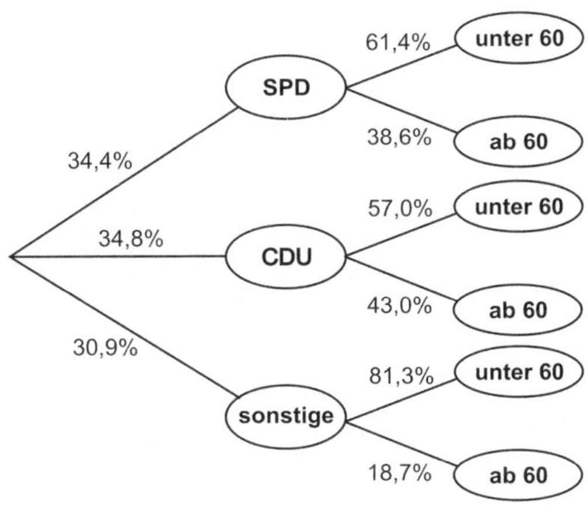

Die CDU erreichte bei den Landtagswahlen 34,8 % der Stimmen. 43 % der CDU-Stimmen wurden in der Gruppe der ab 60-jährigen geholt. Die SPD erreichte 34,4 %. Davon entfielen 38,6 % auf die Gruppe der ab 60-jährigen.
Bemerkung: Die Werte wurden aus den Daten der Aufgaben ermittelt. Die exakten Werte weichen aufgrund von Rundungsdifferenzen ab.

9. Korrektur an 1. Auflage: Es muss folgende Angabe ergänzt werden: „Bei der Wahl erhielt die CDU insgesamt 34,6 %, die SPD 34,5 % der Stimmen."
Aus dem Text entnimmt man:
$P(\text{CDU}) = 0{,}346$; $P_{\text{kath.}}(\text{CDU}) = 0{,}46$; $P_{\text{prot.}}(\text{CDU}) = 0{,}27$;
$P_{\text{andere}}(\text{CDU}) = 0{,}19$
$P(\text{SPD}) = 0{,}345$; $P_{\text{kath.}}(\text{SPD}) = 0{,}28$; $P_{\text{prot.}}(\text{SPD}) = 0{,}43$;
$P_{\text{andere}}(\text{SPD}) = 0{,}36$
$P(\text{sonstige}) = 0{,}309$; $P_{\text{kath.}}(\text{sonstige}) = 0{,}26$; $P_{\text{prot.}}(\text{sonstige}) = 0{,}30$;
$P_{\text{andere}}(\text{sonstige}) = 0{,}45$

396

9. Fortsetzung

Berechne x = P(kath.); y = P(prot.); z = P(andere) aus dem LGS

$$\left| \begin{array}{l} 0{,}46x + 0{,}27y + 0{,}19z = 0{,}346 \\ 0{,}28x + 0{,}43y + 0{,}36z = 0{,}345 \\ 0{,}26x + 0{,}30y + 0{,}45z = 0{,}309 \end{array} \right|$$

Lösung: P(kath.) = 0,478; P(prot.) = 0,333; P(andere) = 0,188

		CDU	SPD	sonstige	
Konfession	katholisch	22,0 %	13,4 %	18,5 %	47,8 %
	protestantisch	9,0 %	14,3 %	10,0 %	33,3 %
	andere/keine	3,6 %	6,8 %	8,4 %	18,8 %
		34,6 %	34,5 %	30,9 %	100,0 %

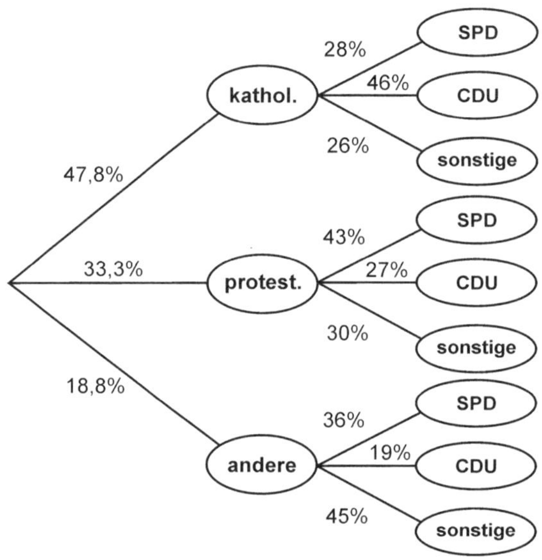

396

9. Fortsetzung

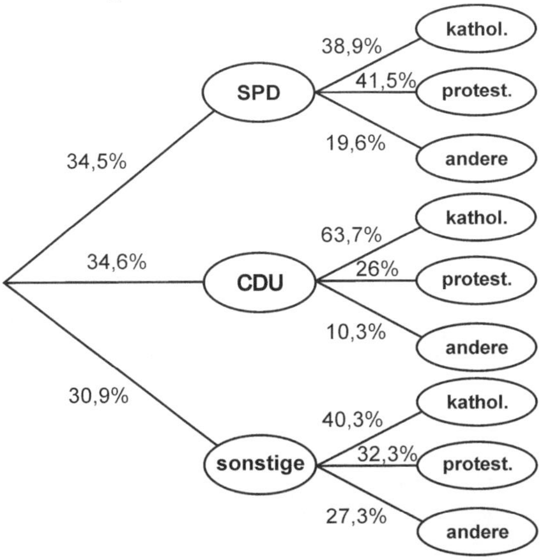

63,7 % der CDU-Wähler sind katholisch, während nur 38,9 % der SPD-Wähler katholisch sind. Dagegen sind 41,5 % der SPD-Wähler protestantisch, während der Anteil unter den CDU-Wählern nur 26 % beträgt.

397

10. $P(A) = 45\,\%$; $P(B) = 37\,\%$; $P(C) = 18\,\%$
$P_A(\text{Abo}) = 10\,\%$; $P_B(\text{Abo}) = 60\,\%$; $P_C(\text{Abo}) = 75\,\%$

a) $P(\text{Abo}) = P_A(\text{Abo}) \cdot P(A) + P_B(\text{Abo}) \cdot P(B) + P_C(\text{Abo}) \cdot P(C) = 40{,}2\,\%$

b) Da die Zeitung am Kiosk gekauft wird, ist sie nicht abonniert worden. Also berechne

$$P_{\overline{\text{Abo}}}(B) = \frac{P_B(\overline{\text{Abo}}) \cdot P(B)}{P(\overline{\text{Abo}})} = \frac{(1-P_B(\text{Abo})) \cdot P(B)}{1-P(\text{Abo})} = \frac{(1-0{,}6) \cdot 0{,}37}{1-0{,}402}$$
$$= 0{,}247 = 24{,}7\,\%$$

11. a)

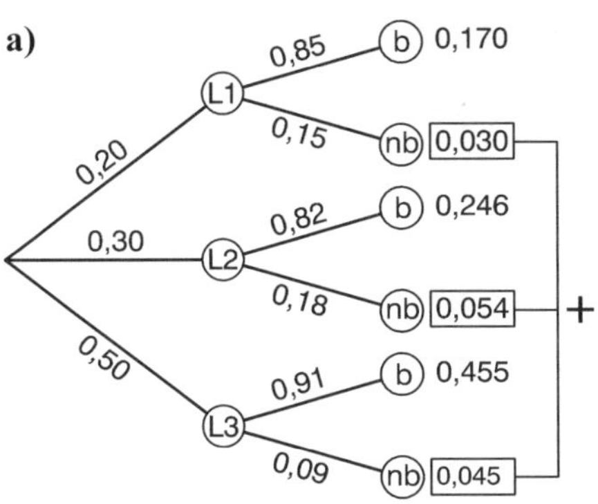

Anteil der unbrauchbaren Scheibenwischer 12,9%.

397 **11. b)**

	Lieferant 1	Lieferant 2	Lieferant 3	gesamt
Scheibenwischer nicht brauchbar	3 %	5,4 %	4,5 %	12,9 %
Scheibenwischer brauchbar	17 %	24,6 %	45,5 %	77,1 %
gesamt	20 %	30 %	50 %	100 %

$$P_{nb}(L_1) = \frac{P_{L_1}(nb) \cdot P(L_1)}{P(nb)} = \frac{0{,}15 \cdot 0{,}2}{0{,}129} = 0{,}233 = 23{,}3\ \%$$

$$P_{nb}(L_2) = \frac{P_{L_2}(nb) \cdot P(L_2)}{P(nb)} = \frac{0{,}18 \cdot 0{,}3}{0{,}129} = 0{,}419 = 41{,}9\ \%$$

$$P_{nb}(L_3) = \frac{P_{L_3}(nb) \cdot P(L_3)}{P(nb)} = \frac{0{,}09 \cdot 0{,}5}{0{,}129} = 0{,}349 = 34{,}9\ \%$$

12. a)

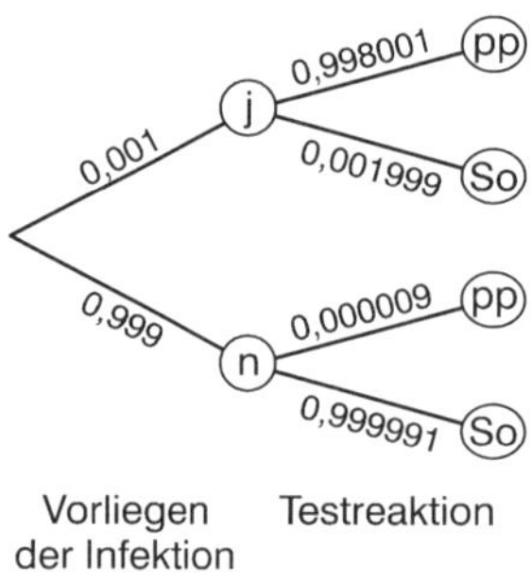

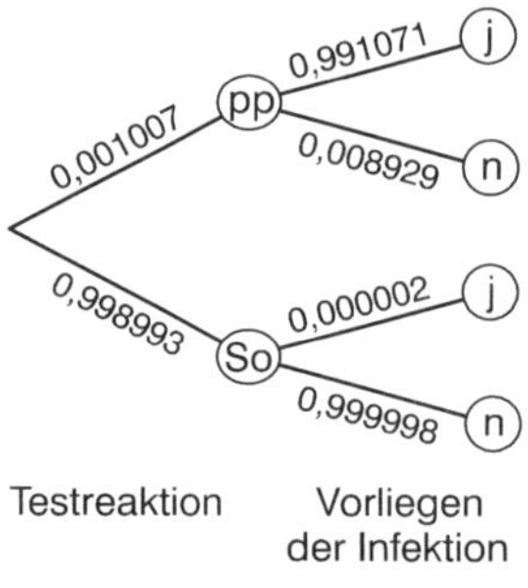

Wenn zweimal hintereinander eine positive Testreaktion erfolgte, dann ist die Wahrscheinlichkeit 99,1%, dass eine Infektion vorliegt.

397 **12.** b)

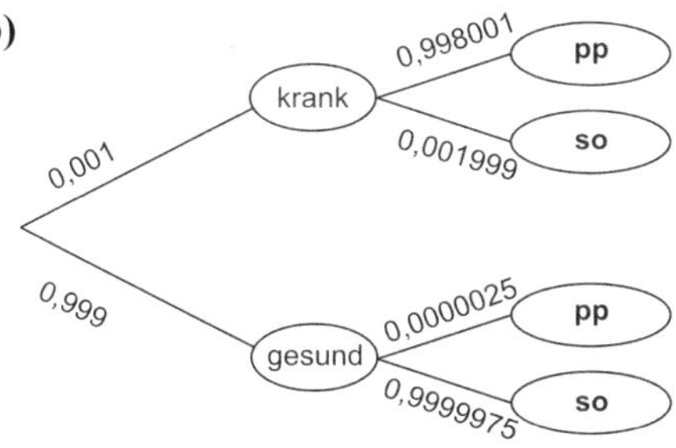

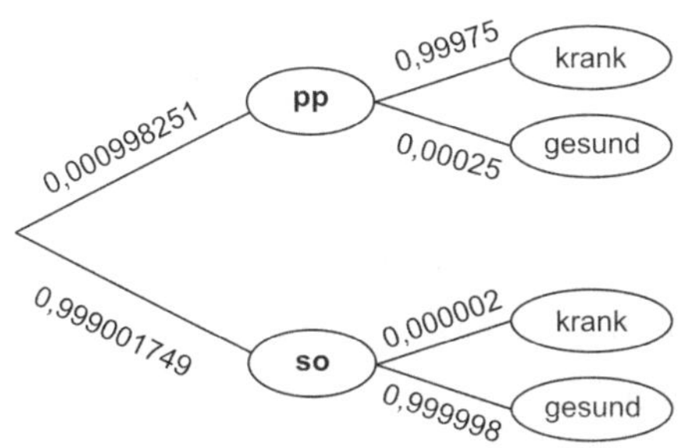

Bei Ergebnis „pp" ist die Wahrscheinlichkeit für eine Krankheit 0,99975.

13. Fehler in der ersten Auflage. Es muss 741 statt 704 und 13 704 statt 12 904 heißen.
Der Text enthält eine Bewertung des so genannten Gehör-Screenings. Dabei handelt es sich um einen Test, der bei Neugeborenen eine Hörstörung aufdecken kann. In einer Geburtskohorte (d. h. einem Geburtsjahrgang) haben ca. 0,12 % eine Hörstörung. Das sind 823 Kinder. Bei einer Sensitivität von 90 % entdeckt der Test 741 Kinder mit Hörstörung. Von den gesunden Kindern werden durch den Test 98 % als solche erkannt.

	gesund	Hörstörung	
Test positiv	13 704	741	14 445
Test negativ	671 473	82	671 555
	685 177	823	686 000

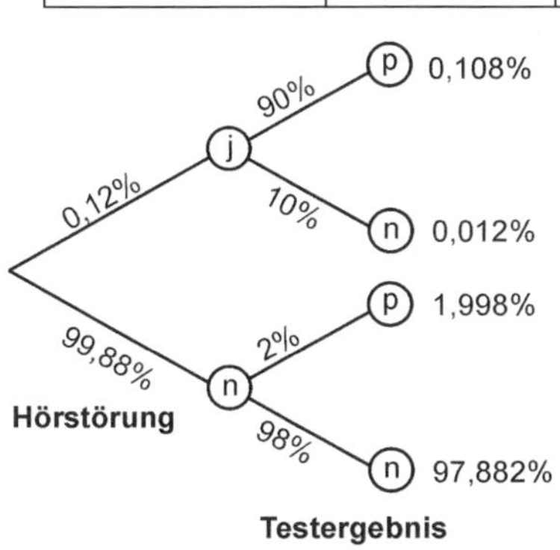

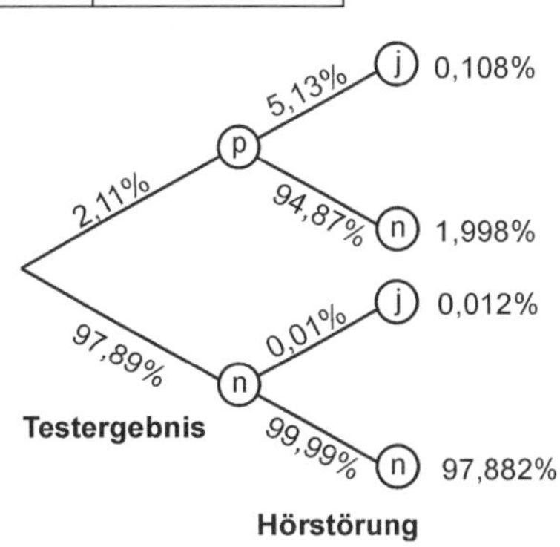

8.2 Zufallsgröße – Erwartungswert einer Zufallsgröße

400 **Einstieg**

Die Auszahlung nach n Spielen ergibt sich aus den absoluten Häufigkeiten der jeweiligen Ereignisse, multipliziert mit den entsprechenden Auszahlungswerten. Die durchschnittliche Auszahlung pro Spiel erhält man durch Division durch n. Dabei werden die absoluten Häufigkeiten durch relative Häufigkeiten ersetzt. Wiederholt man das Spiel oft genug, nähern sich die beobachteten relativen Häufigkeiten den theoretischen Wahrscheinlichkeiten an.

Daher ist die zu erwartende Auszahlung

$0{,}25 \cdot 0{,}4 \cdot 0{,}50\,€ + 0{,}23 \cdot 1\,€ + 0{,}1 \cdot 2\,€ + 0{,}02 \cdot 5\,€ = 0{,}73\,€$

Der Gewinn ist Auszahlung abzüglich des Einsatzes, also

$0{,}73\,€ - 1\,€ = -0{,}27\,€$.

Man verliert also im Mittel 27 Cent pro Spiel.

402 **2.** **a)** Jedes der 16 Ergebnisse ist gleich wahrscheinlich. Damit tritt jede Symbolkombination mit der Wahrscheinlichkeit $\frac{1}{16}$ ein.

Erwartungswert:

$2 \cdot \frac{1}{16} \cdot 0{,}00 + 4 \cdot \frac{1}{16} \cdot 0{,}10 + 4 \cdot \frac{1}{16} \cdot 0{,}20 + 3 \cdot \frac{1}{16} \cdot 0{,}30 + 2 \cdot \frac{1}{16} \cdot 0{,}40$

$+ \frac{1}{16} \cdot 0{,}50 = 0{,}2125$

b) Das Spiel ist fair, wenn der Einsatz 0,2125 € beträgt.

3. Fehler in der 1. Auflage. In (5) muss es heißen: „größer als 9 oder kleiner als 5“

(1) $P(X \le 9) = \frac{30}{36}$

(2) $P(X < 10) = \frac{30}{36}$

(3) $P(X \ge 5) = \frac{30}{36}$

(4) $P(6 \le X \le 10) = \frac{23}{36}$

(5) $P(X > 9 \text{ oder } X < 5) = \frac{12}{36}$

(6) $P(X < 10 \text{ oder } X > 11) = \frac{31}{36}$

403 **4.** **a)** Die Wurfkombinationen {1; 4; 6}; {2; 3; 6}; {2; 4; 6} treten jeweils 6-mal, die Kombinationen {1; 5; 5}; {3; 3; 5}; 3; 4; 4} treten jeweils 3-mal auf. Damit führen 27 Ergebnisse der möglichen 216 auf die Augensumme 11.

Die Wurfkombinationen {1; 5; 6}; {2; 4; 6}; {3; 4; 5} treten jeweils 6-mal, die Kombinationen {3; 3; 6} und {2; 5; 5} treten jeweils 3-mal auf und die Kombination {4; 4; 4} nur einmal auf. Damit führen 25 Ergebnisse der möglichen 216 auf die Augensumme 12.

403

4. b)

k	P(X = k)	k	P(X = k)	k	P(X = k)	k	P(X = k
3	$\frac{1}{216}$	7	$\frac{15}{216}$	11	$\frac{27}{216}$	15	$\frac{10}{216}$
4	$\frac{3}{216}$	8	$\frac{21}{216}$	12	$\frac{25}{216}$	16	$\frac{6}{216}$
5	$\frac{6}{216}$	9	$\frac{25}{216}$	13	$\frac{21}{216}$	17	$\frac{3}{216}$
6	$\frac{10}{216}$	10	$\frac{27}{216}$	14	$\frac{15}{216}$	18	$\frac{1}{216}$

5. a)

k	2 Hexaeder P (X = k)	Tetraeder und Oktaeder P (X = k)
2	$\frac{1}{36} = \frac{8}{288}$	$\frac{1}{32} = \frac{9}{288}$
3	$\frac{2}{36} = \frac{16}{288}$	$\frac{2}{32} = \frac{18}{288}$
4	$\frac{3}{36} = \frac{24}{288}$	$\frac{3}{32} = \frac{27}{288}$
5	$\frac{4}{36} = \frac{32}{288}$	$\frac{4}{32} = \frac{36}{288}$
6	$\frac{5}{36} = \frac{40}{288}$	$\frac{4}{32} = \frac{36}{288}$
7	$\frac{6}{36} = \frac{48}{288}$	$\frac{4}{32} = \frac{36}{288}$
8	$\frac{5}{36} = \frac{40}{288}$	$\frac{4}{32} = \frac{36}{288}$
9	$\frac{4}{36} = \frac{32}{288}$	$\frac{4}{32} = \frac{36}{288}$
10	$\frac{3}{36} = \frac{24}{288}$	$\frac{3}{32} = \frac{27}{288}$
11	$\frac{2}{36} = \frac{16}{288}$	$\frac{2}{32} = \frac{18}{288}$
12	$\frac{1}{36} = \frac{8}{288}$	$\frac{1}{32} = \frac{9}{288}$

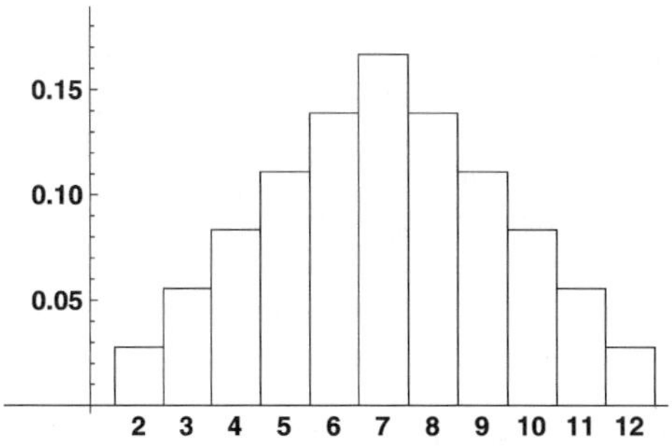

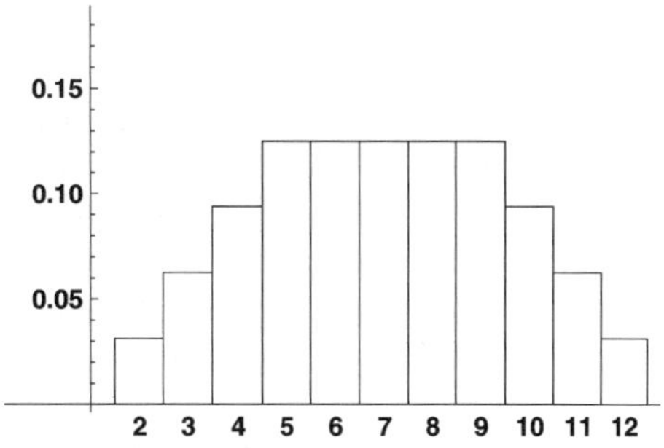

403

5. b)

	2 Hexaeder	Tetraeder und Oktaeder
(1) P (X = 4)	$\frac{24}{288}$	$\frac{27}{288}$
(2) P (X = 7)	$\frac{48}{288}$	$\frac{36}{288}$
(3) P (X < 7)	$\frac{120}{288}$	$\frac{126}{288}$
(4) P (X gerade)	$\frac{1}{2}$	$\frac{1}{2}$

c)

k	2	3	4	5	6	7	8	9
P (X = k)	$\frac{1}{64}$	$\frac{2}{64}$	$\frac{3}{64}$	$\frac{4}{64}$	$\frac{5}{64}$	$\frac{6}{64}$	$\frac{7}{64}$	$\frac{8}{64}$

k	10	11	12	13	14	15	16
P (X = k)	$\frac{7}{64}$	$\frac{6}{64}$	$\frac{5}{64}$	$\frac{4}{64}$	$\frac{3}{64}$	$\frac{2}{64}$	$\frac{1}{64}$

d)

	1	2	3	4	5	6	7	8	9	10	11	12
1	2	3	4	5	6	7	8	9	10	11	12	13
2	3	4	5	6	7	8	9	10	11	12	13	14
3	4	5	6	7	8	9	10	11	12	13	14	15
4	5	6	7	8	9	10	11	12	13	14	15	16

← Augenzahl Dodekaeder (top row)

← Augensumme (table entries)

↑ Augenzahl Tetraeder (first column)

k	2	3	4	5	6	7	8	9
P (X = k)	$\frac{1}{48}$	$\frac{2}{48}$	$\frac{3}{48}$	$\frac{4}{48}$	$\frac{4}{48}$	$\frac{4}{48}$	$\frac{4}{48}$	$\frac{4}{48}$

k	10	11	12	13	14	15	16
P (X = k)	$\frac{4}{48}$	$\frac{4}{48}$	$\frac{4}{48}$	$\frac{4}{48}$	$\frac{3}{48}$	$\frac{2}{48}$	$\frac{1}{48}$

e) Tetraeder + Ikosaeder } Augensummen 2, ..., 24
2 Dodekaeder }

Tetraeder + Oktaeder + beliebiger Polyeder
2 Hexaeder + beliebiger Polyeder

Tetraeder + Dodekaeder + beliebiger Polyeder
2 Oktaeder + beliebiger Polyeder

Tetraeder + Ikosaeder + beliebiger Polyeder
2 Dodekaeder + beliebiger Polyeder

403

6. Verteilung der Gewinne auf dem Glücksrad:

Gewinn (in \$)	1	2	5	10	20	40
Anzahl	24	15	7	3	3	2

Die Zufallsgröße X zähle den Gewinn, dann gilt

$E(X) = 1 \cdot \frac{24}{54} + 2 \cdot \frac{15}{54} + 5 \cdot \frac{7}{54} + 10 \cdot \frac{3}{54} + 20 \cdot \frac{3}{54} + 40 \cdot \frac{2}{54} = \frac{259}{54} = 4,7963$

Ein Einsatz von mindestens 4,80 \$ bringt Gewinn. Der Preis wird vermutlich bei 5 \$ liegen.

7. $E(X) = \frac{1}{6} \cdot 2 + \frac{1}{6} \cdot 4 + \frac{1}{6} \cdot 8 + \frac{1}{6} \cdot 16 + \frac{1}{6} \cdot 32 + \frac{1}{6} \cdot 64 = 21$

404

8. a) Sei x der Einsatz. Die Zufallsgröße X zähle den Gewinn, dann gilt

$E(X) = \frac{19}{37} \cdot (-x) + \frac{18}{37} \cdot x = -\frac{x}{37}$.

D. h. auf lange Sicht verliert man $\frac{1}{37}$ des Einsatzes.

b) Sei y der Einsatz. Die Zufallsgröße Y zähle den Gewinn, dann gilt:

$E(Y) = \frac{36}{37} \cdot (-y) + \frac{35}{37} \cdot y = -\frac{y}{37}$

Beide Spiele haben die gleiche Gewinnerwartung.

9. Mit $P(X = 0) = \frac{1}{8}$; $P(X = 1) = \frac{3}{8}$; $P(X = 2) = \frac{3}{8}$; $P(X = 3) = \frac{1}{8}$ folgt

$E(X) = 0 \cdot \frac{1}{8} + 1 \cdot \frac{3}{8} + 2 \cdot \frac{3}{8} + 3 \cdot \frac{1}{8} = \frac{3}{2}$.

10. a)

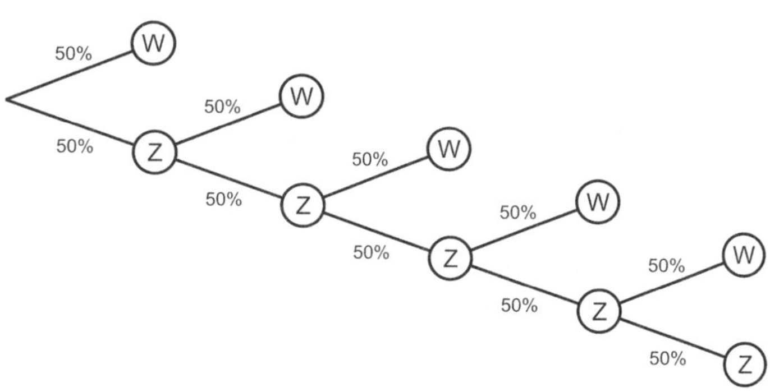

Mit $P(X = 1) = \frac{1}{2}$; $P(X = 2) = \frac{1}{4}$; $P(X = 3) = \frac{1}{8}$; $P(X = 4) = \frac{1}{16}$;

$P(X = 5) = \frac{1}{32}$; $P(X = 7) = \frac{1}{32}$ folgt

$E(X) = 1 \cdot \frac{1}{2} + 2 \cdot \frac{1}{4} + 3 \cdot \frac{1}{8} + 4 \cdot \frac{1}{16} + 5 \cdot \frac{1}{32} + 7 \cdot \frac{1}{32} = 2$

b) Das Spiel ist fair, wenn der Einsatz 2 € beträgt.

404

11. X zähle die Ausgaben für die gekauften Lose bis zum ersten Gewinn. Dann gilt $P(X = 2k) = 0,8^{k-1} \cdot 0,2$ für k = 1, …, 4. Da nach 5 Losen abgebrochen wird, ist $P(X = 10) = 0,8^4$.
Damit folgt

$$E(X) = 0,2 \cdot 2 + 0,8 \cdot 0,2 \cdot 4 + 0,8^2 \cdot 0,2 \cdot 6 + 0,8^3 \cdot 0,2 \cdot 8 + 0,8^4 \cdot 10 = 6,7232,$$

d. h. man muss mit einer Ausgabe von etwa 6,72 € rechnen.

12. Die Zufallsgröße X gebe die Spieldauer in Sätzen an. Aus einem reduzierten Baumdiagramm kann man die folgenden Wahrscheinlichkeiten ablesen:
$P(X = 3) = \frac{1}{4}$; $P(X = 4) = \frac{3}{8}$; $P(X = 5) = \frac{3}{8}$.
Damit erhält man als Erwartungswert $E(X) = 3 \cdot \frac{1}{4} + 4 \cdot \frac{3}{8} + 5 \cdot \frac{3}{8} = 4,125$.

13. Die Zufallsgröße X gebe die Summe der Bahnnummern an.
a) Man kann die Wahrscheinlichkeiten auf die folgende Weise ermitteln: Ein Vertreter der ersten Mannschaft zieht drei Lose ohne Zurücklegen. Da für die Summe die Reihenfolge nicht beachtet wird, gibt es $\binom{6}{3} = 20$ verschiedene Loskombinationen. Da alle Kombinationen gleich wahrscheinlich sind, tritt jede Kombination mit der Wahrscheinlichkeit $\frac{1}{20}$ auf.

X	Loskombination	Wahrscheinlichkeit
9	(2, 3, 4)	$\frac{1}{20}$
10	(2, 3, 5)	$\frac{1}{20}$
11	(2, 3, 6), (2, 3, 5)	$\frac{2}{20}$
12	(2, 3, 7), (2, 4, 6), (3, 4, 5)	$\frac{3}{20}$
13	(2, 4, 7), (2, 5, 6), (3, 4, 6)	$\frac{3}{20}$
14	(2, 5, 7), (3, 4, 7), (3, 5, 6)	$\frac{3}{20}$
15	(2, 6, 7), (3, 5, 7), (4, 5, 6)	$\frac{3}{20}$
16	(3, 6, 7), (4, 5, 7)	$\frac{2}{20}$
17	(4, 6, 7)	$\frac{1}{20}$
18	(5, 6, 7)	$\frac{1}{20}$

404 13. **b)** (1) $P(X < 12) = \frac{1}{20} + \frac{1}{20} + \frac{2}{20} = \frac{1}{5}$

(2) $P(X > 7) = 1$

(3) $P(X \geq 14) = \frac{3}{20} + \frac{3}{20} + \frac{2}{20} + \frac{1}{20} + \frac{1}{20} = \frac{1}{2}$

8.3 Binomialverteilung

8.3.1 BERNOULLI-Ketten

405 **Einstieg**

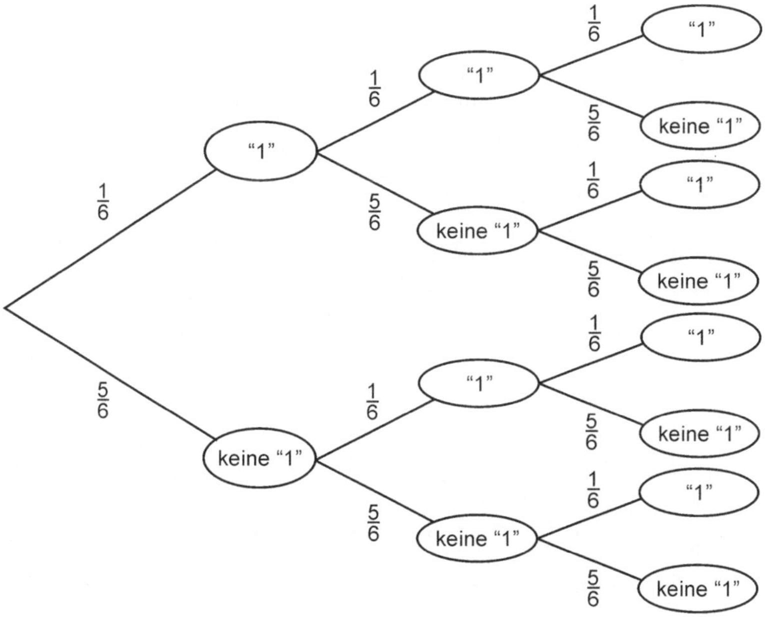

Die Zufallsgröße X zählt die gewürfelten Einsen nach einer Runde.
Aus dem Baumdiagramm entnimmt man:

k	P(X = k)
0	0,5787
1	0,3472
2	0,0694
3	0,0046

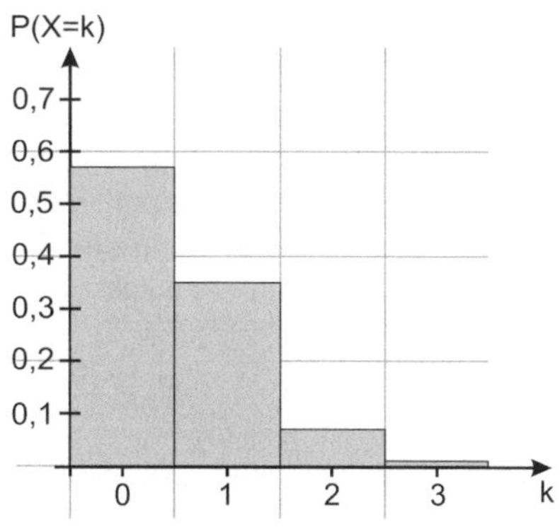

407

2. Jedes Experiment kann als Bernoulli-Experiment interpretiert werden. Dazu muss man die Menge S der Ergebnisse in die zwei Teilmengen E (Erfolg) und M (Misserfolg) zerlegen. Für die Erfolgswahrscheinlichkeit p gilt dann p = P(E).

3. **a)** Es handelt sich nicht um eine Bernoulli-Kette, da das zugrunde liegende Zufallsexperiment kein Bernoulli-Experiment ist. Es wurde kein Erfolgsereignis erklärt.
   b) Das zugrunde liegende Zufallsexperiment ist ein Bernoulli-Experiment (Erfolg: Kugel ist weiß). Beim Ziehen mit Zurücklegen handelt es sich um eine Bernoulli-Kette, da das Bernoulli-Experiment unter gleichen Bedingungen wiederholt wird.
   Beim Ziehen ohne Zurücklegen handelt es sich nicht um eine Bernoulli-Kette, da sich die Bedingungen von Stufe zu Stufe ändern.

4. **a)** Erfolg: Jeder kann schwimmen.
   b) Erfolg: Ein Schmuggler wird erwischt.
   c) Erfolg: Alle Fragen richtig beantwortet.

5.

k	zugehörige Ergebnisse	Anzahl	P(X = k)
0	(Z, Z, Z, Z, Z)	1	0,03125
1	(W, Z, Z, Z, Z), (Z, W, Z, Z, Z), (Z, Z, W, Z, Z), (Z, Z, Z, W, Z), (Z, Z, Z, Z, W)	5	0,15625
2	(W, W, Z, Z, Z), (W, Z, W, Z, Z), (W, Z, Z, W, Z), (W, Z, Z, Z, W), (Z, W, W, Z, Z), (Z, W, Z, W, Z), (Z, W, Z, Z, W), (Z, Z, W, W, Z), (Z, Z, W, Z, W), (Z, Z, Z, W, W)	10	0,3125
3	(W, W, W, Z, Z), (W, W, Z, W, Z), (W, W, Z, Z, W), (W, Z, W, W, Z), (W, Z, W, Z, W), (W, Z, Z, W, W), (Z, W, W, W, Z), (Z, W, W, Z, W), (Z, W, Z, W, W), (Z, Z, W, W, W)	10	0,3125
4	(W, W, W, W, Z), (W, W, W, Z, W), (W, W, Z, W, W), (W, Z, W, W, W), (Z, W, W, W, W)	5	0,15625
5	(W, W, W, W, W)	1	0,03125

408

6. (1) Festlegen von Erfolg und Misserfolg. Beide haben die Wahrscheinlichkeit p = q = 50 %.
   (2) Unter der Voraussetzung, dass 10 Münzen mit gleicher Erfolgs- bzw. Misserfolgswahrscheinlichkeit geworfen werden, z. B. alle p = q = 0,5.
   (3) Wenn Erfolg (p = 0,05) und Misserfolg (p = 0,95) für alle Dosen gleich sind.
   (4) Wenn ein ausgewählter Haushalt auch mehrfach befragt werden darf („Ziehen mit Zurücklegen“). Ist die Grundgesamtheit groß genug, liegt eine Bernoulli-Kette annähernd vor, weil sich p und q beim Ziehen (fast) nicht ändern.

408 **7. a)** Ja, Erfolg: Schraube brauchbar. Voraussetzung: Alle Schrauben stammen aus der gleichen Charge, d. h. Wahrscheinlichkeit für Ausschuss ist für jede Schraube gleich.

b) Nein, Erfolg: Spieler trifft. Die Erfolgswahrscheinlichkeit ist abhängig vom Spieler und kann nicht als konstant angenommen werden.

c) Nein, Erfolg z. B.: Kugel weiß. Alle Kugeln auf einmal zu ziehen, entspricht Ziehen ohne Zurücklegen.

d) Nein, Erfolg: Person stimmt zu. Die Erfolgswahrscheinlichkeit ist abhängig von der befragten Person und kann nicht als konstant angenommen werden.

e) Nein, Erfolg: Schüler entscheidet sich für das Schülerpaar (X, Y). Die Erfolgswahrscheinlichkeit ist abhängig von den Preferenzen des jeweiligen Schülers.

8. Sei $z_1z_2z_3$ die Gewinnzahl mit $z_1, z_2, z_3 \in \{0, 1, 2, 3, 4, 5, 6, 7, 8, 9\}$, dann kann die Ziehung durch 3-maliges Wiederholen des Bernoulli-Experiments „richtige Ziffer getroffen" mit $p = \frac{1}{10}$ simuliert werden. Dabei ist es unerheblich, ob sich die Ziffern unterscheiden. Die Erfolgswahrscheinlichkeit ist in jeder Stufe konstant.
Die Zufallsgröße X zähle die richtigen Ziffern. Dann gilt
$P(1.\ \text{Preis}) = P(X = 3) = 0{,}001$; $P(2.\ \text{Preis}) = P(X = 2) = 0{,}027$

9. (1)

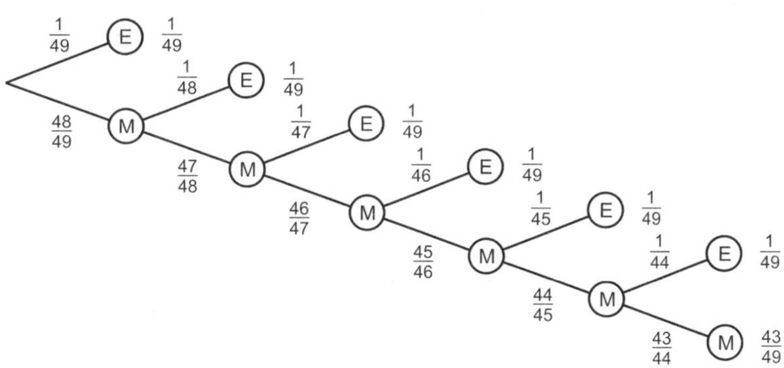

E bezeichnet das Ereignis „gewünschte Zahl gezogen",
M bezeichnet das Ereignis „gewünschte Zahl nicht gezogen".
Dann gilt: $P(E) = 6 \cdot \frac{1}{49} = \frac{6}{49}$.

(2) Das zugrunde liegende Bernoulli-Experiment lautet: „Bestimmte Zahl wurde gezogen". Nach (1) gilt $p = \frac{6}{49}$. Die Erfolgswahrscheinlichkeit ist in jeder Stufe identisch.

408 **10.** (1) Bei einer Simulation muss zunächst eine geeignete Liste von Zufallszahlen generiert werden. Danach muss die Liste nach dem Erfolgsereignis durchsucht werden. Beide Schritte lassen sich leicht automatisieren.
(2) Erzeuge eine Liste von 4 Zufallszahlen aus dem Bereich von 1 bis 7. Zähle die Anzahl der 7er. Wiederhole diesen Prozess hinreichend oft, z. B. 100-mal und berechne dann die relativen Häufigkeiten der Ereignisse „keine 7 in der Liste“, „genau eine 7 in der Liste“, „genau zweimal 7 in der Liste“, „genau dreimal 7 in der Liste“.

8.3.2 Binomialkoeffizienten – BERNOULLI-Formel

409 **Einstieg**

- 1; 10; 45; 120; 210; 252; 210; 120; 45; 10; 1
- Bei 3 Erfolgen müssen 3 Erfolge auf 10 Stufen verteilt werden.
  Bei 7 Erfolgen müssen 3 Misserfolge auf 10 Stufen verteilt werden.
  [Bei 4 Erfolgen müssen 4 Erfolge auf 10 Stufen verteilt werden.
  Bei 6 Erfolgen müssen 4 Misserfolge auf 10 Stufen verteilt werden.]
- Bei k Erfolgen müssen k Erfolge auf n Stufen verteilt werden.
  Bei n-k Erfolgen müssen k Misserfolge auf n Stufen verteilt werden.

415 **2. a)** Anwendung der Rekursionsformel aus b) mit n = 10

b) $$\frac{n-k+1}{k}\cdot\binom{n}{k-1} = \frac{n-k+1}{k}\cdot\frac{n\cdot(n-1)\ \dots\ (n-k+2)}{(k-1)\cdot(k-2)\ \dots\ 1}$$
$$= \frac{n\cdot(n-1)\ \dots\ (n-k+2)\cdot(n-k+1)}{k\cdot(k-1)\cdot(k-2)\ \dots\ 1}$$
$$= \binom{n}{k}$$

3. a) $$\frac{n-k+1}{k}\cdot\frac{p}{q}\cdot P(X=k-1) = \frac{n-k+1}{k}\cdot\frac{p}{q}\cdot\binom{n}{k-1}\cdot p^{k-1}\cdot q^{n-k+1}$$
$$= \binom{n}{k}\cdot p^{k-1+1}\cdot q^{n-k+1-1}$$
$$= \binom{n}{k}\cdot p^{k}\cdot q^{n-k}$$
$$= P(X=k)$$

b)

k	0	1	2	3	4	5	6	7	8
P(X=k)	0,0576	0,1977	0,2965	0,2541	0,1361	0,0467	0,0100	0,0012	0,0001

Übergänge (jeweils zum nächsten Wert): $\cdot\frac{8}{1}\cdot\frac{3}{7}$; $\cdot\frac{7}{2}\cdot\frac{3}{7}$; $\cdot\frac{6}{3}\cdot\frac{3}{7}$; $\cdot\frac{5}{4}\cdot\frac{3}{7}$; $\cdot\frac{4}{5}\cdot\frac{3}{7}$; $\cdot\frac{3}{6}\cdot\frac{3}{7}$; $\cdot\frac{2}{7}\cdot\frac{3}{7}$; $\cdot\frac{1}{8}\cdot\frac{3}{7}$

415 **4. a)** (1) Benutze die Bernoulli-Formel mit $n = 4$, $p = \frac{8}{15}$:

$P(X = 0) = 0{,}0474$; $P(X = 1) = 0{,}2168$; $P(X = 2) = 0{,}3717$;
$P(X = 3) = 0{,}2832$; $P(X = 4) = 0{,}0809$

(2) $P(X = 0) = \frac{70}{150} \cdot \frac{69}{149} \cdot \frac{68}{148} \cdot \frac{67}{147} = 0{,}0453$

$P(X = 1) = 4 \cdot \frac{80}{150} \cdot \frac{69}{149} \cdot \frac{68}{148} \cdot \frac{67}{147} = 0{,}2161$

$P(X = 2) = 6 \cdot \frac{80}{150} \cdot \frac{79}{149} \cdot \frac{70}{148} \cdot \frac{69}{147} = 0{,}3767$

$P(X = 3) = 4 \cdot \frac{80}{150} \cdot \frac{79}{149} \cdot \frac{78}{148} \cdot \frac{70}{147} = 0{,}2839$

$P(X = 4) = \frac{80}{150} \cdot \frac{79}{149} \cdot \frac{78}{148} \cdot \frac{77}{147} = 0{,}0781$

b) Eine Urne enthalte n Kugeln, davon seien m rot und n – m schwarz. Dann ist $p = \frac{m}{n}$ die Wahrscheinlichkeit für eine rote Kugel in der ersten Ziehung. X zähle die roten Kugeln, wenn k-mal ohne Zurücklegen gezogen wird. Wenn n groß im Vergleich zu k ist, dann gilt für $l = 0, \ldots, k$

$$P(X = l) = \binom{k}{l} \cdot \frac{m}{n} \cdot \frac{m-1}{n-1} \cdot \ldots \cdot \frac{m-l+1}{n-l+1} \cdot \frac{n-m}{n-l} \cdot \ldots \cdot \frac{n-m-k+l+1}{n-k+1}$$

$$= \binom{k}{l} \cdot \frac{pn}{n} \cdot \frac{pn-1}{n-1} \cdot \ldots \cdot \frac{pn-l+1}{n-l+1} \cdot \left(1 - \frac{m-l}{n-l}\right) \cdot \ldots \cdot \left(1 - \frac{m-l}{n-k+1}\right)$$

$$= \binom{k}{l} \cdot \underbrace{\frac{pn}{n}}_{=p} \cdot \underbrace{\frac{pn-1}{n-1}}_{\approx p} \cdot \ldots \cdot \underbrace{\frac{pn-l+1}{n-l+1}}_{\approx p} \cdot \underbrace{\left(1 - \frac{pn-l}{n-l}\right)}_{\approx 1-p} \cdot \ldots \cdot \underbrace{\left(1 - \frac{pn-l}{n-k+1}\right)}_{\approx 1-p}$$

$$\approx \binom{k}{l} \cdot \underbrace{p \cdot p \cdot \ldots \cdot p}_{l} \cdot \underbrace{(1-p) \cdot \ldots \cdot (1-p)}_{k-l}$$

$$= \binom{k}{l} \cdot p^{l} \cdot (1-p)^{k-l}$$

416 **5. a)** $n = 12$; $p = 0{,}514$

P (6 Jungen + 6 Mädchen) $= \binom{12}{6} \cdot 0{,}514^6 \cdot 0{,}486^6 = 0{,}225$

b) $n = 4$; $p = 0{,}486$

k	0	1	2	3	4
P (X = k)	0,070	0,264	0,374	0,236	0,056

c) $n = 6$; $p = 0{,}514$

P (mehr Jungen als Mädchen) = P (mindestens 4 Jungen) = 0,370

416 **6. a)** $n = 6$; $p = \frac{1}{6}$; $P(X = 2) = 0{,}201$

b)

Würfel	P(X = 1)	P(X = 5)
Oktaeder	0,3927	0,0011
Dodekaeder	0,3840	0,0017
Ikosaeder	0,3774	0,0022

7. (1) $n = 10$; $p = 70\,\%$; $P(X = 7) = 0{,}2668$

(2) $P(X = 7) = \dfrac{\binom{21}{7}\cdot\binom{30-21}{10-7}}{\binom{30}{10}} = 0{,}3251$

(3) In (1) ist die Grundgesamtheit so groß, dass näherungsweise eine Binomialverteilung angenommen werden kann. In (2) muss berücksichtigt werden, dass sich die Wahrscheinlichkeiten nach jedem ausgewählten Schüler verändern.

8. a) (1) $n = 8$; $p = 0{,}25$; $P(X = 2) = 0{,}3115$

(2) $n = 8$; $p = 0{,}75$; $P(X = 6) = 0{,}3115$

b) $n = 10$; $p = 0{,}25$

k	P (X = k)
0	0,056
1	0,188
2	0,282
3	0,250
4	0,146
5	0,058
6	0,016
7	0,003
8	0,00039
9	0,000029
10	0,000001

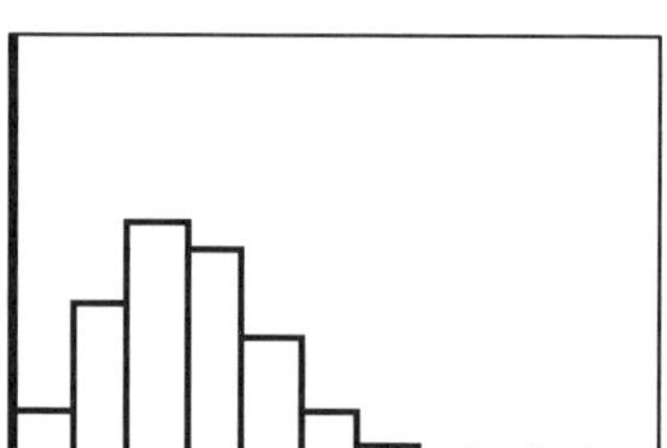

$n = 10$; $p = 0{,}75$

k	P (X = k)
0	0,000001
1	0,000029
2	0,00039
3	0,0031
4	0,016
5	0,058
6	0,146
7	0,250
8	0,282
9	0,188
10	0,056

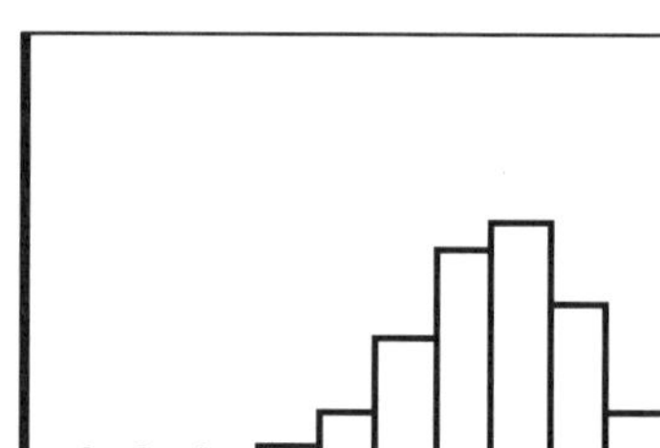

416 **9. a)** $P(E_1) = \binom{6}{2}\left(\frac{1}{6}\right)^2\left(\frac{5}{6}\right)^4 = 0{,}2009$

$P(E_2) = \binom{6}{4}\left(\frac{1}{6}\right)^4\left(\frac{5}{6}\right)^2 = 0{,}0080$

$P(E_3) = \binom{12}{4}\left(\frac{1}{6}\right)^4\left(\frac{5}{6}\right)^8 = 0{,}0888$

(1) nein
(2) nein

b) $P(X \geq 1) = 1 - P(X = 0) = 1 - \left(\frac{5}{6}\right)^6 = 0{,}335$; nein

Ist S die Ergebnismenge eines Zufallsexperiments, dann ist genau S das sichere Ereignis.
Es gilt P(S) = 1 (vgl. Schülerband S. 399 (6)).
Die Umkehrung $P(E) = 1 \Rightarrow E$ sicher ist falsch.

417 **10.** Verteilung der Zufallsgröße X: Anzahl der Wappen beim 3fachen Münzwurf

k	0	1	2	3
P (X = k)	$\frac{1}{8}$	$\frac{3}{8}$	$\frac{3}{8}$	$\frac{1}{8}$

(1) $n = 6;\ p_1 = \frac{3}{8}$ (2 Wappen)

$P(\text{4-mal 2 Wappen}) = \binom{6}{4}\left(\frac{3}{8}\right)^4\left(\frac{5}{8}\right)^2 = 0{,}1159$

(2) $n = 6;\ p = \frac{7}{8}$ (mindestens 1 Wappen)

$P(\text{5-mal mindestens 1 Wappen}) = \binom{6}{5}\left(\frac{7}{8}\right)^5\left(\frac{1}{8}\right)^1 = 0{,}3847$

(3) $n = 6;\ p = \frac{1}{8}$ (lauter Wappen)

$P(\text{2-mal lauter Wappen}) = \binom{6}{2}\left(\frac{1}{8}\right)^2\left(\frac{7}{8}\right)^4 = 0{,}1374$

(4) $n = 6;\ p = \frac{4}{8}$ (höchstens 1 Wappen)

$P(\text{3-mal höchstens 1 Wappen}) = \binom{6}{3}\left(\frac{4}{8}\right)^3\left(\frac{4}{8}\right)^3 = 0{,}3125$

(5) $n = 6;\ p = \frac{1}{8}$ (kein Wappen)

$P(\text{1-mal kein Wappen}) = \binom{6}{1}\left(\frac{1}{8}\right)^1\left(\frac{7}{8}\right)^5 = 0{,}3847$

(6) $n = 6;\ p = \frac{1}{8}$ (3 Wappen)

$P(\text{4-mal 3 Wappen}) = \binom{6}{4}\left(\frac{1}{8}\right)^4\left(\frac{7}{8}\right)^2 = 0{,}0028$

417

11. X_1 : Anzahl der Erfolge mit Erfolgswahrscheinlichkeit p_1

X_2 : Anzahl der Erfolge mit Erfolgswahrscheinlichkeit $p_2 = 1 - p_1$

$$P(X_1 = k) = \binom{n}{k} p_1{}^k p_2{}^{n-k} = \binom{n}{n-k} p_2{}^{n-k} p_1{}^k = P(X_2 = n - k)$$

k und n – k liegen symmetrisch zu $\frac{n}{2}$ (Mitte zwischen k und n – k)

12. **a)** 1. Gewinnzahl: 49 Möglichkeiten; 2. Gewinnzahl: 48 Möglichkeiten, …, 6. Gewinnzahl: 44 Möglichkeiten
Mit Beachtung der Reihenfolge ergeben sich
$49 \cdot 48 \cdot \ldots \cdot 44 = 10\,068\,347\,520$ Möglichkeiten.

b) Anzahl der Anordnungen von 6 Elementen: 6! = 720.
Ohne Beachtung der Reihenfolge ergeben sich
$\frac{10\,068\,347\,520}{720} = 13\,983\,816$ Möglichkeiten.

c) $\binom{49}{6} = 13\,983\,816$

Es handelt sich um das gleiche Problem. In b) müssen wir aus 49 verschiedenen Objekten 6 auswählen, wobei die Reihenfolge irrelevant ist. Bei dem Würfelproblem müssen wir aus 49 möglichen Positionen 6 auswählen, auf die die Einsen gesetzt werden. Auch hier ist die Reihenfolge irrelevant.

13. $\binom{8}{4} = 70$; $\binom{9}{3} = 84$

14. $n = 5$; $p = \frac{1}{5} = 0{,}2$

Anzahl der richtigen Antworten	0	1	2	3	4	5
Wahrscheinl.	0,328	0,410	0,205	0,051	0,006	0,0003

P (mehr als die Hälfte richtig) = 0,058.

418

15. **a)** Es gibt $\binom{5}{3} = 10$ Möglichkeiten, 3 aus 5 Zahlen anzukreuzen.

Gewinnwahrscheinlichkeit: $\frac{1}{10}$.

b) Es gibt $\binom{49}{6} = 1\,383\,816$ Möglichkeiten, 3 aus 5 Zahlen anzukreuzen.

Gewinnwahrscheinlichkeit: $\frac{1}{1\,383\,816}$.

418

15. c) Ein „Vierer“ besteht aus 4 richtigen und 2 falschen Zahlen.

Es gibt $\binom{6}{4} = 15$ Möglichkeiten, 4 aus den 6 richtigen auszuwählen und

$\binom{43}{2} = 903$ Möglichkeiten, 2 aus 43 falschen auszuwählen.

Also gibt es 13 545 verschiedene Vierer.

16. a) (1) $P(\text{5 Richtige ohne Zusatzzahl}) = \frac{\binom{6}{5} \cdot \binom{42}{1} \cdot \binom{1}{0}}{\binom{49}{6}} = \frac{3}{166\,474}$

(2) $P(\text{3 Richtige mit Zusatzzahl}) = \frac{\binom{6}{3} \cdot \binom{42}{0} \cdot \binom{1}{1}}{\binom{49}{6}} = \frac{205}{166\,474}$

b) (1) $P(\text{4 Richtige mit Zusatzzahl}) = \frac{\binom{6}{4} \cdot \binom{42}{1} \cdot \binom{1}{1}}{\binom{49}{6}} = \frac{15}{332\,948}$

(2) $P(\text{5 Richtige mit Zusatzzahl}) = \frac{\binom{6}{5} \cdot \binom{42}{0} \cdot \binom{1}{1}}{\binom{49}{6}} = \frac{1}{2\,330\,636}$

c) $\frac{\binom{6}{k} \cdot \binom{43}{6-k}}{\binom{49}{6}}$ ergibt für k = 0, …, 6 die abgedruckten Wahrscheinlichkeiten.

d) k Richtige ohne Zusatzzahl

k	Wahrscheinlichkeit	erwartete Tipps (Samstag)	erwartete Tipps (Mittwoch)
0	0,375	26 259 286	15 005 306
1	0,365	25 549 575	14 599 757
2	0,120	8 404 466	4 802 552
3	0,016	1 149 327	656 759
4	0,0009	64 650	36 943
5	0,000018	1 261	721
6	0,00000007	5	2,9

418

16. d) k Richtige mit Zusatzzahl

k	Wahrscheinlichkeit	erwartete Tipps (Samstag)	erwartete Tipps (Mittwoch)
0	0,061	4 258 263	2 433 293
1	0,048	3 361 786	1 921 021
2	0,012	861 996	492 569
3	0,0012	86 200	49 257
4	0,000045	3 154	1 803
5	0,000000429	30	17
6	–	–	–

e) Gewinnwahrscheinlichkeiten

(1) $\frac{1}{\binom{35}{7}} = \frac{1}{6\,724\,520} = 0{,}000000149$

(2) $\frac{1}{\binom{42}{6}} = \frac{1}{5\,245\,786} = 0{,}000000191$

(3) $\frac{1}{\binom{39}{7}} = \frac{1}{15\,380\,937} = 0{,}000000065$

(4) $\frac{1}{\binom{35}{5}} = \frac{1}{324\,632} = 0{,}00000308$

(5) $\frac{1}{\binom{30}{6}} = \frac{1}{593\,775} = 0{,}00000168$

(6) $\frac{1}{\binom{36}{7}} = \frac{1}{8\,347\,680} = 0{,}00000012$

(7) $\frac{1}{\binom{42}{5}} = \frac{1}{850\,668} = 0{,}000001176$

(8) $\frac{1}{\binom{45}{6}} = \frac{1}{8\,145\,060} = 0{,}000000123$

(9) $\frac{1}{\binom{90}{6}} = \frac{1}{622\,614\,630} = 0{,}0000000016$

419 **17. a)** An den Rändern des Dreiecks stehen $\binom{n}{0} = \binom{n}{n} = 1$.

Weiter gilt die Beziehung

$$\binom{n}{k-1} + \binom{n}{k} = \frac{n\cdot(n-1)\ \dots\ (n-k+2)}{(k-1)\cdot(k-2)\ \dots\ 1} + \frac{n\cdot(n-1)\ \dots\ (n-k+1)}{k\cdot(k-1)\ \dots\ 1}$$

$$= \frac{n\cdot(n-1)\ \dots\ (n-k+2)\cdot k}{k\cdot(k-1)\cdot(k-2)\ \dots\ 1} + \frac{n\cdot(n-1)\ \dots\ (n-k+1)}{k\cdot(k-1)\ \dots\ 1}$$

$$= \frac{n\cdot(n-1)\ \dots\ (n-k+2)\cdot k + n\cdot(n-1)\ \dots\ (n-k+1)}{k\cdot(k-1)\ \dots\ 1}$$

$$= \frac{[n\cdot(n-1)\ \dots\ (n-k+2)]\cdot(k+n-k+1)}{k\cdot(k-1)\ \dots\ 1}$$

$$= \frac{(n+1)\cdot n\cdot(n-1)\ \dots\ (n-k+2)}{k\cdot(k-1)\ \dots\ 1}$$

$$= \binom{n+1}{k}$$

d. h. die Summe zweier benachbarter Binomialkoeffizienten einer Zeile ergibt den Binomialkoeffizienten in der folgenden Zeile, der zwischen den beiden oberen liegt. Ausgehend von $\binom{0}{1} = \binom{1}{1} = 1$ kann so aus der zweiten Zeile das Dreieck konstruiert werden.

b) X_i, i = 1, 2 zählt die Anzahl der Spieler, die in der i-ten Runde im Spiel sind. In der zweiten Runde steigt ein vierter Spieler ein. Dann sind folgende Situationen denkbar:

- Kein Spieler hat begonnen.

  $P(X_2 = 0) = P(X_1 = 0) \cdot \frac{5}{6}$

- Ein Spieler hat begonnen.
  Das ist entweder ein Spieler aus Runde 1 oder der neue Spieler aus Runde 2.

  $P(X_2 = 1) = P(X_1 = 0) \cdot \frac{1}{6} + P(X_1 = 1) \cdot \frac{5}{6}$

- Zwei Spieler haben begonnen.
  Das sind entweder zwei Spieler aus Runde 1 oder ein Spieler aus Runde 1 und der neue Spieler aus Runde 2.

  $P(X_2 = 2) = P(X_1 = 1) \cdot \frac{1}{6} + P(X_1 = 2) \cdot \frac{5}{6}$

- Drei Spieler haben begonnen.
  Das sind entweder drei Spieler aus Runde 1 oder zwei Spieler aus Runde 1 und der neue Spieler aus Runde 2.

  $P(X_2 = 3) = P(X_1 = 2) \cdot \frac{1}{6} + P(X_1 = 3) \cdot \frac{5}{6}$

- Vier Spieler haben begonnen.
  Das sind drei Spieler aus Runde 1 und der neue Spieler aus Runde 2.

  $P(X_2 = 4) = P(X_1 = 3) \cdot \frac{1}{6}$

419 **17. b)** Fortsetzung
Die Wahrscheinlichkeit für die Anzahl der Spieler ergibt sich also aus der Summe der entsprechenden Wahrscheinlichkeiten aus der vorherigen Runde.

18. a) Das Ausmultiplizieren der Klammern entspricht der Auswahl von je einem Summanden aus jeder Klammer. Dabei kommt beispielsweise die Potenz a^4b dadurch zustande, dass nacheinander wie folgt ausgewählt wird:
$a \cdot a \cdot a \cdot a \cdot b$ bzw. $a \cdot a \cdot a \cdot b \cdot a$ bzw. $a \cdot a \cdot b \cdot a \cdot a$ bzw. $a \cdot b \cdot a \cdot a \cdot a$ bzw. $b \cdot a \cdot a \cdot a \cdot a$.

b) Das Ausmultiplizieren von $(a^4 + 4a^3b + 6a^2b^2 + 4ab^3 + b^4)(a+b)$ führt zu

$a^5 + 4a^4b + 6a^3b^2 + 4a^2b^3 + ab^4 + a^4b + 4a^3b^2 + 6a^2b^3 + 4ab^4 + b^5$.

Das Zusammenfassen gleicher Potenzen entspricht dabei dem Additionsprinzip im PASCALschen Dreieck.

c) (1) $a^6 + 6a^5b + 15a^4b^2 + 20a^3b^3 + 15a^2b^4 + 6ab^5 + b^6$

(2) $a^7 - 7a^6b + 21a^5b^2 - 35a^4b^3 + 35a^3b^4 - 21a^2b^5 + 7ab^6 - b^7$

(3) $a^{10} + 10a^9b + 45a^8b^2 + 120a^7b^3 + 210a^6b^4 + 252a^5b^5 + 210a^4b^6 + 120a^3b^7 + 45a^2b^8 + 10ab^9 + b^{10}$

8.3.3 Kumulierte Binomialverteilungen

420 **Einstieg**
In den ersten zwei Spalten wird die Wahrscheinlichkeitsverteilung der binomialverteilten Zufallsvariablen X mit $n = 20$ und $p = 0,8$ angegeben. In der dritten Spalte werden die Wahrscheinlichkeiten sukzessive aufsummiert.
Für die gesuchte Wahrscheinlichkeit gilt

$$P(12 \le X \le 16) = \sum_{k=12}^{16} P(X = k) = 0,579.$$

Einfacher geht es mithilfe der kumulierten Wahrscheinlichkeiten
$P(12 \le X \le 16) = P(X \le 16) - P(X \le 11) = 0,582$
Die Differenz ist auf Rundungsfehler in der Tabelle zurückzuführen.

422 **2. a)** 0,057
b) 0,055
c) 0,099
d) 0,080
e) $0,998 - 0,650 = 0,348$
f) $0,479 - 0,018 = 0,461$
g) $0,902 - 0,336 = 0,566$
h) $0,995 - 0,451 = 0,544$

423

3. (1) Höchstens 3-mal Augenzahl 2; $P(X \leq 3) = 0{,}567 \quad \left(p = \frac{1}{6}\right)$

(2) Mehr als 8-mal Augenzahl 5 oder 6; $P(X > 8) = 1 - P(X \leq 8) = 0{,}191$ $\left(p = \frac{1}{3}\right)$

(3) Mindestens 6-mal eine Augenzahl kleiner als 5;

$P(X_1 \geq 6) = P(X_2 \leq 14) = 1{,}000 \quad \left(p_1 = \frac{2}{3};\ p_2 = \frac{1}{3}\right)$

(4) Weniger als 10-mal eine Augenzahl größer 1;

$P(X_1 < 10) = P(X_2 \geq 11) = 1 - P(X_2 \leq 10) = 0{,}000 \quad \left(p_1 = \frac{5}{6};\ p_2 = \frac{1}{6}\right)$

(5) Höchstens 4-mal oder mindestens 9-mal Augenzahl 2 oder 3;

$P(X \leq 4) + P(X \geq 9) = P(X \leq 4) + 1 - P(X \leq 8) = 0{,}343 \quad \left(p = \frac{1}{3}\right)$

(6) Weniger als 11-mal oder mehr als 14-mal keine Sechs;

$P(X_1 < 11) = P(X_1 > 14) = P(X_2 \geq 11) + P(X_2 \leq 5)$

$= 1 - P(X_2 \leq 10) + P(X_2 \leq 5) = 0{,}898 \quad \left(p_1 = \frac{5}{6};\ p_2 = \frac{1}{6}\right)$

4. **a)** $n = 100;\ p_1 = 0{,}3$

(1) $1 - 0{,}549 = 0{,}451$
(2) $1 - 0{,}462 = 0{,}538$
(3) $0{,}296 - 0{,}114 = 0{,}182$
(4) $0{,}947$

b) $n = 100;\ p_2 = 0{,}7$

(1) $P(X_2 = 68) = P(X_1 = 32) = 0{,}078$

(2) $P(X_2 < 71) = P(X_2 \leq 70) = P(X_2 = 0,\ 1,\ \ldots,\ 70)$
$= P(X_1 = 100,\ 99,\ \ldots,\ 30) = P(X_1 \geq 30) = 1 - P(X_1 \leq 29) = 0{,}462$

(3) $P(X_2 \leq 68) = P(X_2 = 0,\ 1,\ \ldots,\ 68) = P(X_1 = 100,\ 99,\ \ldots,\ 32)$
$= P(X_1 \geq 32) = 1 - P(X \leq 31) = 1 - 0{,}633 = 0{,}367$

(4) $P(X_2 > 71) = P(X_2 = 72,\ 73,\ \ldots,\ 100) = P(X_1 = 28,\ 27,\ \ldots,\ 0)$
$= P(X_1 \leq 28) = 0{,}377$

5. **a)** $P(44 \leq X \leq 56) = 0{,}903 - 0{,}097 = 0{,}806 \approx 80\ \%$
$P(41 \leq X \leq 59) = 0{,}972 - 0{,}028 = 0{,}944 \approx 95\ \%$

b) $P(14 \leq X \leq 20) = 0{,}848 - 0{,}200 = 0{,}648$
$P(13 \leq X \leq 21) = 0{,}900 - 0{,}130 = 0{,}770 \approx 80\%$
$P(12 \leq X \leq 22) = 0{,}937 - 0{,}078 = 0{,}859$
$P(11 \leq X \leq 23) = 0{,}962 - 0{,}043 = 0{,}919 \approx 90\%$
$P(10 \leq X \leq 24) = 0{,}978 - 0{,}021 = 0{,}957 \approx 95\%$

423

6. $n = 50;\ p = \frac{1}{5}$

(1) $P(X > 20) = 1 - P(X \leq 20) = 0{,}000$
(2) $P(10 \leq X \leq 20) = P(X \leq 20) - P(X \leq 9) = 0{,}556$
(3) $P(X < 10) = P(X \leq 9) = 0{,}444$
(4) $P(X = 15) = 0{,}030$

7. **a)** $P(X_2 = 3) = 0{,}250 \qquad (p_2 = 0{,}25)$

b) $P(X_2 = 6) = 0{,}182 \qquad \left(p_2 = \frac{1}{3}\right)$

c) $P(X_2 = 10) = 0{,}016 \qquad (p_2 = 0{,}1)$

d) $P(2 \leq X_2 \leq 7) = 0{,}624 \qquad (p_2 = 0{,}25)$

e) $P(X_2 \leq 5) = 0{,}898 \qquad \left(p_2 = \frac{1}{6}\right)$

f) $P(22 \leq X_2 \leq 30) = 0{,}340 \qquad (p_2 = 0{,}2)$

g) $1 - P(X \leq 6) = 0{,}055 \qquad (p = 0{,}4)$

h) $P(X_2 \geq 3) = 1 - P(X_2 \leq 2) = 0{,}323 \qquad (p_2 = 0{,}1)$

i) $P(X_2 \geq 9) = 1 - P(X_2 \leq 8) = 0{,}982 \qquad (p_2 = 0{,}3)$

j) $1 - P(X \leq 30) = 0{,}006 \qquad (p = 0{,}2)$

424

8. (1) $P(X > 60) = P(Y \leq 39) = 0{,}462$
(2) $P(X < 60) = P(Y \geq 41) = 1 - P(Y \leq 40) = 1 - 0{,}543 = 0{,}457$
(3) $P(X < 70) = P(Y \geq 31) = 1 - P(Y \leq 30) = 1 - 0{,}025 = 0{,}975$
(4) $P(X \geq 70) = P(Y \leq 30) = 0{,}025$
(5) $P(X = 70) = P(Y = 30) = 0{,}025 - 0{,}015 = 0{,}010$

9. $n = 100;\ p = 0{,}8$:
(1) $P(X = 80) = P(Y = 20) = 0{,}559 - 0{,}460 = 0{,}099$
(2) $P(X \geq 80) = P(Y \leq 20) = 0{,}559$
(3) $P(X > 80) = P(Y < 20) = P(Y \leq 19) = 0{,}460$

10. $n = 100;\ p = 0{,}4$:
(1) $P(X = 45) = 0{,}869 - 0{,}821 = 0{,}048$
(2) $P(X > 35) = 1 - P(X \leq 35) = 1 - 0{,}179 = 0{,}821$
(3) $P(X \leq 48) = 0{,}958$
(4) $P(30 \leq X \leq 50) = P(X \leq 50) - P(X \leq 29) = 0{,}983 - 0{,}015 = 0{,}968$

11. $p = 0{,}4;\ n = 100$:
X: Anzahl der (an einem beliebigen Arbeitstag) benötigten Parkplätze.
$P(X \leq 50) = 0{,}983$
Berechne k aus $P(X \leq k) \geq 0{,}9$. Das ergibt $k = 46$, denn $P(X \leq 46) = 0{,}907$ und $P(X \leq 45) = 0{,}869 < 0{,}9$.

12. $n = 50;\ p = 0{,}1$ X: Anzahl der defekten Schrauben
$P(X \leq 10) = 0{,}991 = 99{,}1\%$

424 **13.** (1) 0,1897 (3) 0,7748 (5) 0,6172 (7) 0,5713
(2) 0,4148 (4) 0,9087 (6) 0,8069

14. Annahme: Daniels Gewinn-Wahrscheinlichkeit beträgt in jedem Spiel 60 %:
Damit: $P(X \geq 8) = 0{,}787$
Er hat also sehr gute Chancen.

425 **15.** X beschreibe die Anzahl der Telefonate, die im ersten Versuch zustande kommen. X ist binomialverteilt mit $n = 5$ und $p = 0{,}65$.
$P(X = 5) = 0{,}116$
[$P(X = 0) = 0{,}005$ $P(X = 3) = 0{,}336$ $P(X \geq 3) = 1 - P(X \leq 2) = 0{,}765$]

16. X beschreibe die Anzahl der richtig geratenen Fragen. X ist binomialverteilt mit $n = 12$ und $p = \frac{1}{3}$.
$P(X \geq 6) = 1 - P(X \leq 5) = 1 - \text{binomcdf}(12{,}1/3{,}5) = 0{,}1777$

17. (1) Es wurde $P(X > 4)$ statt $P(X \geq 4)$ berechnet.
$P(X \geq 4) = 1 - \text{binomcdf}(10{,}1/6{,}3) = 0{,}0697$
(2) Es wurde $P(3 < X \leq 7)$ statt $P(3 < X < 7)$ berechnet.
$P(3 < X < 7) = \text{binomcdf}(10{,}1/6{,}6) - \text{binomcdf}(10{,}1/6{,}3) = 0{,}06946$

18. a) 8-stufige Bernoulli-Kette; $p = \frac{1}{6}$; 3 Erfolge
6-stufige Bernoulli-Kette; $p = \frac{1}{2}$; höchstens 4 Erfolge
b) (1) 0 oder Error, denn 4 Erfolge sind bei einem 3-stufigen Experiment nicht möglich.
(2) Error, da zu viele Argumente.

19. (1) $P(X \leq 22) \approx 0{,}24$; $P(X \leq 23) \approx 0{,}39$; $k = 23$
(2) $P(X \leq 24) \approx 0{,}57$; $P(X \leq 23) \approx 0{,}39$; $k = 24$

20 a) Würfel mit einem Oktaeder 6-mal. Dann ist die Wahrscheinlichkeit, dass mindestens einmal Augenzahl 8 auftritt 55,1 %.
Würfel mit einem Dodekaeder 8-mal. Dann ist die Wahrscheinlichkeit, dass mindestens einmal Augenzahl 12 auftritt 50,1 %.
Würfel mit einem Isokaeder 14-mal. Dann ist die Wahrscheinlichkeit, dass mindestens einmal Augenzahl 20 auftritt 51,2 %.
b) Würfel mit einem Oktaeder 14-mal. Dann ist die Wahrscheinlichkeit, dass mindestens zweimal Augenzahl 8 auftritt 53,7 %.
Würfel mit einem Dodekaeder 20-mal. Dann ist die Wahrscheinlichkeit, dass mindestens zweimal Augenzahl 12 auftritt 50,5 %.
Würfel mit einem Isokaeder 34-mal. Dann ist die Wahrscheinlichkeit, dass mindestens zweimal Augenzahl 20 auftritt 51,2 %.

425

21. a) Die Zufallsgröße X: Anzahl der Kunden, die ein Interview akzeptieren, ist binomialverteilt mit $p = 0,5$. Berechne $P(X \geq 100)$ für die gegebenen Anzahlen n

n	$P(X \geq 100)$	n	$P(X \geq 100)$
180	0,0783	210	0,7761
190	0,2570	220	0,9217
200	0,5282	230	0,9796

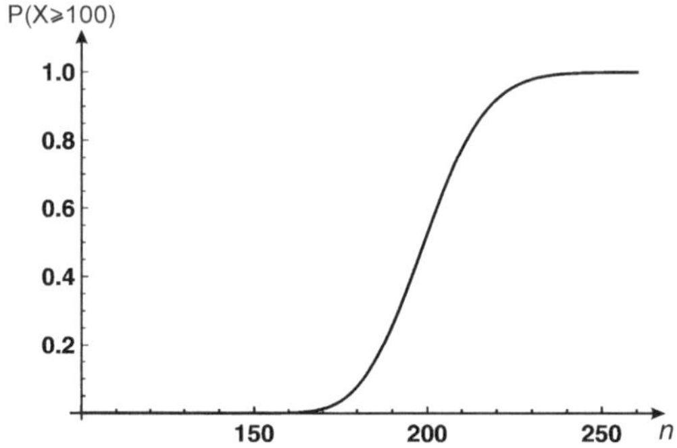

b) Die Zufallsgröße X: Anzahl der Kunden, die ein Interview akzeptieren, ist binomialverteilt mit $p = 0,75$. Berechne n aus $P(X \geq 100) \geq 0,9$ für die gegebenen Anzahlen n. Mittels einer Liste erhält man:
$n = 141$; $P(X \geq 100) = 0,8867$
$n = 142$; $P(X \geq 100) = 0,9107$
Damit: $n = 142$

8.3.4 Erwartungswert einer Binomialverteilung

426

Einstieg

- -
- $E(X) = 12 \cdot \frac{1}{6} = 2$
- Im Mittel kann man bei jedem 12fachen Würfeln 2 Sechsen erwarten. Wiederholt man diesen Versuch n-mal, so erhält man im Durchschnitt wieder 2 Sechsen pro Versuch.

428

2. a) Das Maximum der Binomialverteilung liegt bei der größten natürlichen Zahl $k \leq n \cdot p + p = E(X) + p$. Falls der Erwartungswert $n \cdot p$ selbst ganzzahlig ist, nimmt die Verteilung bei $k = E(X)$ ein Maximum an.

428 **2. b)**

	E(X)	Maximum bei k =
(1)	6	6
(2)	7,6	7 und 8
(3)	8,5	8 und 9
(4)	6,6	7
(5)	11,2	11
(6)	12,75	13
(7)	7,75	7 und 8
(8)	8	8

3. Es gilt $P(X = k) \geq P(X = k - 1)$ für alle k mit $\frac{n-k+1}{k} \cdot \frac{p}{q} \geq 1$.

$\frac{n-k+1}{k} \cdot \frac{p}{q} \geq 1 \Leftrightarrow (n - k + 1) \cdot p \geq k \cdot q \Leftrightarrow (n + 1) \cdot p \geq k$

Für das größte k gilt also: $(n + 1) \cdot p - 1 \leq k \leq (n + 1) \cdot p$

429 **4. a)** Die Zufallsgröße X zähle die richtigen Antworten. X ist binomialverteilt mit $n = 10$ und $p = \frac{1}{4}$.

k	P(X = k)	k	P(X = k)
0	0,0563	6	0,0162
1	0,1877	7	0,0031
2	0,2816	8	0,0004
3	0,2503	9	0,00003
4	0,1460	10	0,000001
5	0,0584		

b) $E(X) = 10 \cdot \frac{1}{4} = 2,5$

5. a) $n = 40$; $p = 0,2$

k	P (X = k)
6	0,125
7	0,151
8	0,156
9	0,139
10	0,107

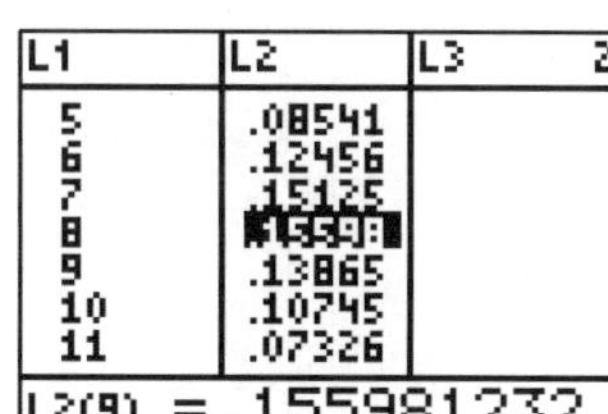

b) (1) $n = 60$; $p = 0,7$

k	P (X = k)
40	0,093
41	0,106
42	0,112
43	0,109
44	0,098

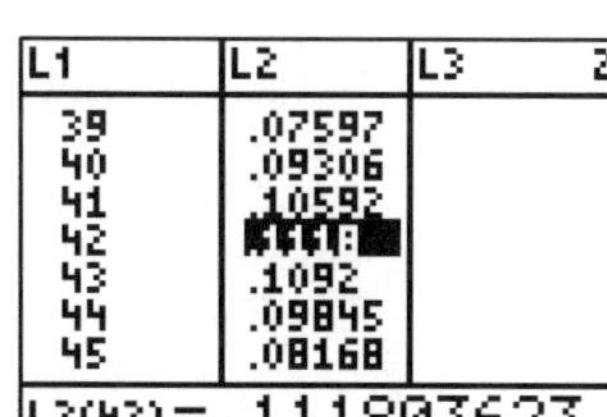

429

5. b) (2) n = 55; p = 0,6

k	P (X = k)
31	0,093
32	0,105
33	0,109
34	0,106
35	0,095

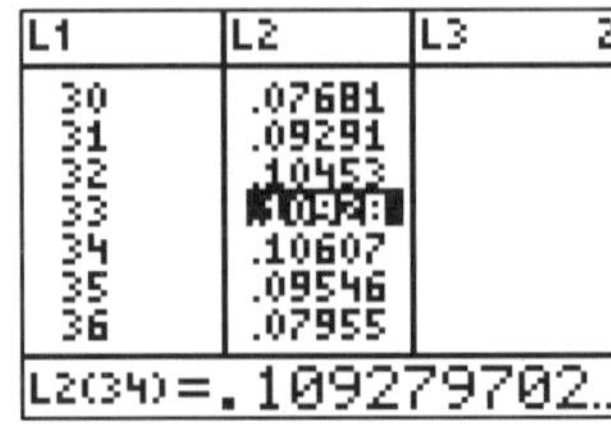

(3) n = 80; p = 0,3

k	P (X = k)
22	0,088
23	0,095
24	0,097
25	0,093
26	0,084

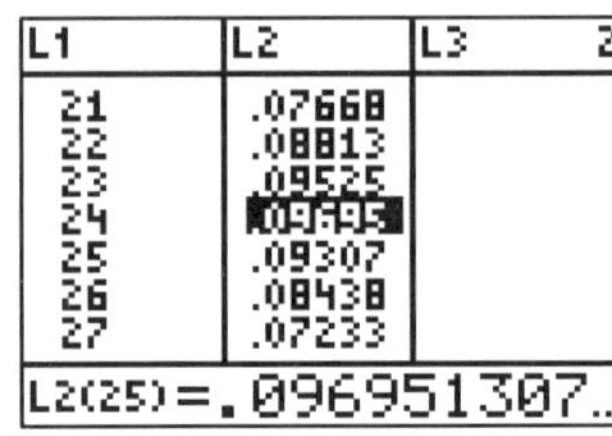

(4) n = 72; p = 0,5

k	P (X = k)
34	0,084
35	0,092
36	0,094
37	0,091
38	0,084

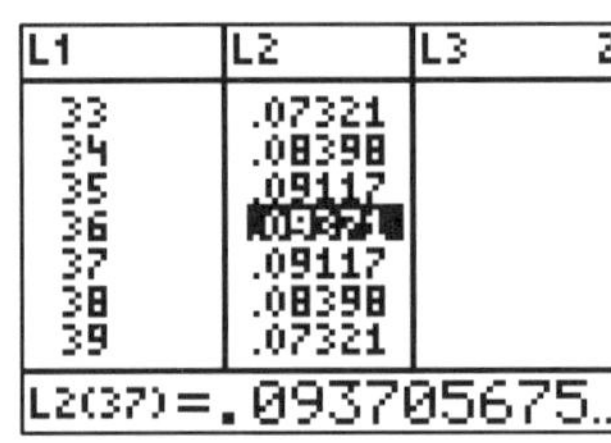

430

6. a) p = 0,5

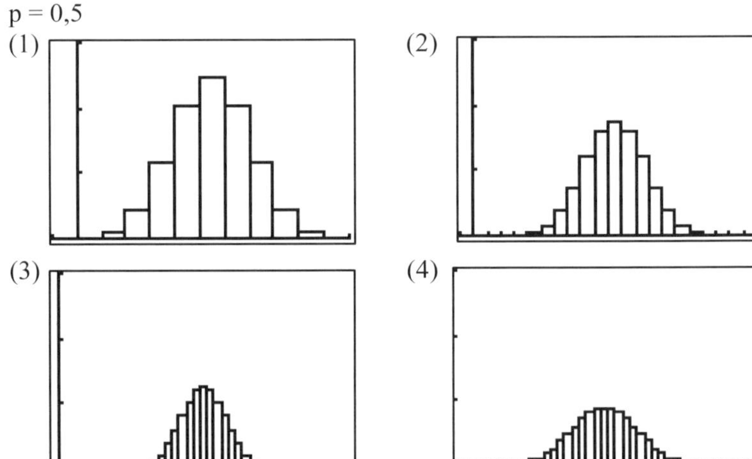

Beim Histogramm in (4) konnte wegen der Auflösung des Displays nur ein Ausschnitt $20 \leq X \leq 60$ gezeichnet werden.
Die Histogramme werden immer breiter und flacher.

430

6. a) Fortsetzung
$p = 0{,}3$

(1)
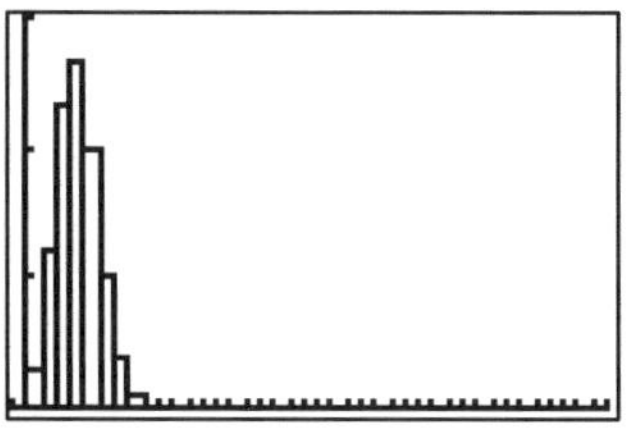

(2)
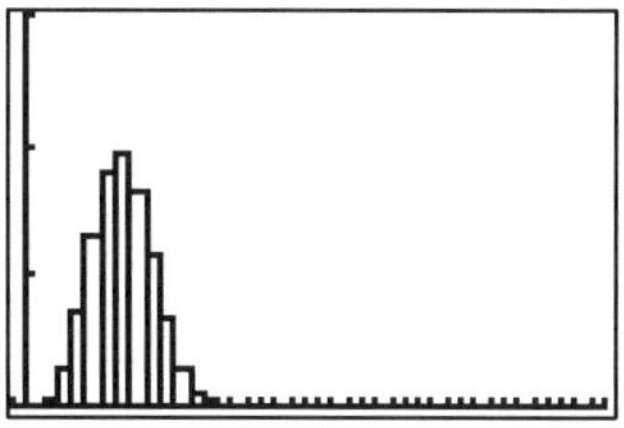

(3)
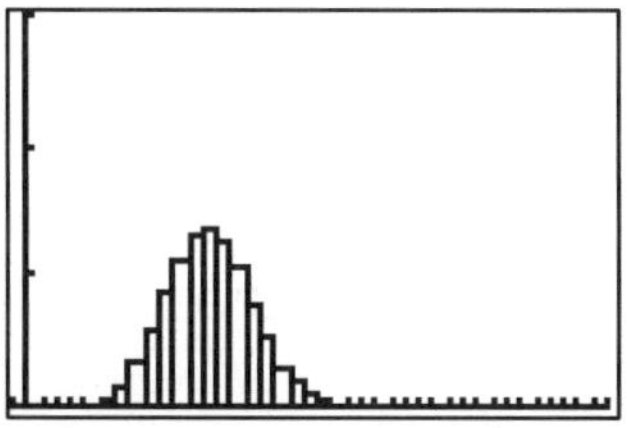

(4)
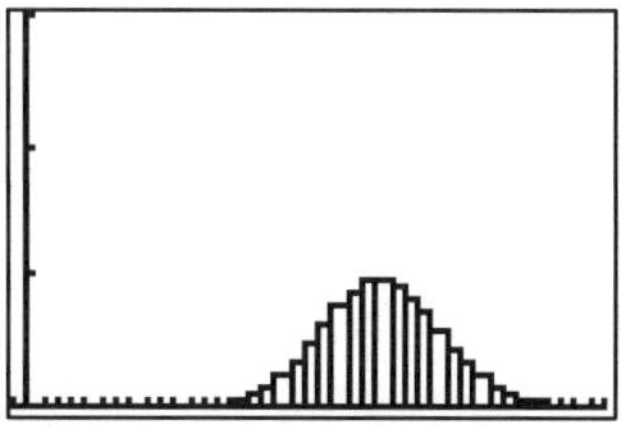

Die Histogramme werden ebenfalls immer breiter und flacher, nehmen aber auch immer mehr eine symmetrische Gestalt an.

b) (1)
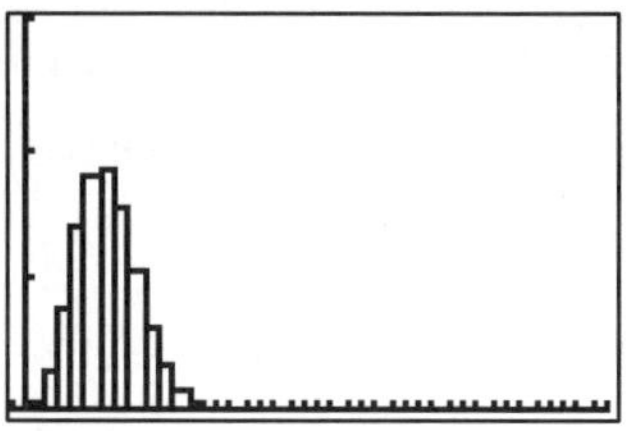

(2)
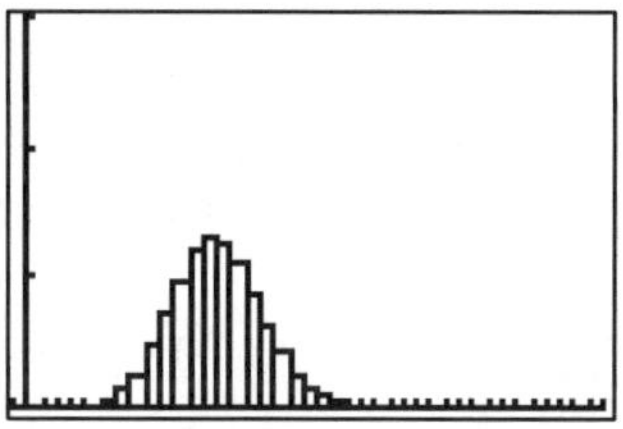

(3)
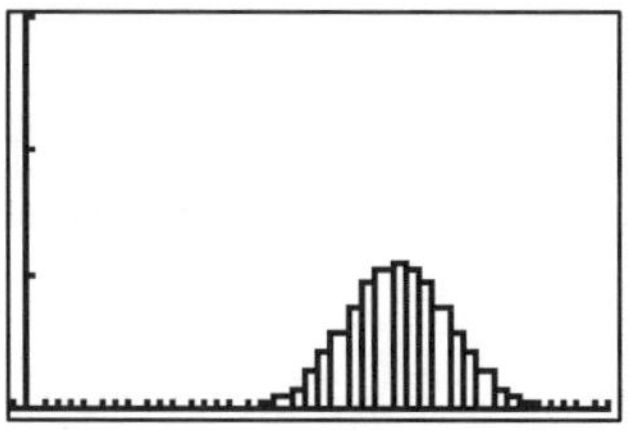

(4)
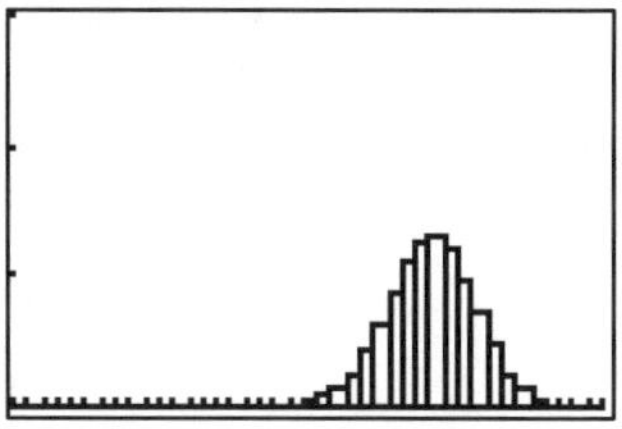

(5)
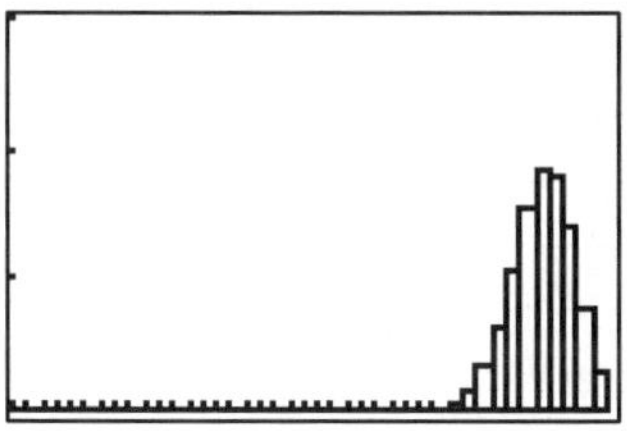

Das Histogramm in (4) entsteht aus dem Histogramm in (2) durch Spiegelung an der Achse $k = 25$ (Vertauschen von Erfolg und Misserfolg).
Das Histogramm in (5) entsteht aus dem Histogramm in (1) durch Spiegelung an der Achse $k = 25$ (Vertauschen von Erfolg und Misserfolg).

430 7. (1) $P(X = k) < 0{,}01$ für $k \leq 4 \vee k \geq 16$
(2) $P(X = k) < 0{,}01$ für $k = 0 \vee k \geq 12$
(3) $P(X = k) < 0{,}01$ für $k \leq 4 \vee k \geq 16$
(4) $P(X = k) < 0{,}01$ für $k \leq 5 \vee k \geq 19$

8. $p \approx 0{,}25$; $p \approx 0{,}75$; $p \approx 0{,}5$

9. Für wachsendes n und $p = \frac{10}{n}$ verschiebt sich das „Säulengebirge" immer weiter nach links und wird gleichzeitig flacher.

10. (1) $\mu = 16$ (2) $\mu = 45$ (3) $\mu = 54$

8.4 Anwendungen der Binomialverteilung

8.4.1 Ein Auslastungsmodell

431 **Einstieg**
X beschreibe die Anzahl der Kunden, die zu einem beliebigen Zeitpunkt einen Automaten benutzen wollen. $p = \frac{1}{60}$ ist die Wahrscheinlichkeit, dass ein Automat zu einem beliebigen Zeitpunkt besetzt ist.
$P(X > 3) = 1 - P(X \leq 3) = 1 - \text{binomcdf}(120,1/60,3) = 0{,}141$

432 **2.** $n = 10$, $p = \frac{12}{60} = 0{,}2$ (Hinweis: Es sind 10 Sachbearbeiter)
a) (1) $P(X \leq 3) = 0{,}879$ (2) $P(X \leq 4) = 0{,}967$
b) 5, denn $P(X \leq 5) = 0{,}994$

433 **3. a)** Die Zufallsgröße X: Anzahl der Kunden, die gleichzeitig einen Fahrkartenautomaten benutzen wollen, ist binomialverteilt mit n = 50 [75; 100; 125] und $p = \frac{2}{60}$.
Die Automaten reichen aus, wenn niemals mehr als zwei Kunden gleichzeitig einen Automaten benutzen wollen. Berechne also $P(X \leq 2)$.

n	$P(X \leq 2)$	n	$P(X \leq 2)$
50	0,7675	100	0,3483
75	0,5416	125	0,2098

b)

n	$P(X \leq 3)$	n	$P(X \leq 3)$
50	0,9151	100	0,5718
75	0,7594	125	0,3979

433 **3. c)** X ist binomialverteilt mit n = 50 [75; 100; 125] und $p = \frac{90}{3600}$.

n	$P(X \leq 2)$	n	$P(X \leq 2)$
50	0,8706	100	0,5422
75	0,7109	125	0,3927

Ob auf die Aufstellung eines dritten Automaten verzichtet werden kann, hängt von den mittleren Wartezeiten ab. Mit den vorhandenen Methoden kann darüber keine Aussage gemacht werden.

4. $n = 100;\ p = \frac{6}{240} = \frac{1}{40}$

X: Anzahl der zu einem beliebigen Zeitpunkt benötigten Mitarbeiter

$P(X > 3) = 1 - P(X \leq 3) = 1 - (0{,}080 + 0{,}204 + 0{,}259 + 0{,}217)$
$= 0{,}240 = 24\%$

Mit einer Wahrscheinlichkeit von 24% muss ein Kunde warten.

5. $n = 100;\ p = \frac{18}{180} = 0{,}1$;

X: Anzahl der zu einem beliebigen Zeitpunkt benötigten Parkplätze

$P(X \leq 30) = 0{,}999999994$; d. h. der Parkplatz reicht aus, wenn die Kunden zu zufälligen Zeitpunkten eintreffen.

6. $n = 100;\ p = \frac{10}{240}$;

X: Anzahl der zu einem beliebigen Zeitpunkt benötigten Mitarbeiter

$P(X > 5) = 1 - (0{,}014 + 0{,}062 + 0{,}133 + 0{,}188 + 0{,}199 + 0{,}166)$
$= 1 - 0{,}762 = 0{,}238$

Mit einer Wahrscheinlichkeit von 23,8% muss ein Kunde warten.

7. a) $n = 100;\ p = \frac{5}{60}$

X: Anzahl der zu einem beliebigen Zeitpunkt besetzten Mitarbeiter

Berechne k, sodass $P(X > k) \leq 0{,}1$. Dazu erzeuge eine Liste.

Für k = 11 gilt: $P(X > 11) = 12{,}8\ \%$; für k = 12 gilt: $P(X > 12) = 7{,}2\ \%$.

Damit müssen 12 Mitarbeiter zur Verfügung stehen.

b) $n = 100;\ p = \frac{4}{60}$

Für k = 9 gilt: $P(X > 9) = 13{,}0\ \%$; für k = 10 gilt: $P(X > 10) = 7{,}0\ \%$.

Damit müssen 10 Mitarbeiter zur Verfügung stehen.

433

8. a) Man erzeugt 5 Zufallszahlen aus dem Intervall [0; 1[und fragt ab, wie viele von diesen kleiner sind als $\frac{1}{3}$. Dies wird sehr oft wiederholt und eine Häufigkeitsverteilung angelegt. Eine mögliche Realisierung ist in der Tabelle dargestellt.

Simulation Nr.	Person 1	Person 2	Person 3	Person 4	Person 5	Anzahl der benötigten Maschinen
1	0,82925	0,28435	0,20528	0,12419	0,97284	3
2	0,67158	0,88661	0,31181	0,72323	0,82011	1
3	0,20388	0,19947	0,82747	0,59271	0,94813	2
4	0,29245	0,23232	0,15530	0,58989	0,66027	3
5	0,04310	0,62197	0,77322	0,57939	0,32498	2
6	0,91397	0,29943	0,18921	0,58807	0,44515	2
7	0,56267	0,08388	0,55204	0,50445	0,69786	1
8	0,05868	0,50372	0,01114	0,25812	0,78586	3
9	0,37100	0,17077	0,24630	0,20473	0,45017	3
10	0,42389	0,15194	0,22887	0,74703	0,48078	2

b) Bei einer Verfeinerung des Modells müsste man die Dauer der Benutzung einer Maschine berücksichtigen und Annahmen über zusammenhängende Zeitintervalle vornehmen.

8.4.2 Das Kugel-Fächer-Modell

434

Einstieg

(1) Die Zufallsgröße X zähle die Treffer in ein vorher festgelegtes Feld.
X ist binomialverteilt mit $n = 50,\ p = \frac{1}{37}$

(2) Das Problem ist identisch mit (1). Die Zufallsgröße X zähle die Anzahl des vorher festgelegten Bilds in 50 Packungen.
X ist binomialverteilt mit $n = 50,\ p = \frac{1}{37}$

(3) Das Problem ist identisch mit (1) und (2). Die Zufallsgröße X zähle die Anzahl der Druckfehler auf einer vorher festgelegten Seite.
X ist binomialverteilt mit $n = 50,\ p = \frac{1}{37}$

In allen Fällen gilt:

$P(X = 0) = 0{,}254$ $P(X = 2) = 0{,}240$ $P(X = 4) = 0{,}035$ $P(X = 6) = 0{,}002$

$P(X = 1) = 0{,}353$ $P(X = 3) = 0{,}107$ $P(X = 5) = 0{,}009$ $P(X \geq 7) = 0{,}0004$

436

2. a) $P(X=0)=\left(\frac{36}{37}\right)^n$

b) $\left(\frac{36}{37}\right)^n \approx \frac{10}{37}$ (Anteil der nicht besetzten Felder)

↑ (Wahrscheinlichkeit, dass ein Feld nicht besetzt wird)

Lösung durch systematisches Probieren oder durch Logarithmieren:

$n \approx 48$, denn

$\left(\frac{36}{37}\right)^{47} \approx 0{,}2759$

$\frac{10}{37} \approx 0{,}2703$

$\left(\frac{36}{37}\right)^{48} \approx 0{,}2684$

3. -

4. (1) X: Anzahl der Personen, die an einem bestimmten Tag Geburtstag haben

$n = 365;\ p = \frac{1}{365}$

$P(X=0) = 0{,}367$; $P(X=1) = 0{,}368$; $P(X>1) = 0{,}264$

(2) X: Anzahl der Runden, in denen die Kugel auf einem bestimmten Feld stehen bleibt

$n = 37;\ p = \frac{1}{37}$

$P(X=0) = 0{,}363$; $P(X=1) = 0{,}373$; $P(X>1) = 0{,}264$

(3) X: Anzahl der Regentropfen in einem bestimmten Feld

$n = 100;\ p = \frac{1}{100}$

$P(X=0) = 0{,}366$; $P(X=1) = 0{,}370$; $P(X>1) = 0{,}264$

437

5. a) Der Unterschied besteht darin, dass der Tag, der von mindestens zwei Personen getroffen wird, vor dem Versuch nicht festgelegt wird. Es reicht, wenn irgendein Tag die gewünschte Eigenschaft hat.

b) Die erste Person hat 365 Tage zur Auswahl, die zweite 364, ..., die 30. hat 365 – 30 + 1 Tage zur Wahl. Damit ergibt sich

$$P = \frac{365 \cdot 364 \cdot \ldots \cdot 336}{365^{30}} \approx 0{,}293684$$

438

6. a) $n = 100,\ p = 0{,}01$:

(1) $P(X=0) = \binom{100}{0}\, 0{,}01^0 \cdot 0{,}99^{100} = 0{,}3660$

$P(X=1) = P(X=0)\ \frac{100}{1} \cdot \frac{1}{99} = 0{,}3697$

$P(X=2) = P(X=1)\ \frac{99}{2} \cdot \frac{1}{99} = 0{,}1849$

$P(X>2) = 1 - P(X \le 2) = 1 - (0{,}3660 + 0{,}3697 + 0{,}1849)$
$= 1 - 0{,}9206 = 0{,}0794$

(2) $0{,}3660 \cdot 100 \approx 37$ Samentüten ohne Unkrautsamen

$0{,}3697 \cdot 100 \approx 37$ Samentüten mit 1 Unkrautsamen

$0{,}1847 \cdot 100 \approx 18$ Samentüten mit 2 Unkrautsamen

$0{,}0794 \cdot 100 \approx 8$ Samentüten mit mehr als 2 Unkrautsamen

438

6. b) $p = 0{,}01$:

(1) $P(X=0) = \binom{n}{0}\, 0{,}01^0 \cdot 0{,}99^n = 0{,}99^n$

(2) $100 \cdot 0{,}99^n$

(3) $100 \cdot 0{,}99^n = 50 \quad \Leftrightarrow \quad \ln(100) + n\ln(0{,}99) = \ln(50)$

$\Leftrightarrow \quad n = \frac{\ln(50) - \ln(100)}{\ln(0{,}99)} = \frac{\ln(0{,}5)}{\ln(0{,}99)} = 68{,}96 \approx 69$

ca. 69 Unkrautsamen sind in die Abfüllmenge gelangt.

7. a) $n = 60;\ p = \frac{1}{400}$ (60 Kugeln werden zufällig auf 400 Fächer verteilt)

k	0	1	2	3	4	5	6	7	8
P(X = k)	0,861	0,129	0,009	0,0005	0	0	0	0	0

b) $P(X \geq 2) = 1 - P(X \leq 1) = 0{,}01 = 1\%$
Es wurde die Modellannahme gemacht, dass die Fehler zufällig auf die Seiten verteilt sind. Fächer = Seite; Kugel = Fehler.

8. $n = 100;\ p = \frac{1}{365}$

$P(X=0) = 0{,}760$
$P(X=1) = 0{,}209$
$P(X=2) = 0{,}028$
$P(X>2) = 0{,}003$

439

9. a) $n = 400,\ p = \frac{1}{365}$:

$P(X=0) = \binom{400}{0} \left(\frac{1}{365}\right)^0 \left(\frac{364}{365}\right)^{400} \approx 0{,}3337$

$P(X=1) = P(X=0)\frac{400}{1} \cdot \frac{1}{364} = 0{,}3667$

$P(X=2) = P(X=1)\frac{399}{2} \cdot \frac{1}{364} = 0{,}2010$

$P(X>2) = 1 - P(X \leq 2) = 1 - (0{,}3337 + 0{,}3667 + 0{,}2010)$
$= 1 - 0{,}9014 = 0{,}0986$

Es treten ca. $365 \cdot 0{,}3337 \approx 122$ Tage ohne Alarm,
ca. $365 \cdot 0{,}3667 \approx 134$ Tage mit einem Alarm,
ca. $365 \cdot 0{,}2010 \approx 73$ Tage mit zwei Alarmen,
ca. $365 \cdot 0{,}0986 \approx 36$ Tage mit drei Alarmen auf.

b) $P(X=0) = \left(\frac{364}{365}\right)^n$:

$365 \cdot \left(\frac{364}{365}\right)^n = 100 \quad \Leftrightarrow \quad n = \frac{\ln\left(\frac{100}{365}\right)}{\ln\left(\frac{364}{365}\right)} \quad \Leftrightarrow \quad n \approx 472$

Ca. 472-mal wurde die Feuerwehr alarmiert.

439

10. **a)** Unbekannte Zahl n der Schüler der anderen Jahrgangsstufe

$P(X=0)=\left(\frac{364}{365}\right)^n$ = Wahrscheinlichkeit dafür, dass an einem bestimmten Tag des Jahres kein Schüler Geburtstag hat, d. h. es gibt ca. $365\cdot\left(\frac{364}{365}\right)^n$ Tage im Jahr mit 0 Geburtstagskindern.

$365\cdot\left(\frac{364}{365}\right)^n \approx 260 \quad\Leftrightarrow\quad \left(\frac{364}{365}\right)^n \approx \frac{260}{365}$ ist für $n \approx 124$ erfüllt.

b) -

11. Kugel-Fächer-Modell mit n = 866 und f = 306. X zählt die Tore pro Spiel.

Anzahl k der Tore	0	1	2	3	4	5	6	7	8
P(X = k)	0,059	0,167	0,236	0,223	0,158	0,083	0,042	0,017	0,006
erwartete Anzahl von Spielen	18	51	72	68	48	27	13	5	2

12. **a)** $n = 1\,000,\ p=\frac{1}{500}$:

$P(X=0)=\left(\frac{499}{500}\right)^{1000}=0{,}1351$

$P(X=1)=\frac{1000}{1}\cdot\frac{1}{499}=0{,}2707$

$P(X=2)=\frac{999}{2}\cdot\frac{1}{499}=0{,}2709$

$P(X=3)=\frac{998}{3}\cdot\frac{1}{499}=0{,}1806$

$P(X=4)=\frac{997}{4}\cdot\frac{1}{499}=0{,}0902$

$P(X=5)=\frac{996}{5}\cdot\frac{1}{499}=0{,}0360$

$P(X=6)=\frac{995}{6}\cdot\frac{1}{499}=0{,}0120$

$P(X=7)=\frac{994}{7}\cdot\frac{1}{499}=0{,}0034$

$P(X=8)=\frac{993}{8}\cdot\frac{1}{499}=0{,}0008$

500 · 0,1351 ≈ 68 Brötchen ohne Rosinen
500 · 0,2707 ≈ 135 Brötchen mit 1 Rosine
500 · 0,2709 ≈ 135 Brötchen mit 2 Rosinen
500 · 0,1806 ≈ 90 Brötchen mit 3 Rosinen
500 · 0,0902 ≈ 45 Brötchen mit 4 Rosinen
500 · 0,0360 ≈ 18 Brötchen mit 5 Rosinen
500 · 0,0120 ≈ 6 Brötchen mit 6 Rosinen
500 · 0,0034 ≈ 2 Brötchen mit 7 Rosinen
500 · 0,0008 ≈ 0 Brötchen mit 8 Rosinen

439 **12. b)** $P(X=0)=\left(\frac{499}{500}\right)^n$:

$$500\cdot\left(\frac{499}{500}\right)^n = 50 \quad\Leftrightarrow\quad n=\frac{\ln 0{,}1}{\ln\frac{499}{500}}=1150$$

Ca. 1 150 Rosinen wurden in den Teig gemischt.

13. $n=85$; $p=\frac{1}{100}$;

X: Anzahl der Wassertierchen in einem Feld

k	P (X = k)	100 · P (X = k)
0	0,426	≈ 43
1	0,365	≈ 37
2	0,155	≈ 16

k	P (X = k)	100 · P (X = k)
3	0,043	≈ 4
4	0,001	≈ 0

14. -

Blickpunkt: Das Problem der vollständigen Serie

440 **1. a)** Nach S. 441, Aufgabe 2 sind im Mittel 14,7 Würfe notwendig.
b) Aus der Grafik ablesbar: kleinster Wert: 6; unteres Quartil: 10; Median: ca. 13,2; oberes Quartil: 18; größter Wert: 29
c) -

441 **2. a)** Ausgehend vom Startzustand „0 Augenzahlen“ geht man mit dem ersten Wurf mit Wahrscheinlichkeit 1 in den Zustand „1 Augenzahl“ über. Nun wird mit Wahrscheinlichkeit $\frac{1}{6}$ die gleiche Augenzahl wiederholt, d. h. der Zustand ändert sich nicht. Mit Wahrscheinlichkeit $\frac{5}{6}$ wird eine andere Augenzahl geworfen und man erreicht den Zustand „2 verschiedene Augenzahlen“. Jetzt wird mit Wahrscheinlichkeit $\frac{2}{6}$ eine der beiden schon getroffenen Augenzahlen geworfen, d. h. der Zustand ändert sich nicht. Mit Wahrscheinlichkeit $\frac{4}{6}$ wird eine andere Augenzahl geworfen und man erreicht den Zustand „3 verschiedene Augenzahlen“, usw..
b) Man benötigt einen Wurf für eine beliebige Augenzahl. Die Wahrscheinlichkeit, nun gemäß des Übergangsdiagramms aus a) in den nächsten Zustand überzugehen ist $\frac{5}{6}$. Dazu braucht man im Mittel $\frac{6}{5}$ Versuche. Für den nächsten Zustand kommen bei einer Wahrscheinlichkeit von $\frac{4}{6}$ im Mittel $\frac{6}{4}$ weitere Versuche hinzu, usw.. Insgesamt ergibt sich die angegebene Summe.
c) (1) 8,33 (2) 21,74 (3) 37,24 (4) 71,95
d) Die Berechnung erfolgt analog zu der in b) beschriebenen Vorgehensweise.

441 **3. a)**

	k = 1	k = 2	k = 3	k = 4	k = 5	k = 6
n = 5	$\frac{1}{1296}$	$\frac{25}{432}$	$\frac{125}{324}$	$\frac{25}{54}$	$\frac{5}{54}$	0
n = 6	$\frac{1}{7776}$	$\frac{155}{7776}$	$\frac{25}{108}$	$\frac{325}{648}$	$\frac{25}{108}$	$\frac{5}{324}$

b)

	k = 1	k = 2	k = 3	k = 4	k = 5	k = 6
7	0,00002	0,00675	0,12903	0,45010	0,36008	0,05401
8	3,57225 E-6	0,00227	0,06902	0,36458	0,45010	0,11403
9	5,95374 E-7	0,00076	0,03602	0,27756	0,49661	0,18904
10	9,92290 E-8	0,00025	0,01852	0,20305	0,50637	0,27181
11	1,65382 E-8	0,00008	0,00943	0,14463	0,48966	0,35621
12	2,75636 E-9	0,00003	0,00477	0,10113	0,45626	0,43782
13	4,59394 E-10	9,40609 E-6	0,00240	0,06981	0,41392	0,51386
14	7,65656 E-11	3,13574 E-6	0,00121	0,04774	0,36820	0,58285
15	1,27609 E-11	1,04531 E-6	0,00061	0,03243	0,32275	0,64421
16	2,12682 E-12	3,48448 E-7	0,00030	0,02192	0,27977	0,69800
17	3,54470 E-13	1,16151 E-7	0,00015	0,01477	0,24045	0,74463
18	5,90784 E-14	3,87173 E-8	0,00008	0,00992	0,20530	0,78471
19	9,84640 E-15	1,29058 E-8	0,00004	0,00665	0,17439	0,81892
20	1,64107 E-15	4,30195 E-9	0,00002	0,00445	0,14754	0,84799

c)

s	P(n; k = s) > 0,5 für n =
4	7
6	13
8	20
12	35
20	67

4. a) Mittlere Anzahl der Wiederholung für eine komplette Bilderserie:

$$20 \cdot \left(1 + \frac{1}{2} + \frac{1}{3} + \ldots + \frac{1}{20}\right) = 84{,}0317$$

b) Mittlere Anzahl der Wiederholung für eine komplette Rouletteserie:

$$37 \cdot \left(1 + \frac{1}{2} + \frac{1}{3} + \ldots + \frac{1}{37}\right) = 155{,}459$$

8.4.3 Anwendung der Binomialverteilung bei der Bestimmung von Erwartungswerten

442 **Einstieg**

- Die Zufallsgröße G gibt den Gewinn an. X zählt die Sechsen in 5 Würfen

$$\begin{aligned} E(G) &= P(X \le 1) \cdot (-0{,}1) + P(X = 2) \cdot 0{,}1 + P(X = 3) \cdot 0{,}4 + P(X = 4) \cdot 0{,}9 \\ &\quad + P(X = 5) \cdot 4{,}9 \\ &= 0{,}8038 \cdot (-0{,}1) + 0{,}1608 \cdot 0{,}1 + 0{,}0322 \cdot 0{,}4 + 0{,}0032 \cdot 0{,}9 \\ &\quad + 0{,}0001 \cdot 4{,}9 \\ &= -0{,}0479 \end{aligned}$$

442

- Die Zufallsgröße G gibt den Gewinn an. X zählt die Sechsen in 5 Würfen
  $E(G) = P(X = 0) \cdot (-0{,}1) + P(X = 1) \cdot 0 + P(X = 2) \cdot 0{,}1 + P(X = 3) \cdot 0{,}4$
  $+ P(X = 4) \cdot 0{,}9 + P(X = 5) \cdot 4{,}9$
  $= 0{,}4019 \cdot (-0{,}1) + 0{,}1608 \cdot 0{,}1 + 0{,}0322 \cdot 0{,}4 + 0{,}0032 \cdot 0{,}9$
  $+ 0{,}001 \cdot 4{,}9$
  $= -0{,}0077$
  Das Spiel lohnt sich immer noch.
- Das Spiel ist fair, wenn der erwartete Gewinn 0 ist. Dazu gibt es verschiedenen Möglichkeiten. Z. B. kann der Einsatz an die erwartete Auszahlung angepasst werden.

444

2. a) Die Gewinnfunktion lautet:

$$G(k) = \begin{cases} 5k + 20(100 - k) & \text{falls } k \le 80 \\ 400 + 20(100 - k) - 250(k - 80) & \text{falls } 80 < k \le 100 \end{cases}$$

Die Anzahl der erschienenen Passagiere X ist binomialverteilt mit $n = 100$ und $p = 0{,}75$. Für die Gewinnerwartung E(G) gilt

$$E(G) = \sum_{k=0}^{100} P(X = k) \cdot G(k).$$

Mit dem GTR oder einem Tabellenkalkulationsprogramm erhält man $E(G) = 813{,}33$ €.

b) Für verschiedene Buchungen n ergibt sich als Gewinnfunktion

$$G(k, n) = \begin{cases} 5k + 20(n - k) & \text{falls } k \le 80 \\ 400 + 20(n - k) - 250(k - 80) & \text{falls } 80 < k \le n \end{cases}$$

Für die Gewinnerwartung E(G) gilt:

Buchungen n	95	96	97	98	99	100
E(G) (in €)	826,12	830,76	832,92	831,57	825,50	813,33

Damit maximale Gewinnerwartung für n = 97 Buchungen.

3. a) Jede Reservierung bringt 4 €. Die Gewinnfunktion lautet dann:

$$G(k) = \begin{cases} 200 & \text{falls } k \le 40 \\ 200 - 6(k - 40) & \text{falls } 40 < k \le 50 \end{cases}$$

Die Anzahl der Parker X ist binomialverteilt mit $n = 50$ und $p = 0{,}8$. Für die Gewinnerwartung E(G) gilt

$$E(G) = \sum_{k=0}^{50} P(X = k) \cdot G(k).$$

Mit dem GTR oder einem Tabellenkalkulationsprogramm erhält man $E(G) = 193{,}29$ €.

444 **3. b)** Für verschiedene Reservierungen n ergibt sich als Gewinnfunktion

$$G(k,n) = \begin{cases} 4n & \text{falls } k \le 40 \\ 4n - 6(k-40) & \text{falls } 40 < k \le n \end{cases}$$

Für die Gewinnerwartung E(G) gilt:

Reservierungen n	50	51	52	53	54	55
E(G) (in €)	193,29	194,49	195,20	195,49	195,46	195,17

Damit maximale Gewinnerwartung für n = 53 Buchungen.

445 **4.** Die Gewinnfunktion lautet:

$$G(k,n) = \begin{cases} 1500 - 250(10-k) - 80k & \text{falls } k \le 10 \\ 1500 - 800 - 40(n-k) & \text{falls } 10 < k \le n \end{cases}$$

Für die Gewinnerwartung E(G) gilt:

Personen n	11	12	13	14	15	16
E(G) (in €)	481,40	565,34	605,07	611,83	601,89	587,00

Damit maximale Gewinnerwartung für n = 14 Personen.

5. a) Die Gewinnfunktion lautet:

$$G(k) = \begin{cases} 120k + 25(50-k) & \text{falls } k \le 45 \\ 5400 + 25(50-k) - 100(k-45) & \text{falls } 45 < k \le 50 \end{cases}$$

Die Anzahl der Parker X ist binomialverteilt mit n = 50 und p = 0,75.
Für die Gewinnerwartung E(G) gilt

$$E(G) = \sum_{k=0}^{50} P(X = k) \cdot G(k).$$

Mit dem GTR oder einem Tabellenkalkulationsprogramm erhält man E(G) = 4811,91 €.

b) Die Gewinnfunktion lautet:

$$G(k,n) = \begin{cases} 120k + 25(n-k) & \text{falls } k \le 45 \\ 5400 + 25(n-k) - 100(k-45) & \text{falls } 45 < k \le n \end{cases}$$

Für die Gewinnerwartung E(G) gilt:

Buchungen n	58	59	60	61	62	63
E(G) (in €)	5433,45	5465,36	5482,39	5484,78	5473,47	5449,84

Damit maximale Gewinnerwartung für n = 61 Buchungen.

445

6.

Plätze	No-Show-Rate	Gewinn (in €)	maximal Gewinnerwartung (in €)	optimale Buchungen
200	12 %	60	11 597,47	222
200	12 %	40	7 698,28	222
200	8 %	60	11 673,61	214
200	8 %	40	7 758,16	213
150	12 %	60	8 654,34	166
150	12 %	40	5 743,12	165
150	8 %	60	8 720,53	160
150	8 %	40	5 793,35	159

7. **a)**

Anzahl k der Wappen	P(X = k)	Auszahlung (in €)
0	0,001	2
1	0,010	1
2	0,044	0,2
3	0,117	0,1
4	0,205	0
5	0,246	0
6	0,205	0
7	0,117	0,1
8	0,044	0,2
9	0,010	1
10	0,001	2

Gewinnerwartung: $E(G) = 0{,}06445 - 0{,}1 = -0{,}03555$

b) Ein Spiel ist fair, wenn die Gewinnerwartung 0 ist. Dafür gibt es unendlich viele Möglichkeiten.
Triviale Lösung: Unabhängig vom Ergebnis wird immer der Einsatz zurück gezahlt.
Andere Möglichkeit: Berechne die Auszahlung x für ein bestimmtes Ereignis aus der Gleichung $E(G(x)) = 0$. Darin ist $G(x)$ die von x abhängige Gewinnerwartung. Damit ergibt sich zum Beispiel die folgende Auszahlung.

Anzahl k der Wappen	Auszahlung (in €)
0	8,2
1	2,2
2	0,2
3	0,1
4	0
5	0
6	0
7	0,1
8	0,2
9	2,2
10	8,2

8.5 Binomialverteilungen bei großem Stichprobenumfang – Sigma-Regeln

8.5.1 Varianz und Standardabweichung von Zufallsgrößen

446 **Einstieg**

- (1) $P(X = 25) = 0{,}112275$ (2) $P(X = 25) = 0{,}0917997$

-

r	(1)	(2)
1	0,3282	0,2707
2	0,5201	0,4360
3	0,6778	0,5810
4	0,7974	0,7016
5	0,8811	0,7967
6	0,9351	0,8676
7	0,9672	0,9178
8	0,9847	0,9513
9	0,9934	0,9725
10	0,9974	0,9852

- (2) streut stärker, da in gleichen Umgebungen die Trefferwahrscheinlichkeit kleiner ist, als bei (1).

449 **2.** (1) $V(X) = 9$ (2) $V(X) = 8$

3. (1) $V(X) = 4{,}2$ (2) $V(X) = 8$ (3) $V(X) = 25$

4.

k	P (X = k)
0	$\frac{125}{216}$
1	$\frac{75}{216}$
2	$\frac{15}{216}$
3	$\frac{1}{216}$

$\mu = n \cdot p = 3 \cdot \frac{1}{6} = \frac{1}{2}$; $V(X) = n \cdot p \cdot (1-p) = 3 \cdot \frac{1}{6} \cdot \frac{5}{6} = \frac{5}{12}$

450 **5. a)**

p	V(X)
0,1	4,5
0,2	8
0,3	10,5
0,4	12
0,5	12,5
0,6	12
0,7	10,5
0,8	8
0,9	4,5

V(X) wird für p = 0,5 am größten.

b) $f(p) = n \cdot p \cdot (1 - p) = np - np^2$

Der Graph ist eine nach unten geöffnete Parabel.

$f'(p) = n - 2np$

$f'(p) = 0 \quad \Leftrightarrow \quad n - 2np = 0 \quad \Leftrightarrow \quad p = \frac{1}{2}$

Damit nimmt f das Maximum bei $p = \frac{1}{2}$ an.

6. Berechne die Standardabweichung:

$n = 400,\ p = 0{,}1 \Rightarrow \sigma = 6$

$n = 50,\ p = 0{,}8 \Rightarrow \sigma = 2{,}828$

$n = 100,\ p = 0{,}4 \Rightarrow \sigma = 4{,}899$

Alle Histogramme haben ein Maximum beim Erwartungswert $\mu = 40$. Wegen der unterschiedlichen Standardabweichung, besitzen die Histogramme verschiedene Breiten. Je größer σ, desto breiter die Kurve.

Damit:

(1) n = 50, p = 0,8 (2) n = 100, p = 0,4 (3) n = 400, p = 0,1

7. a) $n = 48,\ p = \frac{3}{4}$

b) keine eindeutige Lösung: $p_1 = \frac{1}{6}\left(3 - \sqrt{7}\right) \approx 0{,}059;$

$p_2 = \frac{1}{6}\left(3 + \sqrt{7}\right) \approx 0{,}941$

c) $n = 150;\ \mu = 60$

d) zu a): Gegeben: μ und σ, dann folgt: $n = \frac{\mu^2}{\mu - \sigma^2};\ p = 1 - \frac{\sigma^2}{\mu}$

zu b): Gegeben: n und σ, dann folgt:

$p_1 = \frac{1}{2} - \frac{\sqrt{n - 4\sigma^2}}{2\sqrt{n}};\ p_2 = \frac{1}{2} + \frac{\sqrt{n - 4\sigma^2}}{2\sqrt{n}}$

zu c): Gegeben: p und σ, dann folgt: $\mu = \frac{\sigma^2}{1-p}$

450 **8. a)** $\sigma_4 = \frac{\sqrt{5}}{2} \approx 1{,}118$; $\sigma_6 = \frac{\sqrt{35}}{12} \approx 1{,}708$; $\sigma_8 = \frac{\sqrt{21}}{2} \approx 2{,}291$;

$\sigma_{12} = \sqrt{\frac{143}{12}} \approx 3{,}452$; $\sigma_{20} = \frac{\sqrt{133}}{2} \approx 5{,}766$

Allgemein: $\mu = \frac{1+...+n}{n} = \frac{n+1}{2}$

$$\sigma^2 = \frac{1}{n}\sum_{k=1}^{n} k^2 - \left(\frac{n+1}{2}\right)^2 = \frac{(n+1)(2n+1)}{6} - \left(\frac{n+1}{2}\right)^2 = \frac{n^2-1}{12}$$

$$\sigma = \sqrt{\frac{n^2-1}{12}}$$

b) $\sigma = \sqrt{\frac{35}{6}} \approx 2{,}415$

8.5.2 Umgebungen um den Erwartungswert einer Binomialverteilung – Sigma-Regeln

453 **Einstieg**

p	Intervall für n = 50	Intervall für n = 100
0,2	[6; 14]	[14; 26]
0,25	[7; 17]	[18; 32]
0,3	[10; 20]	[23; 37]
$\frac{1}{3}$	[11; 21]	[26; 40]
0,4	[15; 25]	[32; 48]
0,5	[20; 30]	[42; 58]

453 **2.** (1)

Radius z σ	0,5	1,5	2,5	3,5	4,5	5,5
z	0,11	0,33	0,55	0,76	0,98	1,2
$P(\mu - z\,\sigma \le X \le \mu + \sigma)$	0,087	0,256	0,414	0,555	0,674	0,770

Radius z σ	6,5	7,5	8,5	9,5	10,5	11,5
z	1,42	1,64	1,85	2,07	2,29	2,51
$P(\mu - z\,\sigma \le X \le \mu + \sigma)$	0,845	0,899	0,937	0,963	0,979	0,988

Radius z σ	12,5	13,5	14,5	15,5	16,5
z	2,73	2,95	3,16	3,38	3,60
$P(\mu - z\,\sigma \le X \le \mu + \sigma)$	0,994	0,997	0,999	0,999	1

453 **2.** (1) Fortsetzung

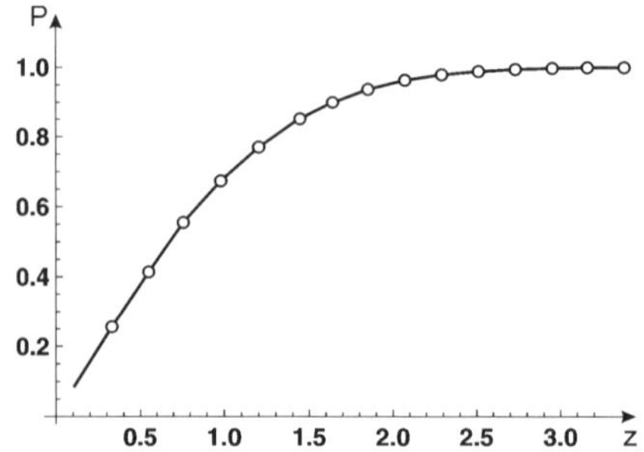

454 (2) Die in (1) berechneten Wertepaare liegen nahezu exakt auf der Kurve von (2).

3. a)

	p					
	0,1	0,2	0,25	0,3	0,4	0,5
$P(\mu - 1\sigma \leq X \leq \mu + \sigma)$	0,759	0,740	0,702	0,674	0,642	0,729
$P(\mu - 2\sigma \leq X \leq \mu + \sigma)$	0,972	0,967	0,951	0,963	0,948	0,965
$P(\mu - 3\sigma \leq X \leq \mu + \sigma)$	0,998	0,998	0,996	0,997	0,997	0,998
$P(\mu - 1{,}64\sigma \leq X \leq \mu + 1{,}64\sigma)$	0,870	0,897	0,918	0,899	0,918	0,911
$P(\mu - 1{,}96\sigma \leq X \leq \mu + 1{,}96\sigma)$	0,936	0,941	0,951	0,937	0,948	0,943
$P(\mu - 2{,}58\sigma \leq X \leq \mu + 2{,}58\sigma)$	0,988	0,992	0,992	0,988	0,990	0,988

b) Sei X_1 binomialverteilt mit Erfolgswahrscheinlichkeit p und X_2 binomialverteilt mit Erfolgswahrscheinlichkeit $1 - p$. Dann ist
$\mu_1 = np$ und $\mu_2 = n(1-p) = n - np = n - \mu_1$
sowie $\sigma_1 = \sqrt{np(1-p)} = \sqrt{n(1-p)p} = \sigma_2$
Es gilt

$$P(X_2 = k) = \binom{n}{k}(1-p)^k p^{n-k} = \binom{n}{n-k} p^{n-(n-k)} = P(X_1 = n-k)$$

Die σ-Umgebung für X_2 ergibt sich aus Spiegelung der Umgebung für X_1 an der Achse $x = \frac{n}{2}$. Da die Wahrscheinlichkeiten für X_1 und X_2 ebenfalls symmetrisch sind, gilt jede Sigma-Regel für X_1 auch für X_2.

4. a) $n = 150;\ p = 0{,}28;\ \mu = 42;\ \sigma = 5{,}50$
$1{,}64\sigma = 9{,}02$ $\quad [1{,}96\sigma = 10{,}78]$

$$\left.\begin{matrix}\mu - 1{,}64\sigma = 32{,}98\\ \mu + 1{,}64\sigma = 51{,}02\end{matrix}\right\} P(33 \leq X \leq 51) \approx 0{,}90$$

$$\left[\left.\begin{matrix}\mu - 1{,}96\sigma = 31{,}22\\ \mu + 1{,}96\sigma = 52{,}78\end{matrix}\right\} P(32 \leq X \leq 52) \approx 0{,}95\right]$$

454

4. **b)** $n = 245;\ p = 0{,}71;\ \mu = 173{,}95;\ \sigma = 7{,}10$

$1{,}64\sigma = 11{,}65 \quad [1{,}96\sigma = 13{,}92]$

$$\left.\begin{matrix}\mu - 1{,}64\sigma = 162{,}30 \\ \mu + 1{,}64\sigma = 185{,}60\end{matrix}\right\} P(163 \le X \le 185) \approx 0{,}90$$

$$\left[\left.\begin{matrix}\mu - 1{,}96\sigma = 160{,}03 \\ \mu + 1{,}96\sigma = 187{,}87\end{matrix}\right\} P(161 \le X \le 187) \approx 0{,}95\right]$$

c) $n = 392;\ p = 0{,}52;\ \mu = 203{,}84;\ \sigma = 9{,}89$

$1{,}64\sigma = 16{,}22 \quad [1{,}96\sigma = 19{,}39]$

$$\left.\begin{matrix}\mu - 1{,}64\sigma = 187{,}62 \\ \mu + 1{,}64\sigma = 220{,}06\end{matrix}\right\} P(188 \le X \le 220) \approx 0{,}90$$

$$\left[\left.\begin{matrix}\mu - 1{,}96\sigma = 184{,}45 \\ \mu + 1{,}96\sigma = 223{,}23\end{matrix}\right\} P(185 \le X \le 223) \approx 0{,}95\right]$$

d) $n = 548;\ p = 0{,}36;\ \mu = 197{,}28;\ \sigma = 11{,}24$

$1{,}64\sigma = 18{,}43 \quad [1{,}96\sigma = 22{,}02]$

$$\left.\begin{matrix}\mu - 1{,}64\sigma = 178{,}85 \\ \mu + 1{,}64\sigma = 215{,}71\end{matrix}\right\} P(179 \le X \le 251) \approx 0{,}90$$

$$\left[\left.\begin{matrix}\mu - 1{,}96\sigma = 175{,}26 \\ \mu + 1{,}96\sigma = 219{,}30\end{matrix}\right\} P(176 \le X \le 219) \approx 0{,}95\right]$$

5. (C) Berechne $[\mu - 1{,}64\sigma,\ \mu + 1{,}64\sigma]$.

6. Berechne zunächst p und μ mit $p_1 = \frac{1}{2} - \frac{\sqrt{n-4\sigma^2}}{2\sqrt{n}}$; $p_2 = \frac{1}{2} + \frac{\sqrt{n-4\sigma^2}}{2\sqrt{n}}$.

	p	μ	$P(\mu - \sigma \le X \le \mu + \sigma)$	$P(\mu - 2\sigma \le X \le \mu + 2\sigma)$	$P(\mu - 3\sigma \le X \le \mu + 3\sigma)$
(1)	0,101	23,53	0,7239	0,9507	0,9975
	0,899	210,48	0,7239	0,9507	0,9975
(2)	0,100	31,21	0,7017	0,9529	0,9975
	0,900	280,79	0,7017	0,9529	0,9975
(3)	0,2	64,8	0,7021	0,9563	0,9972
	0,8	259,2	0,7021	0,9563	0,9972
(4)	0,2	80	0,7121	0,9611	0,9978
	0,8	320	0,7121	0,9611	0,9978

7. … oberhalb von $\mu + 1{,}64\sigma$ bzw. unterhalb von $\mu - 1{,}64\sigma$ liegen.
Wegen $P(\mu - 1{,}96\sigma \le X \le \mu + 1{,}96\sigma) \approx 95\ \%$ gilt: Nur mit einer Wahrscheinlichkeit von ca. 2,5 % wird die Anzahl der Erfolge oberhalb von $\mu + 1{,}96\sigma$ bzw. unterhalb von $\mu - 1{,}96\sigma$ liegen.
Wegen $P(\mu - 2{,}58\sigma \le X \le \mu + 2{,}58\sigma) \approx 99\ \%$ gilt: Nur mit einer Wahrscheinlichkeit von ca. 0,5 % wird die Anzahl der Erfolge oberhalb von $\mu + 2{,}58\sigma$ bzw. unterhalb von $\mu - 2{,}58\sigma$ liegen.

454 **8.** **a)** (1) $\mu = 20$; $\sigma = 3{,}162$ (2) $\mu = 20$; $\sigma = 3{,}464$

Die zweite Zufallsgröße hat die größere Streuung. Betrachtet man z. B. das zu $\mu = 20$ symmetrische Intervall [16; 24], dann ist die Wahrscheinlichkeit $P(16 \leq X \leq 24)$ für die erste Bernoulli-Kette größer, als für die zweite. Ursache: Bei größerer Streuung ist der Abstand der Werte vom Erwartungswert im Mittel größer.

b) $n = 40$; $p = 0{,}5$:

(1) … im Intervall [12; 28]. (2) … $|X - \mu| \leq 6$. (3) … 8,1 % aller Fälle.

$n = 50$; $p = 0{,}4$:

(1) … im Intervall [11; 29]. (2) … $|X - \mu| \leq 7$. (3) … 11,1 % aller Fälle.

9 BEURTEILENDE STATISTIK

Lernfeld: Stichproben liefern weitreichende Erkenntnisse

458

Fast sichere Vorhersagen

1.

n	Anzahl der Erfolge	Wahrscheinlichkeit	Übergangsfaktor
100	50	0,0796	$\frac{0{,}0563}{0{,}0796} \approx 0{,}707 \approx \frac{1}{\sqrt{2}}$
200	100	0,0563	$\frac{0{,}0399}{0{,}0563} \approx 0{,}709 \approx \frac{1}{\sqrt{2}}$
400	200	0,0399	

Beim Übergang von n = 100 zu n = 400 wird die Wahrscheinlichkeit ungefähr halbiert.

n	Intervall	Wahrscheinlichkeit	Übergangsfaktor
100	$42 \le X \le 58$	0,911	$\frac{22}{16} \approx 1{,}38 \approx \sqrt{2}$
200	$89 \le X \le 111$	0,896	$\frac{32}{22} \approx 1{,}45 \approx \sqrt{2}$
400	$184 \le X \le 216$	0,901	

Beim Übergang von n = 100 zu n = 400 wird der Bereich verdoppelt.

Genau oder nicht genau

2.
- Bei einer Befragung von n = 1000 Personen werden in der dargestellten Stichprobe dann ca. 350 angegeben haben, dass sie die CDU/CSU wählen würden, ca. 270 die SPD usw.
- Da die GTR eine beschränkte Kapazität haben, muss der Versuch mit zweimal 500 Zufallszahlen durchgeführt werden. Gemäß den Sigma-Regeln ist zu erwarten, dass mit einer Wahrscheinlichkeit von ca. 90 %, die Anzahl der CDU/CSU-Wähler in der Stichprobe vom Umfang 1000 im Intervall [335; 385] liegen wird und mit einer Wahrscheinlichkeit von ca. 95 % im Intervall [330; 390].

459

Wie sollen wir entscheiden?

3. Durch die Aufgabenstellung soll eine Diskussion angeregt werden, welche Ergebnisse als „akzeptabel“ und welche „verdächtig“ bezeichnet werden können. Es soll eine Entscheidungsregel erarbeitet werden.
Mithilfe der Sigma-Regeln erhält man die Aussage n = 200; p = 0,5; $P(89 \le X \le 111) = 90\ \%$. D. h., wenn die Behauptung des Produzenten stimmt, sollte das Ergebnis im Intervall [89; 111] liegen.

459 **Auf drei Stellen genau**

4. In Deutschland sind ca. 72 Mio. Menschen älter als 14 Jahre; von diesen sind ca. 10 Mio. Studenten und Schüler, ca. 39 Mio. Erwerbstätige, ca. 15 Mio. Hausfrauen, ca. 4 Mio. Arbeitslose, ca. 16 Mio. Rentner (Personen über 65 Jahre); selbst wenn diese geschätzten Zahlen von den tatsächlichen abweichen, spielt dies für die folgende Aussage kaum eine Rolle. Bezogen auf 1000 Personen in der repräsentativen Stichprobe bedeutet dies, dass von diesen 1000 Personen ca. 140 Studenten und Schüler, 540 Erwerbstätige, 210 Hausfrauen, 55 Arbeitslose, 250 Rentner sind, und von diesen gaben dann einige / viele an, das Internet zu nutzen.
Später wird gezeigt, dass die Konfidenzintervalle umso breiter sind, je kleiner die Stichprobe ist. Mithilfe der entsprechenden Berechnung erhält man:

Teilgruppe	Stichprobenumfang	Anteil gemäß Befragung	90 %-Konfidenzintervall
Studenten/Schüler	140	0,978	$0{,}947 \leq p < 0{,}991$
Erwerbstätige	540	0,807	$0{,}7778 \leq p \leq 0{,}833$
Hausfrauen	210	0,569	$0{,}512 \leq p \leq 0{,}624$
Arbeitslose	55	0,564	$0{,}454 \leq p \leq 0{,}668$
Rentner	250	0,448	$0{,}367 \leq p \leq 0{,}500$

Auch ohne diese Vorkenntnisse ist aufgrund der in dem Zeitungsartikel enthaltenen Information klar, dass die Genauigkeit der Veröffentlichung suggeriert wird, dass exakte Angaben gemacht werden, was sich aber nicht halten lässt. Die Angaben auf die 3. Dezimalstelle genau sind völlig unangemessen!
Hier lesen wir an der Berechnung des 90 %-Konfidenzintervalls ab:
dass mit hoher Wahrscheinlichkeit der wahre Anteil
bei den Studenten/Schülern im Intervall von 97,8 % + 3,1 % bis 97,8 % – 1,3 %,
bei den Erwerbstätigen im Intervall von 80,7 % – 2,9 % bis 80,7 % + 2,6 %,
bei den Hausfrauen im Intervall von 56,9 % – 5,7 % bis 56,9 % + 5,5 %,
bei den Arbeitslosen im Intervall von 56,4 % – 11,0 % bis 56,4 % + 10,4 %,
bei den Rentnern im Intervall von 44,8 % – 8,1 % bis 44,8 % + 5,2 % liegt.

9.1 Schluss von der Gesamtheit auf die Stichprobe

9.1.1 Prognose über zu erwartende absolute Häufigkeiten – signifikante Abweichungen

460 **Einstieg**

- $n = 500$; $p = 0{,}5$; $\mu = 250$; $\sigma = \sqrt{500 \cdot 0{,}5 \cdot 0{,}5} \approx 11{,}2$.
  Mit den Sigma-Regeln folgt [232; 268]
  Exakte Wahrscheinlichkeit: $P(232 \leq X \leq 268) = 0{,}902$

460 • (1)

Sicherheitswahrsch.	Intervall	exakte Wahrsch.
90 %	[474; 526]	90,63 %
95 %	[469; 531]	95,37 %
99 %	[459; 541]	99,14 %

(2)

Sicherheitswahr.	Intervall	exakte Wahrsch.
90 %	[371; 418]	91,26 %
95 %	[367; 422]	95,39 %
99 %	[358; 431]	99,16 %

(3)

Sicherheitswahrsch.	Intervall	exakte Wahrsch.
90 %	[4918; 5082]	90,11 %
95 %	[4902; 5098]	95,12 %
99 %	[4871; 5129]	99,04 %

(4)

Sicherheitswahrsch.	Intervall	exakte Wahrsch.
90 %	[588; 646]	90,70 %
95 %	[583; 651]	95,05 %
99 %	[572; 662]	99,04 %

462 **2.** **a)** (1) ... außerhalb des Intervalls [566; 642] [5 %: [560; 649]
1 %: [545; 663]] liegen.
(2) ... außerhalb des Intervalls [42; 58] [5 %: [40; 60]
1 %: [37; 63]] liegen.
(3) ... kleiner sein als 567 [größer sein als 642].
b) ... kleiner sein als 575 [550] ... größer sein als 634 [658]

463 **3.** Für jedes Land zähle X die Anzahl der Mädchen-Geburten. X ist binomialverteilt mit n = „Anzahl aller Geburten je Land" und p = 0,4874.

Land	männlich	weiblich	gesamt	μ	$\mu - 1{,}96\sigma$	$\mu + 1{,}96\sigma$	Abweichung
Baden-Württ.	46 997	44 912	91 909	44 796,4	44 499,4	45 093,4	verträglich
Bayern	54 603	51 695	106 298	51 809,6	51 490,2	52 129,0	verträglich
Berlin	16 483	15 453	31 936	15 565,6	15 390,5	15 740,7	verträglich
Brandenburg	9 560	9 248	18 808	9 167,0	9 032,6	9 301,4	verträglich
Bremen	2 825	2 744	5 569	2 714,3	2 641,2	2 787,4	verträglich
Hamburg	8 583	8 168	16 751	8 164,4	8 037,6	8 291,2	verträglich
Hessen	26 525	25 227	51 752	25 223,9	25 001,0	25 446,8	verträglich
Meckl.-Vorp.	6 637	6 461	13 098	6 384,0	6 271,9	6 496,1	verträglich
Niedersachsen	33 209	31 678	64 887	31 625,9	31 376,3	31 875,5	verträglich
Nordrhein-Westf.	77 027	72 980	150 007	73 113,4	72 734,0	73 492,8	verträglich
Rheinland-Pfalz	16 524	15 699	32 223	15 705,5	15 529,6	15 881,4	verträglich
Saarland	3 717	3 441	7 158	3 488,8	3 405,9	3 571,7	verträglich
Sachsen	17 658	16 753	34 411	16 771,9	16 590,2	16 953,6	verträglich
Sachsen-Anhalt	9 079	8 618	17 697	68 625,5	8 495,2	8 755,8	verträglich
Schleswig-Holstein	11 554	11 124	22 678	11 053,3	10 905,8	11 200,8	verträglich
Thüringen	8 881	8 451	17 332	8 447,6	8 318,6	8 576,6	verträglich

464 **4. a)** X zähle das Auftreten einer Zahl in 3000 Ziehungen. X ist binomialverteilt mit n = 3000 und $p = \frac{6}{49}$.

Punktschätzung: μ = 367,3; Intervallschätzung: [332; 403].
Mit einer Wahrscheinlichkeit von ca. 5 % liegt die Anzahl in [0; 331] oder [404; 3000].

b) Keine signifikante Abweichung.

5. (1) μ = 30; Intervall: [22; 38]; $P(22 \le X \le 38) = 0{,}912$
(2) μ = 39; Intervall: [30; 48]; $P(30 \le X \le 48) = 0{,}905$
(3) μ = 500; Intervall: [466; 534]; $P(466 \le X \le 534) = 0{,}909$
(4) μ = 322; Intervall: [295; 349]; $P(295 \le X \le 349) = 0{,}907$

6. (1)

n	μ	Intervall	exakte Wahrscheinlichkeit
720	468	[447; 489]	0,907
536	348,4	[330; 367]	0,915
1 247	810,6	[783; 838]	0,904

(2)

n	μ	Intervall	exakte Wahrscheinlichkeit
720	518,4	[499; 538]	0,903
536	385,9	[368; 403]	0,917
1 247	897,8	[871; 924]	0,911

(3)

n	μ	Intervall	exakte Wahrscheinlichkeit
720	388,8	[367; 410]	0,900
536	289,4	[271; 308]	0,900
1 247	673,4	[645; 702]	0,901

(4)

n	μ	Intervall	exakte Wahrscheinlichkeit
720	280,8	[260; 302]	0,900
536	289,4	[271; 308]	0,900
1 247	209	[190; 228]	0,916

7. 90 %: [11; 25] 95 %: [10; 26] 99 %: [7; 29]

8.

Sicherheitswahrscheinlichkeit	Intervall	exakte Wahrscheinlichkeit
90 %	[545; 588]	91,30 %
95 %	[541; 592]	95,69 %
99 %	[533; 600]	99,18 %

464

9. $\mu = 80$; $\sigma = 6{,}928$; $\mu - 1{,}28\sigma = 71{,}13$; $\mu + 1{,}28\sigma = 88{,}87$
In 80 % aller Fälle werden zwischen 71 und 89 Parkplätze benötigt.

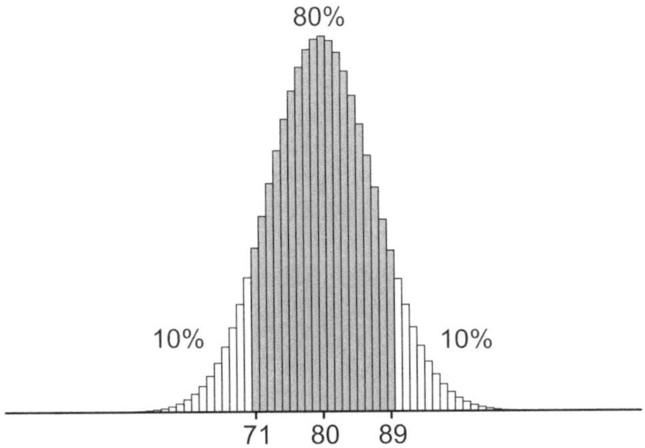

Der Anteil zwischen 71 und 89 entspricht ungefähr 80 %. Wegen der (ungefähren) Symmetrie zur Achse $x = \mu$ entsprechen die Anteile $X \le 70$ bzw. $X \ge 90$ beide etwa 10 %. Damit ergibt sich
$P(X \le \mu + 1{,}28\sigma) = P(X \le \mu - 1{,}28\sigma) + P(\mu - 1{,}28\sigma \le X \le \mu + 1{,}28\sigma)$
$\approx 10\,\% + 80\,\% = 90\,\%$
Damit: $P(X \le 89) = 0{,}914$, also reichen 89 Plätze in 90 % aller Fälle aus.

10. a) X zähle die wahrgenommenen Buchungen. X ist binomialverteilt mit n = Anzahl der angenommenen Buchungen und $p = 0{,}90$. Berechne Intervalle für die vermutete Anzahl von wahrgenommenen Buchungen.
(1) Punktschätzung: $\mu = 330$
Intervallschätzung:

Sicherheitswahrscheinlichkeit	Intervall	exakte Wahrscheinlichkeit
90 %	[320; 340]	0,906
95 %	[318; 342]	0,954
99 %	[314; 346]	0,991

(2) Punktschätzung: $\mu = 352$
Intervallschätzung:

Sicherheitswahrscheinlichkeit	Intervall	exakte Wahrscheinlichkeit
90 %	[341; 363]	0,924
95 %	[339; 365]	0,963
99 %	[335; 369]	0,993

464

10. a) (3) Punktschätzung: $\mu = 360{,}8$
Intervallschätzung:

Sicherheitswahrscheinlichkeit	Intervall	exakte Wahrscheinlichkeit
90 %	[350; 372]	0,920
95 %	[348; 373]	0,952
99 %	[344; 377]	0,990

b) Berechne k aus $P(X \leq k) \approx 90\ \%$. Es gilt $k \approx \mu + 1{,}28\sigma = 360{,}319$.
Kontrollrechnung ergibt: $P(X \leq 360) = 90{,}72\ \%$.

465

11. a) X zähle die wahrgenommenen Buchungen. X ist binomialverteilt mit n = Anzahl der angenommenen Buchungen und $p = 0{,}90$. Berechne Intervalle für die vermutete Anzahl von wahrgenommenen Buchungen.
(1) Punktschätzung: $\mu = 261$
Intervallschätzung:

Sicherheitswahrscheinlichkeit	Intervall	exakte Wahrscheinlichkeit
90 %	[253; 269]	90,50 %
95 %	[251; 271]	96,09 %
99 %	[248; 274]	99,18 %

(2) Punktschätzung: $\mu = 270$
Intervallschätzung:

Sicherheitswahrscheinlichkeit	Intervall	exakte Wahrscheinlichkeit
90 %	[261; 279]	93,35 %
95 %	[260; 280]	95,75 %
99 %	[257; 283]	99,07 %

(3) Punktschätzung: $\mu = 288$
Intervallschätzung:

Sicherheitswahrscheinlichkeit	Intervall	exakte Wahrscheinlichkeit
90 %	[279; 297]	92,43 %
95 %	[278; 298]	95,04 %
99 %	[274; 302]	99,31 %

b) Berechne k aus $P(X \leq k) \approx 90\ \%$. Es gilt $k \approx \mu + 1{,}28\sigma = 258{,}426$.
Kontrollrechnung ergibt: $P(X \leq 258) = 90{,}60\ \%$.

12. a) X zähle die verteilten Plaketten des Prüfers. X ist binomialverteilt mit n = „Anzahl der vom jeweiligen Prüfer untersuchten Autos" und $p = \frac{9650}{15300} \approx 0{,}6307$ Anteil der von der Prüfstelle insgesamt positiv bewerteten Autos.
95%-Intervall: [524; 579]
Kontrollrechnung: $P(524 \leq X \leq 579) = 95{,}02\ \%$.
Das Ergebnis des Prüfers liegt in dem Intervall, also keine signifikante Abweichung.

465 **12.** **b)** $n = 1008;\ p = \frac{5070}{8310} \approx 0{,}6101$

95%-Intervall: [585; 645]

Kontrollrechnung: $P(585 \leq X \leq 645) = 95{,}12\ \%$.

Das Ergebnis des Prüfers liegt in dem Intervall, also keine signifikante Abweichung.

$n = 1072;\ p = \frac{3240}{4920} \approx 0{,}6585$

95%-Intervall: [676; 736]

Kontrollrechnung: $P(676 \leq X \leq 736) = 95{,}06\ \%$.

Das Ergebnis des Prüfers liegt in dem Intervall, also keine signifikante Abweichung.

$n = 1229;\ p = \frac{4180}{6770} \approx 0{,}6174$

95%-Intervall: [726; 792]

Kontrollrechnung: $P(726 \leq X \leq 792) = 95{,}08\ \%$.

Das Ergebnis des Prüfers liegt oberhalb des Intervalls. Der Prüfer ist nachlässig.

13. $p = \frac{1}{37};\ n = 3700$

90 %- Umgebung zwischen 84 und 116
95 %- Umgebung zwischen 81 und 119
99 %- Umgebung zwischen 75 und 125

14. $p = 1 - \frac{\binom{28}{3}}{\binom{32}{3}} = \frac{421}{1240};$

$n = 100;\ \mu = 33{,}95;\ \sigma = 4{,}74$
90 %- Umgebung zwischen 26 und 42
95 %- Umgebung zwischen 25 und 43
99 %- Umgebung zwischen 22 und 46

$n = 200;\ \mu = 67{,}90;\ \sigma = 6{,}70$
90 %- Umgebung zwischen 56 und 79
95 %- Umgebung zwischen 55 und 81
99 %- Umgebung zwischen 51 und 85

$n = 500;\ \mu = 169{,}76;\ \sigma = 10{,}59$
90 %- Umgebung zwischen 153 und 187
95 %- Umgebung zwischen 149 und 191
99 %- Umgebung zwischen 143 und 197

9.1.2 Prognose über zu erwartende relative Häufigkeiten

468

1. Untersuchen Sie die Wahrscheinlichkeit für die Prognose. Betrachten Sie jeweils die binomialverteilte Zufallsgröße X. Dabei ist n die Größe der betrachteten Stichprobe und p der Anteil aus dem Wahlergebnis.
Berechnen Sie das Intervall für die relative Häufigkeit und prüfen Sie, ob die Prognose in dem ermittelten Intervall liegt.
(Angaben in den Intervallen sind %-Werte)
Bundestag, September 2005

Sicherheit	Intervall für 95 %	Intervall für 99 %	Abweichung
CDU/CSU	[34,907; 35,491]	[34,816; 35,584]	-
SPD	[33,910; 34,489]	[33,819; 34,582]	-
FDP	[9,618; 9,982]	[9,562; 10,039]	hoch signifikant
Grüne	[7,934; 8,267]	[7,881; 8,319]	hoch signifikant
Linke	[8,528; 8,872]	[8,473; 8,927]	hoch signifikant

Bundestag, September 2009

Sicherheit	Intervall für 95 %	Intervall für 99 %	Abweichung
CDU	[33,500; 34,101]	[33,405; 34,195]	-
SPD	[22,733; 23,268]	[22,649; 23,352]	hoch signifikant
FDP	[14,376; 14,824]	[14,306; 14,894]	hoch signifikant
Grüne	[10,505; 10,897]	[10,442; 10,958]	signifikant
Linke	[11,695; 12,105]	[11,630; 12,170]	hoch signifikant

Landtagswahl Nordrhein-Westfalen, Mai 2010

Sicherheit	Intervall für 95 %	Intervall für 99 %	Abweichung
CDU	[34,157; 35,043]	[34,017; 35,183]	-
SPD	[34,057; 34,943]	[33,918; 35,082]	-
FDP	[6,467; 6,933]	[6,393; 7,007]	-
Grüne	[11,796; 12,404]	[11,700; 12,500]	signifikant
Linke	[5,386; 5,814]	[5,318; 5,882]	-

2. $p = \frac{1}{6}$

n	σ	$\frac{\sigma}{n}$	$p - 1{,}96\frac{\sigma}{n}$	$p + 1{,}96\frac{\sigma}{n}$
100	3,727	0,037	0,094	0,240
200	5,270	0,026	0,115	0,218
300	6,455	0,022	0,124	0,209
400	7,454	0,019	0,130	0,203
500	8,333	0,017	0,134	0,199

Die Breite der Umgebung verhält sich etwa umgekehrt proportional zur Wurzel aus dem Stichprobenumfang.

468 **2.** Fortsetzung

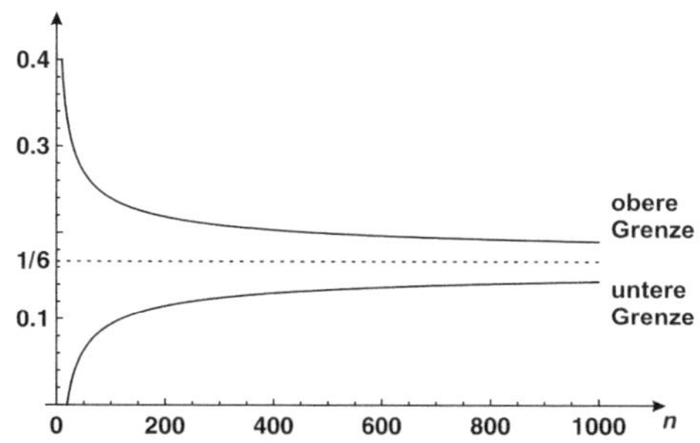

3. (1)

n	300	600	1200	2400
$1{,}96\ \frac{\sigma}{n}$	0,042	0,030	0,021	0,015
$2{,}58\ \frac{\sigma}{n}$	0,056	0,039	0,028	0,020

(2)

n	200	400	800	1600
$1{,}96\ \frac{\sigma}{n}$	0,060	0,042	0,030	0,021
$2{,}58\ \frac{\sigma}{n}$	0,079	0,056	0,039	0,028

4. Grundsätzlich gilt: Je größer die Stichprobe, desto genauer erfasst das beobachtete Ergebnis den unbekannten Wahlausgang.
Nach Information (4) (Schülerband, S. 467) liegt das gemessene Ergebnis bei 95 % Sicherheitswahrscheinlichkeit in dem Trichter

$$\left[p - 1{,}96\frac{\sigma}{n};\ p + 1{,}96\frac{\sigma}{n}\right] = \left[p - 1{,}96\sqrt{\frac{p\cdot(1-p)}{n}};\ p + 1{,}96\sqrt{\frac{p\cdot(1-p)}{n}}\right].$$

Da der Umfang n nur in Form von $\frac{1}{\sqrt{n}}$ in das Intervall einfließt, verkleinert sich das Intervall, z. B. bei einer Verdoppelung des Stichprobenumfangs nur um den Faktor $\frac{1}{\sqrt{2}} \approx 0{,}7$.

9.2 Testen von Hypothesen

9.2.1 Testen einer zweiseitigen Hypothese

469 **Einstieg**

Grundsätzlich ist jedes Ergebnis mit der Annahme $p = \frac{1}{6}$ verträglich. Die Frage ist, wie wahrscheinlich das beobachtete Ergebnis ist. Dabei reicht es aber nicht, lediglich die Wahrscheinlichkeit des beobachteten Ergebnisses zu berechnen. Diese wird bei großem n immer relativ klein sein. Stattdessen betrachtet man Intervalle um den Erwartungswert. Weicht der gemessene Wert zu weit vom Erwartungswert ab, kann dies ein Indiz dafür sein, dass die angenommene Erfolgswahrscheinlichkeit nicht korrekt ist.

95%-Intervall um $\mu = 100$: [82; 118]. Der erste beobachtete Wert 121 liegt nicht im Intervall. Das passiert unter der Annahme, dass $p = \frac{1}{6}$ wahr ist, nur in 5 % aller Fälle. Dieses Ereignis tritt demnach so selten ein, dass man die Annahme verwerfen könnte. Allerdings besteht die Gefahr einer Fehlentscheidung, denn in 5 % aller Fälle tritt das beobachtete Ereignis für $p = \frac{1}{6}$ doch ein.

Der zweite Wert 88 liegt im Intervall. Es spricht daher diesmal nichts gegen die Vermutung $p = \frac{1}{6}$.

472 **2.** **a)** Annahmebereich bei 95 % Sicherheit: [162; 204]. 116 liegt nicht im Annahmebereich. Daher wird die Hypothese verworfen.
Fehler 1. Art: Die Hypothese ist wahr, wird aber verworfen. Die Wahrscheinlichkeit hierfür beträgt höchstens 5 %.
Fehler 2. Art: Die Hypothese ist falsch, wird aber nicht verworfen. Das passiert, wenn für ein beliebiges falsches p das Resultat zufällig in den Annahmebereich fällt. Die Wahrscheinlichkeit hängt vom zugrunde liegenden p ab.

b) Für $p = 0{,}196$ bis $p = 0{,}271$ liegt 116 im Annahmebereich. Die Hypothese würde also nicht verworfen werden.

3. Hypothese: Es wird regnen.

	Man nimmt Regenbekleidung mit	Man nimmt keine Regenbekleidung mit
Es regnet	Entscheidung richtig	Entscheidung falsch (Fehler 1. Art)
Es regnet nicht	Entscheidung falsch (Fehler 2. Art)	Entscheidung richtig

472 **4.** Hypothese: Die Ware ist in Ordnung.

Fehler 1. Art	*Fehler 2. Art*
Bei der Kontrolle fallen relativ viele Mängelexemplare auf, obwohl die Qualitätsbedingungen insgesamt erfüllt sind. Die Ware wird nicht ausgeliefert bzw. nicht angenommen, obwohl sie in Ordnung ist. (Produzentenrisiko)	Bei der Kontrolle fällt nicht auf, dass die Qualitätsbedingungen für das Warenkontingent insgesamt nicht erfüllt sind. Die Ware wird ausgeliefert bzw. angenommen, obwohl sie nicht in Ordnung ist. (Konsumentenrisiko)

5. (1) Hypothese: Die Eisdecke trägt nicht.

Fehler 1. Art	*Fehler 2. Art*
Die Eisdecke trägt nicht; man sinkt also ein. Man geht auf das Eis, weil die Steine die Eisfläche nicht zerbrachen.	Die Eisdecke würde tragen; aber man geht nicht auf das Eis, weil die Steine die Eisdecke zerbrachen.

(2) Hypothese: Der Angeklagte hat den Diebstahl nicht begangen.

Fehler 1. Art	*Fehler 2. Art*
Der Angeklagte wird verurteilt, weil die Indizien gegen ihn sprechen; in Wirklichkeit ist er aber unschuldig.	Der Angeklagte wird nicht verurteilt, weil die Indizien nicht ausreichen; in Wirklichkeit ist er jedoch schuldig.

(3) Hypothese: Die Glühbirnen sind von langer Lebensdauer.

Fehler 1. Art	*Fehler 2. Art*
Die Glühbirnen werden für kurzlebig gehalten, weil das Ergebnis einer Stichprobe zufällig ungünstig ist; tatsächlich sind sie von langer Lebensdauer.	Die Glühbirnen sind von kurzer Lebensdauer; man merkt es jedoch bei einer Stichprobe nicht.

(4) Hypothese: Die Äpfel sind 1. Wahl.

Fehler 1. Art	*Fehler 2. Art*
Die Äpfel sind von 1. Wahl Bei der Kontrolle treten so viele schlechte Äpfel auf, dass die Hypothese fälschlicherweise abgelehnt wird.	Die Äpfel sind von 2. Wahl Bei der Kontrolle treten so viele gute Äpfel auf, dass die Hypothese fälschlicherweise akzeptiert wird.

473

6. (1) $\mu - 1{,}96\sigma = 30{,}40$; $\mu + 1{,}96\sigma = 49{,}60$, d. h. der Annahmebereich lautet $A = \{30, \ldots, 50\}$
(2) Exakte Rechnung mit Binomialverteilung bestätigt:
$P(30 \le X \le 50) = 0{,}968$. $P(31 \le X \le 49) = 0{,}948$ ist zu klein.

7. **a)** $p = 0{,}3$; $n = 180$; $\mu = 54$ — Annahmebereich: $42 \le X \le 66$
$p = 0{,}7$; $n = 345$; $\mu = 241{,}5$ — Annahmebereich: $225 \le X \le 259$
b) $p = 0{,}3$; $n = 180$; $\mu = 54$ — Annahmebereich: $40 \le X \le 68$
$p = 0{,}7$; $n = 345$; $\mu = 241{,}5$ — Annahmebereich: $222 \le X \le 262$
c) $p = 0{,}3$; $n = 180$; $\mu = 54$ — Annahmebereich: $38 \le X \le 70$
$p = 0{,}7$; $n = 345$; $\mu = 241{,}5$ — Annahmebereich: $220 \le X \le 260$

8. Getestet wird die Hypothese „Die Form des Schuhs spielt keine Rolle“, d. h. linke oder rechte Schuhe werden mit gleicher Wahrscheinlichkeit am Strand gefunden.
Wir betrachten die Zufallsgröße X: *Anzahl der linken Schuhe in der Stichprobe* und testen die Hypothese $p = 0{,}5$.
Holland: $n = 107$; $\mu = 53{,}5$; $\sigma = 10{,}14$. Bei einer Sicherheitswahrscheinlichkeit von 95 % ergibt sich der Annahmebereich $44 \le X \le 64$. Damit wird die Hypothese verworfen.
Schottland: $n = 156$; $\mu = 78$; $\sigma = 12{,}24$. Bei einer Sicherheitswahrscheinlichkeit von 95 % ergibt sich der Annahmebereich $66 \le X \le 90$. Damit wird die Hypothese verworfen.

9. Teste die Hypothese H: $p = \frac{1}{6}$ mit einer Irrtumswahrscheinlichkeit $\alpha \le 5\,\%$

a) $\mu = 247{,}5$; A: $219 \le X \le 276$
b) $\mu = 502{,}5$; A: $462 \le X \le 543$
c) $\mu = 828{,}67$; A: $778 \le X \le 880$
d) $\mu = 1131{,}83$; A: $1072 \le X \le 1192$
e) $\mu = 1691{,}67$; A: $1618 \le X \le 1765$
f) $\mu = 2605{,}17$; A: $2514 \le X \le 2696$

Nur in d) liegt das Ergebnis nicht im Annahmebereich; hier wird man die Hypothese verwerfen.

10. $n = 449$; $p = \frac{1\,774}{5\,239}$; $\mu = 152{,}04$; $\sigma = 10{,}03$

Annahmebereich für $p = \frac{1\,774}{5\,239}$: $133 \le X \le 171$

Falls weniger als 133 oder mehr als 171 Fahrzeuge des betreffenden Herstellers angemeldet werden, wird man $p = \frac{1\,774}{5\,239}$ (d. h. der Anteil bleibt gleich) verwerfen. Dann geht man also davon aus, dass sich der Anteil geändert hat.

11. Wir betrachten die Zufallsgröße X: *Anzahl der verwandelten Elfmeter*. Wenn es keine Rolle spielt, ob der Elfmeterschütze derjenige war, der gefoult worden ist, dann würde also auch $p = 0{,}75$ gelten – wir testen also die Hypothese $p = 0{,}75$.
Für $n = 102$ ist $\mu = 76{,}5$ und $\sigma \approx 8{,}57$ und es ergibt sich ein Annahmebereich von $68 \le X \le 85$ für $\alpha \le 0{,}05$.

474

12. n = 1000

Bild	Hypothese H: p =	95 %-Umgebung
1 Paar	0,463	[432; 494]
2 Paare	0,2315	[205; 258]
Dreier	0,1543	[132; 177]
anderes Bild	0,1512	[129; 173]

Verwirf die Hypothese, falls bei 1000facher Durchführung die jeweiligen Erfolge im Annahmebereich liegen.

13. **a)** $p = 0{,}2$; $n = 400$; $\mu = 80$; $\sigma = 8$
Annahmebereich: $65 \le X \le 95$
Falls weniger als 65 oder mehr als 95 Körner der einen Substanz in der Stichprobe von 400 Körnern gefunden werden, verwirf die Hypothese $p = 0{,}2$.

b) $p = 0{,}2$; $n = 158$; $\mu = 31{,}6$; $\sigma = 5{,}03$
A: $22 \le X \le 41$. Die Hypothese $p = 0{,}2$ wird verworfen.
[$p = 0{,}2$; $n = 127$; $\mu = 25{,}4$; $\sigma = 4{,}51$
A: $17 \le X \le 34$. Die Hypothese $p = 0{,}2$ kann nicht verworfen werden.]

14. X zähle die Geburten in einem Monat. X ist binomialverteilt mit n = „Anzahl der Geburten des jeweiligen Jahres" und angenommenem p = „Anteil der Tage im Monat vom ganzen Jahr".
Berechne das 95%-Intervall für X für jeden Monat und prüfe, ob die beobachtete Zahl in diesem Intervall liegt.

Jahrgang: 2004

Monat	Geburtenzahl	Annahmebereich	Ergebnis
Jan.	59 633	[59 308; 60 224]	im Annahmebereich
Feb.	54 918	[55 465; 56 355]	unterhalb des Annahmebereichs
März	56 717	[59 308; 60 224]	unterhalb des Annahmebereichs
April	55 671	[57 386; 58 290]	unterhalb des Annahmebereichs
Mai	56 581	[59 308; 60 224]	unterhalb des Annahmebereichs
Juni	60 129	[57 386; 58 290]	oberhalb des Annahmebereichs
Juli	65 185	[59 308; 60 224]	oberhalb des Annahmebereichs
Aug.	64 141	[59 308; 60 224]	oberhalb des Annahmebereichs
Sep.	62 707	[57 386; 58 290]	oberhalb des Annahmebereichs
Okt.	58 374	[59 308; 60 224]	unterhalb des Annahmebereichs
Nov.	54 569	[57 386; 58 290]	unterhalb des Annahmebereichs
Dez.	56 997	[59 308; 60 224]	unterhalb des Annahmebereichs

474 **14.** Jahrgang: 2005

Monat	Geburten-zahl	Annahmebereich	Ergebnis
Jan.	57 338	[57 794; 58 698]	unterhalb des Annahmebereichs
Feb.	53 165	[52 177; 53 040]	oberhalb des Annahmebereichs
März	57 071	[57 794; 58 698]	unterhalb des Annahmebereichs
April	55 684	[55 921; 56 812]	unterhalb des Annahmebereichs
Mai	56 866	[57 794; 58 698]	unterhalb des Annahmebereichs
Juni	58 146	[55 921; 56 812]	oberhalb des Annahmebereichs
Juli	61 471	[57 794; 58 698]	oberhalb des Annahmebereichs
Aug.	61 476	[57 794; 58 698]	oberhalb des Annahmebereichs
Sep.	60 670	[55 921; 56 812]	oberhalb des Annahmebereichs
Okt.	56 419	[57 794; 58 698]	unterhalb des Annahmebereichs
Nov.	52 765	[55 921; 56 812]	unterhalb des Annahmebereichs
Dez.	54 724	[57 794; 58 698]	unterhalb des Annahmebereichs

Jahrgang: 2006

Monat	Geburten-zahl	Annahmebereich	Ergebnis
Jan.	55 299	[56 687; 57 584]	unterhalb des Annahmebereichs
Feb.	51 340	[51 179; 52 034]	im Annahmebereich
März	55 647	[56 687; 57 584]	unterhalb des Annahmebereichs
April	52 150	[54 851; 55 733]	unterhalb des Annahmebereichs
Mai	58 243	[56 687; 57 584]	oberhalb des Annahmebereichs
Juni	56 481	[54 851; 55 733]	oberhalb des Annahmebereichs
Juli	61 012	[56 687; 57 584]	oberhalb des Annahmebereichs
Aug.	60 526	[56 687; 57 584]	oberhalb des Annahmebereichs
Sep.	60 150	[54 851; 55 733]	oberhalb des Annahmebereichs
Okt.	57 517	[56 687; 57 584]	im Annahmebereich
Nov.	52 504	[54 851; 55 733]	unterhalb des Annahmebereichs
Dez.	51 855	[56 687; 57 584]	unterhalb des Annahmebereichs

Jahrgang: 2007

Monat	Geburten-zahl	Annahmebereich	Ergebnis
Jan.	57 278	[57 714; 58 619]	unterhalb des Annahmebereichs
Feb.	51 140	[52 106; 52 969]	unterhalb des Annahmebereichs
März	56 265	[57 714; 58 619]	unterhalb des Annahmebereichs
April	51 195	[55 845; 56 735]	unterhalb des Annahmebereichs
Mai	56 342	[57 714; 58 619]	unterhalb des Annahmebereichs
Juni	57 498	[55 845; 56 735]	oberhalb des Annahmebereichs
Juli	61 771	[57 714; 58 619]	oberhalb des Annahmebereichs
Aug.	62 565	[57 714; 58 619]	oberhalb des Annahmebereichs
Sep.	61 888	[55 845; 56 735]	oberhalb des Annahmebereichs
Okt.	59 480	[57 714; 58 619]	oberhalb des Annahmebereichs
Nov.	54 377	[55 845; 56 735]	unterhalb des Annahmebereichs
Dez.	55 063	[57 714; 58 619]	unterhalb des Annahmebereichs

474 **14.** Jahrgang: 2008

Monat	Geburtenzahl	Annahmebereich	Ergebnis
Jan.	58 519	[57 358; 58 259]	oberhalb des Annahmebereichs
Feb.	53 370	[53 642; 54 516]	unterhalb des Annahmebereichs
März	52 852	[57 358; 58 259]	unterhalb des Annahmebereichs
April	55 048	[55 499; 56 388]	unterhalb des Annahmebereichs
Mai	57 398	[57 358; 58 259]	im Annahmebereich
Juni	58 313	[57 358; 58 259]	oberhalb des Annahmebereichs
Juli	63 315	[57 794; 58 698]	oberhalb des Annahmebereichs
Aug.	60 924	[57 358; 58 259]	oberhalb des Annahmebereichs
Sep.	61 263	[55 499; 56 388]	oberhalb des Annahmebereichs
Okt.	56 857	[57 358; 58 259]	unterhalb des Annahmebereichs
Nov.	51 703	[55 499; 56 388]	unterhalb des Annahmebereichs
Dez.	52 952	[57 358; 58 259]	unterhalb des Annahmebereichs

9.2.2 Wahrscheinlichkeit für einen Fehler 2. Art beim Testen von Hypothesen

475 **Einstieg**

Die Anzahl der Wappen liegt mit $P_{0,5}(45 \le X \le 55) \approx 72{,}9\ \%$ im Annahmebereich [45; 55]. Ein Fehler 1. Art liegt vor, wenn eine wahre Hypothese verworfen wird. Die Hypothese wird fälschlicherweise verworfen, wenn X einen Wert außerhalb des Intervalls annimmt. Dies passiert mit Wahrscheinlichkeit 27,1 %. Ein Fehler 2. Art liegt vor, wenn eine falsche Hypothese nicht als solche erkannt wird. Das passiert, wenn der beobachtete Wert von X zufällig im Annahmebereich der Hypothese liegt. Die Wahrscheinlichkeit für einen Fehler 2. Art ist nicht ohne weiteres angebbar, da hierzu der wahre Wert von p bekannt sein muss.

476 **2.** (1) 0,0004 (3) 0,5187 (5) 0,5058
(2) 0,0913 (4) 0,8069 (6) 0,0206

477 **3.** Entscheidungsregel: Verwirf die Hypothese, falls weniger als 22 oder mehr als 38 Erfolge eintreten.
$\beta = P_{0,2}(22 \le X \le 38) = 34{,}60\ \%$

4. **a)** Entscheidungsregel: Verwirf die Hypothese, falls weniger als 10 oder mehr als 23 Erfolge eintreten.

b) $\beta = P_{\frac{1}{5}}(10 \le X \le 23) = 80{,}86\ \%$

c) Entscheidungsregel: Verwirf die Hypothese, falls weniger als 85 oder mehr als 115 Erfolge eintreten.
$\beta = P_{\frac{1}{5}}(85 \le X \le 115) = 32{,}59\ \%$

477 **4.** **d)** (1)

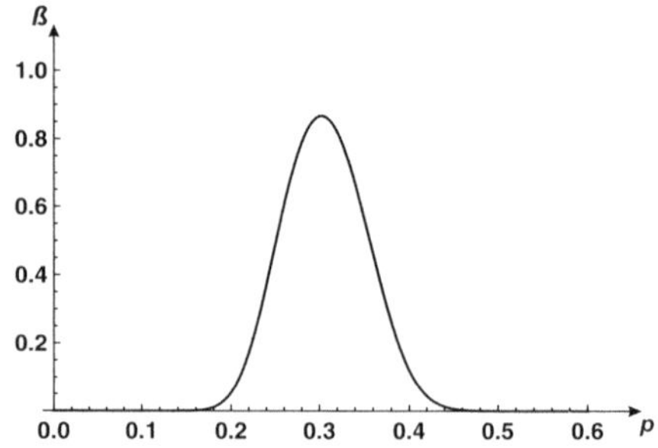

(2)

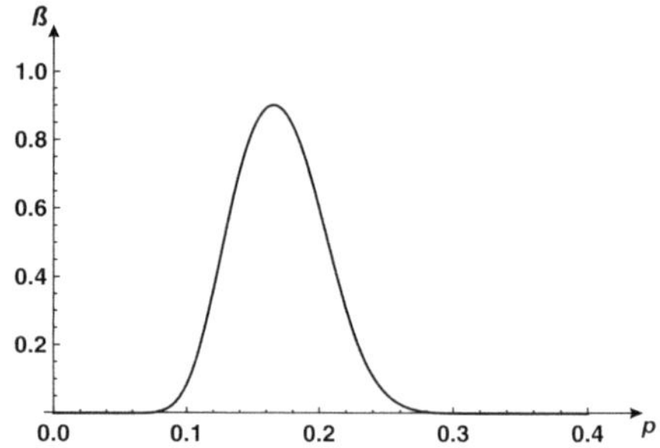

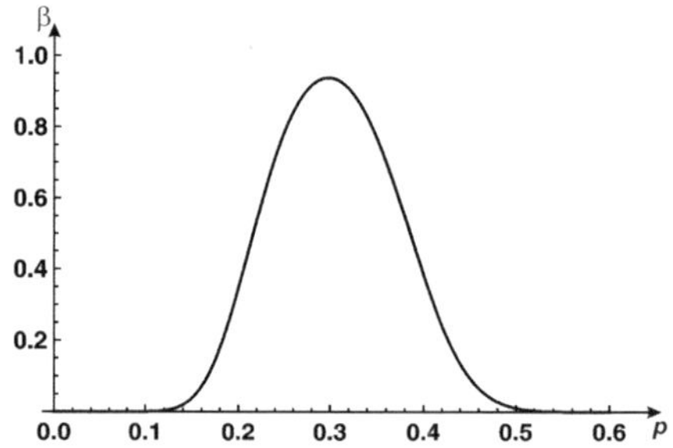

5. Die Operationscharakteristik OC(p) liefert die Wahrscheinlichkeit für die Annahme einer falschen Hypothese in Abhängigkeit von p. Da p = 0,75 der wahre Wert für p ist, liegt hier kein Fehler 2. Art vor.
Der GTR liefert die Wahrscheinlichkeit, dass X für das wahre p im Annahmebereich liegt.

6. **a)** $\alpha = 0{,}05$; $p_0 = 0{,}75$
(ablesbar am Maximum der Operationscharakteristik)
Wahrscheinlichkeiten für Fehler 2. Art (exakte Werte):
$p_1 = 0{,}66$; $\beta = 0{,}231$ [$p_1 = 0{,}72$; $\beta = 0{,}843$ $p_1 = 0{,}8$; $\beta = 0{,}674$]

b) $\alpha = 0{,}10$; $p_0 = 0{,}4$
Wahrscheinlichkeiten für Fehler 2. Art (exakte Werte):
$p_1 = 0{,}36$; $\beta = 0{,}748$ [$p_1 = 0{,}42$; $\beta = 0{,}857$ $p_1 = 0{,}5$; $\beta = 0{,}223$]

477 **7.** Wenn der Stichprobenumfang n verdoppelt wird, wird der Annahmebereich nicht doppelt so groß, sondern wächst nur mit dem Faktor $\sqrt{2}$, da bei der Bestimmung der zugehörigen Umgebung um den Erwartungswert die Standardabweichung eine Rolle spielt, welche sich nach der Formel $\sigma = \sqrt{n \cdot p \cdot (1-p)}$ berechnet.
Andererseits verändert sich der Erwartungswert bei Verdoppelung des Stichprobenumfangs mit dem Faktor 2, d. h. der Abstand zwischen dem Erwartungswert des hypothetischen p und dem des tatsächlichen p wird größer, sodass die Wahrscheinlichkeit für den Annahmebereich mit größer werdendem n wegen der größeren Entfernung des Annahmebereichs vom tatsächlichen Erwartungswert kleiner wird.
Konkret ergibt sich für n = 100; p = 0,5 und $\alpha \leq 0{,}05$ der Annahmebereich A = {40, 41, …, 60} und für n = 200 entsprechend A = {86, 87, …, 114}.

p	OC(p) für n = 100	OC(p) für n = 200
0,2	$3{,}608 \cdot 10^{-6}$	$1{,}313 \cdot 10^{-13}$
0,3	0,021	$6{,}705 \cdot 10^{-5}$
0,4	0,538	0,213
0,6	0,538	0,213
0,7	0,021	$6{,}705 \cdot 10^{-5}$
0,8	$3{,}608 \cdot 10^{-6}$	$1{,}313 \cdot 10^{-13}$

9.2.3 Testen einer einseitigen Hypothese

478 **Einstieg**
X zähle die Jugendlichen, die die Marke kennen. Es gilt: $P_{0,3}(X \geq 67) = 0{,}1579$, d. h. die Wahrscheinlichkeit, dass bei einem Bekanntheitsgrad von 30 % mindestens 67 Jugendliche die Marke kennen, liegt bei ca. 16 %. Wenn der wahre Bekanntheitsgrad kleiner als 30 % ist, verringert sich diese Wahrscheinlichkeit noch weiter. Bei einem geringen Bekanntheitsgrad ist das beobachtete Ereignis also vergleichsweise unwahrscheinlich.
Damit kann man der Aussage des Herstellers Glauben schenken. Bewiesen ist sie damit nicht.

2. a) X: Anzahl der Wappen; n = 200; getestet wird die Hypothese $p \leq 0{,}5$.
Falls diese Hypothese verworfen werden kann, gilt: $p > 0{,}5$ – was vermutet wird!
Für p = 0,5 ist $\mu = 100$; $\sigma = 7{,}07$; also $\mu + 1{,}64\sigma = 111{,}60$
Für p < 0,5 ist $\mu + 1{,}64\sigma < 111{,}60$
Entscheidungsregel: Verwirf die Hypothese $p \leq 0{,}5$, falls mehr als 111-mal Wappen fällt.

478 **2.** **b)** Beim zweiseitigen Hypothesentest ($p = 0{,}5$) setzt sich der Verwerfungsbereich aus 2 Teilbereichen zusammen ($X < \mu - 1{,}96\sigma$ bzw. $X > \mu + 1{,}96\sigma$). Der Annahmebereich zum selben Signifikanzniveau ragt weiter nach „oben" als der der einseitigen Hypothese $p \leq 0{,}5$.

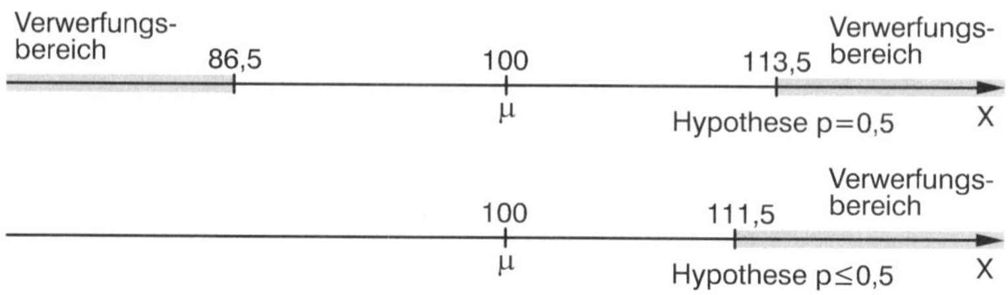

480 **3.** Lässt sich die Hypothese $p > 0{,}5$ aufgrund des Stichprobenergebnisses verwerfen?
Für $p = 0{,}5$; $n = 800$ wäre $\mu = 400$; $\sigma = 14{,}14$ und $\mu - 1{,}64\sigma = 376{,}81$.
Für $p > 0{,}5$ ist $\mu - 1{,}64\sigma > 376{,}81$.
Entscheidungsregel: Verwirf die Hypothese $p > 0{,}5$, falls weniger als 377 Personen in der Stichprobe die Regierung unterstützen würden.
Da in der Stichprobe 382 Personen wieder die Regierungspartei wählen würden, kann man nichts über die Hypothese entscheiden.

481 **4.** **a)**

Partei	$1{,}96\frac{\sigma}{n}$ -Umgebung des Wahlergebnisses
CDU	$0{,}440 \leq \frac{X}{n} \leq 0{,}480$
SPD	$0{,}423 \leq \frac{X}{n} \leq 0{,}463$
FDP	$0{,}056 \leq \frac{X}{n} \leq 0{,}076$

Die Befragungsergebnisse liegen alle in den $1{,}96\frac{\sigma}{n}$ -Umgebungen der Wahlergebnisse.

b) Einseitiger Hypothesentest: $H_0 : p \leq 0{,}53$
Für $p = 0{,}53$ gilt $\mu + 1{,}96\sigma = 560{,}93$;
für alle $p < 0{,}53$ gilt $\mu + 1{,}96\sigma < 560{,}93$.
$X = 565$ liegt im Verwerfungsbereich von H_0. Die Hypothese H_0 „Personen sind bereit zuzugeben, die Verliererpartei gewählt zu haben", kann mit einer Irrtumswahrscheinlichkeit von 2,5% verworfen werden.

5. Die Behauptung lautet, dass gefoulte Spieler schlechtere Elfmeterschützen sind, also $p < 0{,}75$.
Zu testende Hypothese H_0: $p \geq 0{,}75$.
Verwerfungsbereich für $\alpha \leq 5\,\%$:

$$X < \mu_0 - 1{,}64\sigma_0 = 102 \cdot 0{,}75 - 1{,}64 \cdot \sqrt{102 \cdot 0{,}75 \cdot 0{,}25}$$
$$\approx 76{,}5 - 1{,}64 \cdot 4{,}37321 \approx 69{,}33$$

D. h., wenn weniger als 69 Elfmeter verwandelt wurden, wird die Hypothese „Gefoulte Spieler sind mindestens so gute Schützen wie alle anderen Spieler" verworfen werden.

481 **6.** p sei der unbekannte Anteil der Jugendlichen mit mobilem Internetzugang.
Erster Standpunkt: Der Anteil hat sich gegenüber 2007 erhöht.
Hypothese: H_0: $p \leq 0{,}2$;
Verwerfungsbereich für $\alpha \leq 0{,}05$: $X > \mu_0 + 1{,}64 \cdot \sigma_0$
Zweiter Standpunkt: Der Anteil hat sich gegenüber 2007 verringert.
Hypothese: H_0: $p \geq 0{,}2$;
Verwerfungsbereich für $\alpha \leq 0{,}05$: $X < \mu_0 - 1{,}64 \cdot \sigma_0$

9.2.4 Auswahl der Hypothese bei einseitigen Tests

482 **Einstieg**

(1) Die Werbeagentur behauptet, dass der Bekanntheitsgrad mindestens 70 % ist. Sie wird diese Behauptung nur dann fallen lassen, wenn der Anteil unter den Befragten deutlich nach unten abweicht.
Hypothese: H_0: $p \leq 0{,}7$;
Verwerfungsbereich: $X < 350 - 1{,}64 \cdot 10{,}247 \approx 333{,}2$
Korrekturrechnung: $P(X \leq 333) \approx 0{,}054$; $P(X \leq 332) \approx 0{,}045$
Fehler 1. Art: Die Hypothese ist wahr, wird aber verworfen.
$\alpha = P(X \leq 332) \approx 0{,}045$
Fehler 2. Art: Die Hypothese ist falsch. Der Anteil der Befragten fällt aber in den Annahmebereich.

(2) Der Auftraggeber behauptet, dass der Bekanntheitsgrad weniger als 70 % ist. Er wird diese Behauptung nur dann fallen lassen, wenn der Anteil unter den Befragten deutlich nach oben abweicht.
Hypothese: H_0: $p < 0{,}7$;
Verwerfungsbereich: $X > 350 + 1{,}64 \cdot 10{,}247 \approx 366{,}8$
Korrekturrechnung: $P(X > 366) \approx 0{,}052$; $P(X > 367) \approx 0{,}0425931$
Fehler 1. Art: Die Hypothese ist wahr, wird aber verworfen.
$\alpha = P(X > 367) \approx 0{,}04259$
Fehler 2. Art: Die Hypothese ist falsch. Der Anteil der Befragten fällt aber in den Annahmebereich.

483 **2.** I. Behauptung des Herstellers: $p \leq 0{,}1$ (Wahrscheinlichkeit für allergische Reaktion); diese kann nur bei signifikanter Abweichung nach oben verworfen werden.
II. Skeptischer Standpunkt: $p > 0{,}1$; dieser wird bei signifikanter Abweichung nach unten aufgegeben.

Die Wahrscheinlichkeit für einen Fehler 1. Art sollte klein gehalten werden, z. B. $\alpha = 0{,}01$

I. Für $p = 0{,}1$ ist $\mu = 17{,}2$; $\sigma = 3{,}93$; also $\mu + 2{,}33\sigma = 26{,}37$.
Für $p < 0{,}1$ ist $\mu + 2{,}33\sigma < 26{,}37$.
Entscheidungsregel: Verwirf die Hypothese $p \leq 0{,}1$, falls mehr als 26 Patienten allergische Reaktionen zeigen.

II. Für $p > 0{,}1$ ist $\mu - 2{,}33\sigma > 8{,}03$.
Entscheidungsregel: Verwirf die Hypothese $p > 0{,}1$, falls weniger als 9 Patienten allergische Reaktionen zeigen.

483 **2.** Fortsetzung

I. *Fehler 1. Art:* Ein besseres Medikament wird irrtümlich nicht eingesetzt.
Fehler 2. Art: Ein schlechteres Medikament wird irrtümlich als besser eingestuft.

II. Auswirkungen des Fehlers 1. und 2. Art von I sind vertauscht.

484 **3.** Der Hersteller wird i. a. nur von seinen Angaben zurücktreten, wenn bei einer Stichprobe signifikant weniger als 90% der Fälle behandelbar sind.

4. a) Der Händler wird einen skeptischen Standpunkt einnehmen, d. h. die Hypothese $p \leq 0{,}7$ (Anteil der brauchbaren Glühbirnen) testen.
Diese Hypothese wird verworfen bei signifikanter Abweichung nach oben.
Für $p \leq 0{,}7$ und $n = 60$ ist $\mu = 42$; $\sigma = 3{,}55$; also $\mu + 1{,}28\sigma \leq 46{,}54$. Der Händler wird erst bei mehr als 46 brauchbaren (d. h. weniger als 14 unbrauchbaren) Glühbirnen kaufen.

b) Alle Anteile $0{,}685 \leq p < 0{,}7$ sind mit $X = 47$ verträglich, aber für den Händler ungünstig.

c) Alle Anteile $0{,}7 < p \leq 0{,}728$ sind mit $X = 38$ verträglich, aber für den Händler günstig.

5. a) Standpunkt des Kunden: Der Anteil ist geringer als 20% ($p < 0{,}2$)
Für $p = 0{,}2$ ist $\mu = 14{,}4$; $\sigma = 3{,}39$; also $\mu + 1{,}28\sigma = 18{,}74$
Entscheidungsregel: Verwirf die Hypothese $p < 0{,}2$, falls unter den 72 sichtbaren Briefmarken mehr als 18 einen Katalogwert von mindestens 0,30 € heben.

b) Bei nur 10 Briefmarken mit Mindest-Katalogwert 0,30 € kauft der Kunde nicht (vgl. a). Es ist aber dennoch möglich, dass $p \geq 0{,}2$ ist.
Selbst ein Stichprobenergebnis von $X = 10$ ist mit Anteilen $0{,}2 \leq p \leq 0{,}219$ verträglich!

c) Der Anbieter wird die Hypothese $p \geq 0{,}2$ vorschlagen, die nur bei signifikanter Abweichung nach unten ($X < 11$) verworfen wird.
Fehler 1. Art: Die Briefmarken haben tatsächlich einen höheren Wert, aber die Stichprobe führt zum Verwerfen der Hypothese.
Fehler 2. Art: Die Briefmarken sind nicht so wertvoll, aber dies wird nicht erkannt.

6. a) Da im Großmarkt untersucht wird, wird die Hypothese $H_0 : p \leq 0{,}1$ getestet.
Für $p = 0{,}1$ gilt: $\mu = 10$; $\sigma = 3$; $1{,}64\sigma = 4{,}92$
Entscheidungsregel: Falls mehr als 14 Packungen weniger als 400 g wiegen, verwirf die Hypothese H_0.

b) Da der Test beim Abnehmer stattfindet, wird folgende Hypothese untersucht: $H_1 : p > 0{,}1$ (Rechnung wie in a)) $1{,}64\sigma = 5{,}39$
Entscheidungsregel: Falls weniger als 7 Packungen Mindergewicht haben, verwirf die Hypothese H_1.

484 **6.** **c)** Für H_0 gilt: Ein Fehler 1. Art tritt auf, wenn mehr als 14 Packungen Mindergewicht haben, obwohl $p \leq 0{,}1$ ist.
Ein Fehler 2. Art tritt auf, wenn weniger als 15 Packungen Mindergewicht haben, obwohl $p > 0{,}1$ ist.
Für H_1 gilt: Ein Fehler 1. Art tritt auf, wenn weniger als 7 Packungen Mindergewicht haben, obwohl $p > 0{,}1$ ist.
Ein Fehler 2. Art tritt auf, wenn mehr als 6 Packungen Mindergewicht haben, obwohl $p \leq 0{,}1$ ist.

7. **a)** Hypothese H_1: $p < 0{,}05$
Von seiner Meinung lässt sich der Wahlkampfmanager nur abbringen, wenn in der Stichprobe ein extrem hohes Ergebnis für die Partei herauskommt – extrem hoch heißt: Werte oberhalb von $\mu + 1{,}64\sigma$ für $p = 0{,}05$ – diese führen dann zum Verwerfen der Hypothese $p < 0{,}05$, denn solche Werte treten zufällig nur mit einer Wahrscheinlichkeit von höchstens 5 % auf.
$n = 400$; $p = 0{,}05$; $\mu = 400 \cdot 0{,}05 = 20$; $\sigma \approx 4{,}87$; $\mu + 1{,}64\sigma \approx 28{,}0$
Kontrollrechnung: $P(X \leq 28) \approx 0{,}969$, aber $P(X \leq 27) \approx 0{,}952$
Entscheidungsregel: Verwirf die Hypothese H_1: $p < 0{,}05$, falls in der Stichprobe vom Umfang 400 mehr als 27 Personen angeben, die Partei wählen zu wollen.

b) Hypothese H_2: $p \geq 0{,}05$
Von dieser Meinung lässt sich der Finanzbeauftragte nur abbringen, wenn in der Stichprobe ein extrem niedriges Ergebnis für die Partei herauskommt – extrem niedrig heißt: Werte unterhalb von $\mu - 1{,}64\sigma$ für $p = 0{,}05$ – diese führen dann zum Verwerfen der Hypothese $p \geq 0{,}05$; denn solche Werte treten zufällig nur mit einer Wahrscheinlichkeit von höchstens 5 % auf.
$n = 400$; $p = 0{,}05$; $\mu = 400 \cdot 0{,}05 = 20$; $\sigma \approx 4{,}87$; $\mu - 1{,}64\sigma \approx 12{,}0$
Kontrollrechnung: $P(X \leq 12) \approx 0{,}036$, aber $P(X \leq 13) \approx 0{,}061$
Entscheidungsregel: Verwirf die Hypothese H_2: $p > 0{,}05$, falls in der Stichprobe vom Umfang 400 weniger als 13 Personen angeben, die Partei wählen zu wollen.

485 **8.** Annahmebereich aus b): $X \leq 65$
$P_{0,85}(X \leq 65) = P_{0,85}(X \leq 65{,}5) = P(X \leq \mu + 0{,}57\sigma) = 0{,}716$
Denn: Für $p = 0{,}85$ ist $\mu = 63{,}75$; $\sigma = 3{,}09$
$P(\mu - 0{,}57\sigma \leq X \leq \mu + 0{,}57\sigma) = 0{,}431$; also $P(\mu \leq X \leq \mu + 0{,}57\sigma) = 0{,}216$.

9. Es soll untersucht werden, wie groß der Anteil der weiblichen Autofahrer ist.
1. Standpunkt: Der Anteil liegt bei mindestens 37,1 %. Dann wäre der Anteil der weiblichen Autofahrer unter den Unfallverursachern geringer als erwartet, was den Schluss zuließe, dass weibliche Autofahrer die besseren sind.
Hypothese H_0: $p \geq 0{,}371$; $P(X < K) \leq 5\ \%$ gilt für $K \leq 80$
Entscheidungsregel: Verwirf die Hypothese $p \geq 0{,}371$, falls weniger als 80 weibliche Fahrer gezählt werden.

485

9. Fortsetzung
Fehler 1. Art: Der Anteil liegt tatsächlich bei mindestens 37,1 %. In der Stichprobe befinden sich aber weniger als 80 Frauen, sodass die wahre Hypothese verworfen wird.
Fehler 2. Art: Der Anteil liegt tatsächlich unter 37,1 %. In der Stichprobe befinden sich aber mindestens 80 Frauen, sodass die falsche Hypothese nicht verworfen wird.

2. Standpunkt: Der Anteil liegt unter 37,1 %. Dann wäre der Anteil der weiblichen Autofahrer unter den Unfallverursachern höher als erwartet, was den Schluss zuließe, dass weibliche Autofahrer nicht die besseren sind.
Hypothese H_0: $p < 0{,}371$; $P(X > K) \leq 5\ \%$ gilt für $K \geq 105$
Entscheidungsregel: Verwirf die Hypothese $p < 0{,}371$, falls mehr als 105 weibliche Fahrer gezählt werden.
Fehler 1. Art: Der Anteil liegt tatsächlich unter 37,1 %. In der Stichprobe befinden sich aber mindestens 105 Frauen, sodass die wahre Hypothese verworfen wird.
Fehler 2. Art: Der Anteil liegt tatsächlich bei mindestens 37,1 %. In der Stichprobe befinden sich aber weniger als 105 Frauen, sodass die falsche Hypothese nicht verworfen wird.

10. (1) 1. Standpunkt: „Ich glaube dem Angebot. Wenn ich daran teilnehme, verbessert sich meine Diagnose-Quote“.
2. Standpunkt: „Ich glaube die Behauptung nicht. Wenn ich daran teilnehme, verbessert sich meine Diagnose-Quote nicht“.
(2) 1. Standpunkt: Hypothese H_0: $p > 0{,}85$;
Fehler 1. Art: Der Anteil liegt tatsächlich bei mehr als 85 %. Das Stichprobenereignis spricht aber dagegen, sodass die wahre Hypothese verworfen wird. Eine sinnvolle Fortbildung wird nicht als solche erkannt.
Fehler 2. Art: Der Anteil liegt tatsächlich bei höchstens 85 %. Das Stichprobenereignis spricht aber dagegen, sodass die falsche Hypothese nicht verworfen wird. Eine sinnlose Fortbildung wird nicht als solche erkannt.
2. Standpunkt: Hypothese H_0: $p \leq 0{,}85$;
Fehler 1. Art: Der Anteil liegt tatsächlich bei höchstens 85 %. Das Stichprobenereignis spricht aber dagegen, sodass die falsche Hypothese nicht verworfen wird. Eine sinnvolle Fortbildung wird nicht als solche erkannt.
Fehler 2. Art: Der Anteil liegt tatsächlich bei mehr als 85 %. Das Stichprobenereignis spricht aber dagegen, sodass die wahre Hypothese verworfen wird. Eine sinnvolle Fortbildung wird nicht als solche erkannt.
(3) 1. Standpunkt:
Entscheidungsregel: Verwirf die Hypothese $p > 0{,}85$, falls weniger als 203 richtige Diagnosen gestellt werden.
2. Standpunkt:
Entscheidungsregel: Verwirf die Hypothese $p \leq 0{,}85$, falls mehr als 222 richtige Diagnosen gestellt werden.

485

11. a) Erwartungswert: $\mu = 320 \cdot 0{,}593 \approx 190$; 95 %-Intervall: [172; 207]

b) Es soll die Frage untersucht werden, ob es immer noch eine Tendenz zu nicht wahrheitsgemäßen Aussagen zum Wählerverhalten gibt.
1. Standpunkt: „Nichtwähler machen tendenziell nach wie vor falsche Angaben".
Hypothese H_0: $p > 0{,}593$
Entscheidungsregel: Verwirf die Hypothese $p > 0{,}593$, falls weniger als 179 Personen angeben, gewählt zu haben.
Fehler 1. Art: Der Anteil liegt tatsächlich bei mehr als 59,3 %. Das Stichprobenereignis spricht aber dagegen, sodass die wahre Hypothese verworfen wird.
Fehler 2. Art: Der Anteil liegt tatsächlich bei höchstens 59,3 %. Das Stichprobenereignis spricht aber dagegen, sodass die falsche Hypothese nicht verworfen wird.
2. Standpunkt: „Wähler geben neuerdings häufiger an, nicht gewählt zu haben".
Hypothese H_0: $p \leq 0{,}593$
Entscheidungsregel: Verwirf die Hypothese $p \leq 0{,}593$, falls mehr als 201 Personen angeben, gewählt zu haben.
Fehler 1. Art: Der Anteil liegt tatsächlich bei höchstens 59,3 %. Das Stichprobenereignis spricht aber dagegen, sodass die falsche Hypothese nicht verworfen wird.
Fehler 2. Art: Der Anteil liegt tatsächlich bei mehr als 59,3 %. Das Stichprobenereignis spricht aber dagegen, sodass die wahre Hypothese verworfen wird.

Blickpunkt: Alternativtest

486

1. a) *Fehler 1. Art:* Es sind tatsächlich nur 4 Gewinnfelder auf dem Glücksrad, aber in der Stichprobe zufällig eine besonders große Zahl roter Felder. Daher wird $p = 0{,}2$ verworfen, obwohl der Betreiber des Spielautomaten ein Betrüger ist.
Fehler 2. Art: Es sind tatsächlich 6 Gewinnfelder auf dem Glücksrad. Aber zufällig erscheint nur eine kleine Zahl von roten Feldern in der Stichprobe, sodass wir keinen Anlass haben, die Hypothese $p = 0{,}2$ zu verwerfen.

b) $\alpha = P_{0,2}(X > 4) = 0{,}370$
$\beta = P_{0,3}(X \leq 4) = 0{,}238$

c) $\alpha = P_{0,2}(X > 5) = 0{,}196$
$\beta = P_{0,3}(X \leq 5) = 0{,}416$

486 **2.** Gemäß Aufgabenstellung geht es hier um die Frage, ob das Feld ohne Augen mit einer Wahrscheinlichkeit von $p_1 = 0{,}3$ oder $p_2 = 0{,}4$ auftritt. Die Zufallsgröße X zählt also die Anzahl der Würfe, bei denen ein Feld ohne Augen oben liegen bleibt.
Der Spieler nimmt einen skeptischen Standpunkt ein, d. h. vermutet, dass $p = 0{,}4$ ist. Von diesem Standpunkt lässt er sich nur abbringen, falls ein Feld ohne Augen ungewöhnlich selten auftritt.
Bei $n = 80$ Würfen kann man $\mu = 80 \cdot 0{,}4 = 32$ Würfe mit 0 Augen erwarten. Außerdem gilt:
$P(X \leq 27) = 0{,}152$ $\quad P(X \leq 26) = 0{,}104$ $\quad P(X \leq 25) = 0{,}067$
Entscheidungsregel: Verwirf die Hypothese H: $p = 0{,}4$, falls weniger als 26-mal ein Feld ohne Augen oben liegt, d. h. der Annahmebereich ist $A = \{26, 27, 28, \ldots, 80\}$, der Verwerfungsbereich ist $V = \{0, 1, \ldots, 25\}$.
[Die Wahrscheinlichkeit für einen Fehler 2. Art ist dann $P_{p=0,3}(X \geq 26) = 0{,}352$.]

487 **3. a)** 1. Hypothese: H_1: $p = 0{,}6$
Fehler 1. Art: Wahre Hypothese wird verworfen. In Wirklichkeit werden nur 60 % der fehlerhaften Werkstücke erkannt, d. h. das neue Verfahren ist nicht besser.
Fehler 2. Art: Falsche Hypothese wird nicht verworfen. In Wirklichkeit werden 80 % der fehlerhaften Werkstücke erkannt. Das neue Verfahren ist besser, wird aber nicht als solches erkannt.
2. Hypothese: H_2: $p = 0{,}8$
Fehler 1. Art: Wahre Hypothese wird verworfen. In Wirklichkeit werden 80 % der fehlerhaften Werkstücke erkannt. Das neue Verfahren ist besser, wird aber nicht als solches erkannt.
Fehler 2. Art: Falsche Hypothese wird nicht verworfen. In Wirklichkeit werden nur 60 % der fehlerhaften Werkstücke erkannt, d. h. das neue verfahren ist nicht besser.

b) Entscheidungsregel: Wenn mindestens 15 Werkstücke richtig erkannt wurden, akzeptiere die Hypothese H_2: $p = 0{,}8$. Anderenfalls akzeptiere H_1: $p = 0{,}6$.

4. In einer Stichprobe vom Umfang $n = 40$ soll über die Hypothesen H_1: $p = 0{,}08$ oder H_2: $p = 0{,}15$ entschieden werden.
Die Erwartungswerte sind $\mu_1 = 40 \cdot 0{,}08 = 3{,}2$ und $\mu_2 = 40 \cdot 0{,}15 = 6$.
Man könnte also einen kritischen Wert zwischen diesen beiden Erwartungswerten festlegen. Hierfür gilt (vgl. Tabelle unten):
$P_{p=0,08}(X \geq 5) = 1 - 0{,}787 = 0{,}213$ und $P_{p=0,15}(X \leq 4) = 0{,}263$
d. h. mit einer Wahrscheinlichkeit von 21,3 % würde die Anzahl der Dachziegel mit Mängeln oberhalb des kritischen Werts liegen, obwohl es sich um Dachziegel 1. Wahl handelt, und mit einer Wahrscheinlichkeit von 26,3 % würde die Anzahl der Dachziegel mit Mängeln unterhalb des kritischen Werts liegen, obwohl es sich um Dachziegel 2. Wahl handelt.
Hier geht es aber nicht um die Entscheidung eines Außenstehenden, der daher den kritischen Wert zwischen den beiden Erwartungswerten wählt, sondern um die Entscheidung aufgrund eines Standpunkts.

487 **4.** Fortsetzung

Der Bauunternehmer (Kunde) nimmt einen skeptischen Standpunkt ein, d. h. vermutet also, dass es sich um Dachziegel 2. Wahl handelt , d. h. $p = 0{,}15$ der Stichprobe zugrunde liegt. Von diesem Standpunkt lässt er sich nur abbringen, wenn die Anzahl von Dachziegeln mit Mängeln deutlich unterhalb des Erwartungswerts μ_2 liegt.

An der Tabelle der Wahrscheinlichkeitsverteilung lesen wir ab:

k	$P(X \leq k)$ für p = 0,08	$P(X \leq k)$ für p = 0,15
0	0,036	0,002
1	0,159	0,012
2	0,369	0,049
3	0,601	0,130
4	0,787	0,263
5	0,903	0,433
6	0,962	0,607
7	0,987	0,756

Wenn der Bauunternehmer (Kunde) als Entscheidungsregel festlegt, die Hypothese $p = 0{,}15$ zu verwerfen, falls weniger als 3 mangelhafte Dachziegel gefunden werden, dann ist die Wahrscheinlichkeit für einen Fehler 1. Art gleich $P_{p=0{,}15}(X \leq 2) = 0{,}049$.

Dagegen wird ein Vertreter der Firma anders argumentieren: Es handelt sich um Dachziegel 1. Wahl, d. h. es gilt: $p = 0{,}08$. Von diesem Standpunkt lasse ich mich nur abbringen, wenn in der Stichprobe ungewöhnlich viele defekte Dachziegel gefunden werden. Er wird daher beispielsweise formulieren:

Verwirf die Hypothese $p = 0{,}08$, falls mehr als 6 defekte Dachziegel in der Stichprobe gefunden werden; hierfür gilt:

$P_{p=0{,}08}(X > 6) = 1 - 0{,}962 = 0{,}038$

5. $P_{0{,}9}(X \leq 84) = 0{,}040 < \alpha$

Entscheidungsregel: Verwirf die Hypothese $p = 0{,}9$, falls weniger als 85 Pflanzen keimen.

Wahrscheinlichkeit für Fehler 2. Art:

$\beta = P_{0{,}75}(X > 84) = 1 - P_{0{,}75}(X \leq 84) = 0{,}011$

$P_{0{,}75}(X \geq 83) = 0{,}038 < \alpha$

Entscheidungsregel: Verwirf die Hypothese $p = 0{,}75$, falls mehr als 82 Pflanzen keimen.

Wahrscheinlichkeit für Fehler 2. Art:

$\beta = P_{0{,}9}(X \leq 82) = 0{,}010$

9.3 Schätzen von Parametern für binomialverteilte Zufallsgrößen

9.3.1 Schluss von der Stichprobe auf die Gesamtheit

488 **Einstieg**

Berechne zu verschiedenen Werten für p das 95%-Intervall:

p	Intervall	p	Intervall
0,35	[26; 44]	0,56	[46; 66]
0,36	[27; 45]	0,57	[47; 67]
0,37	[28; 46]	0,58	[48; 68]
0,38	[29; 47]	0,59	[49; 49]

Damit kleinster Wert: 38 %, größter Wert 57 %.

491 **2.** Im 95%-Konfidenzintervall liegen alle diejenigen Erfolgswahrscheinlichkeiten p, für die gilt:
Das gegebene Stichprobenergebnis X liegt in der 95%-Umgebung des Erwartungswerts $\mu = n \cdot p$; die Hypothese bzgl. p würde also nicht verworfen.
Liegt ein p nicht im 95%-Konfidenzintervall, dann liegt auch das Stichprobenergebnis X nicht in der 95%-Umgebung von μ; die Hypothese bzgl. p würde also verworfen.

492 **3.** für ein Verbot: [0,641; 0,698]
gegen ein Verbot: [0,177; 0,225]
„weiß nicht, was Scientology ist“: [0,065; 0,098]
„weiß nicht“/keine Angabe: [0,039; 0,065]

4. 2008
- war für mich persönlich gut: [0,660; 0,717]; weiß nicht: [0,030; 0,054]; schlecht: [0,244; 0,298]
- war für Deutschland gut: [0,410; 0,470]; weiß nicht: [0,038; 0,065]; schlecht: [0,480; 0,540]
- war für die Welt gut: [0,263; 0,318]; weiß nicht: [0,039; 0,065]; schlecht: [0,631; 0,688]

2009
- war für mich persönlich gut: [0,754; 0,804]; weiß nicht: [0,047; 0,076]; schlecht: [0,139; 0,184]
- war für Deutschland gut: [0,302; 0,359]; weiß nicht: [0,039; 0,065]; schlecht: [0,590; 0,649]
- war für die Welt gut: [0,322; 0,380]; weiß nicht: [0,056; 0,087]; schlecht: [0,550; 0,610]

5. -

492 **6.** **a)** 95 %-Konfidenzintervall für die unbekannte Wahrscheinlichkeit p: [0,526; 0,660]
Es lohnt sich also, zu wetten.
b) 95 %-Konfidenzintervall für die unbekannte Wahrscheinlichkeit p: [0,482; 0,672]
Es lohnt sich also nicht, zu wetten.

493 **7.** (1) [0,859; 0,875] (2) [0,260; 0,280] (3) [0,630; 0,652]

8. **a)** Wie man am Graphen der Funktion f erkennt, verläuft diese im Intervall [0,3; 0,7] besonders flach, d. h. der Fehler ist nicht allzu groß, wenn p durch $\frac{X}{n}$ ersetzt wird.

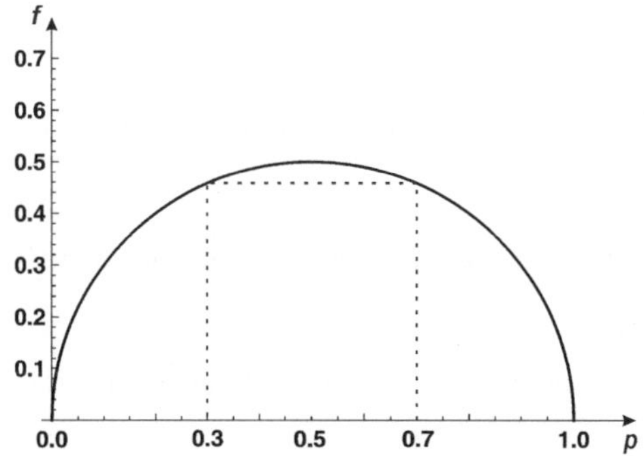

b) Betrachtet man die Funktion f mit $f(p) = \frac{\sigma}{n}$, dann wird der Graph im Vergleich zu Teilaufgabe a) noch mit dem Faktor $\frac{1}{\sqrt{n}}$ gestaucht, beispielsweise im Falle n = 100 (vgl. Abbildung) mit dem Faktor $\frac{1}{10}$, d. h. der Graph verläuft im angegebenen Intervall noch flacher, d. h. der Fehler wird mit zunehmendem n immer kleiner.

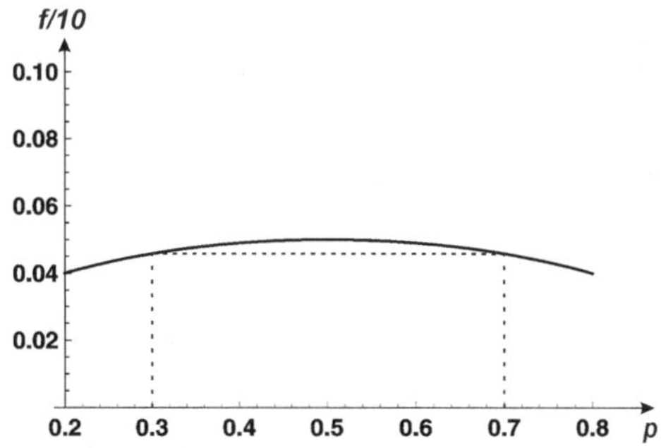

c) (1) exakt: [0,176377; 0,225919] Näherung: [0,175208; 0,224792]
(2) exakt: [0,026041; 0,060974] Näherung: [0,0228234; 0,0571766]
(3) exakt: [0,0679422; 0,11831] Näherung: [0,0649151; 0,115085]

493 **9.** Das Programm simuliert einen 100-stufigen Bernoulli-Versuch mit $p = 0{,}3$. Es sind dann (zumindest theoretisch) relative Häufigkeiten $\frac{X}{n} = 0;\ 0{,}01;\ 0{,}02;\ \ldots;\ 0{,}99;\ 1$ möglich.

Zu diesen relativen Häufigkeiten bestimmt die Software ein Konfidenzintervall. Wenn das wahre p (das wir kennen), innerhalb des berechneten Konfidenzintervalls liegt, wird das Intervall grün gefärbt, sonst rot.
Da der Ansatz zur Bestimmung eines 90 %-Konfidenzintervalls nur in 90 % der Fälle richtig ist (denn die Ungleichung $|X - \mu| \leq 1{,}64\sigma$ gilt in 90 % der Fälle), ist auch zu erwarten, dass ungefähr 90 % der Simulationen zu einem Intervall führen, welches das wahre p enthält, also grün gefärbt ist.

10. (1) [0,136; 0,205]
Die Anzahl der Rentiere liegt zwischen ca. 972 und 1481.
(2) [0,151; 0,289]
Die Anzahl der Fische liegt zwischen ca. 414 und 795.

9.3.2 Wahl eines genügend großen Stichprobenumfangs

494 **Einstieg**
Die Mehrheit entspricht z. B. 50,1 %. Der angegebene Wert 53,4 % darf also um höchstens 3,3 Prozentpunkte abweichen.
Wie in der Lösung zu Aufgabe 1 im Schülerband ergibt sich die Ungleichung

$$n \geq \left(\frac{1{,}96}{0{,}033}\right)^2 \cdot 0{,}534 \cdot (1 - 0{,}534) \approx 878$$

495 **2.** Für den Mindeststichprobenumfang n in Aufgabe 1 gilt

$$n \geq \left(\frac{1{,}96}{0{,}01}\right)^2 \cdot p \cdot (1 - p)$$

p	n
5 %	1825
10 %	3458
30 %	8068
90 %	3458

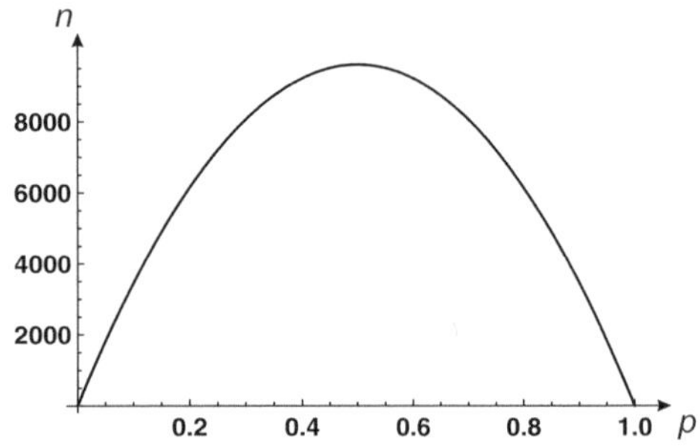

Die Parabel besitzt ein Maximum bei $p = 0{,}5$ und nimmt dort den Wert 9604 an.

496 **3.**

Sicherheit	Genauigkeit (Prozentpunkte)	p	Stichprobenumfang n
90 %	3	unbekannt	748
90 %	3	0,2	479
99 %	3	unbekannt	1 849
99 %	3	0,2	1 184
90 %	2	unbekannt	1 681
90 %	2	0,2	1 076
99 %	2	unbekannt	4 161
99 %	2	0,2	2 663

4. (1) $n \geq \frac{2{,}58^2 \cdot 0{,}5 \cdot 0{,}5}{0{,}005^2} = 66\,564$ (2) $n \geq \frac{2{,}58^2 \cdot 0{,}06 \cdot 0{,}94}{0{,}002^2} = 93\,855$

5. **a)** Durch $x^2 + y^2 = 1$ wird ein Kreis um den Koordinatenursprung mit Radius 1 beschrieben. Ein Viertel seiner Fläche enthält Punkte mit nicht negativen Koordinaten, daher gilt: $p = \frac{1}{4} \cdot 1^2 \cdot \pi = \frac{\pi}{4}$.

b) 95 %-Umgebung von $\frac{\pi}{4} = \left[\frac{\pi}{4} - 0{,}25;\ \frac{\pi}{4} + 0{,}25\right] = [0{,}760; 0{,}811]$

Daraus ergibt sich für π die Schätzung [3,040; 3,243]

c) $2{,}58\sqrt{\frac{\frac{\pi}{4}\left(1-\frac{\pi}{4}\right)}{n}} \leq 0{,}001 \quad \Leftrightarrow \quad n \geq 1{,}12 \cdot 10^6$

6. **a)** [0,203; 0,264]

b) $n \geq \left(\frac{1{,}64}{0{,}01}\right)^2 \cdot \frac{116}{500} \cdot \left(1 - \frac{116}{500}\right) = 4121{,}31$, also n = 4122

7. Nein. Bei einer Sicherheit von 90 % kann wegen

$\left|\frac{X}{n} - p\right| \leq 1{,}64\frac{\sigma}{n} \leq 1{,}64\sqrt{\frac{0{,}25}{3500}} = 0{,}0138605$

nur eine Breite von 0,014 erreicht werden.
Eine Genauigkeit von drei Stellen erfordert eine Intervallbreite von 0,001.
Bei einem Konfidenzniveau von 90 % gilt

$\left(\frac{1{,}64}{0{,}001}\right)^2 \cdot 0{,}25 \leq n$

also $n \geq 672\,400$.

497 **8.** **a)** Nein. Bei einem Konfidenzniveau von 90 % kann wegen

$\left|\frac{X}{n} - p\right| \leq 1{,}64\frac{\sigma}{1049} \leq 1{,}64\sqrt{\frac{0{,}25}{1049}} = 0{,}0253178$

nur eine Breite von 0,025 erreicht werden. Damit ist nicht mal eine Angabe auf einen Prozentpunkt angemessen.

497 **8. b)**

p	Stichprobenumfang n
70,3 %	5 616
57,5 %	6 573
54,6 %	6 668
47,1 %	6 702
45,9 %	6 679
42,6 %	6 577
40,4 %	6 477
11,3 %	2 696
5,7 %	1 446

9. a) [0,042; 0,059]

b) Nein, das 95%-Intervall für den Anteil der Grünen ist [0,185; 0,216]. Der Anteil liegt damit über dem der FDP.

c) Bei unbekanntem p muss vom schlechtesten Fall p = 0,5 ausgegangen werden. Damit folgt $n \geq \left(\frac{1{,}96}{0{,}01}\right)^2 \cdot 0{,}55 \cdot (1-0{,}5) = 9604$.

d) Es fehlt die Angabe der Sicherheitswahrscheinlichkeit – vergleiche die Aussage in Teilaufgabe c): Dort bestimmen wir mit 95 %-iger Sicherheit auf 1 Prozentpunkt genau.
Wir kennen also nicht die Sicherheitswahrscheinlichkeit und den zugehörigen Faktor vor Sigma. Bezeichnen wir ihn mit K, so gilt:
$K \cdot \sigma < 0{,}025$, im ungünstigsten Fall p = 0,5 also

$$K \cdot \frac{\sqrt{2507 \cdot 0{,}5 \cdot 0{,}5}}{2507} < 0{,}025$$

$K = 2{,}503\ldots$
Beim Vorfaktor 2,58 erhält man 99 %-ige Sicherheit, also stimmt die Aussage zur Fehlertoleranz in fast 99 % aller Fälle.

9.4 Normalverteilung

9.4.1 Approximation von Binomialverteilungen durch Normalverteilungen

500 **Einstieg**
Die Höhen der Rechtecke ergeben sich aus dem Logarithmus der Wahrscheinlichkeiten aus der linken Grafik.
Z. B. ist ln(P(X = 40)) = ln(0,0108439) = –4,52416

- Es gilt $\ln\left(\frac{1}{5\sqrt{2\pi}} e^{-\frac{(x-50)^2}{2 \cdot 5^2}}\right) = \ln\left(\frac{1}{5\sqrt{2\pi}}\right) + \ln\left(e^{-\frac{(x-50)^2}{2 \cdot 5^2}}\right)$

$$= -2{,}52838 - \frac{(k-50)^2}{50} = -0{,}02x^2 + 2x - 52{,}5284 = y(x)$$

Wegen $\ln\big(P(X=k)\big) \approx \ln\big(\varphi_{50;5}(k)\big) = y(k)$ liegen die logarithmierten Wahrscheinlichkeiten in der rechten Grafik etwa auf der Parabel y.

500

- $\ln(f(x)) = -0,02x^2 + 2x - 52,53 \Leftrightarrow f(x) = e^{-0,02x^2+2x-52,53}$

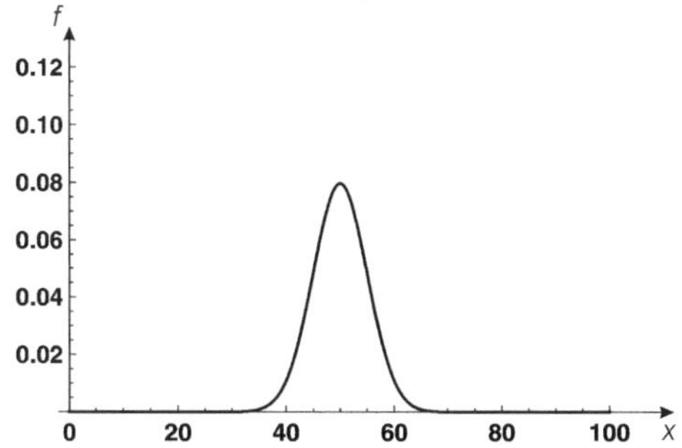

- (1)

k	P(X = k)	ln(P(X = k))
18	0,0160348	–4,133
19	0,0270059	–3,6117
20	0,0418591	–3,17344
21	0,0597988	–2,81677
22	0,0788257	–2,54052
23	0,0959617	–2,34381
24	0,107957	–2,22602
25	0,112275	–2,1868
26	0,107957	–2,22602
27	0,0959617	–2,34381
28	0,0788257	–2,54052
29	0,0597988	–2,81677
30	0,0418591	–3,17344
31	0,0270059	–3,6117
32	0,0160348	–4,133

Quadratische Regression der logarithmierten Werte:
$y(x) = -0,03970x^2 + 1,98497x - 26,9963$
Näherungsfunktion für die Ausgangswerte:
$f(x) = e^{-0,03970x^2+1,98497x-26,9963}$

500 • (2)

k	P(X = k)	ln(P(X = k))
31	0,0150651	–4,19538
32	0,021656	–3,83247
33	0,0297497	–3,51494
34	0,0390829	–3,24207
35	0,0491328	–3,01323
36	0,0591414	–2,82782
37	0,068199	–2,68532
38	0,0753779	–2,58524
39	0,0798877	–2,52713
40	0,0812191	–2,5106
41	0,0792382	–2,5353
42	0,0742072	–2,60089
43	0,0667289	–2,70712
44	0,0576295	–2,85372
45	0,0478112	–3,0405
46	0,0381104	–3,26727
47	0,0291909	–3,5339
48	0,0214878	–3,84027
49	0,0152022	–4,18631

Quadratische Regression der logarithmierten Werte:
$y(x) = -0,020736x^2 + 1,65781x - 35,6442$
Näherungsfunktion für die Ausgangswerte:
$f(x) = e^{-0,020736x^2 + 1,65781x - 35,6442}$

505 **3.** Ersetze die Binomialverteilung mit n = 200 und p = 0,5 durch die Normalverteilung mit $\mu = 200 \cdot 0,5 = 100$ und $\sigma = \sqrt{200 \cdot 0,5 \cdot (1 - 0,5)} = 7,071$
invNorm(0,90; 100; 7,071) = 109,062
Damit: k = 1,28; $\mu - k\sigma = 90,949$; $\mu + k\sigma = 109,051$.
Kontrollrechnung: $P(91 \le X \le 109) = 0,821$

4. a) $n = 75;\ p = \frac{1}{6};\ \mu = 12,5;\ \sigma \approx 3,227$

$P(X = 10) \approx \frac{1}{3,227} \cdot \varphi\left(\frac{10-12,5}{3,227}\right) \approx \frac{1}{3,227} \cdot \varphi(-0,775)$
$\approx 0,092$ [exakt: 0,09777]

b) $n = 144;\ p = \frac{1}{6};\ \mu = 24;\ \sigma = 4,472$

$P(X = 24) \approx \frac{1}{4,472} \cdot \varphi(0) \approx 0,089$ [exakt: 0,08889]

c) $n = 240;\ p = \frac{1}{6};\ \mu = 40;\ \sigma = 5,774$

$P(X = 60) \approx \frac{1}{5,774} \cdot \varphi(3,464) \approx 0,0001$ [exakt: $2,8 \cdot 10^{-4}$]

505 **4. d)** $n = 594;\ p = \frac{1}{6};\ \mu = 99;\ \sigma = 9{,}083$

$P(X = 100) \approx \frac{1}{9{,}083} \cdot \varphi\left(\frac{1}{9{,}083}\right) \approx \frac{1}{9{,}083} \cdot \varphi(0{,}110) \approx 0{,}044$ [exakt: 0,04345]

5. a) 0,0340 **b)** $3{,}1 \cdot 10^{-4}$ **c)** 0,0545 **d)** 0,0281

506 **6.** $P(X \le k) \approx \phi\left(\frac{k+0{,}5-\mu}{\sigma}\right)$

a) $n = 60;\ p = \frac{1}{6};\ \mu = 10;\ \sigma = 2{,}887$

$P(X \le 9) \approx \phi\left(\frac{-0{,}5}{2{,}887}\right) \approx \phi(-0{,}173) \approx 0{,}431$ [exakt: 0,4464]

b) $n = 72;\ p = \frac{1}{6};\ \mu = 12;\ \sigma = 3{,}162$

$P(X \le 15) \approx \phi\left(\frac{3{,}5}{3{,}162}\right) \approx \phi(1{,}107) \approx 0{,}866$ [exakt: 0,8647]

c) $n = 80;\ p = \frac{1}{6};\ \mu = 13{,}\overline{3};\ \sigma = 3{,}\overline{3}$

$P(X \le 25) \approx \phi\left(\frac{25{,}5-13{,}\overline{3}}{3{,}\overline{3}}\right) \approx \phi(3{,}65) \approx 1$ [exakt: 0,9996]

d) $n = 100;\ p = \frac{1}{6};\ \mu = 16{,}\overline{6};\ \sigma = 3{,}727$

$P(X \le 10) \approx \phi\left(\frac{-6{,}\overline{6}}{3{,}727}\right) \approx \phi(-1{,}789) \approx 0{,}037$ [exakt: 0,0427]

7. a) 0,6243 **c)** 0,5863
b) 0,3034 **d)** 0,0889

8. a) $n = 100;\ p = 0{,}5;\ \mu = 50;\ \sigma = 5$
(1) $P(X = 48) = 0{,}073$
(2) $P(X = 48) \approx \frac{1}{5} \cdot \varphi(-0{,}4) = 0{,}074$
(3) $P(X = 48) \approx \phi(-0{,}3) - \phi(-0{,}5) = 0{,}074$

b) $n = 100;\ p = 0{,}4;\ \mu = 40;\ \sigma = 4{,}90$
(1) $P(X = 50) = 0{,}010$
(2) $P(X = 50) \approx \frac{1}{4{,}9} \cdot \varphi(2{,}04) = 0{,}010$
(3) $P(X = 50) \approx \phi(2{,}134) - \phi(1{,}939) = 0{,}010$

c) $n = 100;\ p = 0{,}3;\ \mu = 30;\ \sigma = 4{,}58$
(1) $P(X = 28) = 0{,}081$
(2) $P(X = 28) \approx \frac{1}{4{,}58} \cdot \varphi(-0{,}436) = 0{,}079$
(3) $P(X = 28) \approx \phi(-0{,}327) - \phi(-0{,}546) = 0{,}079$

d) $n = 100;\ p = 0{,}25;\ \mu = 25;\ \sigma = 4{,}33$
(1) $P(X = 24) = 0{,}091$
(2) $P(X = 24) \approx \frac{1}{4{,}33} \cdot \varphi(-0{,}231) = 0{,}090$
(3) $P(X = 24) \approx \phi(-0{,}115) - \phi(-0{,}346) = 0{,}090$

506 **8.** **e)** $n = 100;\ p = 0{,}2;\ \mu = 20;\ \sigma = 4$

(1) $P(X = 22) = 0{,}085$

(2) $P(X = 22) \approx \frac{1}{4} \cdot \varphi(0{,}5) = 0{,}088$

(3) $P(X = 22) \approx \phi(0{,}625) - \phi(0{,}375) = 0{,}088$

f) $n = 100;\ p = 0{,}1;\ \mu = 10;\ \sigma = 3$

(1) $P(X = 10) = 0{,}132$

(2) $P(X = 10) \approx \frac{1}{3} \cdot \varphi(0) = 0{,}133$

(3) $P(X = 10) \approx \phi(0{,}167) - \phi(-0{,}167) = 0{,}133$

9. $n = 1\,200;\ p = 0{,}8$

a) $P(X > 900) = 1 - P(X \leq 900) = 0{,}999986$

b) $P(X \geq 900) = 1 - P(X \leq 899) = 0{,}999989$

c) $P(X \leq 950) = 0{,}245$

d) $P(970 \leq X \leq 1\,000) = 0{,}246$

10. $n = 500;\ p = \frac{1}{365};\ \mu = 1{,}370;\ \sigma = 1{,}169$

(1)	(2)
$P(X = 0) = 0{,}2537$	$P(X = 0) \approx \frac{1}{1{,}169} \cdot \varphi(-1{,}172) = 0{,}172$
$P(X = 1) = 0{,}3484$	$P(X = 1) \approx \frac{1}{1{,}169} \cdot \varphi(-0{,}316) = 0{,}325$
$P(X = 2) = 0{,}2388$	$P(X = 2) \approx \frac{1}{1{,}169} \cdot \varphi(0{,}539) = 0{,}295$
$P(X = 3) = 0{,}1089$	$P(X = 3) \approx \frac{1}{1{,}169} \cdot \varphi(1{,}395) = 0{,}129$
$P(X = 4) = 0{,}0372$	$P(X = 4) \approx \frac{1}{1{,}169} \cdot \varphi(2{,}250) = 0{,}027$
$P(X = 5) = 0{,}0101$	$P(X = 5) \approx \frac{1}{1{,}169} \cdot \varphi(3{,}106) = 0{,}003$

11. σ-Regel für 75 %: $P(\mu - k\sigma \leq X \leq \mu + k\sigma) = 0{,}75\ \%$ gilt für $k = 1{,}15$
Damit $\mu - k\sigma = 9346{,}93$; $\mu + k\sigma = 9553{,}07$, also nach Kontrollrechnung Intervall: [9347; 9553]

12. **a)** Näherung: $\phi_{50;\ 6{,}455}(50) = 0{,}06180$;
exakter Wert: $P(X = 50) = 0{,}06170$

b) Näherung: $\phi_{50;\ 6{,}455}(53 + 0{,}5) - \phi_{50;\ 6{,}455}(40 - 0{,}5) = 0{,}65426$;
exakter Wert: $P(40 \leq X \leq 53) = 0{,}66173$

c) Näherung: $\phi_{50;\ 6{,}455}(70 - 0{,}5) = 0{,}00126$;
exakter Wert: $P(X \geq 70) = 0{,}00185$

d) Näherung: $\phi_{50;\ 6{,}455}(39 + 0{,}5) = 0{,}05191$;
exakter Wert: $P(X < 40) = 0{,}048571$

506 **13.** $P(\mu - k\sigma \le X \le \mu + k\sigma) = \int\limits_{\mu-k\sigma-0,5}^{\mu+k\sigma+0,5} \varphi_{\mu;\,\sigma}(x)dx$

$$= \phi_{\mu;\,\sigma}(\mu + k\sigma + 0,5) - \phi_{\mu;\,\sigma}(\mu - k\sigma - 0,5)$$
$$= \phi\left(k + \tfrac{0,5}{\sigma}\right) - \phi\left(-k - \tfrac{0,5}{\sigma}\right)$$
$$= \phi\left(k + \tfrac{0,5}{\sigma}\right) - 1 + \phi\left(k + \tfrac{0,5}{\sigma}\right)$$
$$= 2\phi\left(k + \tfrac{0,5}{\sigma}\right) - 1$$

Damit kann für jeden Anteil α der entsprechende σ-Radius berechnet werden:

$$2\phi\left(k + \tfrac{0,5}{\sigma}\right) - 1 = \alpha \Leftrightarrow \phi\left(k + \tfrac{0,5}{\sigma}\right) = \tfrac{1+\alpha}{2}$$
$$\Leftrightarrow k + \tfrac{0,5}{\sigma} = \text{invNorm}\left(\tfrac{1+\alpha}{2};\ 0,1\right)$$
$$\Leftrightarrow k = \text{invNorm}\left(\tfrac{1+\alpha}{2};\ 0,1\right) - \tfrac{0,5}{\sigma}$$

a) 50 %: [13; 17] 75 %: [11; 19] 98 %: [7; 23]
b) 50 %: [228; 236] 75 %: [224; 240] 98 %: [216; 248]
c) 50 %: [304; 320] 75 %: [298; 326] 98 %: [283; 341]

9.4.2 Wahrscheinlichkeiten bei normalverteilten Zufallsgrößen

509 **1.** **a)** 0,3218 **b)** 0,9773 **c)** 0,1587 **d)** 0

2. **a)** (1) 0,9044 (2) 0,0004 (3) 0,0004 (4) 0
b) (1) zwischen 39,51 mm und 40,49 mm
(2) mindestens 39,51 mm

3. **a)** (1) 0,7791 (2) 0,6813
b) $P_{10} = 1,5967$; $P_{25} = 1,6362$; $P_{75} = 1,7238$; $P_{90} = 1,7633$

510 **4.** Für eine Normalverteilung gilt wegen der Symmetrie stets $P_{50} = \mu$ und $P_{90} - P_{50} = P_{50} - P_{10}$. Beide Beziehungen sind nicht erfüllt.

5. Bis auf Rundungsungenauigkeiten passen beide Artikel zusammen:
Für die Normalverteilung aus Artikel 1 mit $\mu = 100$ und $\sigma = 15$ gilt:
$P(85 \le X \le 115) = 0,6827$; $P(X \ge 100) = 0,5$; $P(X \ge 130) = 0,0228$

6. **a)** X beschreibe die Länge der Bolzen. X ist normalverteilt mit $\mu = 5$ und $\sigma = 0,2$. Dann gilt $P(1.\ \text{Wahl}) = P(|X - 5| \le 0,15) = P(4,85 \le X \le 5,15) = 0,5467$.

510 6. b) P(2. Wahl) = P(0,15 < |X – 5| < 0,3)
= P(4,7 < X < 4,85) + P(5,15 < X < 5,3)
= 0,1598 + 0,15982 = 0,3196

P(Ausschuss) = 1 – P(1. Wahl) – P(2. Wahl) = 0,1336

Prognose:

1. Wahl: P(1. Wahl) · 50 000 ≈ 27 337

2. Wahl: P(2. Wahl) · 50 000 ≈ 15 982

Ausschuss: P(Ausschuss) · 50 000 ≈ 6 681

7. a) 0,7887

b) Eine Vergrößerung von σ führt zu einer Verkleinerung der Wahrscheinlichkeit. Umgekehrt führt eine Verkleinerung von σ zu einer Vergrößerung der Wahrscheinlichkeit.

c) Eine Veränderung von μ führt zu einer Verkleinerung der Wahrscheinlichkeit.

9.4.3 Bestimmen der Kenngrößen bei normalverteilten Zufallsgrößen

511 **Einstieg**

(1)

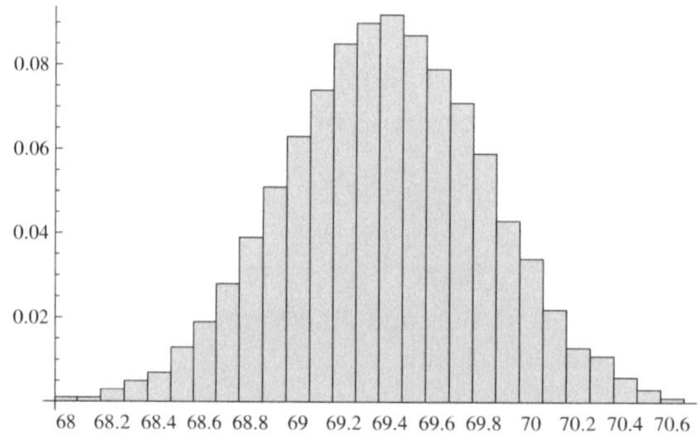

(2) Mittelwert: 69,37 mm; Stichprobenstreuung: 0,4316 mm

(3) Normalverteilung mit $\mu = 69{,}37$; $\sigma = 0{,}4316$

(4) $P(68{,}85 \le X \le 70{,}05) = 0{,}8283$

Ein genauer Vergleich ist nicht möglich, da die Klassierung der Daten zu grob ist. Allerdings liefert die Summe der Klassen 68,8 bis 70,1 den Wert 0,889. Summiert man die Klassen 68,9 bis 70,0 erhält man den Wert 0,828.

514 2. a) Mittelwert: 23,71 g; Stichprobenstreuung: 4,0861 g
Normalverteilung mit $\mu = 23{,}71$; $\sigma = 4{,}0861$

b) (1) 0,1819 (2) 0,0619 (3) 0,7562

514 **3. a)** (1) $\mu \approx 66{,}5$ cm; $1{,}88\,\sigma \approx 70{,}5$ cm $- 62{,}0$ cm $= 8{,}5$ cm, also $\sigma \approx 4{,}52$ cm
(2) $\mu \approx 75{,}0$ cm; $1{,}88\,\sigma \approx 79{,}5$ cm $- 70{,}5$ cm $= 9$ cm, also $\sigma \approx 4{,}79$ cm
b) (1) $\mu \approx 60{,}0$ cm; $1{,}88\,\sigma \approx 64{,}0$ cm $- 57{,}5$ cm $= 6{,}5$ cm, also $\sigma \approx 3{,}46$ cm
(2) Bei Körpergewicht 8 kg:
$\mu = 67{,}5$ cm; $1{,}88\,\sigma \approx 72{,}5$ cm $- 63{,}5$ cm $= 9$ cm, also $\sigma \approx 4{,}79$ cm

4. Das Gewicht X der Eier ist normalverteilt mit $\mu = 68$ g und $\sigma = 2{,}3$ g.
$P(X \leq 65) = \text{normalcdf}\,(-100; 65; 68; 2{,}3) \approx 0{,}0961$.
Die Lieferbedingung wird eingehalten.

5. Körpergröße Jungen: Mittelwert: 53,49 cm;
Stichprobenstreuung: 2,3516 cm
Normalverteilung mit $\mu = 53{,}49$; $\sigma = 2{,}3516$
Körpergröße Mädchen: Mittelwert: 52,66 cm;
Stichprobenstreuung: 2,2101 cm
Normalverteilung mit $\mu = 52{,}66$; $\sigma = 2{,}2101$

515 **6. a)** Heigh-for-age GIRLS stellt die Körpergröße in Abhängigkeit des Alters von Mädchen dar. Die 5 Linien markieren die prozentualen Anteile aller Mädchen, die eine gewisse Körpergröße nicht überschreiten.
Head circumference-for-age BOYS stellt den Kopfumfang in Anhängigkeit des Alters von Jungen dar. Die Linien markieren die verschiedenen Abweichungen vom Erwartungswert, gemessen in σ-Radien.
Weight-for-age GIRLS stellt das Gewicht in Abhängigkeit des Alters von Mädchen dar. Die 5 Linien markieren die prozentualen Anteile aller Mädchen, die ein gewisses Gewicht nicht überschreiten.
b) $\mu \approx 139$ cm; Radius der 94%-Umgebung von μ: ≈ 12 cm.
Der GTR gibt an: invnorm(0.97) = 1,88,
d. h. $P(\mu - 1{,}88\sigma \leq X \leq \mu + 1{,}88\sigma) \approx 94\ \%$,
also $\sigma \approx \frac{12\text{ cm}}{1{,}88} \approx 6{,}4$ cm
c) $\mu \approx 151$ cm; Radius der 94%-Umgebung von μ: ≈ 13 cm.
also $\sigma \approx \frac{13\text{ cm}}{1{,}88} \approx 6{,}9$ cm oder 1 cm $\approx 0{,}144\sigma$.
$P(X < 150\text{ cm}) \approx P(X < \mu - 0{,}144\sigma) \approx 44\ \%$,
$[P(X < 149{,}5\text{ cm}) \approx P(X < \mu - 0{,}216\sigma) \approx 41\ \%]$
d) $\mu \approx 49{,}5$ cm; $3\sigma \approx 3{,}5$ cm, d. h. 1 cm $\approx 0{,}86\sigma$.
$P(X > 50\text{ cm}) \approx P(X > \mu + 0{,}43\sigma) \approx 67\ \%$,
$[P(X \geq 50{,}5\text{ cm}) = 1 - P(X < 50{,}5\text{ cm}) \approx P(X < 0{,}86\sigma) \approx 80\ \%]$
e) Die Verteilungen sind nicht symmetrisch zu μ.

515

7. Benutze die Beziehung $\Phi(z) - \Phi(-z) = \Phi(z) - (1 - \Phi(z)) = 2\Phi(z) - 1$.
Damit gilt $\Phi(z) - \Phi(-z) = a \Leftrightarrow 2\Phi(z) - 1 = a \Leftrightarrow \Phi(z) = \frac{a+1}{2}$

Bsp.: $\Phi(z) - \Phi(-z) = 0{,}5$, dann suche in der Tabelle auf S. 547 Schülerband den nächsten Wert bei $\Phi(z) = \frac{1+0{,}5}{2} = 0{,}75$. Das ist 0,7486. Damit gilt $z = 0{,}67$.

$\Phi(z) - \Phi(-z)$	z	$\Phi(z) - \Phi(-z)$	z
0,5	0,67	0,85	1,44
0,6	0,84	0,9	1,64
0,7	1,04	0,92	1,75
0,75	1,15	0,96	2,05
0,8	1,28	0,98	2,33

8. Gesamtzahl der Teilnehmer: 356
Schätzwert für μ ist der Mittelwert der Datenliste.
Multipliziere dazu die Klassenmittelpunkte mit der relativen Klassenhäufigkeit. Als Höchstpunktzahl wird 800 angenommen.
Damit ergibt sich als Schätzwert $\mu \approx 501{,}906$. Als Schätzwert für σ wird die Stichprobenstandardabweichung berechnet: $\sigma \approx 103{,}759$.
Kann es sich um eine Normalverteilung handeln?
Betrachte das Histogramm der Verteilung und die Dichtefunktion der Normalverteilung mit $\mu = 501{,}906$ und $\sigma = 103{,}759$.

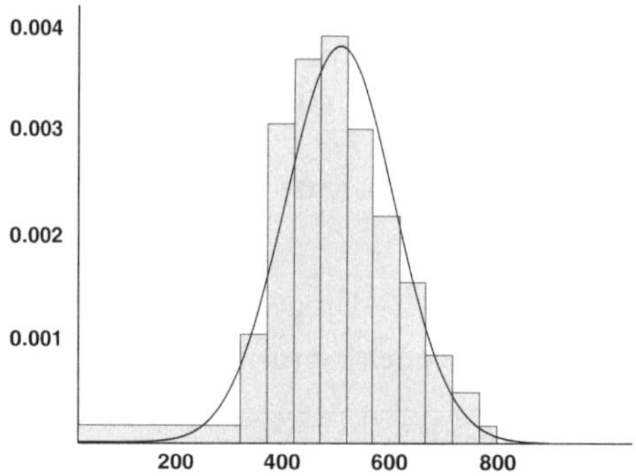

Wenn eine Normalverteilung vorliegt, dann müssen die gemessenen relativen Häufigkeiten der Klassen sich „in der Nähe“ der theoretischen Wahrscheinlichkeiten bewegen.
Also: Vergleich von beobachteten mit erwarteten Häufigkeiten.
Angenommen wird eine Normalverteilung mit $\mu = 501{,}906$ und $\sigma = 103{,}759$.

515 **8.** Fortsetzung

Klasse	Wahrscheinlichkeit	relative Klassenhäufigkeit	relative Abweichung
0 - 313	0,034331	0,005618	0,836358
314 - 364	0,056836	0,053371	0,060965
365 - 414	0,104931	0,154494	0,472346
415 - 464	0,156300	0,182584	0,168169
465 - 515	0,189176	0,196629	0,039398
516 - 565	0,174410	0,148876	0,146402
566 - 616	0,132628	0,109551	0,174002
617 - 666	0,076779	0,075843	0,012200
667 - 716	0,036251	0,042135	0,162295
717 - 767	0,013774	0,025281	0,835377
768 - 800	0,003132	0,005618	0,793603

Die Frage, ob es sich um eine Normalverteilung handelt, kann mit den Methoden des Buches nicht beantwortet werden. Zwar erscheinen die relativen Abweichungen sehr klein. Es ist aber unklar, wie klein sie sein müssen, damit auf eine Normalverteilung geschlossen werden kann. (Bem.: Dieses Problem wird in der statistischen Testtheorie behandelt. Ein einfacher χ^2-Anpassungstest ergibt, dass mit 95 % Wahrscheinlichkeit keine Normalverteilung vorliegt.)

10 VORBEREITUNG AUF DAS ABITUR

10.1 Aufgaben zur Analysis

521 **1 Golden-Gate-Bridge**

1.1 Dadurch lässt sich die Symmetrie der Brücke ausnutzen.

1.2 a) A nach B:

Ansatz: $y = m \cdot x + b$ liefert LGS:

$$\left| \begin{array}{l} m \cdot (-640) + b = 152 \\ m \cdot (-977) + b = 0 \end{array} \right|$$

Lösung: $m = \frac{152}{337}$; $b \approx 440{,}66$

$y = \frac{152}{337}(x + 977)$

b) B über C nach D:

Ansatz: $y = a \cdot x^2$

$a \cdot 640^2 = 152 \Leftrightarrow a = \frac{19}{51\,200}$

$y = \frac{19}{51\,200}x^2$

c) Analog zu a): $y = -\frac{152}{337}(x - 977)$

1.3

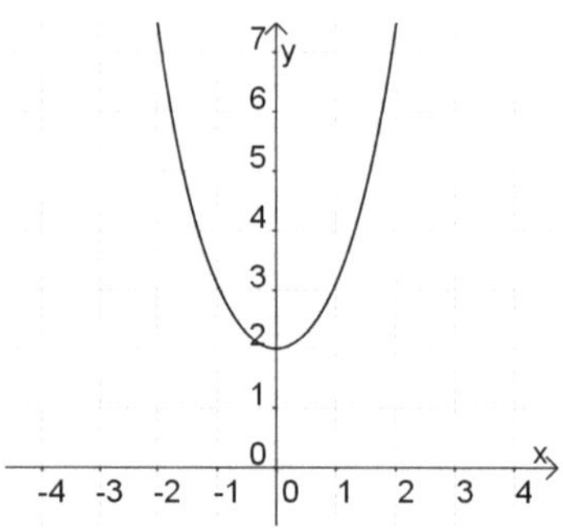

- Für $|x| \to \infty$ gilt: $k(x) \to \infty$
- Symmetrie zur y-Achse
- Keine Nullstelle
- Tiefpunkt (0 | 2)
- keine Wendepunkte

521 **1.3** Fortsetzung

$f'(x) = e^{x} - e^{-x}$

$f''(x) = e^{x} + e^{-x}$

Man sieht, dass weder f noch f'' Nullstellen haben, aber f' eine Nullstelle bei x = 0 hat.

1.4 Der Ansatz: $y = e^{ax} + e^{-ax} - 2$ liefert $y = e^{0,00787x} + e^{-0,00787x} - 2$

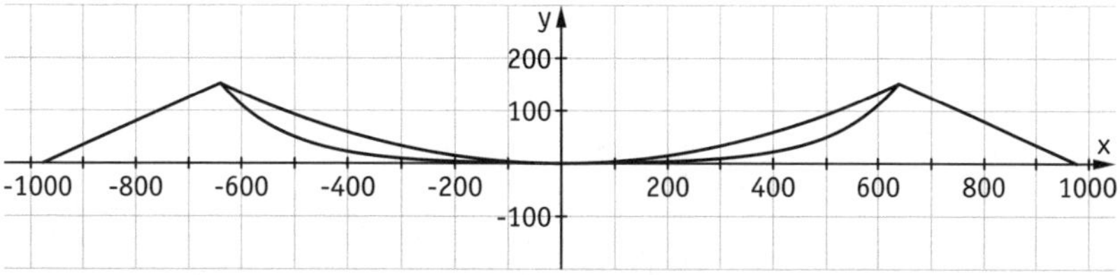

Die Kettenlinie hängt stärker durch, die Parabel scheint besser geeignet.

1.5 $L_1 = 2 \cdot \int_0^{640} \sqrt{1 + \left(\frac{19x}{25\,600}\right)^2}\,dx = 1326,62\text{ m}$

$L_2 = 2 \cdot \int_0^{640} \sqrt{1 + \left(0,00787\left(e^{0,00787x} - e^{-0,00787x}\right)\right)^2}\,dx = 1361,23\text{ m}$

522 **2** **Wachstum von Hopfen**

2.1 Die Wachstumsgeschwindigkeit ist proportional zum Abstand zwischen der erreichten und maximal möglichen Höhe (Obergrenze).
Es ergibt sich die DGL:

$h'(t) = k \cdot (6 - h(t)) \Rightarrow h(t) = 6 - c \cdot e^{-k \cdot t}$

Aus h(0) = 0,45 folgt c = 5,55; ferner erhält man k = 0,4 (logarithmische Auftragung).

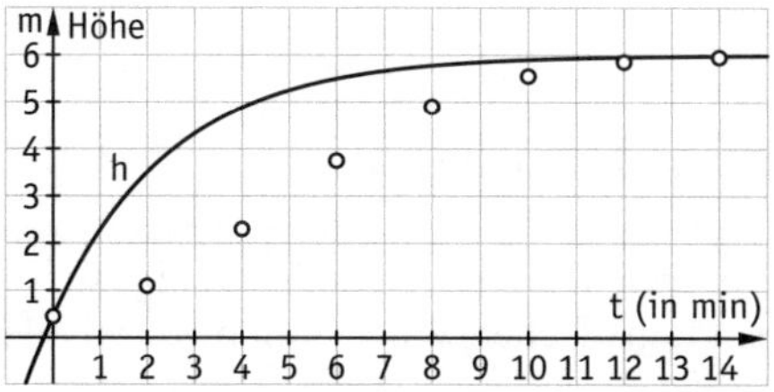

Man sieht, dass die Näherung nicht gut ist.

522

2.2 Die Wachstumsgeschwindigkeit ist zur erreichten Höhe und zum Abstand zwischen der erreichten Höhe und der Obergrenze proportional.

DGL: $h'(t) = k \cdot h(t) \cdot (6 - h(t))$

$$h'(t) = \frac{\frac{1}{2} \cdot 6 \cdot e^{\frac{t}{2}}}{e^{\frac{t}{2}} + 12} - \frac{\frac{1}{2} \cdot 6 \cdot e^{\frac{t}{2}} \cdot e^{\frac{t}{2}}}{\left(e^{\frac{t}{2}} + 12\right)^2} \qquad \Big| \ \frac{6}{2} \text{ erweitern auf } \frac{36}{12}$$

$$= \frac{\frac{1}{12} \cdot 36 \cdot e^{\frac{t}{2}}}{e^{\frac{t}{2}} + 12} - \frac{\frac{1}{12} \cdot 36 \cdot \left(e^{\frac{t}{2}}\right)^2}{\left(e^{\frac{t}{2}} + 12\right)^2} \qquad \Big| \text{ ausklammern von } \frac{1}{12} \cdot \left(\frac{6 \cdot e^{\frac{t}{2}}}{e^{\frac{t}{2}} + 12}\right)$$

$$= \frac{1}{12} \cdot \left(\frac{6 \cdot e^{\frac{t}{2}}}{e^{\frac{t}{2}} + 12}\right) \cdot \left(6 - \frac{6 \cdot e^{\frac{t}{2}}}{e^{\frac{t}{2}} + 12}\right)$$

$$= \frac{1}{12} \cdot h(t) \cdot (6 - h(t))$$

2.3 Verhalten für $t \to \infty$ bzw. $t \to -\infty$

$\lim\limits_{t \to \infty} h(t) = 6, \quad \lim\limits_{t \to -\infty} h(t) = 0$

Nullstellen

$h(t) = 0 \Leftrightarrow 6e^{\frac{t}{2}} = 0$ keine Lösung $\Rightarrow$ h besitzt keine Nullstelle

Extrempunkte

$h'(t) = 0 \Leftrightarrow 36e^{\frac{t}{2}} = 0$ keine Lösung $\Rightarrow$ h besitzt keine Extremstellen

Wendepunkte

$h''(t) = \frac{-18 \cdot e^{\frac{t}{2}} \cdot \left(e^{\frac{t}{2}} - 12\right)}{\left(e^{\frac{t}{2}} + 12\right)^3} = 0$ liefert Wendepunkt $W(2 \cdot \ln(12) \mid 3)$

Die Wachstumsgeschwindigkeit ist bei halber Höhe maximal.

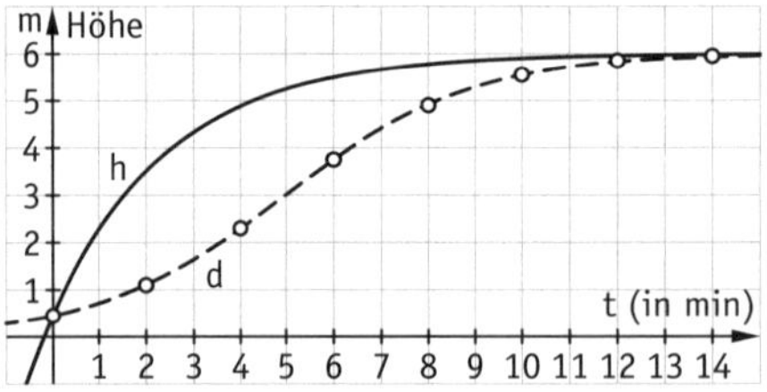

Der Vergleich der beiden Wachstumsmodelle zeigt sehr deutlich, dass der Prozess mit dem logistischen Wachstum besser modelliert werden kann.

522 **2.4** Behauptung: Graph ist symmetrisch zum Wendepunkt.
Dazu verschiebt man den Wendepunkt in den Ursprung:

$$h^*(t) = \frac{6 \cdot e^{\left(\frac{t+2\ln(12)}{2}\right)}}{e^{\left(\frac{t+2\ln(12)}{2}\right)}+12} - 3 = \frac{6 \cdot 12 \cdot e^{\frac{t}{2}}}{12 \cdot e^{\frac{t}{2}}+12} - 3 = \frac{6e^{\frac{t}{2}}}{e^{\frac{t}{2}}+1} - 3 = \frac{3e^{\frac{t}{2}}-3}{e^{\frac{t}{2}}+1} = 3\frac{e^{\frac{t}{2}}-1}{e^{\frac{t}{2}}+1}$$

Zu zeigen: $h^*(-t) = -h^*(t)$

$$-h^*(t) = -3\frac{e^{\frac{t}{2}}-1}{e^{\frac{t}{2}}+1} = 3 \cdot \frac{1-e^{\frac{t}{2}}}{1+e^{\frac{t}{2}}}$$

$$h^*(-t) = 3 \cdot \frac{e^{-\frac{t}{2}}-1}{e^{-\frac{t}{2}}+1} = 3 \cdot \frac{1-e^{\frac{t}{2}}}{1+e^{\frac{t}{2}}} = -h^*(x)$$

2.5 Stammfunktion zu $g(t) = 6 - h(t)$

$$G(t) = 6t - 12\ln\left(12 + e^{\frac{t}{2}}\right)$$

$$\int_0^{\infty}(6 - h(t))\,dt = \lim_{b\to\infty}\int_0^{b}(6 - h(t))\,dt$$

$$= \lim_{b\to\infty}\left[6t - 12\ln\left(12 + e^{\frac{t}{2}}\right)\right]_0^b = 12 \cdot \ln 13$$

3 Ganzrationale Funktionen 4. Grades bestimmen

3.1 $f(x) = ax^4 + bx^2 + c$ $\qquad f'(x) = 4ax^3 + 2bx$ $\qquad f''(x) = 12ax^2 + 2b$

Es gilt: (1) $f(1) = a + b + c = 0$

(2) $f\left(\sqrt{3}\right) = 9a + 3b + c = -1$

(3) $f'\left(\sqrt{3}\right) = 12 \cdot \sqrt{3}\,a + 2\sqrt{3}\,b = 0 \Leftrightarrow 6a + b = 0$

Daraus erhält man

$b = -6a$, $c = 5a$ und $a = \frac{1}{4}$,

also $a = \frac{1}{4}$, $b = -\frac{3}{2}$, $c = \frac{5}{4}$

$f(x) = \frac{1}{4}x^4 - \frac{3}{2}x^2 + \frac{5}{4}$

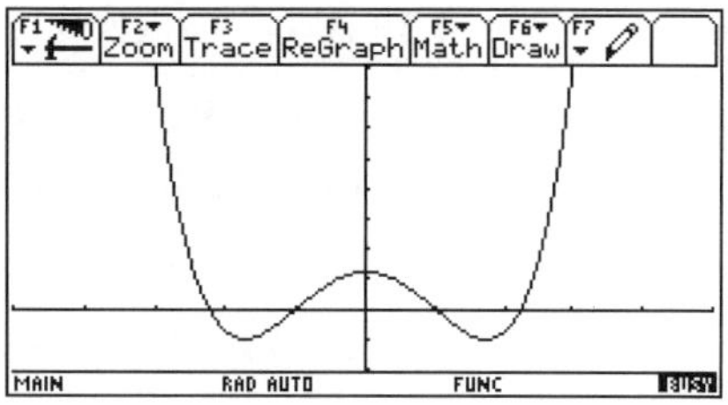

3.2 $\int_{-\sqrt{5}}^{\sqrt{5}} f(x)\,dx = 0$; d. h. die orientierten Flächen heben sich auf.

522

3.3 $f'(x) = 4x^3 - 12x = 0 \quad \Leftrightarrow \quad x = 0,\ x = \sqrt{3},\ x = -\sqrt{3}$

Tiefpunkte: $T_1\left(\sqrt{3} \mid k-9\right),\ T_2\left(-\sqrt{3} \mid k-9\right)$

Für k = 9 berühren die Tiefpunkte die x- Achse.

3.4 Keine Lösungen für k > 9.

4 Ganzrationale Funktion 4. Grades untersuchen

4.1 (1) Definitionsmenge und Wertemenge

$D = \mathbb{R};\ W = \mathbb{R}_+$

(2) Symmetrie

Achsensymmetrie zur y-Achse

(3) Nullstellen und Schnittpunkte mit der y-Achse

$f(x) = 0 \Leftrightarrow x = -\sqrt{2} \ \vee \ x = \sqrt{2}$ jeweils doppelt.

Schnittpunkt mit der y-Achse: f(0) = 1; damit S(0 | 1)

(4) Extrempunkte

$f'(x) = x^3 - 2x$

Löse $f'(x) = 0 \Leftrightarrow x = -\sqrt{2} \ \vee \ x = 0 \ \vee \ x = \sqrt{2}$

$f''(x) = 3x^2 - 2$

$f''\left(-\sqrt{2}\right) = f''\left(\sqrt{2}\right) = 4 > 0 \Rightarrow$ Tiefpunkte $T_1\left(-\sqrt{2} \mid 0\right);\ T_2\left(\sqrt{2} \mid 0\right)$

$f''(0) = -2 < 0 \Rightarrow$ Hochpunkt H(0 | 1)

(5) Wendepunkte

Löse $f''(x) = 0 \Leftrightarrow x = -\sqrt{\frac{2}{3}} \ \vee \ x = \sqrt{\frac{2}{3}}$

Wendepunkte bei $W_1\left(-\sqrt{\frac{2}{3}} \mid \frac{4}{9}\right);\ W_2\left(\sqrt{\frac{2}{3}} \mid \frac{4}{9}\right)$

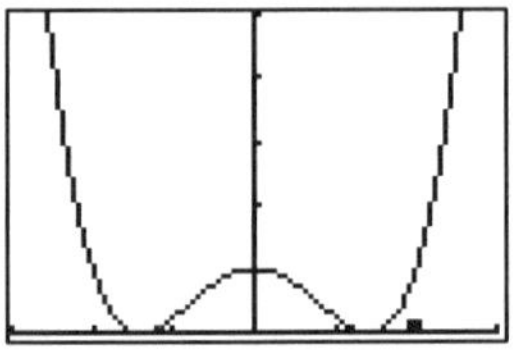

4.2 $A = \left(9 - f(x)\right) \cdot \frac{1}{2} \cdot 2x$

$A(x) = 9x - x \cdot f(x) = -\frac{1}{5}x^5 + x^3 + 8x$

Extremwert von A

$A'(x) = 8 - \frac{5}{4}x^4 + 3x^2 = 0$ für $x = 2$ $\left(A''(2) = -28\right)$ und

$x = -2$ $\left(A''(-2) = 28\right)$

Das Dreieck ABC mit A(0 | 9), B (2 | 1) und C(−2 | 1) hat maximalen Flächeninhalt A = 16.

522 **4.3** $\frac{1}{4}x^4 - x^2 + 1 = \frac{1}{4}x^2$

$\frac{1}{4}x^4 - \frac{5}{4}x^2 + 1 = 0$

für $x = 2$, $x = -2$, $x = 1$, $x = -1$

$$A = \int_{-2}^{2} \left| \frac{1}{4}x^4 - \frac{5}{4}x^2 + 1 \right| dx = 2$$

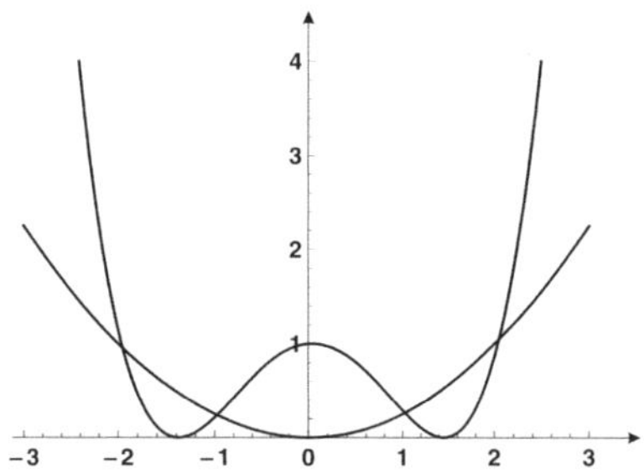

4.4 $\frac{1}{4}x^4 - \frac{5}{4}x^2 + 1 - c = 0$

$x^4 - 5x^2 + 4 - 4c = 0$

$x_{1/2}^2 = +\frac{5}{2} \pm \sqrt{\frac{25}{4} - 4 + 4c}$

$\frac{25}{4} - 4 + 4c = 0 \Leftrightarrow c = -\frac{9}{16}$

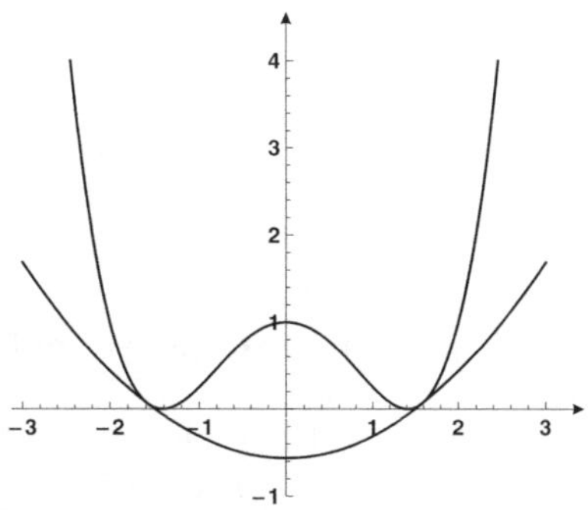

Die Gleichung der Parabel lautet $y = \frac{1}{4}x^2 - \frac{9}{16}$.

523 **5 Vom Graphen zum Funktionsterm**

5.1
- Der Graph jeder Funktion der Schar f_k ist punktsymmetrisch zum Ursprung, d. h. die Summanden der ganzrationalen Funktionen haben nur ungerade Exponenten.
- Die Nullstelle $x = 0$ haben alle Funktionsgraphen von f_k gemeinsam.
- Es gibt je einen Hochpunkt und einen Tiefpunkt.
- Für $x \to +\infty$ gilt $f_k(x) \to -\infty$. Für $x \to -\infty$ gilt $f_k(x) \to +\infty$. Der Koeffizient der größten Potenz ist negativ.
- Der Ursprung ist Wendepunkt von f_k.
- Die Gerade mit der Gleichung $y = x$ ist Tangente im Wendepunkt.

5.2 Ansatz: $f_k(x) = ax^3 + bx$

Aus $f_k'(0) = 1$ folgt $b = 1$.

Aus $f_k(k) = ak^3 + k = 0$ folgt $a = -\frac{1}{k^2}$ für $k \neq 0$.

Also gilt: $f_k(x) = -\frac{1}{k^2}x^3 + x$

523

5.3 $f_k'(x) = 0$, also $-\frac{3}{k^2}x^2 + 1 = 0$ für $k^2 = 3x^2$

$y = f'(x) = -\frac{1}{k^2}x^3 + x = -\frac{1}{3x}x^3 + x = \frac{2}{3}x$

Die Extrempunkte von f_k liegen auf der Geraden mit der Gleichung $y = \frac{2}{3}x$.

5.4 Jede Funktion f_k hat den Grad drei.

Im Fall $k \to \infty$ gilt $-\frac{1}{k^2} \to 0$ und somit $f_k(x) \to x$.

5.5 $A_k = 2 \cdot \int_0^k f_k(x)dx = 2 \cdot \left[-\frac{1}{4k^2}x^4 + \frac{1}{2}x^2 \right]_0^k = \frac{1}{2}k^2$

6 Straßenverlauf

6.1 Es muss überprüft werden, ob sich die beiden Geraden unter einem Winkel von etwa 53° schneiden.

Es gilt $\left| \frac{m_1 - m_2}{1 + m_1 \cdot m_2} \right| = \frac{4}{3} \approx \tan(53°)$.

Bedingungen:

$f(-2) = f(2) = 1,\ f'(-2) = -\frac{1}{2}$ und $f'(2) = \frac{1}{2}$

6.2 Der Graph von f muss achsensymmetrisch zur y-Achse sein. Dann müssen nur noch drei Bedingungen erfüllt werden. Wähle also

$f(x) = ax^4 + bx^2 + c$

Bestimmen von f(x):

Lösen des Gleichungssystems $\left| \begin{array}{ll} a \cdot 2^4 + b \cdot 2^2 + c & = 1 \\ 4a \cdot 2^3 + 2b \cdot 2 & = \frac{1}{2} \\ 12a \cdot 2^2 + 2b & = 0 \end{array} \right|$ liefert

$a = -\frac{1}{128}$, $b = \frac{3}{16}$ und $c = \frac{3}{8}$, also gilt $f(x) = -\frac{1}{128}x^4 + \frac{3}{16}x^2 + \frac{3}{8}$.

7 Entwicklung eines Pkw-Bestandes

7.1 Die Kurve scheint s-förmig zu verlaufen. Daher kann man sich für logistisches Wachstum entscheiden.

$f(x) = \frac{c}{1 + ae^{-bx}}$

Regression mit dem Rechner liefert $a \approx 19{,}63$, $b \approx 0{,}07$, $c \approx 52{,}72$.

$\Rightarrow f(x) = \frac{52{,}72}{1 + 19{,}63 \cdot e^{-0{,}07x}}$

523 **7.2** Erwarteter Pkw-Bestand im Jahr 2020:

$$\frac{52{,}72}{1+19{,}63\cdot e^{-0{,}07\cdot 70}} \approx 46{,}00 \text{ (in Millionen)}$$

Der Ansatz $f'(x) = 0{,}005 \cdot f(x)$ liefert $x \approx 79{,}17$. Also liegt der jährliche prozentuale Zuwachs etwa ab dem Jahr 2029 unter 0,5 %.

524 **8 Wachstum von Salmonellen**

8.1 $F_1(t) = 600 \cdot e^{2{,}5t} + 100$

$F_2(t) = 600 \cdot e^{2{,}5t} + 200$

$F_3(t) = 600 \cdot e^{2{,}5t} + 1000$

allgemein gilt: $F(t) = 600 \cdot e^{2{,}5t} + c,\ c \in \mathbb{R}$

F(t) gibt dabei die Anzahl der Salmonellen zum Zeitpunkt t in Stunden an.

8.2 Es ist F(0) = 600. Also ist $F(t) = 600 \cdot e^{2{,}5t}$ die gesuchte Stammfunktion.

8.3

nach t min	5	10	15	20	25	30
F(t)	739	910	1121	1381	1700	2094

8.4 $t = \frac{\ln 2}{k} = \frac{2\ln 2}{5} \approx 0{,}28 \text{ h} \approx 17 \text{ min}$

9 Torbogen mit Funktionsgraphen beschreiben

9.1 Hochpunkt von f bei x = 0

⇒ der innere Bogen hat eine Höhe von f(0) = 3 m.

9.2 $g(x) = -x^2 + 4$

9.3 Berechne mit dem GTR im Trace-Modus die Nullstelle von f.

9.4 $A = 2 \cdot \int_0^{1{,}567} \left(-x^2 + 4 - \left(5 - e^x - e^{-x}\right)\right)dx + 2 \cdot \int_{1{,}567}^{2} \left(-x^2 + 4\right)dx \approx 4{,}164$

524 **10 Intensivierung in der Landwirtschaft**

10.1 Die errechneten Werte weichen nur minimal von den Messwerten ab.

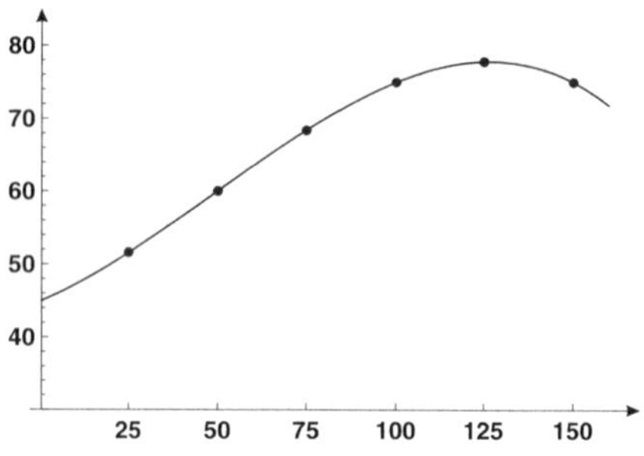

10.2 Extrempunkte

$f'(r) = -\frac{3}{50\,000}r^2 + \frac{3}{500}r + \frac{1}{5}$

$f'(r) = 0 \Leftrightarrow r = 50 \pm \frac{50}{3}\sqrt{21}$

Hochpunkt $H\left(50 + \frac{50}{3}\sqrt{21} \,\middle|\, 60 + \frac{35}{3}\sqrt{\frac{7}{3}}\right)$

Tiefpunkt $T\left(50 - \frac{50}{3}\sqrt{21} \,\middle|\, 60 - \frac{35}{3}\sqrt{\frac{7}{3}}\right)$

Wendepunkt

$f''(r) = 0 \Leftrightarrow r = 50 \Rightarrow$ Wendepunkt bei $W(50 \mid 60)$

10.3 Eine Erhöhung der Düngemenge wirkt sich negativ auf den Ertrag aus. Beim Hochpunkt $f(126{,}38) \approx 77{,}82$ ist der maximale Ernteertrag mit etwa 78 dt pro ha erreicht.
Durch zu viel Dünger kann der Boden nachteilig verändert werden, sodass sich dies negativ auf die Pflanzen auswirkt.

10.2 Aufgaben zur Analytischen Geometrie

525 **1 Werkstück**

1.1 a) $G(5 \mid 9 \mid 8)$

b) Berechne den Schnittwinkel der Ebenen durch ABE und EFG:

$\vec{n}_1 = \begin{pmatrix} -5 \\ 3 \\ 0 \end{pmatrix}; \; \vec{n}_2 = \begin{pmatrix} 13 \\ 5 \\ 16 \end{pmatrix}$

$\cos\varphi = \frac{\vec{n}_1 * \vec{n}_2}{|\vec{n}_1| \cdot |\vec{n}_2|} = -\frac{5}{3\sqrt{17}} \Rightarrow \varphi = 113{,}8°$

525 **1.2** **a)** F′(9 | 5 | 6), E′(6 | 0 | 6), G′(5 | 9 | 6), H′(0 | 6 | 6)

b) $\overrightarrow{BC} \parallel \overrightarrow{AD}$: $\begin{pmatrix}-4\\4\\0\end{pmatrix} \times \begin{pmatrix}-6\\6\\0\end{pmatrix} = 0$ $\quad |\overrightarrow{AB}| = |\overrightarrow{DC}|$ $\left|\begin{pmatrix}-3\\-5\\0\end{pmatrix}\right| = \left|\begin{pmatrix}5\\3\\0\end{pmatrix}\right| = \sqrt{34}$

c)

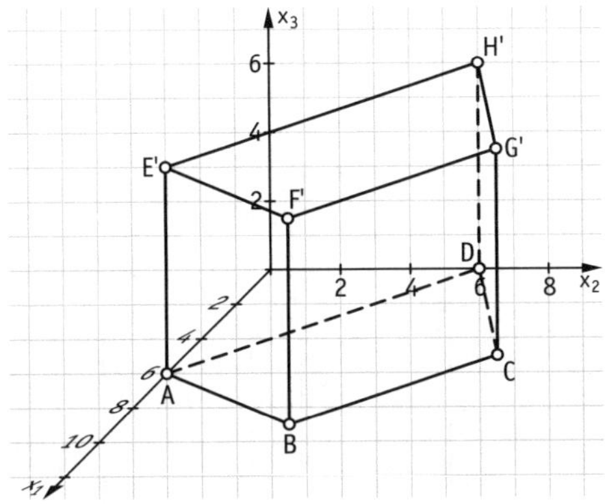

1.3 Abstand M und F′G′:

$$d_1 = \left|\begin{pmatrix}4\\-4\\0\end{pmatrix} \cdot \frac{1}{\sqrt{32}} \times \left(\begin{pmatrix}5\\5\\6\end{pmatrix} - \begin{pmatrix}9\\5\\6\end{pmatrix}\right)\right| \approx 2,828$$

Abstand M und F′E′:

$$d_2 = \left|\begin{pmatrix}3\\5\\0\end{pmatrix} \cdot \frac{1}{\sqrt{34}} \times \left(\begin{pmatrix}5\\5\\6\end{pmatrix} - \begin{pmatrix}9\\5\\6\end{pmatrix}\right)\right| \approx 3,43$$

Abstand M und G′H′:

$$d_3 = \left|\begin{pmatrix}-5\\-3\\0\end{pmatrix} \cdot \frac{1}{\sqrt{34}} \times \left(\begin{pmatrix}5\\5\\6\end{pmatrix} - \begin{pmatrix}5\\9\\6\end{pmatrix}\right)\right| \approx 3,43$$

Abstand M und E′H′:

$$d_4 = \left|\begin{pmatrix}-6\\6\\0\end{pmatrix} \cdot \frac{1}{\sqrt{72}} \times \left(\begin{pmatrix}5\\5\\6\end{pmatrix} - \begin{pmatrix}6\\0\\6\end{pmatrix}\right)\right| \approx 2,828$$

Die Wandstärke zwischen Bohrloch und den Seitenflächen beträgt also
für F′G′ ≈ 1,828 cm,
für E′H′ ≈ 1,828 cm,
für F′E′ ≈ 2,43 cm,
für G′H′ ≈ 2,43 cm.

525

2 Turm mit Wetterfahne

2.1 a)

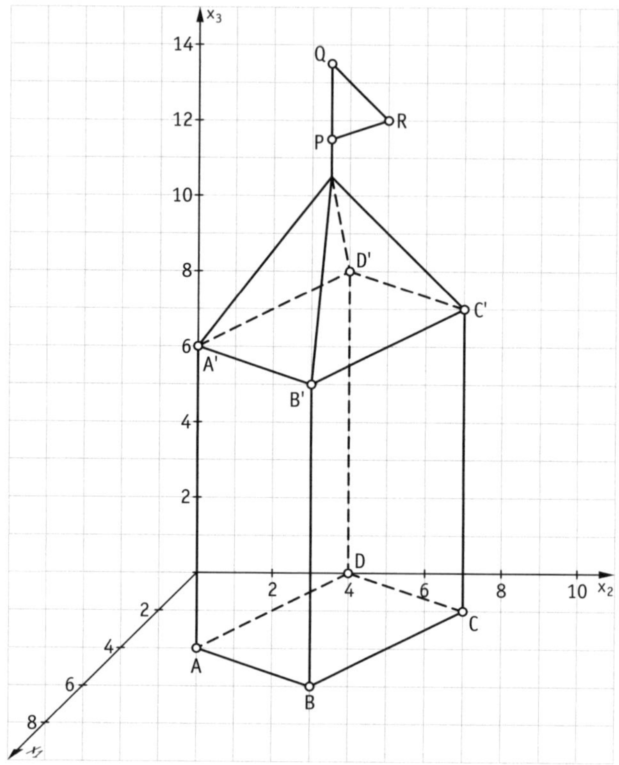

b) Winkel zwischen $\overrightarrow{AD}$ und $\overrightarrow{AD_1}$:

$$\cos\varphi = \frac{\begin{pmatrix}-4\\2\\0\end{pmatrix} * \begin{pmatrix}-4\\2\\2\end{pmatrix}}{\left|\begin{pmatrix}-4\\2\\0\end{pmatrix}\right| \cdot \left|\begin{pmatrix}-4\\2\\2\end{pmatrix}\right|} = \frac{20}{\sqrt{20}\cdot\sqrt{24}} \approx 0{,}91 \Rightarrow \varphi = 24{,}09°$$

525 **2.2** Augen des Beobachters bei (6 | 10 | 1,8)

Gerade durch Q und Augen: g: $\vec{x} = \begin{pmatrix} 6 \\ 10 \\ 1,8 \end{pmatrix} + t\begin{pmatrix} -3 \\ -5 \\ 13,2 \end{pmatrix}$

Gerade durch B′ und C′: h: $\vec{x} = \begin{pmatrix} 6 \\ 6 \\ 8 \end{pmatrix} + s\begin{pmatrix} -4 \\ 2 \\ 0 \end{pmatrix}$

Abstandsvektor $\vec{d}$ der beiden Geraden g und h:

$$\vec{d} = \begin{pmatrix} 6 \\ 10 \\ 1,8 \end{pmatrix} + t\begin{pmatrix} -3 \\ -5 \\ 13,2 \end{pmatrix} - \begin{pmatrix} 6 \\ 6 \\ 8 \end{pmatrix} - s\begin{pmatrix} -4 \\ 2 \\ 0 \end{pmatrix}$$

$$\vec{d} * \begin{pmatrix} 3 \\ 5 \\ -13,2 \end{pmatrix} \overset{!}{=} 0,\quad \vec{d} * \begin{pmatrix} 4 \\ -2 \\ 0 \end{pmatrix} \overset{!}{=} 0$$

$\Rightarrow t \approx -0,489,\ s \approx -0,00869$

$$\Rightarrow \vec{d} = \begin{pmatrix} -1,43264 \\ 1,5369 \\ 0,2566 \end{pmatrix}$$

$\vec{d}$ zeigt vom Turm weg, also kann der Beobachter die Wetterfahne sehen.

2.3 Mittelpunkt der Strecke $\overline{PQ}$:

$$\overrightarrow{OM} = \overrightarrow{OP} + \tfrac{1}{2}\left(\overrightarrow{OQ} - \overrightarrow{OP}\right) = \overrightarrow{OP} + \tfrac{1}{2}\begin{pmatrix} 0 \\ 0 \\ 2 \end{pmatrix} = \overrightarrow{OP} + \begin{pmatrix} 0 \\ 0 \\ 1 \end{pmatrix} = \begin{pmatrix} 3 \\ 5 \\ 14 \end{pmatrix}$$

Abstand von R zur Strecke $\overline{PQ}$:

$$\left|\begin{pmatrix} 3 \\ 5 \\ 14 \end{pmatrix} - \overrightarrow{OR}\right| = \sqrt{5}$$

Gerade durch M in Windrichtung:

$$g\colon \vec{x} = \begin{pmatrix} 3 \\ 5 \\ 14 \end{pmatrix} + \begin{pmatrix} -1 \\ -2 \\ 0 \end{pmatrix} s$$

R′ liegt auf der Geraden g, der Abstand zu M beträgt $\sqrt{5}$:

$$\left|\begin{pmatrix} 3 \\ 5 \\ 14 \end{pmatrix} + \begin{pmatrix} -1 \\ -2 \\ 0 \end{pmatrix} s - \begin{pmatrix} 3 \\ 5 \\ 14 \end{pmatrix}\right| \overset{!}{=} \sqrt{5}$$

$\Rightarrow s = 1$

$$\Rightarrow \overrightarrow{OR'} = \begin{pmatrix} 3 \\ 5 \\ 14 \end{pmatrix} + \begin{pmatrix} -1 \\ -2 \\ 0 \end{pmatrix} = \begin{pmatrix} 2 \\ 3 \\ 14 \end{pmatrix}, \text{ also } R'(2 \mid 3 \mid 14).$$

526

3 Flugsimulation

3.1 a) Fehler in der 1. Auflage:
Die Koordinaten von C müssen (−2 | 13 | −2) sein.

$$g_1: \vec{x} = \begin{pmatrix} -1 \\ 11 \\ 0 \end{pmatrix} + t \cdot \begin{pmatrix} \frac{1}{3} \\ -\frac{2}{3} \\ \frac{2}{3} \end{pmatrix} \qquad \begin{pmatrix} -1 \\ 11 \\ 0 \end{pmatrix} + 30 \cdot \begin{pmatrix} \frac{1}{3} \\ -\frac{2}{3} \\ \frac{2}{3} \end{pmatrix} = \begin{pmatrix} 9 \\ -9 \\ 20 \end{pmatrix}$$

Nach 30 Zeiteinheiten hat F_1 den Punkt (9 | −9 | 20) erreicht.

Der Punkt P(3 | 3 | 6) liegt nicht auf der Geraden g_1, daher fliegt F_1 nicht durch diesen Punkt.

Die Gleichung $\begin{pmatrix} -2 \\ 13 \\ -2 \end{pmatrix} = \begin{pmatrix} -1 \\ 11 \\ 0 \end{pmatrix} + t \cdot \begin{pmatrix} \frac{1}{3} \\ -\frac{2}{3} \\ \frac{2}{3} \end{pmatrix}$ hat die Lösung t = −3.

F_1 startet zum Zeitpunkt t = 0, es fliegt nur durch Punkte auf g_1 mit positivem Parameter.

b) $\left(-1 + \frac{1}{3}t\right) - 2 \cdot \left(11 - \frac{2}{3}t\right) + 2 \cdot \left(\frac{2}{3}t\right) = 4 \Leftrightarrow t = 9$

$\Rightarrow$ g_1 schneidet E, g_1 geht nach 9 Zeiteinheiten durch E.

Berechnung des Schnittwinkels:

$$\sin\varphi = \frac{\left| \begin{pmatrix} \frac{1}{3} \\ -\frac{2}{3} \\ \frac{2}{3} \end{pmatrix} * \begin{pmatrix} 1 \\ -2 \\ 2 \end{pmatrix} \right|}{\left| \begin{pmatrix} \frac{1}{3} \\ -\frac{2}{3} \\ \frac{2}{3} \end{pmatrix} \right| \cdot \left| \begin{pmatrix} 1 \\ -2 \\ 2 \end{pmatrix} \right|} \Leftrightarrow \sin\varphi = 1 \Leftrightarrow \varphi = 90°$$

526 3.2 a)

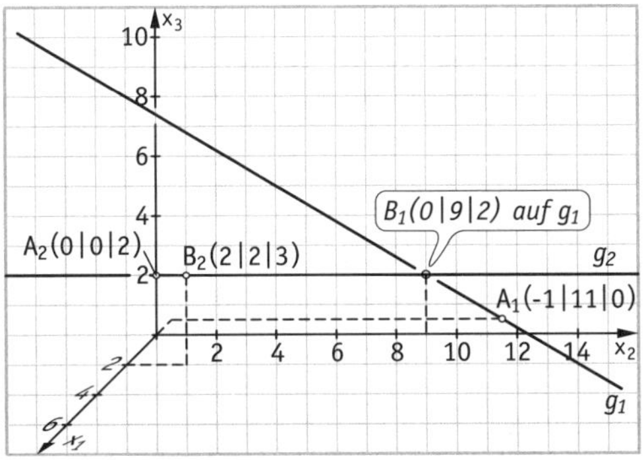

$$g_2\colon \vec{x} = \begin{pmatrix} 0 \\ 0 \\ 2 \end{pmatrix} + s \cdot \begin{pmatrix} \frac{1}{3} \\ \frac{1}{3} \\ \frac{1}{6} \end{pmatrix}$$

$$\begin{pmatrix} -1 \\ 11 \\ 0 \end{pmatrix} + t \cdot \begin{pmatrix} \frac{1}{3} \\ -\frac{2}{3} \\ \frac{2}{3} \end{pmatrix} = \begin{pmatrix} 0 \\ 0 \\ 2 \end{pmatrix} + s \cdot \begin{pmatrix} \frac{1}{3} \\ \frac{1}{3} \\ \frac{1}{6} \end{pmatrix}$$ hat keine Lösung, g_1 und g_2 haben also keinen gemeinsamen Punkt.

b) Abstand der Geraden g_1 und g_2:

Hilfslinie E_1, die g_2 enthält und parallel zu g_1 ist:

$$E_1\colon \vec{x} = \begin{pmatrix} 0 \\ 0 \\ 2 \end{pmatrix} + t_1 \cdot \begin{pmatrix} \frac{1}{3} \\ -\frac{2}{3} \\ \frac{2}{3} \end{pmatrix} + t_2 \cdot \begin{pmatrix} \frac{1}{3} \\ \frac{1}{3} \\ \frac{1}{6} \end{pmatrix}$$

Normalenvektor von E_1: $\vec{n} = \begin{pmatrix} -2 \\ 1 \\ 2 \end{pmatrix}$

Lotgerade g durch A_1 zu E_1: $g\colon \vec{x} = \begin{pmatrix} -1 \\ 11 \\ 0 \end{pmatrix} + s_1 \cdot \begin{pmatrix} -2 \\ 1 \\ 2 \end{pmatrix}$

Lotfußpunkt: $F(1 \mid 10 \mid -2)$

$\text{Abst}(g_1;\, g_2) = \text{Abst}(g_2;\, E_1) = \text{Abst}(A_2;\, E_1)$

$= \left|\overrightarrow{A_2F}\right| = \sqrt{2^2 + (-1)^2 + (-2)^2} = 3$

Der Abstand zwischen g_1 und g_2 beträgt also 3 Längeneinheiten.

526

3.2 b) Fortsetzung

Bestimmen des Punktes auf g_2, dem F_1 bei seiner Bewegung am nächsten kommt:

$$\begin{pmatrix} -1+\frac{1}{3}t \\ 11-\frac{2}{3}t \\ \frac{2}{3}t \end{pmatrix} + r \cdot \begin{pmatrix} -2 \\ 1 \\ 2 \end{pmatrix} = \begin{pmatrix} 0 \\ 0 \\ 2 \end{pmatrix} + s \cdot \begin{pmatrix} \frac{1}{3} \\ \frac{1}{3} \\ \frac{1}{6} \end{pmatrix}$$

Lösen des zugehörigen Gleichungssystems ergibt t = 9, r = −1 und s = 12.

$$\begin{pmatrix} 0 \\ 0 \\ 2 \end{pmatrix} + 12 \cdot \begin{pmatrix} \frac{1}{3} \\ \frac{1}{3} \\ \frac{1}{6} \end{pmatrix} = \begin{pmatrix} 4 \\ 4 \\ 4 \end{pmatrix}$$

Der Punkt auf g_2, dem F_1 bei seiner Bewegung am nächsten kommt, hat also die Koordinaten (4 | 4 | 4). F_1 kommt g_2 nach 9 Zeiteinheiten am nächsten.

3.3 a) $\text{Abst}(A_1;\ A_2) = \left|\overrightarrow{A_1A_2}\right| = \left|\begin{pmatrix} 1 \\ -11 \\ 2 \end{pmatrix}\right| = 3\sqrt{14} \approx 11{,}23$

Nach 6 Zeiteinheiten befinden sich F_1 und F_2 in den Punkten $C_1(1 \mid 7 \mid 4)$ und $C_2(2 \mid 2 \mid 3)$.

$$\text{Abst}(C_1;\ C_2) = \left|\overrightarrow{C_1C_2}\right| = \left|\begin{pmatrix} 1 \\ -5 \\ -1 \end{pmatrix}\right| = \sqrt{27} \approx 5{,}20$$

Bestimmen des Zeitpunktes, zu dem sich F_1 und F_2 am nächsten kommen:

$$d(t) = \left|\begin{pmatrix} \frac{1}{3}t \\ \frac{1}{3}t \\ 2+\frac{1}{6}t \end{pmatrix} - \begin{pmatrix} -1+\frac{1}{3}t \\ 11-\frac{2}{3}t \\ \frac{2}{3}t \end{pmatrix}\right| = \left|\begin{pmatrix} 1 \\ t-11 \\ -\frac{1}{2}t+2 \end{pmatrix}\right|$$

$$= \sqrt{1{,}25t^2 - 24t + 126}$$

$$d'(t) = \frac{1{,}25t-12}{\sqrt{1{,}25t^2-24t+126}}$$

$$d'(t) = 0 \Leftrightarrow t = 9{,}6$$

b) Nach 9,6 Zeiteinheiten ist der Abstand der beiden Flugobjekte am kleinsten. Danach nimmt der Abstand stetig zu und ist daher zu einem Zeitpunkt t^* wieder so groß wie zu Beginn.

4 Ebene und Geradenschnur

526

4.1 a)

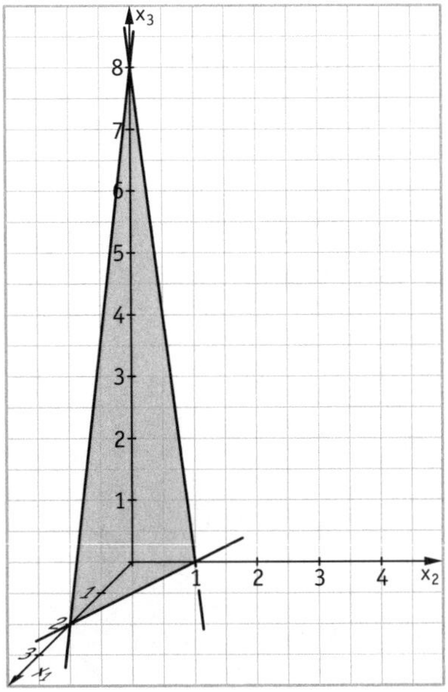

b) g: $\vec{x} = t \cdot \begin{pmatrix} 4 \\ 8 \\ 1 \end{pmatrix}$

$4 \cdot 4t + 8 \cdot 8t + t = 8 \Leftrightarrow t = \frac{8}{81}$

Lotfußpunkt: $F\left(\frac{32}{81} \;\middle|\; \frac{64}{81} \;\middle|\; \frac{8}{81}\right)$

Abst (O; E) = Abst (O; F) = $|\overrightarrow{OF}| = \frac{8}{9}$

h: $\vec{x} = \begin{pmatrix} 11 \\ 15 \\ 6 \end{pmatrix} + s \cdot \begin{pmatrix} 4 \\ 8 \\ 1 \end{pmatrix}$

$4 \cdot (11 + 4s) + 8 \cdot (15 + 8s) + 6 + s = 8 \Leftrightarrow s = -2$
Schnittpunkt von h mit E: S(3 | −1 | 4)

c) $\begin{pmatrix} 11 \\ 15 \\ 6 \end{pmatrix} - 4 \cdot \begin{pmatrix} 4 \\ 8 \\ 1 \end{pmatrix} = \begin{pmatrix} -5 \\ -17 \\ 2 \end{pmatrix} \Rightarrow P^*(-5 \mid -17 \mid 2)$

526

4.2 a) $g_a: \vec{x} = \begin{pmatrix} -2a \\ 1 \\ 8a \end{pmatrix} + t \cdot \begin{pmatrix} 1 \\ -1 \\ 4 \end{pmatrix} = \begin{pmatrix} 0 \\ 1 \\ 0 \end{pmatrix} + a \cdot \begin{pmatrix} -2 \\ 0 \\ 8 \end{pmatrix} + t \cdot \begin{pmatrix} 1 \\ -1 \\ 4 \end{pmatrix}$

Umformen in die Koordinatenform liefert $g_a: 4x_1 + 8x_2 + x_3 = 8$

b) $h: \vec{x} = \begin{pmatrix} 0 \\ 1 \\ 0 \end{pmatrix} + s \cdot \begin{pmatrix} -2 \\ 0 \\ 8 \end{pmatrix}$

Der Schnittwinkel hängt nur von den Richtungsvektoren der beiden Geraden ab. Diese sind konstant.

$$\cos\alpha = \frac{\left| \begin{pmatrix} 1 \\ -1 \\ 4 \end{pmatrix} * \begin{pmatrix} -2 \\ 0 \\ 8 \end{pmatrix} \right|}{\left| \begin{pmatrix} 1 \\ -1 \\ 4 \end{pmatrix} \right| \cdot \left| \begin{pmatrix} -2 \\ 0 \\ 8 \end{pmatrix} \right|} \Leftrightarrow \alpha \approx 31°$$

4.3 a)

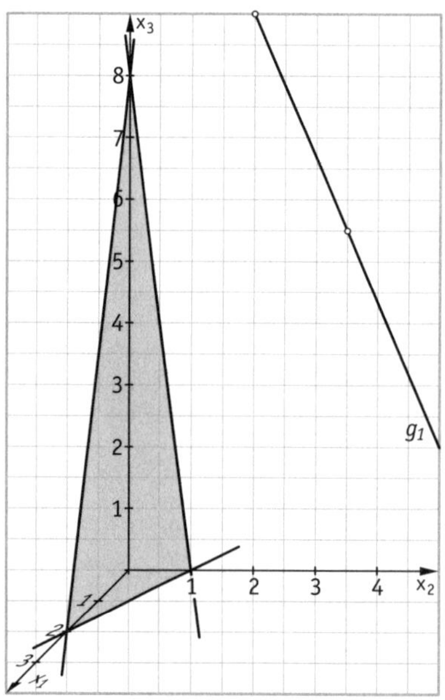

Gleichung einer Ebene, die P enthält und orthogonal zu g_1 ist:

$E': \vec{x} = \begin{pmatrix} 11 \\ 15 \\ 6 \end{pmatrix} + r \cdot \begin{pmatrix} 1 \\ 1 \\ 0 \end{pmatrix} + s \cdot \begin{pmatrix} 0 \\ 4 \\ 1 \end{pmatrix}$

gleichsetzen mit g_1 liefert r = −13,5, s = 0, t = −0,5.

$\Rightarrow \overrightarrow{OP'} = \begin{pmatrix} 11 \\ 15 \\ 6 \end{pmatrix} - 27 \cdot \begin{pmatrix} 1 \\ 1 \\ 0 \end{pmatrix} = \begin{pmatrix} -16 \\ -12 \\ 6 \end{pmatrix}$, d. h. P′(−16 | −12 | 6)

526 **4.3 b)** $\begin{pmatrix} 3 \\ -1 \\ 4 \end{pmatrix} = \begin{pmatrix} -2a \\ 1 \\ 8a \end{pmatrix} + t \cdot \begin{pmatrix} 1 \\ -1 \\ 4 \end{pmatrix} \Leftrightarrow$ t = 2 und a = −0,5

c) Bestimmen des Abstands von g_1 und $g_{-0,5}$ mit einer Hilfsebene:

$$E'': \vec{x} = \begin{pmatrix} 1 \\ 1 \\ -4 \end{pmatrix} + r \cdot \begin{pmatrix} 1 \\ 1 \\ 0 \end{pmatrix} + s \cdot \begin{pmatrix} 0 \\ 4 \\ 1 \end{pmatrix}$$

Schnittpunkt von g_1 und E'': (−4,5 | 3,5 | −2)

$$\text{Abst}\left(g_1;\ g_{-0,5}\right) = \left|\begin{pmatrix} 1 \\ 1 \\ -4 \end{pmatrix} - \begin{pmatrix} -4,5 \\ 3,5 \\ -2 \end{pmatrix}\right| = \left|\begin{pmatrix} 5,5 \\ -2,5 \\ -2 \end{pmatrix}\right| = \sqrt{40,5} \approx 6,36$$

d) $\overrightarrow{PP*} = \begin{pmatrix} -16 \\ -32 \\ -4 \end{pmatrix}, \quad \overrightarrow{P*P'} = \begin{pmatrix} -11 \\ 5 \\ 4 \end{pmatrix}, \quad \overrightarrow{P'P} = \begin{pmatrix} -27 \\ -27 \\ 0 \end{pmatrix}$

$\overrightarrow{PP*} * \overrightarrow{P*P'} = (-16) \cdot (-11) + (-32) \cdot 5 + (-4) \cdot 4 = 0$

Ja, das Dreieck hat einen rechten Winkel im Punkt P*.

527 **5 Radarstation**

5.1 a) $v = \frac{s}{t}$

$$s = \left|\begin{pmatrix} -9 \\ -54 \\ 7 \end{pmatrix} - \begin{pmatrix} -4 \\ -99 \\ 7 \end{pmatrix}\right| = \sqrt{2050}, \quad t = 5\ \text{min}$$

$$v = \frac{\sqrt{2050}}{5}\ \frac{\text{km}}{\text{min}} = \frac{\sqrt{2050}}{5} \cdot 60\ \frac{\text{km}}{\text{h}} \approx 543,32\ \frac{\text{km}}{\text{h}}$$

b) Gerade durch F_1 und F_2: $g: \vec{x} = \begin{pmatrix} -9 \\ -54 \\ 7 \end{pmatrix} + s \cdot \begin{pmatrix} 1 \\ -9 \\ 0 \end{pmatrix}$

s = 1 entspricht 1 Minute

Berechnung des erreichten Punktes nach 14 Minuten:

$$\begin{pmatrix} -9 \\ -54 \\ 7 \end{pmatrix} + 14 \cdot \begin{pmatrix} 1 \\ -9 \\ 0 \end{pmatrix} \cdot 2,8 = \begin{pmatrix} 5 \\ -180 \\ 7 \end{pmatrix}$$

Abstand zur Radarstation:

$$\left|\begin{pmatrix} 61 \\ -110 \\ 1 \end{pmatrix} - \begin{pmatrix} 5 \\ -180 \\ 7 \end{pmatrix}\right| = \left|\begin{pmatrix} 56 \\ 70 \\ -6 \end{pmatrix}\right| = \sqrt{8072} \approx 89,84\ \text{km}$$

527 **5.2** Die Flugbahn kann durch die Gerade g beschrieben werden.

$$g\colon \vec{x} = \begin{pmatrix} -9 \\ -54 \\ 7 \end{pmatrix} + s \cdot \begin{pmatrix} 1 \\ -9 \\ 0 \end{pmatrix}$$

Abstand des Punktes P(61 | −110 | 1) von g bestimmen:

$$\overrightarrow{PF} = \begin{pmatrix} -70 \\ 56 \\ 6 \end{pmatrix} + s \cdot \begin{pmatrix} 1 \\ -9 \\ 0 \end{pmatrix}$$

$$0 = \overrightarrow{PF} * \begin{pmatrix} 1 \\ -9 \\ 0 \end{pmatrix} \Leftrightarrow 82s - 574 = 0 \Leftrightarrow s = 7$$

$$\text{Abstand: } \left| \begin{pmatrix} 63{,}7 \\ 7 \\ -6 \end{pmatrix} \right| \approx 63{,}67\ \text{km}$$

Um 18:44 Uhr entfernt sich das Flugzeug von der Radarstation.
Es hat zu diesem Zeitpunkt eine Entfernung von etwa 63,67 km von der Station.

5.3 Gerade durch G_1 und G_2: $g\colon \vec{x} = \begin{pmatrix} 14 \\ -276 \\ 6 \end{pmatrix} + t \cdot \begin{pmatrix} 0 \\ -70 \\ -2 \end{pmatrix}$

Bei t = 2,5 wird die Höhe von 1000 m erreicht.
t = 1 entspricht 10 Minuten.
t = 2,5 entspricht 25 Minuten.
Wenn das Flugzeug mit der Geschwindigkeit von 19:05 Uhr weiter fliegt, kann es den Flugplatz frühestens um 19:30 Uhr erreichen.

6 Planung einer Grillhütte

6.1 $E\colon \vec{x} = \begin{pmatrix} 0 \\ 0 \\ 1{,}25 \end{pmatrix} + r \cdot \begin{pmatrix} 4 \\ 7{,}2 \\ -0{,}5 \end{pmatrix} + s \cdot \begin{pmatrix} 0 \\ 8 \\ 5 \end{pmatrix}$ bzw. $10x_1 - 5x_2 + 8x_3 - 10 = 0$

Winkel zwischen $\overline{AB}$ und $\overline{AC}$: $\cos\alpha = \frac{\overrightarrow{AB} \cdot \overrightarrow{AC}}{|\overrightarrow{AB}| \cdot |\overrightarrow{AC}|} \approx 0{,}7078$,

also $\alpha \approx 44{,}9°$.

Abstand von D(0 | 8 | 0) von E: $d = \frac{|-40-10|}{\sqrt{189}} \approx 3{,}64$

Der Abstand des Fußpunktes vom Dach beträgt ca. 3,64 m.

527

6.2 Gerade g durch die Punkte B und C: $\vec{x} = \begin{pmatrix} 4 \\ 7,2 \\ 0,75 \end{pmatrix} + k \cdot \begin{pmatrix} -4 \\ 0,8 \\ 5,5 \end{pmatrix}$

$P(p_1 \mid p_2 \mid 4,6)$ liegt auf g, d. h. $x_3 = 0,75 + 5,5 \cdot k = 4,6,$ also k = 0,7 und P(1,2 | 7,76 | 4,6).

Für $Q(q_1 \mid q_2 \mid 4,6)$ gilt:

- Q liegt in E, also $10q_1 - 5q_2 + 8 \cdot 4,6 - 10 = 0$ (1)
- $|\overrightarrow{QP}| = 1,$ also $\sqrt{q_1^2 - 2,4q_1 + q_2^2 - 15,52q_2 + 61,6576} = 1$ (2)

Aus (1) und (2) erhält man die Lösungen $q_1 \approx 0,75$; $q_2 \approx 6,87$ oder $q_1 \approx 1,65$; $q_2 \approx 8,65$. Da der x_2-Wert von Q kleiner sein muss als der x_2-Wert von P, ist Q(0,75 | 6,87 | 4,6) der gesuchte Punkt.

6.3 S ist ein Punkt der Geraden h durch A und C: $\vec{x} = \begin{pmatrix} 0 \\ 0 \\ 1,25 \end{pmatrix} + t \cdot \begin{pmatrix} 0 \\ 8 \\ 5 \end{pmatrix}.$

Somit S(0 | 8t | 1,25 + 5t).

Bedingung: $\overrightarrow{AB} \cdot \overrightarrow{BS} = 0,$ also $\begin{pmatrix} 4 \\ 7,2 \\ -0,5 \end{pmatrix} \cdot \begin{pmatrix} -4 \\ 8t - 7,2 \\ 5t + 0,5 \end{pmatrix} = 0$

bzw. $55,1 \cdot t - 68,09 = 0$, somit $t \approx 1,24$ und S(0 | 9,89 | 7,43)

6.4 Das Volumen der Grillhütte ist größer als das Volumen einer dreiseitigen Pyramide, deren Grundfläche die Eckpunkte B, $B'(-4 \mid 7,2 \mid 0,75)$ und C hat und deren Spitze in A liegt.

Grundfläche dieser Pyramide:

$G = \frac{1}{2} \cdot \sqrt{|BC|^2 \cdot |BB'|^2 - (\overrightarrow{BC} \cdot \overrightarrow{BB'})} \approx 22,2$

Die Pyramidenhöhe entspricht dem Abstand von A zu der Grundflächenebene, also h = 8.

Volumen der Pyramide: $V = \frac{1}{3} \cdot G \cdot h \approx 59,2$

Das Volumen der Grillhütte ist also größer als 59 m^3 und somit auf jeden Fall genehmigungspflichtig.

10.3 Aufgaben zu Matrizen

528

1 Management mit Matrizen

1.1 $M_1 + M_2 = \begin{pmatrix} 5 & 4,6 & 4,8 & 2,6 \\ 6,9 & 10,2 & 6 & 4,4 \\ 5,4 & 6,8 & 7,8 & 6,3 \end{pmatrix}$

Das Element in der i-ten Zeile und j-ten Spalte beschreibt die Summe der Verkaufszahlen des i-ten Produktes im j-ten Bundesland für die ersten 2 Jahre. Die zweite Spalte gibt die Verkaufszahlen für Bayern an.

1.2 $M_2 - M_1 = \begin{pmatrix} 0 & 1 & 2 & 1 \\ 0,9 & 2 & 1,4 & 1,2 \\ 1 & 0 & 2 & 1,3 \end{pmatrix}$

Das Element in der i-ten Zeile und j-ten Spalte beschreibt die Veränderung der Verkaufszahlen des i-ten Bundesland vom 1. Jahr zum 2. Jahr. Die zweite Zeile gibt die Veränderung für Produkt B an.

1.3 $M_2 - 1,2 \cdot M_1 = \begin{pmatrix} -0,5 & 0,64 & 1,72 & 0,84 \\ 0,3 & 1,18 & 0,94 & 0,88 \\ 0,56 & -0,68 & 1,42 & 0,8 \end{pmatrix}$

1.4 Produkt A in Hessen: Steigerung: 0 %
Produkt C in Bayern: Steigerung: 0 %

1.5 $(2760;\ 3190;\ 2100) \cdot M_2 - (2650;\ 3240;\ 1890) \cdot M_1$
$= (5558;\ 9847;\ 14834;\ 9851)$

2 Populationsentwicklung

2.1 Übergangsmatrix $T = \begin{pmatrix} 0 & 1,25 & 0 \\ 0,8 & 0 & 0 \\ 0 & 0,95 & 0 \end{pmatrix}$

Population $\vec{p}_0 = \begin{pmatrix} J_0 \\ M_0 \\ A_0 \end{pmatrix} \Rightarrow \vec{P}_1 = T \cdot \vec{p}_0$

2.2 Korrektur an der Aufgabenstellung (in 1. Auflage): „ … alle **zwei** Jahre zyklisch wiederholen.“ Wegen $T^3 = T$ folgt die Behauptung, d.h. es gilt: $T^3 \cdot \vec{p}_0 = T \cdot \vec{p}_0 = \vec{p}_1$.

528

3 Spiegelung und Drehung im Raum

3.1 Mittelpunkt von $\overrightarrow{PQ}$:

$$\overrightarrow{OM} = \frac{1}{2}\left(\overrightarrow{OP} + \overrightarrow{OQ}\right) = \begin{pmatrix} 6 \\ 3 \\ 0 \end{pmatrix} \Rightarrow M(6 \mid 3 \mid 0)$$

Ebene durch M mit Normalenvektor $\vec{n} = \overrightarrow{PQ}$:

$$E: \begin{pmatrix} 1 \\ -2 \\ 2 \end{pmatrix} * \vec{x} = 0$$

3.2 $s\begin{pmatrix} 2 \\ 2 \\ 1 \end{pmatrix} * \begin{pmatrix} 1 \\ -2 \\ 2 \end{pmatrix} = 0 \Leftrightarrow s(2-4+2) = 0 \Leftrightarrow s \cdot 0 = 0$

gilt für alle $s \in \mathbb{R} \Rightarrow$ g liegt in E.

g schneidet E* orthogonal $\Rightarrow \begin{pmatrix} 2 \\ 2 \\ 1 \end{pmatrix}$ ist Normalenvektor von E*.

P liegt auf E* $\Rightarrow \begin{pmatrix} 2 \\ 2 \\ 1 \end{pmatrix} * \vec{x} - \begin{pmatrix} 2 \\ 2 \\ 1 \end{pmatrix} * \begin{pmatrix} 7 \\ 1 \\ 2 \end{pmatrix} = 0$

also E*: $\begin{pmatrix} 2 \\ 2 \\ 1 \end{pmatrix} * \vec{x} - 18 = 0$

3.3 $\overrightarrow{OS} = t_S \cdot \vec{v} \Rightarrow t_s^2 \cdot \vec{v}^2 = 18 \Rightarrow t_s = 2$ $\qquad \overrightarrow{OS} = \begin{pmatrix} 4 \\ 4 \\ 2 \end{pmatrix}$

$$\cos\sphericalangle PSQ = \frac{\overrightarrow{SP} * \overrightarrow{SQ}}{\left|\overrightarrow{SP}\right| \cdot \left|\overrightarrow{SQ}\right|} = \frac{\begin{pmatrix} 3 \\ -3 \\ 0 \end{pmatrix} * \begin{pmatrix} 1 \\ 1 \\ -4 \end{pmatrix}}{\left|\overrightarrow{SP}\right| \cdot \left|\overrightarrow{SQ}\right|} = 0 \Rightarrow \sphericalangle PSQ = 90°$$

$$\overrightarrow{OP}' = \frac{1}{v_1^2 + v_2^2 + v_3^2} \begin{pmatrix} v_1^2 - v_2^2 - v_3^2 & 2v_1v_2 & 2v_1v_2 \\ 2v_1v_2 & -v_1^2 + v_2^2 - v_3^2 & 2v_2v_3 \\ 2v_1v_3 & 2v_2v_3 & -v_1^2 - v_2^2 + v_3^2 \end{pmatrix} \cdot \overrightarrow{OP}$$

$$\overrightarrow{OP'} = \frac{1}{9}\begin{pmatrix} -1 & 8 & 4 \\ 8 & -1 & 4 \\ 4 & 4 & -7 \end{pmatrix} \cdot \begin{pmatrix} 7 \\ 1 \\ 2 \end{pmatrix} = \frac{1}{9}\begin{pmatrix} 9 \\ 63 \\ 18 \end{pmatrix} = \begin{pmatrix} 1 \\ 7 \\ 2 \end{pmatrix}$$

528 **3.4** $U = \frac{1}{u^2+v^2+w^2}\begin{pmatrix} u^2-v^2-w^2 & 2uv & 2uw \\ 2uv & -u^2+v^2-w^2 & 2vw \\ 2uw & 2vw & -u^2-v^2+w^2 \end{pmatrix}$

$g\colon \overrightarrow{OX} = s\begin{pmatrix} u \\ v \\ w \end{pmatrix}; \quad U = \frac{1}{9}\begin{pmatrix} -1 & 8 & 4 \\ 8 & -1 & 4 \\ 4 & 4 & -7 \end{pmatrix}; \quad T = \frac{1}{9}\begin{pmatrix} 4 & 1 & 8 \\ 7 & 4 & -4 \\ 4 & 8 & 1 \end{pmatrix}$

529 **4 Fertighäuser**

4.1 $\begin{pmatrix} 5 & 8 & 12 \\ 25 & 18 & 13 \\ 15 & 16 & 24 \\ 11 & 12 & 14 \\ 8 & 12 & 11 \\ 19 & 24 & 15 \end{pmatrix} \cdot \begin{pmatrix} 6 \\ 9 \\ 14 \end{pmatrix} = \begin{pmatrix} 270 \\ 494 \\ 570 \\ 370 \\ 310 \\ 540 \end{pmatrix}$

4.2 $(17;\,11;\,7;\,12;\,5;\,24) \cdot \begin{pmatrix} 5 & 8 & 12 \\ 25 & 18 & 13 \\ 15 & 16 & 24 \\ 11 & 12 & 14 \\ 8 & 12 & 11 \\ 19 & 24 & 15 \end{pmatrix} = (1093;\,1226;\,1098)$

Gesamtpreis der Bestellung:

$(17;\,11;\,7;\,12;\,5;\,24) \cdot \begin{pmatrix} 5 & 8 & 12 \\ 25 & 18 & 13 \\ 15 & 16 & 24 \\ 11 & 12 & 14 \\ 8 & 12 & 11 \\ 19 & 24 & 15 \end{pmatrix} \cdot \begin{pmatrix} 6 \\ 9 \\ 14 \end{pmatrix} = (1093;\,1226;\,1098) \cdot \begin{pmatrix} 6 \\ 9 \\ 14 \end{pmatrix}$

$= 32\,964$

4.3 $1{,}085 \cdot (1093;\,1226;\,1098) = (1185{,}91;\,1330;\,1191{,}33)$

$(1185{,}91;\,1330;\,1191{,}33) \cdot \begin{pmatrix} 10 \\ 6 \\ 9 \end{pmatrix} = 29\,232{,}1$

Anstelle des Matrix-Produktes kann auch das Skalarprodukt verwendet werden.

529 **5 Trendwechsel**

5.1

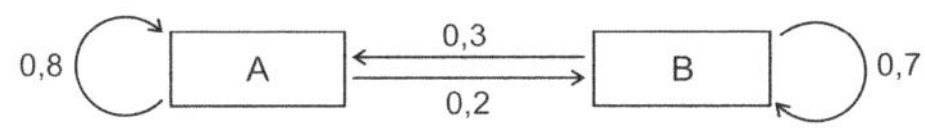

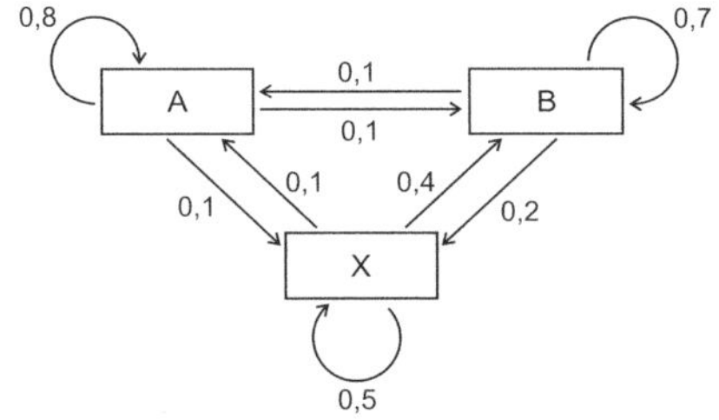

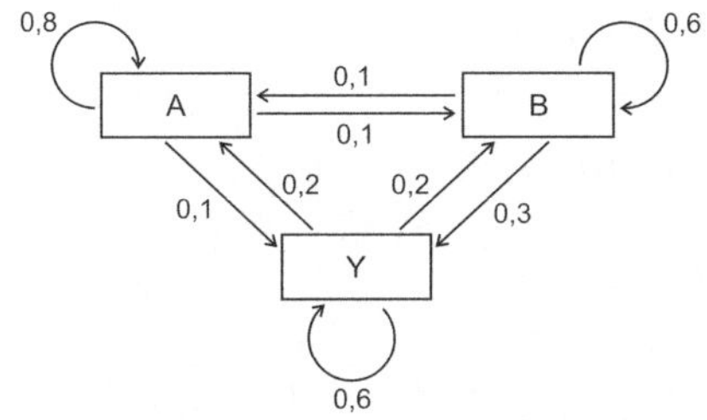

5.2 a) M_1^k konvergiert gegen $M_1^\infty = \begin{pmatrix} 0,6 & 0,6 \\ 0,4 & 0,4 \end{pmatrix}$.

Damit ergibt sich langfristig für jeden Anfangsvektor der Fixvektor
$\vec{p} = \begin{pmatrix} 0,6 \\ 0,4 \end{pmatrix}$.

M_2^k konvergiert gegen $M_2^\infty = \begin{pmatrix} 0,333333 & 0,333333 & 0,333333 \\ 0,428571 & 0,428571 & 0,428571 \\ 0,238095 & 0,238095 & 0,238095 \end{pmatrix}$.

Damit ergibt sich langfristig für jeden Anfangsvektor der Fixvektor
$\vec{p} = \begin{pmatrix} 0,333333 \\ 0,428571 \\ 0,238095 \end{pmatrix}$.

M_3^k konvergiert gegen $M_3^\infty = \begin{pmatrix} 0,434783 & 0,434783 & 0,434783 \\ 0,26087 & 0,26087 & 0,26087 \\ 0,304348 & 0,304348 & 0,304348 \end{pmatrix}$.

Damit ergibt sich langfristig für jeden Anfangsvektor der Fixvektor
$\vec{p} = \begin{pmatrix} 0,434783 \\ 0,26087 \\ 0,304348 \end{pmatrix}$.

529 **5.2 b)** (1) Marktanteil ohne neues Produkt: 60 %;
Marktanteil mit Produkt X: 57,1 %;
Marktanteil mit Produkt Y: 73,9 %

(2) Mit Produkt X fällt der Marktanteil von 60 % auf 57,1 %. Mit Produkt Y kann der Marktanteil von 60 % auf 73,9 % gesteigert werden.

6 Dreieck, Tetraeder, Abbildung

6.1 $\overrightarrow{OX} = \overrightarrow{OA} + \overrightarrow{AB}\,s + \overrightarrow{AC}\,t$

$$\overrightarrow{OX} = \begin{pmatrix} -2 \\ -5 \\ -5 \end{pmatrix} + s\begin{pmatrix} 3 \\ 3 \\ 12 \end{pmatrix} + t\begin{pmatrix} 3 \\ 12 \\ 3 \end{pmatrix} \quad \text{oder} \quad \overrightarrow{OX} = \begin{pmatrix} -2 \\ -5 \\ -5 \end{pmatrix} + s'\begin{pmatrix} 1 \\ 1 \\ 4 \end{pmatrix} + t'\begin{pmatrix} 1 \\ 4 \\ 1 \end{pmatrix}$$

$$\vec{n} = \overrightarrow{AB} \times \overrightarrow{AC} = \begin{pmatrix} 1-16 \\ 4-1 \\ 4-1 \end{pmatrix} = \begin{pmatrix} -15 \\ 3 \\ 3 \end{pmatrix} = 3\begin{pmatrix} -5 \\ 1 \\ 1 \end{pmatrix}$$

$$\overrightarrow{OX} * \vec{n} = \overrightarrow{OB} * \vec{n} = d; \quad d = \begin{pmatrix} 1 \\ -2 \\ 7 \end{pmatrix} * \begin{pmatrix} -5 \\ 1 \\ 1 \end{pmatrix} \cdot 3 = 0$$

$$\overrightarrow{OX} * \begin{pmatrix} -5 \\ 1 \\ 1 \end{pmatrix} = 0$$

6.2 $\overline{AB} = \sqrt{9(1+1+16)} = 9\sqrt{2}$

$\overline{AC} = \sqrt{9(1+1+16)} = 9\sqrt{2}$

$\overline{BC} = \sqrt{81+81} = 9\sqrt{2}$

$\overrightarrow{AS} = \frac{1}{3}\left(\overrightarrow{AB} + \overrightarrow{AC}\right)$

$\overrightarrow{OS} = \overrightarrow{OA} + \frac{1}{3}\left(\overrightarrow{OB} + \overrightarrow{OC} - 2 \cdot \overrightarrow{AC}\right) = \frac{1}{3}\left(\overrightarrow{OA} + \overrightarrow{OB} + \overrightarrow{OC}\right)$

$$\overrightarrow{OS} = \frac{1}{3}\left(\begin{pmatrix} -2 \\ -5 \\ -5 \end{pmatrix} + \begin{pmatrix} 1 \\ -2 \\ 7 \end{pmatrix} + \begin{pmatrix} 1 \\ 7 \\ -2 \end{pmatrix}\right) = \frac{1}{3}\begin{pmatrix} 0 \\ 0 \\ 0 \end{pmatrix} = \begin{pmatrix} 0 \\ 0 \\ 0 \end{pmatrix}$$

529 **6.3** $\overrightarrow{OD} = \overrightarrow{OS} + s\vec{n}$

$$\overrightarrow{AD}^2 = \left(\overrightarrow{OD} - \overrightarrow{OA}\right)^2 = \overrightarrow{AB}^2$$

$$s^2 \cdot \vec{n}^2 + \overrightarrow{OA}^2 - 2 \cdot s\vec{n} * \overrightarrow{OA} = \overrightarrow{AB}^2$$

$$s^2 \cdot 27 + 54 = 162$$

$$27 \cdot s^2 = 108 \Rightarrow s^2 = 4$$

$$s = \pm 2$$

$$\overrightarrow{OD} = \pm 2 \begin{pmatrix} 5 \\ -1 \\ -1 \end{pmatrix}$$

6.4 $T \cdot \overrightarrow{OP} = \overrightarrow{OP}$

$$\tfrac{1}{9} \begin{pmatrix} 8 - 4 - 1 \\ -1 - 4 + 8 \\ -4 - 7 - 4 \end{pmatrix} \cdot \begin{pmatrix} x \\ y \\ z \end{pmatrix} = \begin{pmatrix} 8x + 4y + z \\ -x - 4y + 8z \\ -4x - 7y - 4z \end{pmatrix} \cdot \tfrac{1}{9}$$

$$\tfrac{1}{9} \begin{pmatrix} 8x + 4y + z \\ -x - 4y + 8z \\ -4x - 7y - 4z \end{pmatrix} = \begin{pmatrix} x \\ y \\ z \end{pmatrix}$$

$$\begin{cases} 8x - 4y - z - 9x = 0 \\ -x - 4y + 8z - 9y = 0 \\ -4x - 7y - 4z - 9z = 0 \end{cases}$$

$$\begin{cases} -x - 4y - z = 0 \\ -10x - 13y + 8z = 0 \\ -4x - 7y - 13z = 0 \end{cases} \Rightarrow \begin{matrix} x = -5y \\ z = y \\ \text{sei } y = t \end{matrix}$$

Lösung: $t \cdot \begin{pmatrix} -5 \\ 1 \\ 1 \end{pmatrix}$ $\Rightarrow$ die durch die Matrix T vermittelte Abbildung bildet jeden Punkt der Gerade g auf sich selbst ab.

$$\overrightarrow{OA}' = T \cdot \overrightarrow{OA} = \begin{pmatrix} 1 \\ -2 \\ 7 \end{pmatrix} = \overrightarrow{OB}$$

$$\overrightarrow{OB}' = T \cdot \overrightarrow{OB} = \begin{pmatrix} 1 \\ 7 \\ -2 \end{pmatrix} = \overrightarrow{OC}$$

$$\overrightarrow{OC}' = T \cdot \overrightarrow{OC} = \begin{pmatrix} -2 \\ -5 \\ -5 \end{pmatrix} = \overrightarrow{OA}$$

Die zu T gehörige Abbildung bildet das Dreieck ABC auf $A'B'C'$ ab, wobei $A' = B$, $B' = C$ und $C' = A$.

10.4 Aufgaben zur Stochastik

530 **1 Jugendliche mit eigenem Fernseher**

1.1 $n = 100; p = 0{,}7$
$P(X > 60) = 1 - P(X \leq 60) = 0{,}979$
$P(55 \leq X \leq 70) = 0{,}537$

1.2 $P(X \geq 1) = 1 - P(X = 0) = 1 - (0{,}3)^n \geq 0{,}9 \Rightarrow n \geq 2$

1.3 (1) *Hypothese 1:* Der Anteil der Jugendlichen, die ein Fernsehgerät besitzen, ist in bestimmten Schichten größer als 70%: $p > 0{,}7$
Von diesem Standpunkt lassen sich die Vertreter des Standpunkts nur abbringen, wenn in der Stichprobe signifikant wenige Jugendliche mit Fernsehgerät angetroffen werden.
Für $p = 0{,}7$ ist $\mu = 140$ und $\sigma = 6{,}48$, also $\mu - 1{,}28\sigma = 131{,}7$.
Für $p > 0{,}7$ ist $\mu - 1{,}28\sigma > 131{,}7$.
Entscheidungsregel:
Verwirf die Hypothese $p > 0{,}7$, falls in der Stichprobe weniger als 132 Haushalte von Jugendlichen mit eigenem Fernsehgerät vorgefunden werden.
Fehler 1. Art:
Tatsächlich ist der Anteil in bestimmten Schichten größer als 70 %. Zufällig werden in der Stichprobe weniger als 132 Haushalte vorgefunden. Man erhält eine richtige Hypothese nicht länger aufrecht.
Fehler 2. Art:
Tatsächlich gibt es keine besonderen Unterschiede in verschiedenen gesellschaftlichen Schichten. Wegen des nicht signifikanten Stichprobenergebnisses geht man nicht von der falschen Hypothese ab.
Hypothese 2:
Der Anteil der Jugendlichen, die ein eigenes Fernsehgerät besitzen, ist in einer bestimmten Schicht genau so hoch wie sonst: $p \leq 0{,}7$.
Von dieser Meinung gehen die Vertreter des Standpunktes nur bei signifikanten Abweichungen nach oben ab.
Für $p = 0{,}7$ ist $\mu = 140$ und $\sigma = 6{,}48$, also $\mu + 1{,}28\sigma = 148{,}3$.
Für $p < 0{,}7$ ist $\mu + 1{,}28\sigma < 148{,}3$.
Entscheidungsregel:
Verwirf die Hypothese $p \leq 0{,}7$, falls in der Stichprobe mehr als 148 Haushalte von Jugendlichen mit eigenem Fernsehgerät gefunden werden.
Fehler 1. Art:
Tatsächlich gibt es keine Unterschiede zwischen den gesellschaftlichen Schichten. Zufällig werden aber in der Stichprobe mehr als 148 Haushalte gefunden, sodass man von gesellschaftlichen Unterschieden ausgeht.

530

1.3 (1) Fortsetzung

Fehler 2. Art:

Es gibt zwar Unterschiede zwischen unterschiedlichen gesellschaftlichen Schichten. Wegen des unauffälligen Stichprobenergebnisses wird dies jedoch nicht erkannt.

(2) Hypothese 1: $p > 0{,}7$; Annahmebereich: $X \geq 132$;

$P_{p=0{,}65}(X \geq 132) = 0{,}415 = 41{,}5\,\%$

Hypothese 2: $p \leq 0{,}7$; Annahmebereich: $X \leq 148$;

$P_{p=0{,}75}(X \leq 148) = 0{,}398 = 39{,}8\,\%$

(3) Ein solches Ergebnis kann zufällig auftreten, auch wenn der Anteil der Jugendlichen mit eigenem Fernsehgerät auch dort 70 % beträgt. Die Wahrscheinlichkeit hierfür beträgt allerdings nur

$P_{p=0{,}7}(X \geq 152) = 1 - \text{binomcdf}(200,\ 0.7,\ 151) \approx 0{,}036 = 3{,}6\,\%$

2 Schätzungen zum Flugverkehr

2.1 Kugel-Fächer-Modell: 50 Unglücke werden zufällig auf 365 Tage verteilt ($n = 50$; $p = \frac{1}{365}$)

binompdf (50, 1/365, 0) ≈ 0,872
binompdf (50, 1/365, 1) ≈ 0,120
binompdf (50, 1/365, 2) ≈ 0,008
0,9996

Wahrscheinlichkeit für mehr als 2 Abstürze: 0,04%

2.2 1 – binomcdf (50, 1/52, 3) ≈ 1,6%

2.3 Die in (1), (2) berechneten Wahrscheinlichkeiten gelten für alle Tage bzw. Wochen des Jahres

87,2% von 365 Tagen ≈ 318 Tage ohne Absturz
12,0% von 365 Tagen ≈ 44 Tage mit 1 Absturz
0,8% von 365 Tagen ≈ 3 Tage mit 2 Abstürzen
1,6% von 52 Wochen ≈ 1 Woche mit mehr als 3 Abstürzen.

2.4 Wahrscheinlichkeit für mindestens 2 Abstürze an einem beliebig ausgewählten Tag: 0,84%

Wahrscheinlichkeit, dass es während eines Jahres keinen Tag mit mindestens 2 Abstürzen gibt:

$0{,}9916^{365} \approx 4{,}6\%$

Wahrscheinlichkeit, dass es während eines Jahres mindestens einen Tag mit mindestens 2 Abstürzen gibt:

$1 - 0{,}9916^{365} \approx 95{,}4\%$

531 **2.5** **a)** Angenommen, auch weiterhin sind 12% der Flugzeuge nicht sicher; dann ist die Wahrscheinlichkeit, dass 18 oder weniger für die Kontrolle ausgewählt werden: binomcdf (200, 0.12, 18) ≈ 11,3%.
Die Wahrscheinlichkeit, dass ein solches Ergebnis sich zufällig ergibt, beträgt immerhin 11,3%.

b) Angenommen, auch weiterhin sind 12% der Flugzeuge nicht sicher; dann ist die Wahrscheinlichkeit, dass 18 oder weniger für die Kontrolle ausgewählt werden: binomcdf (200, 0.12, 18) ≈ 11,3%.
Die Wahrscheinlichkeit, dass ein solches Ergebnis sich zufällig ergibt, beträgt immerhin 11,3%.
Löse $|18 - 200p| \leq 1{,}96\sqrt{200p(1-p)}$, dann folgt $p \in [0{,}058; 0{,}138]$.
Aus den Daten kann weder eine Verbesserung noch eine Verschlechterung abgeleitet werden.

3 Reiseunternehmen

3.1 $50 \cdot 49 \cdot 48 \cdot \ldots \cdot 6 = \frac{50!}{5!} \approx 2{,}5 \cdot 10^{62}$; $\binom{50}{5} = 2\,118\,760$

3.2 n = 50; p = 0,9; X: Anzahl der belegten Plätze $\quad P(X \leq 46) = 0{,}750$

3.3 n = 100; p = 0,9 $\quad P(X \leq 92) \approx 0{,}794$

3.4 P(mindestens 20 Absagen) = P(höchstens 180 Teilnehmer)
= binomcdf (200, 0.95, 180) ≈ 0,27%

3.5 **a)** Löse $|59 - 150p| \leq 1{,}64\sqrt{150p(1-p)}$, dann folgt $p \in [0{,}330; 0{,}460]$.
45 % liegt im Intervall, damit keine Abweichung zu erkennen.

b) Eine Abweichung wird als signifikant betrachtet, wenn das Ergebnis der Stichprobe außerhalb der $1{,}96\sigma$-Umgebung von μ liegt.
Bei unveränderter Wahrscheinlichkeit von p = 0,45 ergibt sich mit $\mu = 67{,}5$ und $\sigma = 6{,}093$ das Intervall [55,56; 79,44]. Das Ergebnis unterscheidet sich nicht signifikant.

532

4 Beliebtheit von Unterrichtsfächern

4.1 (1) binompdf (100, 0.7, 70) ≈ 8,7%
(2) binomcdf (100, 0.7, 75) ≈ 88,6%
(3) binomcdf (100, 0.7, 71) − binomcdf (100, 0.7, 59)
≈ 0,623 − 0,012 ≈ 61,1%

532 **4.2**

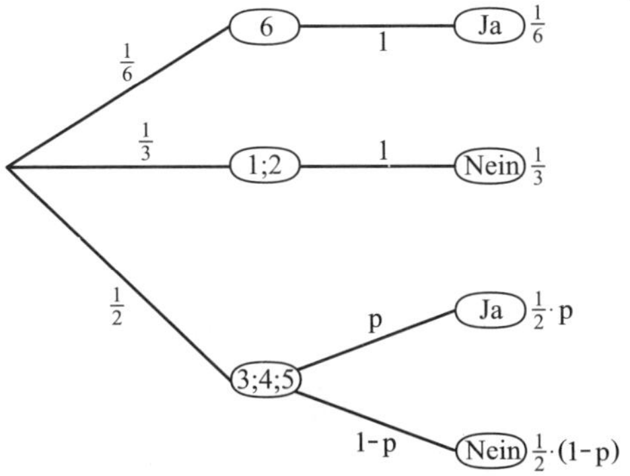

(1) P („Ja") $= \frac{1}{6} + \frac{1}{2} \cdot 0{,}21 \approx 27{,}2\%$

(2) $\frac{1}{6} + \frac{1}{2} \cdot p = 0{,}35 \Rightarrow p \approx 36{,}7\%$

4.3 Da keine weiteren Informationen vorliegen, wird die Hypothese: „Für ein Drittel der Mädchen ist Geschichte das Lieblingsfach" getestet.

$n = 100; \quad p = \frac{1}{3}; \quad \mu = 33{,}33; \quad \sigma = 4{,}71;$

$\mu - 1{,}64\sigma = 14{,}49; \quad \mu + 1{,}64\sigma = 29{,}95$

Entscheidungsregel: Verwirf die Hypothese, falls weniger als 15 oder mehr als 29 Mädchen in der Stichprobe Geschichte als ihr Lieblingsfach nennen.

Fehler 1. Art: Für ein Drittel der Mädchen ist tatsächlich Geschichte das Lieblingsfach; nur zufällig lag das Ergebnis der Stichprobe außerhalb des o. a. Intervalls; daher wurde die Hypothese irrtümlich verworfen.

Fehler 2. Art: Der Anteil der Mädchen, die Geschichte als ihr Lieblingsfach bezeichnen, ist tatsächlich kleiner oder größer als ein Drittel; da in der Stichprobe die Anzahl zwischen 15 und 29 lag, wurde dies nicht bemerkt. Die falsche Hypothese wurde irrtümlich nicht verworfen.

4.4 90 % Sicherheit: $n \geq \left(\frac{1{,}64}{0{,}05}\right)^2 \cdot 0{,}25 = 268{,}96$

95 % Sicherheit: $n \geq \left(\frac{1{,}96}{0{,}05}\right)^2 \cdot 0{,}25 = 384{,}16$

532

5 Daten zur Gesundheit

5.1 Hypothese $p \leq 0{,}305$

- $\alpha = 5\ \%$:
  $\mu + 1{,}64\sigma \approx 326$
  Bei mehr als 326 Rauchern wird die Hypothese verworfen.
- $\alpha = 10\ \%$:
  $\mu + 1{,}28\sigma \approx 288$
  Bei mehr als 288 Rauchern wird die Hypothese verworfen.

5.2 Eingeben der Funktion normalcdf (0, 25, 22.7, x) in den GTR und Ablesen aus der Wertetabelle oder am Graphen liefert $\sigma \approx 2{,}5$.

5.3 $P(\mu - 1{,}64\sigma \leq X \leq \mu + 1{,}64\sigma) = 0{,}90$ $[16{,}844; 26{,}356]$